双证融通系列丛书　　　　　　　　　　　　　　　　免费提供 DVD 光盘一张

西门子 S7 PLC 应用简明教程

李方园　杨　帆　等编著

机 械 工 业 出 版 社

"PLC应用"是目前高职高专电气自动化、机电一体化和楼宇智能化等专业所必学的课程之一。本书选用了西门子公司市场占有率最高、也最常见的S7-200/300/400 PLC作为"PLC应用"课程的实验或实训产品。本书不仅可以锻炼读者的编程技巧，更是创新性地安排了从简单到复杂、从入门到实践的项目，涵盖了S7系列PLC应用的大部分场合。这些案例经过在实际培训和教学中的讲授，再通过作者创造性的归纳和总结，使得用户能完全模拟和使用本书所有项目。

本书可作为高职高专电气自动化、机电一体化、楼宇智能化等专业的课程教材，也可作为广大电工技术爱好者、求职者、下岗再就业者、职业培训人员的教材。

图书在版编目（CIP）数据

西门子S7 PLC应用简明教程/李方园，杨帆等编著.—北京：机械工业出版社，2013.2
（双证融通系列丛书）
ISBN 978-7-111-41181-9

Ⅰ.①西…　Ⅱ.①李…②杨…　Ⅲ.①plc技术-教材　Ⅳ.①TM571.6

中国版本图书馆CIP数据核字（2013）第011957号

机械工业出版社（北京市百万庄大街22号　邮政编码100037）
策划编辑：林春泉　责任编辑：赵　任　版式设计：霍永明
责任校对：纪　敬　常天培　封面设计：路恩中　责任印制：邓　博
北京机工印刷厂印刷（三河市南杨庄国丰装订厂装订）
2013年4月第1版第1次印刷
184mm×260mm · 19.5印张 · 480千字
0 001—3 000册
标准书号：ISBN 978-7-111-41181-9
　　　　　ISBN 978-7-89433-849-5（光盘）
定价：48.00元（含1DVD）

凡购本书，如有缺页、倒页、脱页，由本社发行部调换

电话服务　网络服务
社服务中心：(010)88361066　教材网：http://www.cmpedu.com
销售一部：(010)68326294　机工官网：http://www.cmpbook.com
销售二部：(010)88379649　机工官博：http://weibo.com/cmp1952
读者购书热线：(010)88379203

序

本套“维修电工培训与电类人才培养”双证融通系列丛书（简称双证融通系列丛书）是在全社会大力推进“工学结合、产学合作”的大环境下推出的。丛书以服务为宗旨，以就业为导向，以提高学生（学员）素质为核心，以培养学生（学员）职业能力为本位，全方位推行产学合作，强调学校（培训机构）与社会的联系，注重理论与实践的结合，将分层化国家职业标准的理念融入课程体系，将国家职业资格标准、行业标准，融入课程标准。

目前，在很多高职院校、应用型本科中都有“电气自动化技术”专业，其对应的第一岗位就是电气设备及其相关产品的设计与维护，对应的考证为维修电工（中高级）。因此，本丛书以目前在各类高校中针对国家职业标准重新修订的“电类人才培养”教学计划为基础，将职业标准融入到课程标准中，并力求使各课程的理论教学、实操训练与国家职业标准的应知、应会相衔接对应，力求做到毕业后零距离上岗。

电类人才的培养目标定位于培养具有良好思想品德和职业道德，具备较为坚实的文化基础知识和电专业基础知识，要求学生能适应电气自动化行业发展的需要，成为电气控制设备和自动化设备的安装、调试与维护的高素质、高技能专业人才。根据这一培养目标制订了教学计划，除了能够做到学历教育与职业资格标准的完全融合外，还具有一定的前瞻性、拓展性，既满足当前岗位要求，又体现未来岗位发展要求；既确保当前就业能力，又为学生后续可持续发展提供基础和保障；既包含职业资格证书的内容，又保证学历教育的教学内容；既符合教育部门对电气自动化技术毕业生的学历培养要求，又符合人力资源与社会保障部对“维修电工中（高）级”职业技能鉴定的要求。

本丛书推出7门“双证融通”课程，每门课程均有电子资源免费下载，它们分别是：

（1）电工电子技术简明教程

（2）数控机床电气控制简明教程

（3）AutoCAD工程绘图简明教程

（4）电力电子技术简明教程

（5）三菱PLC应用简明教程

（6）西门子S7 PLC应用简明教程

（7）变频器应用简明教程

特别感谢宁波市服务型教育重点专业建设项目（电子电气专业）的出版资助，同时也感谢机械工业出版社电工电子分社、浙江工商职业技术学院为丛书的策划与推广提供了必不可少的帮助。

李方园

2012年12月

前　言

“PLC 应用”是目前高职高专电气自动化、机电一体化和楼宇智能化等专业所必学的课程之一，在目前的教学或培训中，通常采用西门子或三菱产品作为该课程的实施载体。本书选用了西门子公司市场占有率最高、也最常见的 S7-200/300/400 PLC 作为“PLC 应用”课程的实验或实训产品。

STEP 7 和 SETP 7 Micro/WIN 是西门子公司用于对 PLC 进行组态和编程的标准软件包，它是 SIMATIC 工业软件的一部分，并主要应用在 S7-200/300/400 PLC 上，它具有更广泛的功能。

本书不仅可以锻炼读者的编程技巧，更是创新性地安排了从简单到复杂、从入门到实践的项目，涵盖了 S7 系列 PLC 应用的大部分场合。这些案例经过在实际培训和教学中的讲授，再通过作者创造性的归纳和总结，使得用户能完全模拟和使用本书所有项目。

本书共分 9 讲。第 1 讲介绍了 PLC 概念与 IEC61131-3 标准；第 2 讲阐述了 S7-200 PLC 控制基础，包括梯形图的设计方法、位逻辑、定时器与计数器，以及简单电气控制电路的编程与运行；第 3 讲引入了 S7-200 PLC 仿真软件，并以自动开关门控制进行了实际案例介绍；第 4 讲为 S7-200 PLC 高级编程与应用，内容包括 SCR、CALL、中断、PID、配方、运动控制等；第 5 讲从大中型 PLC 模块化控制系统的角度出发，展现给读者的是 S7-300/400 PLC 控制基础；第 6 讲给出了 S7-300/400 PLC 指令；第 7 讲 介绍了 S7-300/400 PLC 的调试与仿真；第 8 讲为 S7-300/400 PLC 模拟量与 PID 控制；第 9 讲则为 S7 系列 PLC 的 PROFIBUS 通信控制。

本书主要由李方园和杨帆编写，胡焕啸、张东升、叶明、陈亚玲、陈贤富、沈阿宝、陈亚珠、李伟庄、章富科、方定桂、刘军毅、吴於等也参与了编写工作。

在本书的编写过程中，得到了西门子公司、宁波钢铁有限公司、常州米高电子科技有限公司等厂家相关人员的帮助和提供的相当多的典型案例和维护经验，还得到了中国传动网为本书提供了最新的项目案例；同时参考和引用了国内外许多专家、学者最新发表的论文和著作等资料，在此一并致谢！

作者

2012 年 12 月

简称与全称

简称	全称
STEP 7	适用 S7-300/400 PLC 的编程软件
STEP 7 Micro/WIN	适用 S7-200 PLC 的编程软件
PG	西门子专用电脑编程器（可以用 PC 代替）
I/O	输入/输出
DI	数字量输入
DO	数字量输出
AI	模拟量输入
AO	模拟量输出
PROFIBUS	一种 IEC 标准的现场总线，由西门子公司率先提出
PLCSIM	一种适用 S7-300/400 PLC 的仿真软件
CPU224 等	西门子 S7-200 PLC 的主机模块
EM231 等	西门子 S7-200 PLC 的扩展模块
CPU313C 等	西门子 S7-300 PLC 的 CPU 模块型号
PS307 等	西门子电源模块（适用 S7-300/400 PLC）
SM321 等	西门子信号模块（适用 S7-300/400 PLC）
DM370 等	西门子占位模块（适用 S7-300/400 PLC）
IM360 等	西门子接口模块（适用 S7-300/400 PLC）
CP340 等	西门子通信模块（适用 S7-300/400 PLC）
6SE7 * * * *	西门子产品订货号
OB/FB/FC	西门子 STEP 7 的软件结构中的组织块/功能块/功能
SFB/SFC	西门子 STEP 7 的软件结构中的系统功能块/系统功能
PID	闭环控制（包括比例 P、积分 I 和微分 D）
GSD	具有 PROFIBUS 通信协议接口的产品的设备数据库文件
LAD/STL/FBD	PLC 的编程方法（梯形图/语句表/功能块）

目　录

第1讲　PLC概念与IEC61131-3标准

【内容提要】

自1960年第一台PLC问世以来，很快就被应用到汽车制造、机械加工、冶金、矿业和轻工等各个领域。经过长时间的发展和完善，PLC的编程概念和控制思想已为广大的自动化行业人员所熟悉，这是一个目前任何其他工业控制器（包括DCS和FCS等）都无法与之相提并论的巨大知识资源。而IEC61131-3编程语言标准的出现则为PLC的进一步规范发展奠定了基础。传统的PLC公司如西门子、三菱、Rockwell、LG、GE等的编程系统的开发均是以IEC 61131-3为基础或与IEC 61131-3一致。

应知

※了解PLC产品的历史背景
※熟悉PLC的定义及其工作原理
※掌握PLC的基本应用与分类
※掌握IEC 61131-3的基本标准

☆能对PLC的各个部分进行区分
☆能对PLC的应用进行举例说明
☆能阐述并例举IEC 61131-3标准下的数据类型
☆能阐述并例举IEC 61131-3标准下的变量

应会

1.1 PLC 基本知识

1.1.1 PLC 的进化与定义

1. PLC 的进化

自上世纪 60 年代第一台 PLC 问世以来，很快就被应用到汽车制造、机械加工、冶金、矿业和轻工等各个领域，并大大地推进了机电一体化进程。

PLC 检测与控制的对象，包括指示灯/照明、电动机、泵控制、按钮/开关、光电开关/传感器等，如图 1-1 所示。

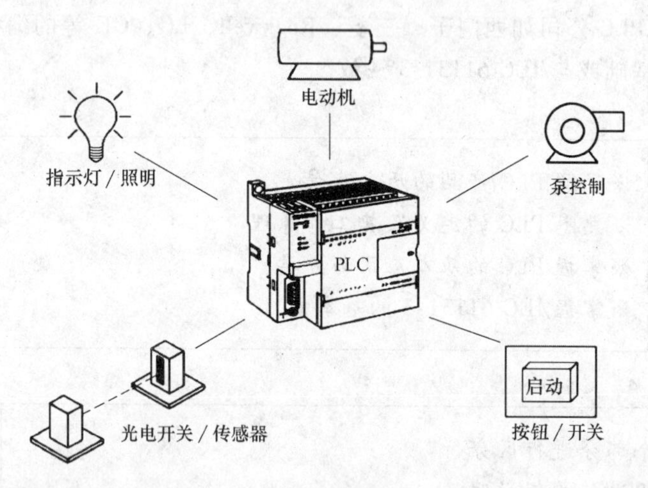

图 1-1　PLC 检测与控制的对象

经过长时间的发展和完善，PLC 的编程概念和控制思想已为广大的自动化行业人员所熟悉，这是目前任何一个其他工业控制器（包括 DCS 和 FCS 等）都无法与之相提并论的巨大知识资源。实践也进一步证明：PLC 系统硬件技术成熟、性能价格比较高、运行稳定可靠、开发过程也简单方便、运行维护成本很低。上述特点造就了 PLC 的旺盛生命力，造就了 PLC 的快速进化。

现在的 PLC 是以微处理器为基础，综合了计算机技术、自动控制技术和通信技术而发展起来的一种新型工业控制装置，是工业控制的主要手段和重要的基础设备之一，并与机器人、CAD/CAM 并称为工业生产的三大支柱。

PLC 的进化是在继电器控制逻辑基础上，与 3C 技术（Computer，Control，Communication）相结合，不断发展完善的。它从过去的小规模、单机、顺序控制，已经发展到包括过程控制、传动控制、位置控制、通信控制等场合的大部分现代工业控制领域和部分商用、民用控制领域。在通信能力上，由于现场总线的出现，使得一个个独立的 PLC 系统不再是信息孤岛。实时以太网技术也走进了 PLC 厂商的视野，甚至在以太网产品中已经能够支持 PROFIBUS 等现场总线。图 1-2 所示的泵站 PLC 控制就是其中的一例，从现场污水泵、检测仪、电动闸门等经过 PROFIBUS 总线与 PLC 相连，而 PLC 则直接通过以太网与模拟器、监控计算机和打印机相连。

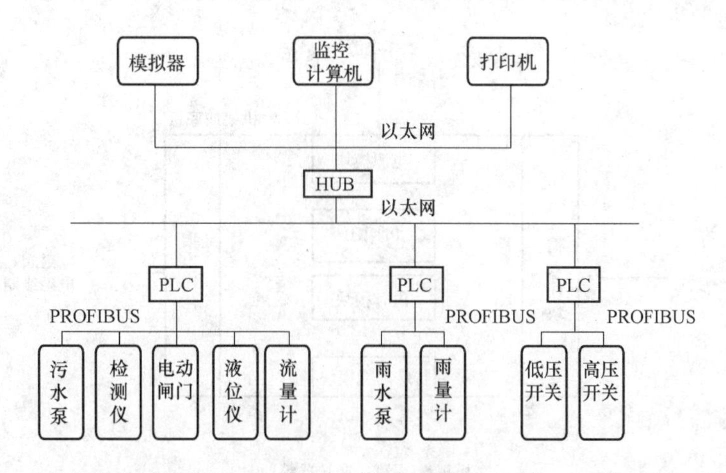

图1-2 泵站PLC控制

以太网应用的另一个意义在于，控制层与管理层的界线不再那么截然分明。随着PLC运算能力的不断提高，PLC在数据交换方面的能力和需求也在不断提高；另一方面由于IT技术的飞速发展使得微型高速存储设备的容量越来越大，价格越来越低，而可靠性却越来越有保障。越来越多的PLC控制系统已经在使用64M、128M甚至更大容量的Flash存储设备。

从长远来讲，PLC的制造商将会根据工业用户的需求集成更多的系统功能，逐渐降低用户的使用难度，缩短开发周期，节约产品开发成本。但是这是一个逐渐发展的过程。就目前技术现状而言，一些复杂的控制要求依然要使用那些“高档”的控制系统，使用相对复杂的编程手段，对工业用户依然要求具备专业的控制技术。

2. PLC的定义

国际电工委员会IEC于1982年11月和1985年1月颁布了PLC标准的第一稿和第二稿，对PLC作了如下的定义：“PLC是一种数字运算操作的电子系统，专为在工业环境下应用而设计。它可采用可编程序的存储器，用来在其内部存储执行逻辑运算、顺序控制、定时、计数和算术运算等操作的命令，并通过数字式、模拟式的输入和输出，控制各种类型的机械和生产过程。PLC及其有关设备，都应以易于与工业控制系统联成一个整体，易于扩充功能的原则而设计”。

1.1.2 PLC的组成部分

1. 组成部分

组成PLC的模块是PLC的硬件基础，只有弄清所选用的PLC都具有哪些模块及其特点，才能正确选用模块，组成一台完整的PLC（见图1-3），以满足控制系统对PLC的要求。

常见的PLC模块有：

（1）CPU模块　它是PLC的硬件核心。PLC的主要性能，如速度、规模都由它的性能来体现。

如图1-4所示，CPU模块有微处理器系统、系统程序存储器和用户程序存储器，其本质为一台计算机，该计算机负责系统程序的调度、管理、运行和PLC的自诊断，负责将用户程序作出编译解释处理以及调度用户目标程序运行的任务。

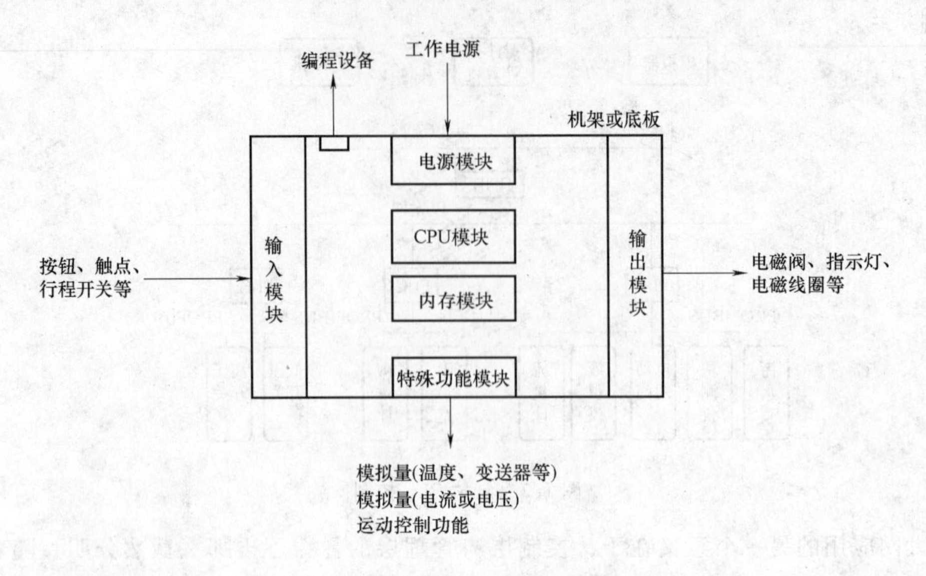

图 1-3　PLC 的组成示意

(2) 电源模块　它为 PLC 运行提供内部工作电源，而且有的还可为输入、输出信号提供电源，电源模块如图 1-5 所示。

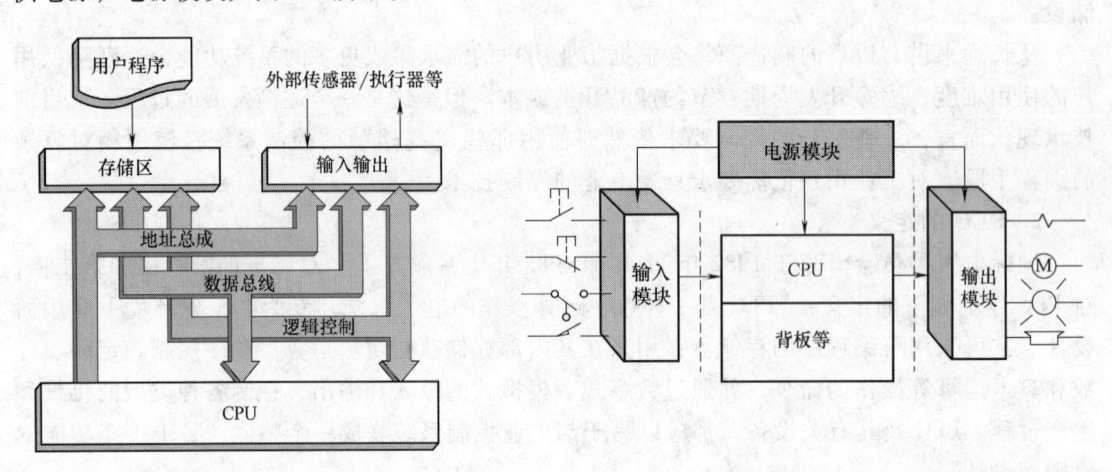

图 1-4　CPU 模块　　　　图 1-5　电源模块

PLC 的工作电源一般为交流单相电源，电源电压必须与额定电压相符，如 AC 110V 或 AC 220V，当然也有直流 24V 供电的。PLC 对电源的稳定性要求不高，一般都允许电源电压额定值在 ±15% 的范围内波动，有些交流输入电源甚至允许在 AC 85V ~ AC 240V 的范围内。

(3) I/O 模块　它包括输入/输出 (I/O) 电路，并根据类型划分为不同规格的模块，I/O 模块如图 1-6 所示。

· 输入部分

PLC 与生产过程相连接的输入通道，输入部分接收来自生产现场的各种信号，如行程开关、热电偶、光电开关、按钮等信号。

· 输出部分

PLC 与生产过程相连接的输出通道，输出部分接收 CPU 的处理输出，并转换成被控设备所能接收的电压、电流信号，以驱动被控设备，如继电器、电磁阀和指示灯等。

（4）内存模块　它主要存储用户程序，有的还为系统提供辅助的工作内存。在结构上内存模块都是附加于CPU模块之中。如图1-7所示为西门子S7-300 PLC的MMC内存模块。

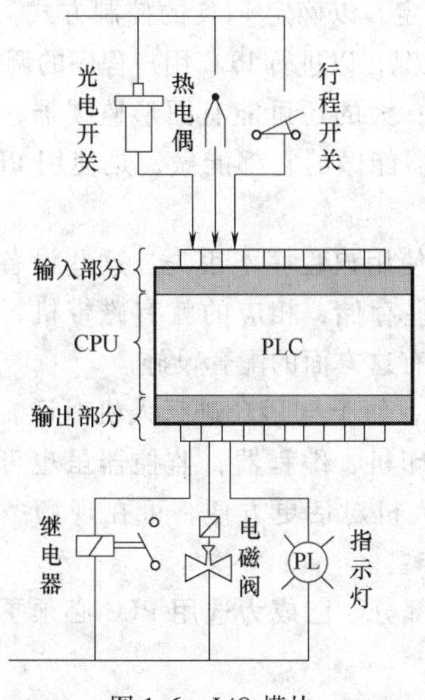

图1-6　I/O模块

图1-7　西门子S7-300 PLC的MMC内存模块

（5）底板、机架模块　它为PLC各模块的安装提供基板，并为模块间的联系提供总线。若干底板间的联系有的用接口模块，有的用总线接口。不同厂家或同一厂家但不同类型的PLC都不大相同。如图1-8所示为PLC的主底板和辅助底板。

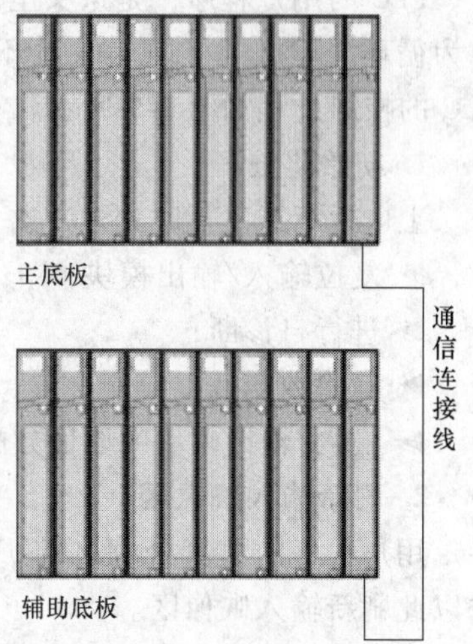

图1-8　PLC的主底板和辅助底板

2. 特殊功能模块

除了常见的模块，PLC还有特殊的或称智能或称功能模块，如A-D（模拟-数字）模块、D-A（数字-模拟）模块、高速计数模块、位置控制模块、温度模块等。这些模块有自己的处理器，可对信号作预处理或后处理，以简化PLC的CPU对复杂的过程控制量的计算。智能模块的种类、特性也大不相同，性能好的PLC，这些模块种类多，性能也好。

通信模块接入PLC后，可使PLC与计算机，或PLC与PLC进行通信，有的还可实现与其他控制部件，如变频器、温控器的通信，或组成局部网络。通信模块代表PLC的组网能力，代表着当今PLC性能的重要方面。

3. PLC的外部设备

尽管用PLC实现对系统的控制可不用外部设备，配置好合适的模块就行了。然而，要对PLC编程，要监控PLC及其所控制的系统的工作状况，以及存储用户程序、打印数据等，就得使用PLC的外部设备。故一种PLC的性能如何，与这种PLC所具外部设备丰富与否，外部设备好用与否直接相关。

PLC 的外部设备有四大类：

（1）编程设备　简单的为简易编程器，大多只接受助记符编程，个别的也可用图形编程。复杂一点的有图形编程器，可用梯形图语言编程。有的还有专用的计算机，可用其他高级语言进行编程。编程器除了用于编程，还可对系统作一些设定，以确定 PLC 的控制方式，或工作方式。编程器还可监控 PLC 及 PLC 所控制的系统工作状况，以进行 PLC 用户程序的调试。

（2）监控设备　小的有数据监视器，可监视数据；大的还可能有图形监视器，可通过画面监视数据。除了不能改变 PLC 的用户程序，编程器能做的它都能做，是使用 PLC 很好的界面。性能好的 PLC，这种外部设备已越来越丰富。

（3）存储设备　它用于永久性地存储用户数据，使用户程序不丢失。这些设备，如存储卡、存储磁带、软磁盘或只读存储器。而为实现这些存储，相应的就有磁带机、软驱或 ROM 写入器，以及相应的接口部件。各种 PLC 大体都有这方面的配套设施。

（4）输入/输出设备　它用以接收信号或输出信号，便于与 PLC 进行人机对话。输入的有条码读入器、输入模拟量的电位器等。输出的有打印机、编程器，监控器虽也可对 PLC 输入信息，从 PLC 输出信息，但输入/输出设备实现人机对话更方便，可在现场条件下实现，并便于使用。随着技术的进步，这种设备将更加丰富。

外部设备已发展成为 PLC 系统的不可分割的一个部分。已成为选用 PLC 必须了解的重要方面，所以也应把它列为 PLC 性能的重要内容。

1.1.3　PLC 实现控制的过程

PLC 的用户程序，是从头至尾按顺序循环执行的。这一过程称为扫描，而这种处理方式称为循环演算方式。PLC 的循环演算，除中断处理外一直继续下去，直至停止运行为止。PLC 的控制过程如图 1-9 所示。

1. 初始化处理

上电运行或复位时处理一次，并完成如下任务：

▶ 复位输入/输出模块；

▶ 进行自诊断；

▶ 清除数据区；

▶ 输入/输出模块的地址分配以及种类登记。

2. 刷新输入映像区

用户程序的演算处理之前，先将输入端口接点状态读入，并以此刷新输入映像区。

3. 用户程序演算处理

将用户程序，从头至尾依次演算处理。

4. 映像区内容输出刷新

用户程序演算处理完毕，将输出映像区内容传送到输出端口刷新输出。

5. END 处理

CPU 模块完成一次扫描后，为进入下一循环，进行如下处理：

▶ 自诊断；

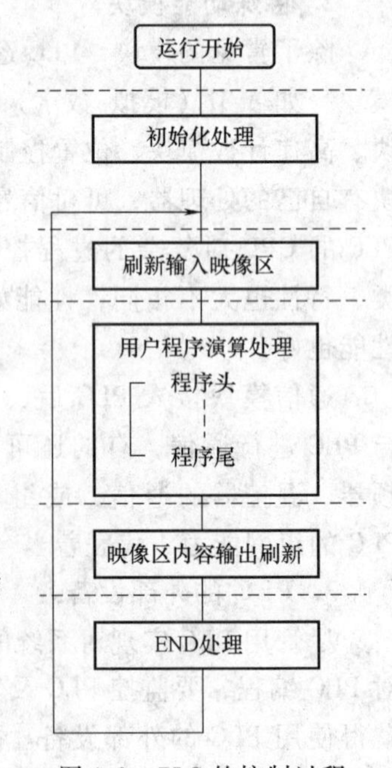

图 1-9　PLC 的控制过程

▶ 计数器、定时器更新；

▶ 同上位机、通信模块的通信处理；

▶ 检查模式设定键状态。

上述只是一个通用性的 PLC 控制过程，对于不同品牌、型号的 PLC 而言，其控制过程还会有所区别。图 1-10 所示为通用 PLC 典型控制流程。

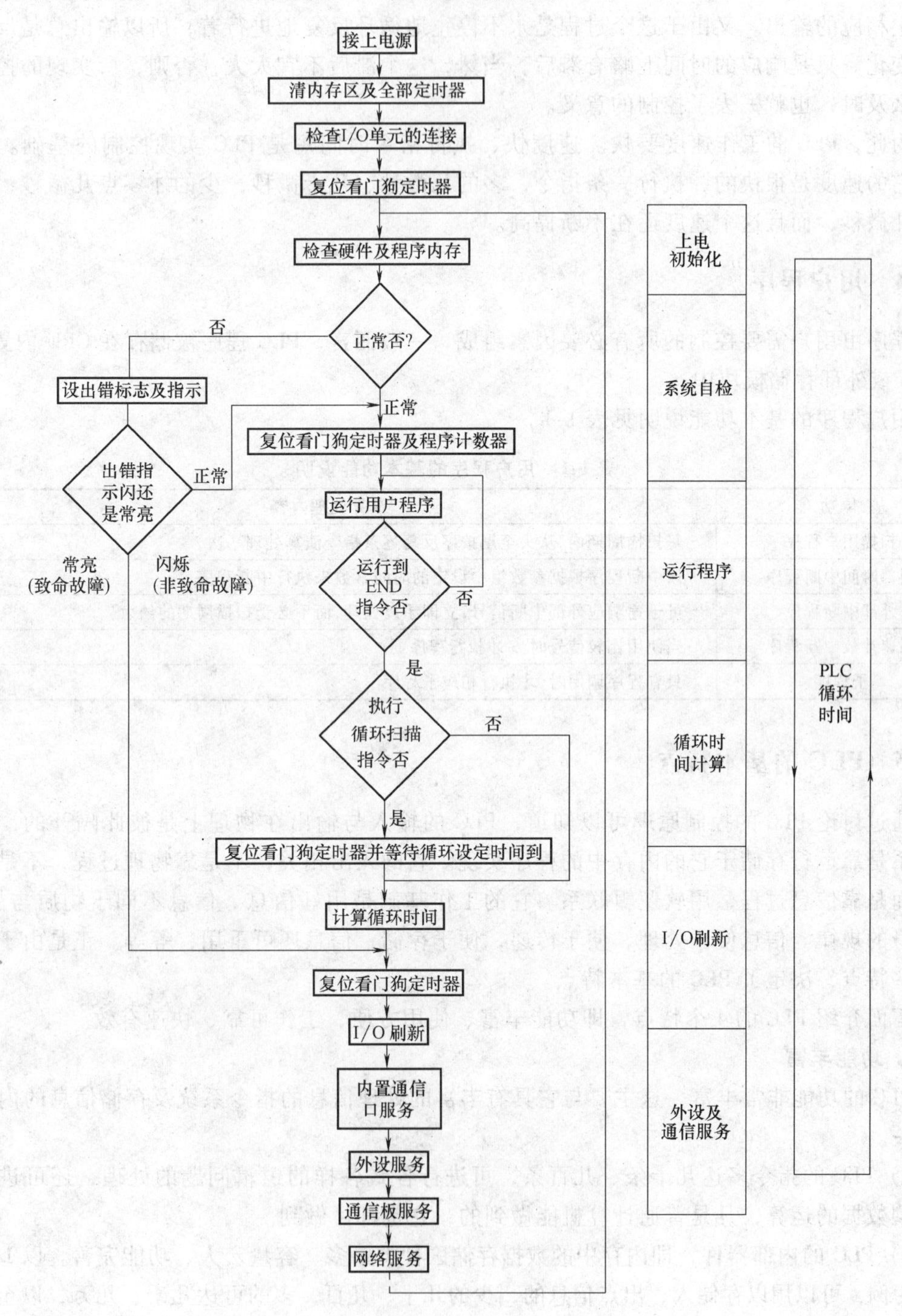

图 1-10　通用 PLC 典型控制流程

图1-10所示的流程图反映了信息的时间关系，输入刷新→再运行用户程序→再输出刷新→再输入刷新→再运行用户程序→再输出刷新，永不停止地、循环反复地进行着。

有了这样一个循环演算的过程，用PLC实现控制显然是可能的。因为有了输入刷新，可把输入电路监控得到的输入信息存入PLC的输入映射区；经运行用户程序，输出映射区将得到变换后的信息；再经输出刷新，输出锁存器将反映输出映射区的状态，并通过输出电路产生相应的输出。又由于这个过程是永不停止地循环反复地进行着，所以输出总是反映输入的变化。只是响应的时间上略有滞后。当然，这个滞后不宜太大，否则，所实现的控制会不那么及时，也就失去了控制的意义。

为此，PLC的工作速度要快。速度快、执行指令时间短是PLC实现控制的基础。事实上，它的速度是很快的，执行一条指令，多的几微秒、几十微秒，少的才零点几微秒，或零点零几微秒，而且这个速度还在不断提高。

1.1.4 用户程序

程序由用户需要控制的所有必要因素组成，一般而言，PLC程序被储存在CPU内置EEPROM或外部存储模块中。

用户程序的基本功能说明见表1-1。

表1-1 用户程序的基本功能说明

基本功能	演算处理内容
扫描用户程序	每扫描周期内，从头至尾按序反复逐条指令演算处理一次
内部时间中断程序	该中断程序根据参数组中设定的时间常数来执行中断程序
外部中断程序	可迅速响应外部中断信号，立即予以处理，而不必受扫描周期的约束
高速计数中断程序	当使用比较信号时，才执行程序
子程序	只有程序调用时，才执行相应子程序

1.1.5 PLC的基本特点

通过讨论PLC的控制原理可以知道，PLC的输入与输出在物理上是彼此隔开的，其间的联系是靠运行存储于它的内存中的程序实现。它的入出相关，不是靠物理过程，不是用线路，而是靠信息过程，用软逻辑联系。它的工作基础是用好信息。信息不同于物质与能量，有自身的规律。信息便于处理，便于传递，便于存储；信息还可重用，等等。正是由于信息的这些特点，决定了PLC的基本特点。

下面介绍PLC的4个特点，即功能丰富、使用方便、工作可靠、快速有效。

1. 功能丰富

PLC的功能非常丰富，这主要与它具有丰富的处理信息的指令系统及存储信息的内部器件有关。

1）PLC的指令多达几十条、几百条，可进行各式各样的逻辑问题的处理，还可进行各种类型数据的运算，凡是普通计算机能做到的，它也都可做到。

2）PLC的内部器件，即内存中的数据存储区种类繁多、容量宏大、功能完善。以I/O继电器为例，可以用以存储入、出点信息的，少的几十、几百，多的可达几千、几万，以至十几万，这意味着它可进行这么多I/O点的输入/输出信息变换，进行大规模的控制。PLC内部的中间继电器数量更多，内存中一个位就可作为一个中间继电器。它的计数器、定时器也很多，是传统继电器电路所望尘莫及的。而且，这些内部器件还可设置成掉电保持的，或掉电不保持的，即上电后予以清零，以满足不同的使用要求，这也是传统继电器元件难以做到的。

3）PLC有丰富的外部设备，可建立友好的人机交互系统，以进行信息交换。在PLC相连的人机界面中可送入程序、送入数据，可读出程序、读出数据，而且读、写时可在图文并茂的画面上进行。PLC还具有外部通信接口，可与计算机连接或与总线联网进行交换信息，以形成单机所不能有的更大的、地域更广的控制系统。

4）PLC有强大的自检功能，可进行自诊断，并将结果自动记录，这为PLC系统的维修增加了透明度，提供了方便。

丰富的功能为PLC的广泛应用提供了可能，同时，也为工业系统的自动化、远动化及其控制的智能化创造了条件。像PLC这样集丰富功能于一身，是别的电控制器所没有的，更是传统的继电控制电路所无法比拟的。

2. 使用方便

用PLC实现对系统的控制是非常方便的，具体地讲，PLC有5个方面的方便：

（1）配置方便　可按控制系统的需要确定要使用哪家的PLC，哪种类型的，用什么模块，要多少模块，确定后，到市场上订货购买即可。

（2）安装方便　PLC硬件安装简单，组装容易。对于中大型的背板式PLC而言，其外部接线有接线器，接线简单，而且一次接好后，更换模块时，把接线器安装到新模块上即可，都不必再接线；内部什么线都不要接，只要做些必要的DIP开关设定或软件设定，以及编制好用户程序就可工作。对于中小型的无背板式PLC而言，整个PLC本体多采用DIN导轨安装，端子排分布合理。

（3）编程方便　PLC内部的继电器、时间继电器、计数器等种类多、数量全，在编程时基本不用考虑其数量限制，尽可以发挥想象力，按照控制思路进行编程。PLC目前使用的编程软件不仅采用符合国际标准的梯形图语言，其界面更是与日常大部分计算机流行软件一致，并将功能设置、调试监控、故障诊断等融为一体。由于PLC的升级换代加快，以前所编的程序基本上都可以转换为新型号的PLC语言。

（4）维修方便　PLC工作可靠，出现故障的情况与继电器控制回路来比已经大大降低，这大大减轻了维修的工作量。即使在PLC出现故障时，维修也很方便。这是因为PLC都设有很多故障提示信号，如PLC支持内存保持数据的电池电压不足，相应的就有电压低信号指示；另外，PLC本身还可做故障情况记录。

（5）改用方便　PLC用于某设备，若这个设备不再使用了，其所用的PLC还可给别的设备使用，只要改编一下程序，就可办到。如果原设备与新设备差别较大，它的一些模块还可重用。

3. 工作可靠

用PLC实现对系统的控制是非常可靠的。这是因为PLC在硬件与软件两个方面都采取了很多措施，确保它能可靠工作。

（1）在硬件方面　PLC的输入/输出电路与内部CPU是电隔离，其信息靠光耦器件或电磁器件传递。而且CPU板还有抗电磁干扰的屏蔽措施。故可确保PLC程序的运行不受外界的电与磁干扰，能正常地工作。PLC使用的元器件多为无触点的，而且为高度集成的，数量并不太多，也为其可靠工作提供了物质基础。

在机械结构设计与制造工艺上，为使 PLC 能安全可靠地工作，也采取了很多措施，可确保 PLC 耐振动、耐冲击。使用环境温度可高达 50℃以上，有的 PLC 可高达 80 ~ 90℃。

有的 PLC 的模块可工作在冗余热备模式下，一个主机工作，另一个主机也运转，但不参与控制，仅作冗余备份。一旦工作主机出现故障，冗余热备的 CPU 就可自动接替其工作。

（2）在软件方面　PLC 的工作方式为扫描加中断，这既可保证它能有序地工作，避免继电控制系统常出现的“冒险竞争”，其控制结果总是确定的；而且又能应急处理急于处理的控制，保证了 PLC 对应急情况的及时响应，使 PLC 能可靠地工作。

为监控 PLC 运行程序是否正常，PLC 系统都设置了“看门狗”监控程序。运行用户程序开始时，先清“看门狗”定时器，并开始计时。当用户程序一个循环运行完了，则查看定时器的计时值。若超时（一般不超过 100ms），则报警。严重超时，还可使 PLC 停止工作。用户可依报警信号采取相应的应急措施。定时器的计时值若不超时，则重复起始的过程，PLC 将正常工作。显然，有了这个“看门狗”监控程序，可保证 PLC 用户程序的正常运行，可避免出现“死循环”而影响其工作的可靠性。

PLC 还有很多防止及检测故障的指令，以产生各重要模块工作正常与否的提示信号。可通过编制相应的用户程序，对 PLC 的工作状况，以及 PLC 所控制的系统进行监控，以确保其可靠工作。

4. 快速有效

PLC 的一个很重要的特点就是高效、经济，这是基于 PLC 的工作速度快、指令效率高的基础上的。

工作速度是指 PLC 的 CPU 执行指令的速度及对急需处理的输入信号的响应速度，它是 PLC 工作的基础。速度高了，才可能通过运行程序实现控制，才可能不断扩大控制规模，才可能发挥 PLC 的多种多样的作用。

PLC 的指令是很多的，不同的 PLC 其指令的条数也不同，少的几十条，多的几百条，指令不同，执行的时间也不同。但各种 PLC 总有一些基本指令，而且各种 PLC 都有这些基本指令，故常以执行一条基本指令的时间来衡量这个速度，这个时间当然越短越好，已从微秒级缩短到零点微秒级，并随着微处理器技术的进步，这个时间还在缩短。

通过讨论 PLC 的控制原理可知，从对 PLC 加入输入信号，到 PLC 产生输出，最理想的情况也要延迟一个 PLC 运行程序的周期。因为 PLC 监测到输入信号，经运行程序后产生的输出，才是对输入信号的响应。对一般的输入信号，这个延迟虽可以接受，但对急需响应的输入信号，就不能接受了。对急需处理的输入信号延迟多长时间 PLC 能予以响应，一般的做法是采用输入中断，然后再输出即时刷新，即中断程序运行后，有关的输出点立即刷新，而不等到整个程序运行结束后再刷新。

1.2 PLC 的基本应用与分类

1.2.1 PLC 的基本应用

PLC 最初主要用于开关量的逻辑控制，随着技术的进步，它的应用领域不断扩大。在现代工业控制和商用控制场合，PLC不仅用于开关量控制，还用于模拟量及脉冲量的控制，可采集与存储数据，还可对控制系统进行监控；还可联网、通信，实现大范围、跨地域的控制与管理。PLC已日益成为现代电气控制装置家族中一个重要的角色。

1. 用于开关量控制

PLC控制开关量的能力是很强的，所控制的输入/输出点数，少的十几点、几十点，多的可到几百、几千，甚至几万点。由于它能联网，点数几乎不受限制，不管多少点都能直接或间接控制。

PLC所控制的逻辑问题可以是多种多样的：组合的、时序的；即时的、延时的；不需计数的，需要计数的；固定顺序的，随机工作的等，都可进行控制。

PLC的硬件结构是可变的，软件程序是可编的，用于控制时，非常灵活。必要时，可编写多套，或多组程序，依需要调用。它很适应于工业现场多工况、多状态变换的需要。

用PLC进行开关量控制的实例很多，如冶金、机械、轻工、化工和纺织等行业，几乎所有工业行业都需要用到它。

如图1-11所示为冰淇淋包装系统，该系统采用PLC的输入触点和延时功能来控制冰淇淋包装设备。PLC的功能如下：①利用变频器的输出控制变频器，以调节运行速度；②邻近传感器On后，一定时间后电磁阀动作；③时间的设定是根据邻近两个传感器的输入频率来计算的；④邻近传感器信号On后，经过一定时间后电磁阀再动作150ms，最后切割成品。

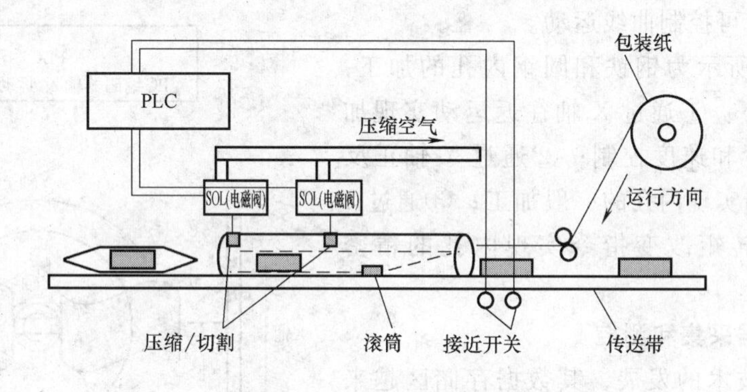

图1-11 冰淇淋包装系统

2. 用于模拟量控制

模拟量如电流、电压、温度和压力等，其大小是连续变化的。工业生产特别是连续型生产过程，常要对这些物理量进行控制。

PLC进行模拟量控制，要配置有模拟量与数字量相互转换的A-D、D-A单元。A-D单元是把外电路的模拟量，转换成数字量，然后送入PLC。D-A单元是把PLC的数字量转换成模拟量，再送给外电路。

有了A-D、D-A单元，余下的处理都是数字量，这对有信息处理能力的PLC并不难。中、大型PLC处理能力更强，不仅可进行数字的加、减、乘、除，还可开方、插值，并可进行浮点运算。有的还有PID指令，可对偏差制量进行比例、微分、积分运算，进而产生相应的输出。

用PLC进行模拟量控制的好处是，在进行模拟量控制的同时，开关量也可控制。这个优点是别的控制器所不具备的，或控制的实现不如PLC方便。

如图 1-12 所示为污水池流量控制系统，该系统采用 PLC 的模拟量输入模块和输出模块，适用于水处理厂的污水池。其控制过程为：①利用 A-D 模块输入污染度信号并测量污染度；②根据污染程度调整运行速度和输入到污水池的空气量。

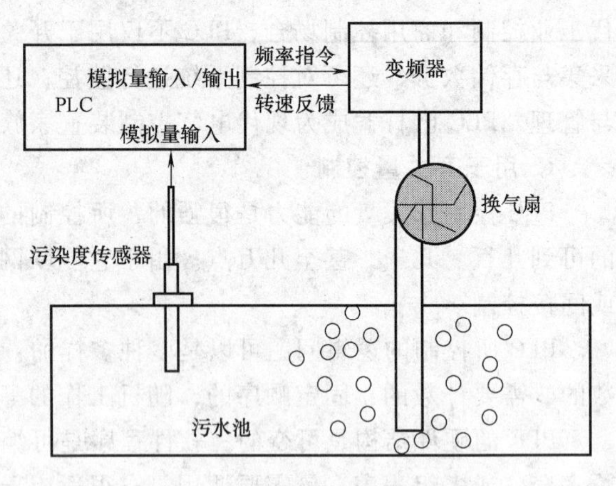

图 1-12 污水池流量控制系统

3. 用于脉冲量和运动控制

实际的物理量，除了开关量、模拟量，还有脉冲量，如机床部件的位移，常以脉冲量表示。

PLC 可接收计数脉冲，频率可高达几千到几十千赫兹，可用多种方式接收这种脉冲，还可多路接收。有的 PLC 还有脉冲输出功能，脉冲频率也可达几十千赫兹。有了这两种功能，加上 PLC 有数据处理及运算能力，若再配备相应的传感器（如旋转编码器）或脉冲伺服装置（如环形分配器、功放、步进电动机），则完全可以依数控（NC）的原理实现步进或伺服传动控制。

当然，高中档的 PLC 还开发有 NC 单元，或运动单元，可实现点位控制。运动单元还可实现曲线插补，可控制曲线运动。

如图 1-13 所示为钢铁和圆钢内孔的加工，其 PLC 功能如下：①通过 X 轴往返运动实现加工件的移动位置和速度控制；②通过 Y 轴正反旋转速度的控制实现内孔的一般加工；③通过 Z 轴正反旋转和转矩改变指令实现内孔的精密加工。

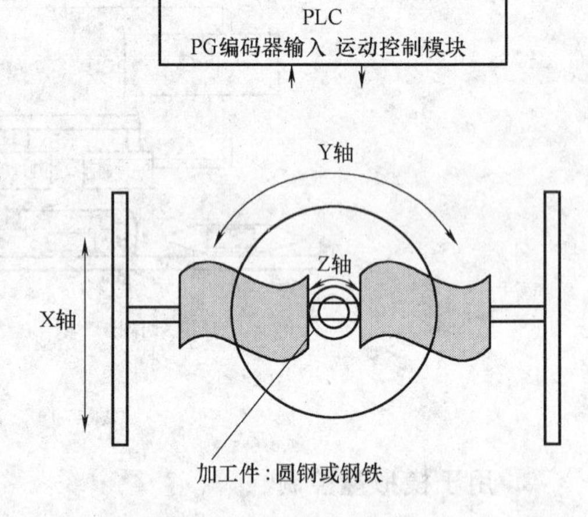

图 1-13 钢铁和圆钢内孔的加工

4. 用于数据采集和测控

随着 PLC 技术的发展，其数据存储区越来越大。数据采集可以用计数器，累计记录采集到的脉冲数，并定时转存到数据存储区（DM）中去。数据采集也可用 A-D 单元，当模拟量转换成数字量后，再定时转存到 DM 区中去。PLC 可与计算机通信，由计算机把 DM 区的数据读出，并由计算机再对这些数据作处理。这时，PLC 即成为计算机的数据终端。

如图 1-14 所示为净水厂流量计测控系统，利用 PLC 和数据交换器的变换功能，接收各地流量计的数据，并将数据传送到中央控制室系统。各个地方通过 PLC 内置的 RS-485 通信接收流量计数据，并用数据交换器连接到以太网，通过上位机的组态软件收集各地方的流量计的数据。

5. 用于联网、通信

PLC 可与个人计算机相连接进行通信，可用计算机参与编程及对 PLC 进行控制和管理，使 PLC 用起来更方便。为了充分发挥计算机的作用，可实行一台计算机控制与管理多台

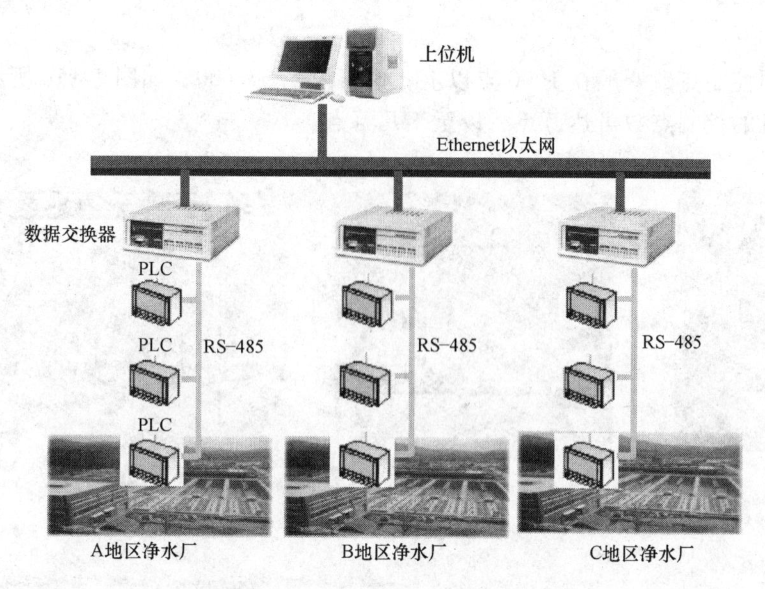

图 1-14 净水厂流量计测控系统

PLC，多的可达 32 台。也可一台 PLC 与两台或更多的计算机通信，交换信息，以实现多地对 PLC 控制系统的监控。

PLC 与 PLC 也可通信。可一对一 PLC 通信，也可几台 PLC 通信，可多到几十、几百台。PLC 与智能仪表、智能执行装置（如变频器），也可联网通信，交换数据，相互操作。可连接成远程控制系统，系统范围面可大到 10 千米或更大。联网可把成千上万的 PLC、计算机、智能装置等组织在一个网中。

联网、通信，正适应了当今计算机集成制造系统及智能化工厂发展的需要。它可使工业控制从点到线再到面，使设备级的控制、生产线的控制、工厂管理层的控制连成一个整体，进而可创造更高的效益。这个无限美好的前景，已越来越清楚地展现在面前。

事实上，PLC 已广泛应用于工业生产的各个领域。从行业看，冶金、机械、化工、轻工、食品和建材等，几乎没有不用到它的。不仅工业生产用它，一些非工业过程，如楼宇自动化、电梯控制也用到它。农业的大棚环境参数调控、水利灌溉也用到它。

1.2.2 PLC 的基本类型

PLC 的类型很多，可从不同的角度进行分类。

1. 按控制规模分

控制规模主要指控制开关量的输入和输出点数及控制模拟量的模拟量输入和输出，或两者兼而有之（闭路系统）的路数，但主要以开关量计。模拟量的路数可折算成开关量的点，大致一路相当于 8 ~ 16 点。依这个点数，PLC 大致可分为微型机、小型机、中型机、大型机及超大型机。

微型机控制点仅十几点，如西门子 LOGO，如图 1-15a 所示。

小型机控制点可达几十点到 100 多点，如西门子 S7-200 和 S7-1200，如图 1-15b 和图 1-15c 所示。

中型机控制点数可达近几百点到 500 点，以至于千点，如西门子 S7-300，如图 1-15d

所示。

大型机的控制点数一般在 1000 点以上，如西门子 S7-400，如图 1-15e 所示。

超大型机的控制点数可达万点，以至于几万点。

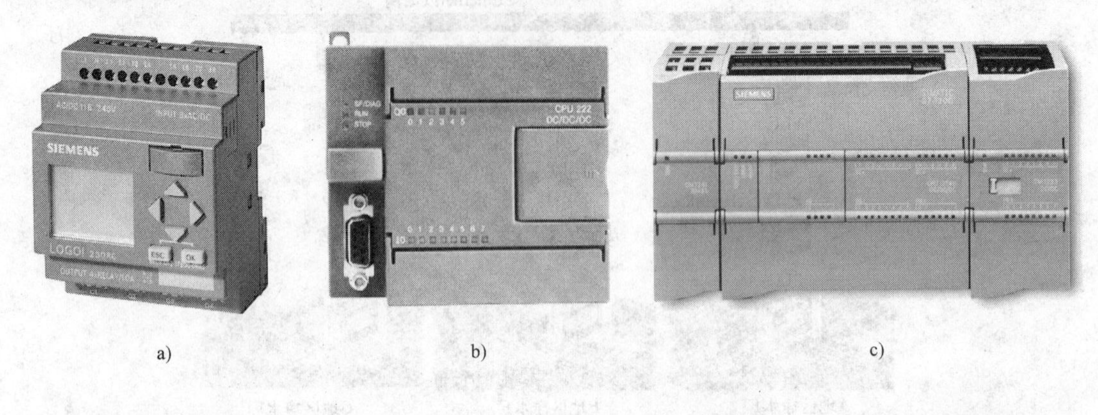

图 1-15　西门子 PLC 类型

a）LOGO　b）S7-200　c）S7-1200　d）S7-300　e）S7-400

以上这种划分只是大致的，目的是便于系统的配置及使用。一般来讲，根据实际的 I/O 点数选用相应的机型，其性能价格比必然要高；相反，肯定要差些。

2. 按结构划分

PLC 可分为无背板及有背板两大类。微型机、小型机多为无背板的，如西门子 S7-200 和 S7-1200 系列 PLC 等。无背板的 PLC 把电源、CPU、内存、I/O 系统都集成在一个小模块内，一个主机模块就是一台完整的 PLC，就可用以实现控制。控制点数不符需要，可再接扩展模块，由主模块及若干扩展模块组成较大的系统，以实现对较多点数的控制。

背板式 PLC 是按功能分成若干独立的模块，如 CPU 模块、输入模块、输出模块、电源模块等，并直接安装在背板上，通过背板进行数据联系。该类型 PLC 的模块功能更单一、品种更多，可便于系统配置，使 PLC 更能物尽其用，达到更高的使用效益。如西门子 S7-300/400 等中、大型机就是这种结构。

1.2.3 PLC的品牌及市场占有率

PLC的品牌与类型很多，据统计，不同品牌的PLC全球市场占有率见表1-2，饼图如图1-16所示。显然，西门子品牌的PLC遥遥领先于其他品牌，占31%左右。因此，本书将以西门子的S7-200/300/400系列PLC为例进行介绍。

表1-2 不同品牌的PLC全球市场占有率

品 牌	全球市场占有率(%)
Siemens	30.7
Rockwell/A-B	21.6
Mitsubishi	13.9
Schneider	08.9
Omron	06.6
GEFanuc	04.4
Moeller	02.3
B&R	01.5
Sharp	01.5
Hitachi	01.3
其他品牌	07.6

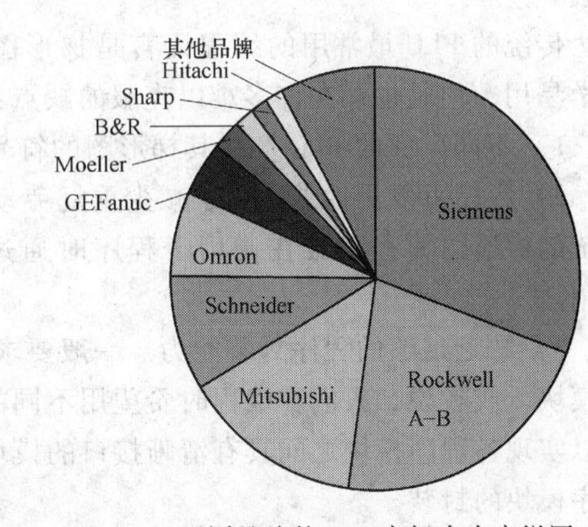

图1-16 不同品牌的PLC市场占有率饼图

1.3 PLC编程语言标准IEC 61131-3

1.3.1 IEC 61131的基本情况

对于PLC作为计算机控制技术来说，最大的问题在于它的不通用，尽管它最早于1968年开始产生并已经大量应用于工业生产。而IEC61131-3编程语言标准的出现则为PLC的进一步规范发展奠定了基础。

目前，传统的PLC公司如西门子、三菱、Rockwell、Moeller、LG、GE等编程系统的开发均是以IEC 61131-3为基础或与IEC 61131-3一致。尽管这些编程工具距离标准的IEC 61131-3语言还有一定距离，但这些公司的编程系统会逐渐或终将与IEC 61131-3编程语言一致，是毋庸置疑的。

1. IEC 61131大致情况

IEC 61131是国际电工委员会（IEC）制定的PLC标准。

IEC 61131标准区分成以下几个部分：

第1部分：一般资讯；第2部分：设备需求与测试；第3部分：编程语言；第4部分：使用者指引；第5部分：讯息服务规格；第6部分：通过fieldbus通信；第7部分：模糊控制程式编辑；第8部分：编程语言应用与导入指引。

IEC 61131-3则是属于该标准的第3部分编程语言。

2. 编程语言 IEC 61131-3 的现状和发展

1993 年国际电工委员会（IEC）正式颁布了 PLC 的国际标准 IEC 61131-3，规范了 PLC 的编程语言及其基本元素。这一标准为 PLC 软件技术的发展，乃至整个工业控制软件技术的发展，起到了举足轻重的推动作用。它是全世界控制工业第一次制定的有关数字控制软件技术的编程语言标准。此前，国际上没有出现过有实际意义的，为制定通用的控制语言而开展的标准化活动。可以说，没有编程语言的标准化便没有今天 PLC 走向开放式系统的坚实基础。

传统的 PLC 最常用的编程语言是梯形图，它遵从了广大电气自动化人员的专业习惯，易学易用，但是也存在许多难以克服的缺点：

1）不同厂商的 PLC 产品其梯形图的符号和编程规则均不一致，程序的可移植性差。

2）程序可复用性差。为了减少重复劳动，现代软件编程特别强调程序的可重复使用。传统的梯形图编程很难在调用子程序时通过变量赋值实现相同的逻辑算法和策略的反复使用。

3）缺乏足够的程序封装能力。一般要求将一个复杂的程序分解为若干个不同功能的程序模块。或者说，人们在编程时希望用不同的功能模块组合成一个复杂的程序，梯形图编程难以实现各程序模块之间具有清晰接口的模块化，也难以对外部隐藏程序模块内部数据实现程序模块的封装。

4）不支持数据结构。梯形图编程不支持数据结构，无法实现将数据组织成如 Pascal、C 语言等高级语言中的数据结构那样的数据类型。对于一些复杂应用的编程，它几乎无能为力。

5）程序执行具有局限性。由于传统 PLC 按扫描方式组织程序的执行，因此整个程序的指令代码完全按顺序逐条执行。对于要求即时响应的程序应用（如执行事件驱动的程序模块)，具有很大的局限性。

6）进行顺序控制功能编程时，一般只能为每一个顺控状态定义一个状态位，难以实现选择或并行等复杂顺控操作。

7）传统的梯形图编程在算术运算处理、字符串或文字处理等方面均不能提供强有力的支持。

在 IEC 61131-3 标准的制定过程中就面临着在突破旧有的编程语言不足的同时，又要继承其合理和有效的部分。

3. 兼容并蓄是 IEC 61131-3 成功的基础

IEC 61131-3 的制定，集中了美国、加拿大、欧洲（主要是德国、法国）以及日本等 7 家国际性工业控制企业的专家和学者的智慧，以及数十年在工控方面的经验。在制定这一编程语言标准的过程中，PLC 正处在其发展和推广应用的鼎盛时期。主要是在北美和日本，普遍运用梯形图（LD）语言编程；在欧洲，则使用功能块图（FBD）和顺序功能图（SFC）；德国和日本，又常常采用指令表（IL）对 PLC 进行编程。

为了扩展 PLC 的功能，特别是加强 PLC 的数据处理、文字处理，以及通信功能的能力，许多 PLC 还允许使用高级语言（如 BASIC 语言、C 语言)。因此，制定这一标准的首要任务就是把现代软件的概念和现代软件工程的机制应用于传统的 PLC 编程语言。

IEC 61131-3 规定了两大类编程语言：文本化编程语言和图形化编程语言。前者包括指令清单语言（IL）和结构化文本语言（ST），后者包括梯形图语言（LD）和功能块图语言（FBD）。至于顺序功能图（SFC），标准不把它单独列入编程语言的一种，而是将它在公用元素中予以规范。这就是说，不论在文本化语言中，或者在图形化语言中，都可以运用SFC的概念、句法和语法。于是，在我们现在所使用的编程语言中，可以在梯形图语言中使用SFC，也可以在指令清单语言中使用SFC。

IEC 61131-3允许在同一个PLC中使用多种编程语言，允许程序开发人员对每一个特定的任务选择最合适的编程语言，还允许在同一个控制程序中其不同的软件模块用不同的编程语言编制。这一规定妥善继承了PLC发展历史中形成的编程语言多样化的现实，又为PLC软件技术的进一步发展提供了足够的空间。

自IEC 61131-3正式公布后，它获得了广泛的接受和支持：

1）国际上各大PLC厂商都宣布其产品符合该标准的规范（尽管这些公司的软件工具距离标准的IEC 61131-3语言尚有一定距离），在推出其编程软件新产品时，遵循该标准的各种规定。

2）以PLC为基础的控制作为一种新兴控制技术正在迅速发展，大多数PLC控制的软件开发商都按照IEC 61131-3的编程语言标准规范其软件产品的特性。

3）正因为有了IEC 61131-3，才真正出现了一种开放式的PLC的编程软件包，它不具体地依赖于特定的PLC硬件产品，这就为PLC的程序在不同机型之间的移植提供了可能。

总部设在荷兰的国际性组织PLC open在推广该标准的应用并开发相关的软件产品，以及谋求该标准的进一步发展进行了不懈的努力，获得了广泛的响应和优秀的成绩。以上这些事实有力地说明了这个编程语言标准的生命力。

1.3.2 IEC 61131-3的软件模型

1. 软件模型概述

IEC 61131-3标准的软件模型用分层结构表示。每一层隐含其下层的许多特性，从而构成优于传统PLC软件的理论基础。

软件模型描述基本的高级软件元素及其相互关系。这些元素包括：程序组织单元，即程序和功能块；组态元素，即配置、资源、任务、全局变量和存取路径。它是现代PLC的软件基础。图1-17所示是IEC 61131-3标准的软件模型。

IEC 61131-3软件模型从理论上描述了如何将一个复杂程序分解为若干小的可管理部分，并在各分解部分之间有清晰和规范的接口方法。软件模型描述一台PLC如何实现多个独立程序的同时装载和运行，如何实现对程序执行的完全控制等。

IEC 61131-3软件模型分为输入/输出界面、通信界面和系统界面三部分。

（1）输入/输出界面　每个PLC系统都需要读取来自实际过程的输入，例如来自微动开关、压力传感器、温度传感器等物理通道的信号。它也经物理通道输出信号到各种执行器，如电磁阀、继电器线圈、伺服与变频器等。

（2）通信界面　大多数PLC系统需要与其他设备进行信息交换，以提供显示画面和操作面板等。

（3）系统界面　在PLC的硬件和软件之间需要系统界面，系统服务器需要确保程序可初始化和正确运行，提供硬件与嵌入式系统的软件之间的组合。

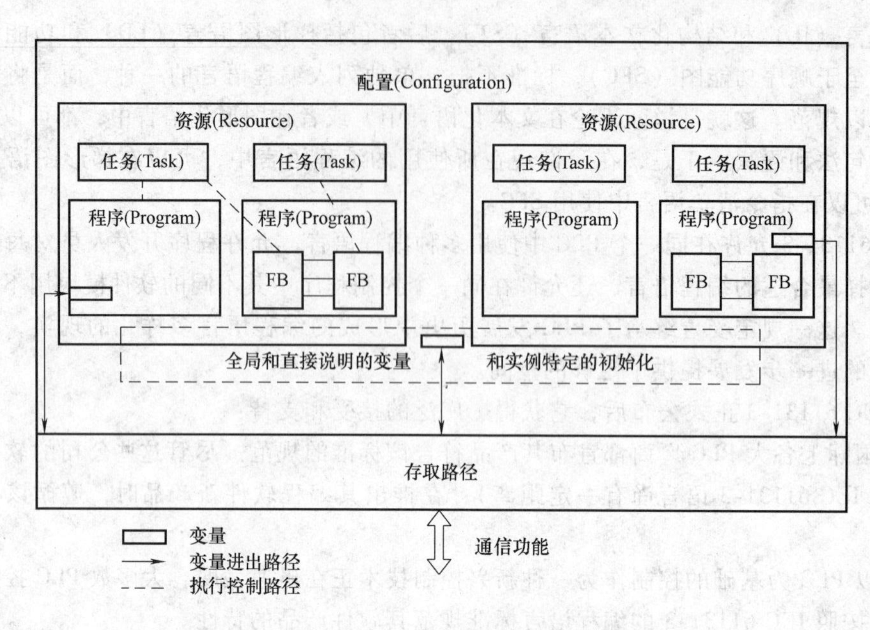

图 1-17　IEC 61131-3 标准的软件模型

2. 配置

配置（Configuration）是语言元素或结构元素，它位于软件模型的最上层，是大型的语言元素。

配置是 PLC 的整个软件，它用于定义特定应用的 PLC 系统特性，是一个特定类型的控制系统，它包括硬件装置、处理资源、I/O 通道的存储地址和系统能力。

配置的定义用关键字 CONFIGURATION 开始，随后是配置名称和配置声明，最后用 END_ CONFIGURATION 结束。配置声明包括定义该配置的有关类型和全局变量的声明、在配置内资源的声明、存取路径变量的声明和配置变量声明等。

以下是一个配置的案例：

```
CONFIGURATION CELL_1                      (＊CELL_1 是配置名称＊)
  VAR_GLOBAL w:UINT;END_VAR               (＊w 是在配置 CELL_1 内的全局变量名＊)
  RESOURCE STATION_1 ON PROCESSOR_TYPE_1(＊STATION_1 是资源名＊)
    VAR_GLOBAL z1:BYTE;END_VAR            (＊z1 是资源 STATION_1 内的全局变量名＊)
    TASK  SLOW_1(INTERVAL:=t#20ms,PRIORITY:=2);(＊SLOW_1 是任务名＊)
    TASK  FAST_1(INTERVAL:=t#10ms,PRIORITY:=1);(＊FAST_1 是任务名＊)
    PROGRAM P1 WITH SLOW_1:               (＊P1 是程序名,它与 SLOW_1 任务结合＊)
      F(x1:=%IX1.1);
    PROGRAM  P2:G(OUT1=>w,                (＊P2 是程序名,G 程序实例名＊)
      FB1  WITH  SLOW_1                   (＊FB1 是功能块实例名,它与 SLOW_1 任务
                                          结合＊)
      FB2  WITH  FAST_1);                 (＊FB2 是功能块实例名,它与 FAST_1 任务
                                          结合＊)
  END_RESOURCE
```

```
  RESOURCE  STATION_2  ON  PROCESSOR_TYPE_2  (*STATION_2 是资源名*)
    VAR_CLOBAL  z2:BOOL;  (*z2 是资源 STATION_2 内的全局变量名*)
        AT%QW5:INT;(*地址%QW5 的变量是 STATION_2 内直接表示的全局变量*)

    END_VAR
    TASK  PER_2(INTERVAL:=t#50ms,PRIORITY:=2);  (*PER_2 是周期执行的
                                                  任务名*)
    TASK  INT_2(SINGLE:=z2,PRIORITY:=1);(*INT_2 是事件触发的任务名*)
    PROGRAM  P1  WITH  PER_2:(*P1 是程序名,它与 PER_2 任务结合*)
        F(x1:=z2,x2:=w);(*使用全局变量实现数据通信*)
    PROGRAM  P4  WITH  INT_2:(*P4 是程序名,它与 INT_2 任务结合*)
        H(HOUT1=>%QW5,
        FB1 WITH PER_2);(*FB1 是功能块名,它与 PER_2 任务结合*)
  END_RESOURCE
VAR_ACCESS(*存取路径变量声明*)
  (*存取路径变量名*)  (*存取路径*)              (*数据类型*)  (*读写属性*)
  ABLE                :STATION_1.%IX1.1         :BOOL         READ_ONLY;
  BAKER               :STATION_1.P1.x2          :UINT         READ_WRITE;
  CHARLIE             :STATION_1.z1             :BYTE;
  DOG                 :w                        :UINT         READ_ONLY;
  ALPHA               :STATION_2.P1.y1          :BYTE         READ_ONLY;
  BETA                ;STATION_2.P4.HOUTI       :INT          READ_ONLY;
  GAMMA               :STATION_2.z2             :BOOL         READ_WRITE;
  S1_COUNT            :STATION_1.P1.COUNT:INT;
  THETA               :STATION_2.P4.FB2.d1:BOOL               READ_WRITE;
  ZETA                :STATION_2.P4.FB1.c1      :BOOL         READ_ONLY;
  OMEGA               :STATION_2.P4.FB1.c3      :INT          READ_WRITE;
  END_VAR
  VAR_CONFIG(*配置变量声明*)
    STATION_1.P1.COUNT        :INT:=1;
    STATION_2.P1.COUNT        :INT:=100;
    STATION_1.P1.TIME1        :TON:=(PT:=T#2.5s);
    STATION_2.P1.TIMEI        :TON:=(PT:=T#4.5s);
    STATION_2.P4.FB1.C2       AT  %QB25  :BYTE;
  END_VAR
END_CONFIGURATION
```

在配置案例中，配置名 CELL_1 有一个全局变量，其变量名为 w，数据类型为 UINT。给配置有两个资源，同时也声明了配置中有关变量的存取路径变量。图 1-18 所示是本案例软件模型的图形表示。

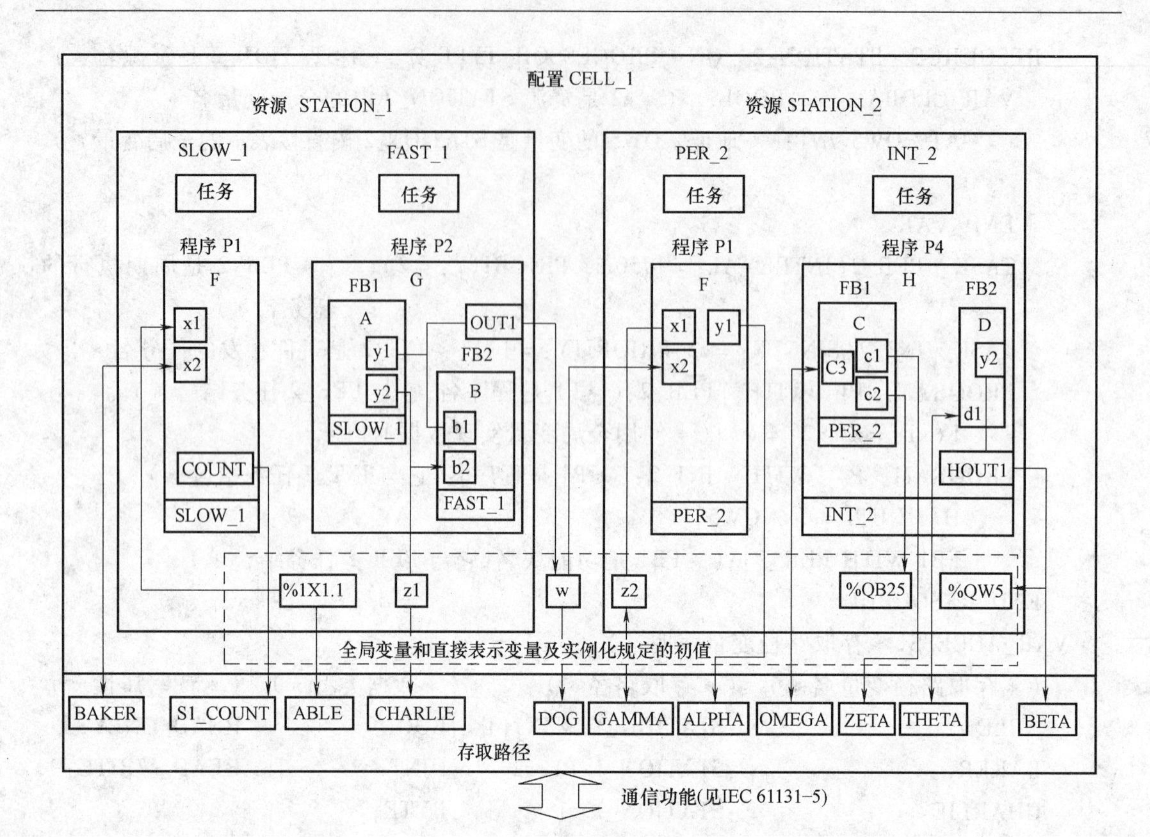

图 1-18　软件模型的图形表示

3. 资源

资源在一个“配置”中可以定义一个或多个“资源”。可把“资源”看作能执行 IEC 程序的处理手段，它反映 PLC 的物理结构，在程序和 PLC 的物理 I/O 通道之间提供了一个接口。只有在装入“资源”后才能执行 IEC 程序。一般而言，通常资源放在 PLC 内，当然它也可以放在其他支持 IEC 程序执行的系统内。

在上述的配置案例中有两个资源。资源名 STATION_1 有一个全局变量，变量名是 z1，其数据类型是字节。该资源的类型名是 PROCESSOR_TYPE_1，它有两个任务，任务名为 SLOW_1 和 FAST_1。还有两个程序，程序名是 P1 和 P2。资源名 STATION_2 有两个全局变量，一个变量名是 z2，其数据类型是布尔量；另一个是直接表示变量，其地址是% QW5，数据类型是整数。需指出，资源 STATION_1 中的全局变量 z1 的数据只能从资源 STATION_1 中存取，不能从资源 STATION_2 中存取，除非配置为全局变量；反之亦然。

4. 任务

任务（Task）位于软件模型分层结构的第三层，用于规定程序组织单元 POU 在运行期的特性。任务是一个执行控制元素，它具有调用能力。

任务在一个资源内可以定义一个或多个任务。任务被配置后可以控制一组程序或功能块。这些程序和功能块可以是周期地执行，也可以由一个事件驱动予以执行。

任务除了有任务名称外，还有 3 个输入参数，即 SIGNAL、INTERVAL 和 PRIORITY 属性。

1）SIGNAL。单任务输入端，在该事件触发信号的上升沿，触发与任务相结合的程序组织单元执行一次。例如，任务 INT_2 中 z2 是单任务输入端的触发信号。

2）INTERVAL。周期执行时的时间间隔。当其值不为零，且 SIGNAL 信号保持为零，则表示该任务的有关程序组织单元被周期执行，周期执行的时间间隔由该端输入的数据确定，如任务 SLOW_1，其周期执行时间为 20ms。当其值为零（不连接），表示该任务是由事件触发执行的，如任务 INT_2。

周期执行时的时间间隔取决于任务执行完成需要多长时间。如果一个任务执行时间有时足够长，有时又比较短时，这类系统称为不确定系统。

3）PRIORITY。当多个任务同时运行时，对任务设置优先级。0 表示最高优先级，优先级越低，数值越高。

5. 全局变量

允许变量在不同的软件元素内被声明，变量的范围确定其在哪个程序组织单元中是可以用的。范围可能是局部的或全局的。全局变量被定义在配置、资源或程序层内部，它还提供了两个不同程序和功能块之间非常灵活的交换数据的方法。

6. 存取路径

存取路径用于将全局变量、直接表示变量和功能块的输入、输出和内部变量联系起来，实现信息的存取。它提供在不同配置之间交换数据和信息的方法，每一配置内的许多指定名称的变量可以通过其他远程配置来存取。

7. IEC 软件模型是面向未来的开放系统

IEC 61131-3 提出的软件模型是整个标准的基础性的理论工具，帮助人们完整地理解除编程语言以外的全部内容。

配置本软件模型，在其最上层把解决一个具体控制问题的完整的软件概括为一个“配置”。它专指一个特定类型的控制系统，包括硬件装置、处理资源、I/O 通道的存储地址和系统能力，等同于一个 PLC 的应用程序。在一个由多台 PLC 构成的控制系统中，每一台 PLC 的应用程序就是一个独立的“配置”。

典型的 IEC 程序由许多互连的功能块与函数组成，每个功能块之间可相互交换数据。函数与功能块是基本的组成单元，都可以包括一个数据结构和一种算法。

可以看出，IEC 61131-3 软件模型是在传统 PLC 的软件模型的基础上增加了许多内容：

1）IEC 61131-3 的软件模型是一种分层结构，每一层均隐含其下层的许多特征。

2）它奠定了将一个复杂的程序分解为若干个可以进行管理和控制的小单元，而这些被分解的小单元之间存在着清晰而规范的界面。

3）可满足由多个处理器构成的 PLC 系统的软件设计。

4）可方便地处理事件驱动的程序执行（传统的 PLC 的软件模型仅为按时间周期执行的程序结构）。

5）对以工业通信网络为基础的分散控制系统（例如由现场总线将分布于不同硬件内的功能块构成一个具体的控制任务）尤其是软逻辑/PLC 控制这些正在发展中的新兴控制技术，该软件模型均可覆盖和适用。由此可见，该软件模型足以映像各类实际系统。

对于只有一个处理器的小型系统，其模型只有一个配置、一个资源和一个程序，与现在大多数 PLC 的情况完全相符。对于有多个处理器的中、大型系统，整个 PLC 被视作一个配置，每个处理器都用一个资源来描述，而一个资源则包括一个或多个程序。对于分散型系统，将包含多个配置，而一个配置又包含多个处理器，每个处理器用一个资源描述，每个资源则包括一个或多个程序。

1.3.3 IEC 61131-3 的编程模型

IEC 61131-3 的编程模型是用于描述库元素如何产生衍生元素，如图 1-19 所示的编程模型也称为功能模型，因为它描述了 PLC 系统所具有的功能。它包括信号处理功能、传感器和执行器接口功能、通信功能、人机界面功能、编程、调试和测试功能、电源功能等。

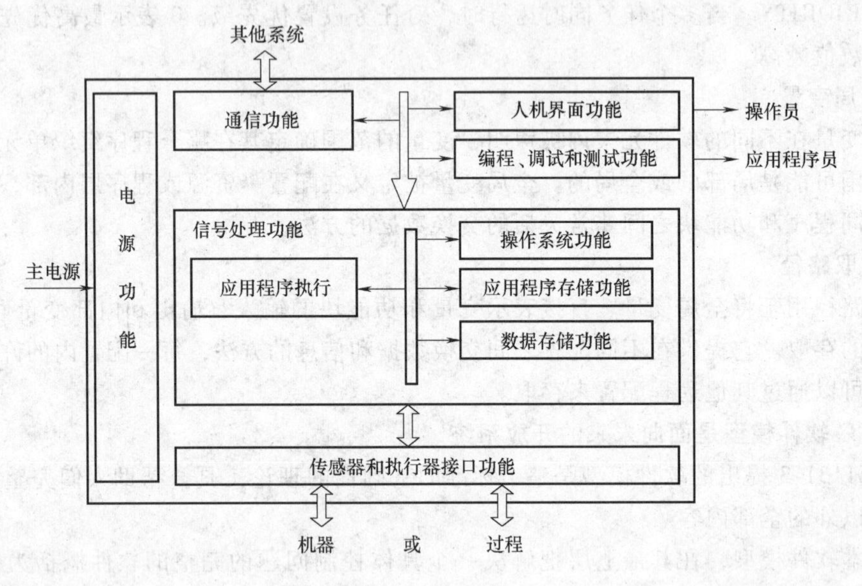

图 1-19 编程模型

1. 信号处理功能

信号处理功能由应用程序寄存器功能、操作系统功能、数据寄存器功能、应用程序执行功能等组成。它根据应用程序，处理传感器及内部数据寄存器所获得的信号，处理输出信号送给执行器及内部数据寄存器。信号处理功能组别及示例见表 1-3。

表 1-3 信号处理功能组别及示例

功能组别		示例	功能组别		示例
逻辑控制	逻辑	与、或、非、异或、触发	数据处理	人机界面	显示、命令
	定时器	接通延迟、断开延迟、定时脉冲		打印机	信息、报表
	计数器	脉冲信号加和减		大容量存储器	记录
	顺序控制	顺序功能表图		执行控制	周期执行、事件驱动执行
数据处理	数据处理	选择、传送、格式、传送、组织		系统配置	状态校验
	模拟数据	PID、积分、微分、滤波	运算	基本运算	加、减、乘、除、模除
	接口	模拟和数字信号的输入/输出		扩展运算	平方、开方、三角函数
	其他系统	通信协议		比较	大于、小于、等于
	输入/输出	BCD 转换			

2. 传感器与执行器功能

将来自机器或过程的输入信号转换为合适的信号电平，并将信号处理功能的输出信号或数据转换为合适的电平信号，传送到执行器或显示器。通常，它包括输入/输出信号类型及输入/输出系统特性的确定等。

3. 通信功能

提供与其他系统，如其他 PLC 系统、机器人控制器、计算机等装置的通信，用于实现程序传输、数据文件传输、监视、诊断等。通常采用符合国际标准的硬件接口（如 RS-232、RS-485）和通信协议等实现。

4. 人机界面功能

它为操作员提供与信号处理、机器或过程之间信息相互作用的平台，也称为人机接口功能。主要包括为操作员提供机器或过程运行所需的信息，允许操作员干预 PLC 系统及应用程序，如对参数调整和超限判别等。

5. 编程、调试和测试功能

它可作为 PLC 的整体，也可作为 PLC 的独立部分来实现。它为应用程序员提供应用程序生成、装载、监视、检测、调试、修改及应用程序文件编制和存档的操作平台。

1）应用程序写入，包括应用程序生成、应用程序显示等。应用程序的写入可采用字母、数字或符号键，也可应用菜单、下拉式菜单和鼠标、球标等光标定位装置。应用程序输入时应保证程序和数据的有效性和一致性。应用程序的显示是在应用程序写入时，将所有指令能逐句或逐段立即显示。通常，可打印完整的程序。不同编程语言的显示形式可能不同，用户可选择合适的显示形式。

2）系统自动启动，包括应用程序的装载、存储器访问、PLC 系统的适应性、系统自动状态显示、应用程序的调试和应用程序的修改等。PLC 系统的适应性是系统适应机械或过程的功能，包括对连接到系统的传感器和执行机构进行检查的测试功能、对程序序列运行进行检查的测试功能和常数置位和复位功能等。

3）文件，包括硬件配置及与设计有关的注释的描述、应用程序文件、维修手册等。应用程序文件应包括程序清单、信号和数据处理的助记符、所有数据处理用的交叉参考表、输入/输出（内部储存数据、定时器、计数器等内部功能）、注释、用户说明等。

4）应用程序存档，为提高维修速度和减少停机时间，应将应用程序存储在非易失性的存储介质中，并且应保证所存储的程序与原程序的一致性。

6. 电源功能

提供 PLC 系统所需电源，为设备同步起停提供控制信号，提供系统电源与主电源的隔离和转换等。可根据供电电压、功率消耗及不间断工作的要求等使用不同的电源供电。

1.3.4　IEC 61131-3 的公共元素

1. 标识符

标识符必须是由字母、数字和下划线字符组成，并被命名为语言元素。在标识符中字母的字体是没有意义的，例如，标识符 abcd，ABCD 和 aBCd 应具有相同的意义。在标识符中下划线是有意义的，例如，A_BCD 和 AB_CD 应解释为不同的标识符。标识符不允许以多个下划线开头或多个内嵌的下划线，例如，字符序列_LIM_SW5 and LIM_ SW5 是无效的标识符。标识符也不允许以下划线结尾，例如，字符列 LIM_SW5_是无效的标识符。标识符的性能和实例见表1-4。

表1-4 标识符的性能和实例

序 号	特性描述	举 例
1	大写字母和数字	IW215 IW215Z QX75 IDENT
2	大写和小写字母、数字、内嵌的下划线	所有上面的再加上： LIM_SW_5 LimSw5 abcd ab_Cd
3	大写和小写字母、数字、前导或内嵌的下划线	所有上面的再加上： _MAIN_12V7

2. 关键字

关键字是语言元素特征化的词法单位，是特定的标准标识符，它用于定义不同结构启动和终止的软件元素。如 CONFIGURATION、END_ CONFIGURATION 表示配置段开始与结束。

3. 分界符

分界符用于分隔程序语言元素的字符或字符组合。它是专用字符，不同的分界符具有不同的含义。比如“（*”、“*）”分别表示注释开始符号、注释结束符号。

1.3.5 IEC 61131-3 的数据类型与表示

IEC 61131-3 的数据类型分为基本数据类型、一般数据类型和衍生数据类型三类。数据类型与它在数据存储器中所占用的数据宽度有关。定义数据类型可防止因对数据类型的不同设置而发生出错。数据类型的标准化是编程语言开放性的重要标志。

1. 基本数据类型

基本数据类型是在标准中预先定义的标准化数据类型。它有表1-5所列的约定关键字、数据元素位数、数据允许范围及约定的初始值。基本数据类型名可以是数据类型名、时间类型名、位串类型名、STRING、WSTRING 和 TIME。

表1-5 基本数据类型

数据类型	关键字	位数(N)	允许取值范围	约定初始值
布尔	BOOL	1	0或1	0
短整数	SINT	8	$-128 \sim +127$，即 $-2^7 \sim 2^7-1$	0
整数	INT	16	$-32768 \sim 32767$，即 $-2^{15} \sim 2^{15}-1$	0
双整数	DINT	32	$-2^{31} \sim 2^{31}-1$	0
长整数	LINT	64	$-2^{63} \sim 2^{63}-1$	0
无符号短整数	USINT	8	$0 \sim +255$，即 $0 \sim 2^8-1$	0
无符号整数	UINT	16	$0 \sim +65535$，即 $0 \sim 2^{16}-1$	0
无符号双整数	UDINT	32	$0 \sim +2^{32}-1$	0
无符号长整数	ULINT	64	$0 \sim +2^{64}-1$	0
实数	REAL	32	按 SJ/Z 9071 对基本单精度浮点格式的规定	0.0
长实数	LREAL	64	按 SJ/Z 9071 对基本双精度浮点格式的规定	0.0

（续）

数据类型	关键字	位数(N)	允许取值范围	约定初始值
持续时间	TIME			T#0s
日期	DATE			D#0001-01-01
时刻	TOD			TOD#00:00:00
日期和时刻	DT			DT#0001-01-01-00:00:00
变量长度单字节字符串	STRING	8	与执行有关的参数	''单字节空串
8 位长度的位串	BYTE	8	0 ~ 16#FF	
16 位长度的位串	WORD	16	0 ~ 16#FFFF	
32 位长度的位串	DWORD	32	0 ~ 16#FFFF_FFFF	
64 位长度的位串	LWORD	64	0 ~ 16#FFFF_FFFF_FFFF_FFFF	
变量长度双字节字符串	WSTRING	16	与执行有关的参数	""双字节空串

基本数据类型的允许范围是这类数据允许的取值范围。约定初始值是在对该类数据进行声明时，如果没有赋初始值时取用的是由系统提供的约定初始值。

2. 一般数据类型

一般数据类型用前缀“ANY”标识，它采用分级结构，如图 1-20 所示。其中衍生数据类型也可以增加前缀变为一般数据类型。

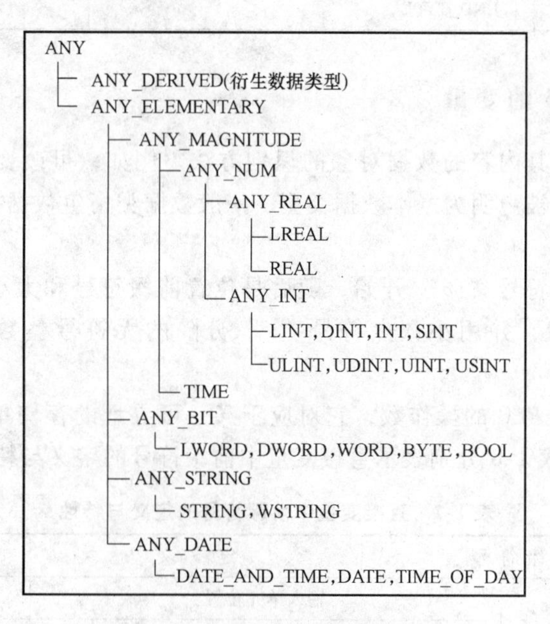

图 1-20　一般数据类型

3. 衍生数据类型

衍生数据类型是用户在基本数据类型的基础上，建立的由用户定义的数据类型，因此也称为导出数据类型。这类数据类型所定义的变量是全局变量。它可用与基本数据类型所使用的相同方法对变量进行声明。衍生数据类型的特性与示例见表 1-6。

表 1-6 衍生数据类型的特性与示例

序号	衍生数据类型特性	示例	说明
1	直接衍生的数据类型	TYPE PI:REAL:=3.1415927; END_TYPE	PI 衍生数据类型用于表示 REAL 实数数据其初始值是 3.1415927
2	枚举数据类型	TYPE AI_Signal:(Single_Ended,Differential); END_TYPE	AI_Signal 是枚举数据类型,它有两种数据类型:Single_Ended(单端)和 Differential(差分)
3	子范围数据类型	TYPE Analog;INT(0..16000); END_TYPE	Analog 数据类型是整数数据类型,其允许范围为 0~16000
4	数组数据类型	TYPE AI:ARRAY[1..5,1..8]OF Analog;=(20(0),20(16000)); END_TYPE	AI 数组数据类型是 5×8 维数组,其数据元素的数据类型由 Analog 确定。其中,前 20 个初始值为 0,后 20 个的初始值为 16000
5	结构化数据类型	TYPE AI_Board; STRUCT Range:SIGNAL_RANGE Min:Analog; Max:Analog; END_STRUCT END_TYPE	Al_Board 数据类型是结构化数据,由 Range、Min 和 Max 组成。其中,Range 的数据类型是 SIGNAL_RANGE,Min 和 Max 的数据类型是 Analog

1.3.6 IEC 61131-3 的变量

变量提供能够改变其内容的数据对象的识别方法。例如，可改变 PLC 输入和输出或存储器有关的数据。变量被声明为基本数据类型、一般数据类衍生数据类型。

1. 直接变量

直接变量用百分数符号“%”开始，随后是位置前缀符号和大小前缀符号，如果有分级，则用整数表示分级，并用小数点符号“.”分隔的无符号整数表示直接变量，如%IXQ.0、%QWO 等。

直接变量类似传统 PLC 的操作数，它对应于某一可寻址的存储单元（如输入单元、输出单元等)。表 1-7 和表 1-8 分别表示直接变量中前缀符号的定义与特性、直接变量的示例。

表 1-7 直接变量中前缀符号的定义与特性

序号	前缀符号		定义	约定数据类型
1	位置前缀	I	输入单元位置	
2		Q	输出单元位置	
3		M	存储器单元位置	
4	大小前缀	X	单个位	BOOL
5		无	单个位	BOOL
6		B	字节位(8 位)	BYTE

（续）

序号	前缀符号		定　义	约定数据类型
7	大小前缀	W	字位(16位)	WORD
8		D	双字位(32位)	DWORD
9		L	长(4)字位(64位)	LWORD
10	*		在VAR_CONEIC…END_VAR结构声明中,“＊”表示还未特定位置的内部变量	

表1-8　直接变量的示例

示　例	说　明
%IX1.3或%I1.3	表示输入单元1的第3位
%IW4	表示输入字单元4(即输入单元8和9)
%QX75和%Q75	表示输出位75
%MD48	表示双字,位于存储器48
%Q＊	表示输出在一个未特定的位置
%IW2.3.4.5	表示PLC系统第2块I/O总线的第3机架(Rack)上第4模块的第5通道(字)输入

2. 符号变量

用符号表示的变量即符号变量，其地址对不同的PLC可以不同，这为程序的移植创造条件。

3. 多元素变量

多元素变量包括衍生数据类型中数组数据类型的变量和结构数据类型的变量。

4. 变量的类型与属性（见表1-9、表1-10）

表1-9　变量的类型与属性

变量类型关键字	变量属性	外部读写	内部读写
VAR	内部变量,程序组织单元内部的变量	不允许	读/写
VAR_INPUT	输入变量,由外部提供,在程序组织单元内部不能修改	读/写	读
VAR_OUTPUT	输出变量,由程序组织单元提供给外部实体使用	写	读/写
VAR_IN_OUT	输入-输出变量,由外部实体提供,能在程序组织单元内部修改	读/写	读/写
VAR_EXTERNAL	外部变量,能在程序组织单元内部修改,由全局变量组态提供	读/写	读/写
VAR_GLOBAL	全局变量,能在对应的配置、资源内使用	读/写	读/写
VAR_ACCESS	存取变量,用于与外部设备的不同程序间变量的传递	读/写	读/写
VAR_TEMP	暂存变量,在程序或功能块中暂时存储的变量	读/写	读/写
VAR_CONFIG	配置变量,实例规定的初始化和地址分配	不允许	读

1.3.7　IEC 61131-3的程序组织单元

程序组织单元，即POU，包括声明和本体两部分，它是用户程序的最小软件单位，对应于传统PLC的程序块、组织块、顺序块和功能块等。程序组织单元按功能分为函数、功能模块和程序。

表 1-10 变量的附加属性

变量附加属性关键字	变量附加属性
RETAIN	表示变量附加保持属性,即电源掉电时能够保持该变量的值
NON_RETAIN	表示变量附加不保持属性,即电源掉电时不具有掉电保持功能
CONSTANT	表示该变量是一个常数。因此,程序执行时,该变量的值保持不变(不能修改)
AT	变量存取的地址
R_EDGE	对输入变量设置上升沿边沿检测
F_EDGE	对输入变量设置下降沿边沿检测
READ_WRITE	对存取变量设置读写属性
READ_ONLY	对存取变量设置只读属性

IEC 61131-3 标准定义了 8 类标准函数，它的作用类似于数学函数。例如，SIN 函数用于输入变量的正弦值，SQRT 函数用于计算输入变量的开方等。

在编程中，IEC 61131-3 允许使用 SFC（顺序功能图）、LD（梯形图）、FBD（功能块）、ST（结构化文本）、IL（指令表）等语言。

图 1-21 所示为结构文本（ST）语言和功能块（FBD）语言表示的一段表示数学运算的程序。

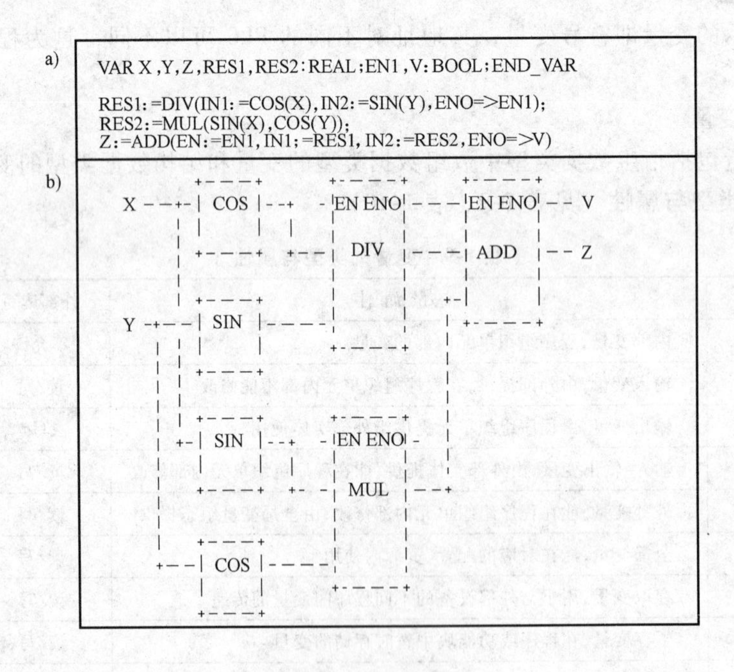

图 1-21 程序案例
a）ST 语言 b）FBD 语言

1.3.8 IEC 61131-3 标准的优势

IEC 61131-3 的优势在于它成功地将现代软件的概念和现代软件工程的机制用于 PLC 传统的编程语言。具体表现为：

1）采用现代软件模块化原则。

★编程语言支持模块化，将常用的程序功能划分为若干单元，并加以封装，构成编程的基础。

★模块化时只设置必要的、尽可能少的输入和输出参数，尽量减少交互作用，尽量减少内部数据交换。

★模块化接口之间的交互作用，均采用显性定义。

★将信息隐藏于模块内，对使用者来讲只需了解该模块的外部特性（即功能，输入/输出参数），而无需了解模块内算法的具体实现方法。

2）IEC 61131-3支持自顶而下（top-down）和自底而上（bottom-up）程序开发方法。用户可先进行总体设计，将控制应用划分若干个部分，定义应用变量，然后编各个部分的程序（这就是自顶而下）。用户也可以先从底部开始编程，例如先导出函数和功能块，再进行按照控制要求编制程序（这就是自底而上）。无论选择何种开发方法，IEC 61131-3所创建的开发环境均会在整个编程过程中给予强有力的支持。

3）IEC 61131-3所规范的编程系统独立于任一个具体的目标系统，它可以最大限度地在不同的PLC目标系统中运行。这样就创造了一种具有良好开放性的氛围，奠定了PLC编程开放性的基础。

4）将现代软件概念浓缩，并加以运用，例如：

★数据使用DATA_TYPE说明机制。

★函数使用FUNCTION说明机制。

★数据和函数的组合使用FUNCTION_BLOCK说明机制。

在IEC 61131-3中，功能块并不只是FBD语言的编程机制，它还是面向对象组件的结构基础。一旦完成了某个功能块的编程，并通过调试和试用证明了它确能正确执行所规定的功能，那么就不允许用户再将它打开，改变其算法。即使是一个功能块因为其执行效率有必要再提高，或者是在一定的条件下其功能执行的正确性存在问题，需要重新编程，我们只要保持该功能块的外部接口（输入/输出定义）不变，仍可照常使用。同时，许多原创设备制造厂（OEM）将它们的专有控制技术压缩在用户自定义的功能块中，既可以保护知识产权，又可以反复使用，不必一再地为同一个目的而编写和调试程序。

5）标准要求严格的数据类型定义。这意味着，IEC 61131-3编程语言为减少程序开发人员对一个变量做出错误的数据类型定义创造了有效的限制。

在软件工程中，许多编程的错误往往发生在程序的不同部分其数据的表达和处理不同。IEC 61131-3从源头上避免了这类低级的错误，虽然采用的方法可能会导致效率降低一点，但换来的价值却是程序的可靠性、可读性和可维护性。IEC 61131-3采用以下方法防止这些错误：

★限制函数与功能块之间的互连范围：只允许兼容的数据类型与功能块之间互连。

★限制运算只可对其数据类型已明确定义的变量进行。

★禁止隐含的数据类型变换。比如，实型数不可执行按位运算。若要运算，编程者必须先通过显式变换函数REAL_TO_WORD，把实型数变换为WORD型位串变量。标准中规定了多种标准固定字长的数据类型，包括位串、带符号位和不带符号位的整数型（8位、16位、32位和64位字长）。

6）对程序执行具有完全的控制能力。传统的 PLC 只能按扫描方式顺序执行程序，对程序执行的多样性要求如由事件驱动某一段程序的执行，程序的并行处理等均无能为力。IEC 61131-3 允许程序的不同部分，在不同的条件（包括时间条件）下，以不同的比率并行执行。即允许对一个程序的不同部分规定不同的执行次数、不同的执行时间和并行执行的方式。这意味着，以“任务”控制的方式可让一个程序的不同部分以不同的扫描周期进行扫描。

7）提供灵活的编程语言选择。有三种图形化语言和两种文本化语言可在表达一个控制应用程序的不同部分时，让程序编制人员有很大的自由度去选用他认为合适的语言来设计。换句话说就是，程序的不同部分可用上述五种语言的任意一种来表达。

8）支持数据结构的定义。由于支持数据结构，所以相关的数据元素即便属于不同的数据类型，也可在程序不同的部分传送，就如它们是一个单一的实体。在不同程序组织单元（POU）之间传送复杂信息，如同传送单一变量一样。这不但改善了程序的可读性，而且保证了相关数据的存取准确无误。

9）完全支持顺序控制的各种描述，再复杂的顺序行为也可轻而易举地用顺序功能图（SFC）这样的图形化语言加以分解、描述及编程。顺序控制过程的每一步都可用步（steps）、动作（actions）和转移（transitions between steps）准确描述。

当然，IEC 61131-3 沿用了直接表示与硬件有关的变量方法，这就妨碍了均符合标准的 PLC 系统之间做到真正意义上的程序可移植。由于不同机种有自己的输入、输出定义（这些均与硬件相关），如果想把一个在某个厂商的 PLC 中运行得很好的程序原封不动地搬到另一个 PLC 厂商的机器，必须先从技术文件中找到有关与硬件相关变量的定义，然后再在另一个机型中对此重新定义。至少可以这样说，不存在与硬件相关变量之间的变换。

思考与练习

习题 1.1　PLC 的定义是什么？为什么说 PLC 是一种数字的电子系统？

习题 1.2　简述 PLC 的结构。

习题 1.3　简述 PLC 的常用编程语言。

习题 1.4　简述 PLC 的主要功能。

习题 1.5　列举常见的小型、中大型 PLC 品牌及其特点。

习题 1.6　PLC 的功能有哪些？举例说明。

习题 1.7　IEC 61131-3 规定的软件模型是什么？以两种不同品牌的 PLC 来加以比较。

习题 1.8　IEC 61131-3 的变量定义有什么特点？

习题 1.9　尝试下载一种符合 IEC 61131-3 的软件。

第 2 讲　S7-200 PLC 控制基础

【内容提要】

S7-200 PLC 是西门子公司推出的专门用于小型自动化系统的产品，它具有结构简单、编程方便、性能优越、灵活通用、可靠性高、抗干扰能力强等一系列优点，在国内的电气控制设备与工业生产自动控制领域得到了广泛的应用。本讲主要介绍了 S7-200 PLC 的基础知识、STEP 7-Micro/WIN 编程软件的安装、梯形图的设计方法与 LAD 编辑、编译，最后列举了多个实例进行拓展。

应知

※了解 S7-200 PLC 的外部接线方式
※熟悉不同 S7-200 CPU 的输入/输出点数差异
※掌握 S7-200 PLC 的梯形图编程方式
※掌握 S7-200 PLC 的编译与下载步骤

☆能指出 S7-200 PLC 的各个部分的名称
☆能对 S7-200 PLC 进行外部简单接线
☆能安装 STEP 7-Micro/WIN 编程软件
☆能在编程环境下进行程序编辑、编译并下载

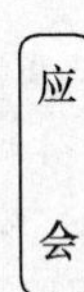

应会

2.1 S7-200 PLC 基础知识

2.1.1 西门子 S7-200 PLC 硬件基础

CPU 单元设计

西门子 S7-200 系列小型 PLC 适用于各行各业、各种场合中的检测、监测及控制的自动化，它的强大功能使其无论在独立运行中或相连成网络都能实现复杂的控制功能。S7-200 CPU 将一个微处理器、一个集成电源和数字量 I/O 点集成在一个紧凑的封装中，从而形成了一个功能强大的小型 PLC。如图 2-1 所示为其中一种型号——CPU222 的 CPU 单元设计。

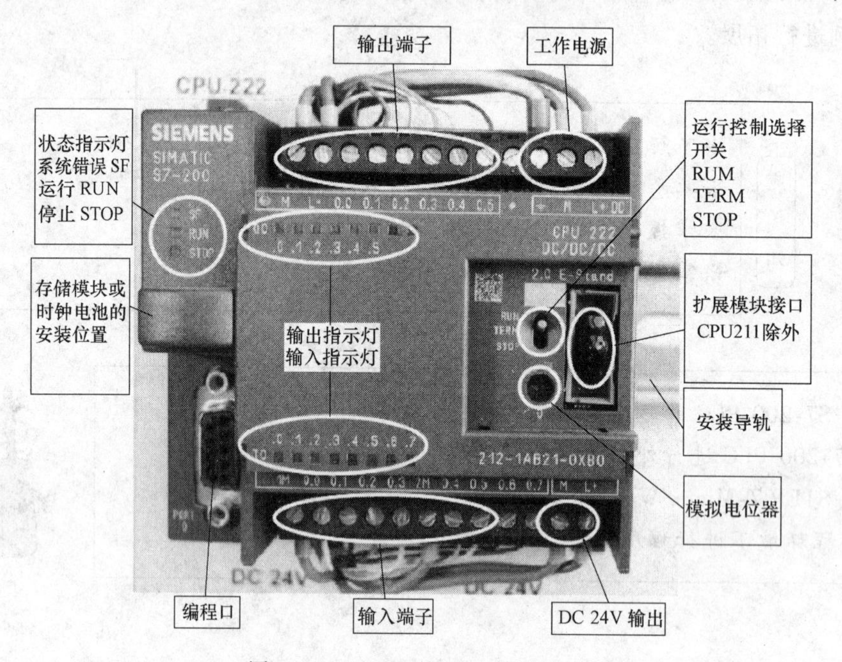

图 2-1 CPU222 的 CPU 单元设计

S7-200 PLC 提供了多种类型的 CPU 以适应各种应用。S7-200 PLC 的各种 CPU 特性比较见表 2-1。

表 2-1 S7-200 PLC 的各种 CPU 特性比较

特性	CPU 221	CPU 222	CPU 224	CPU 224XP	CPU 226
外形尺寸/mm	91×80×62	90×80×62	120.5×80×62	140×80×62	190×80×62
程序存储器/字节： 可在运行模式下编辑 不可在运行模式下编辑	4096 4096	4096 4096	8192 12288	12288 16384	16384 24576
数据存储区	2048 字节	2048 字节	8192 字节	10240 字节	10240 字节
掉电保持时间	50 小时	50 小时	100 小时	100 小时	100 小时
本机 I/O 数字量 模拟量	6 入/4 出 —	8 入/6 出 —	14 入/10 出 —	14 入/10 出 2 入/1 出	24 入/16 出 —

（续）

特　　性	CPU 221	CPU 222	CPU 224	CPU 224XP	CPU 226
扩展模块数量	0个模块	2个模块	7个模块	7个模块	7个模块
高速计数器 单相 双相	 4路30kHz 2路20kHz	 4路30kHz 2路20kHz	 6路30kHz 4路20kHz	 4路30kHz 2路200kHz 3路20kHz 1路100kHz	 6路30kHz 4路20kHz
脉冲输出(DC)	2路20kHz	2路20kHz	2路20kHz	2路100kHz	2路20kHz
模拟电位器	1	1	2	2	2
实时时钟	配时钟卡	配时钟卡	内置	内置	内置
通信口	1　RS-485	1　RS-485	1　RS-485	2　RS-485	2　RS-485
浮点数运算	有				
I/O映像区	256(128入/128出)				
布尔指令执行速度	0.22μs/指令				

S7-200 CPU的种类比较多，但根据输出结构来说，大体为两类：即输出为晶体管的和输出为继电器的。图2-2a和图2-2b是晶体管输出、继电器输出的基本接线图示意（以CPU224为例）。

2.1.2　编程软件的安装

安装编程软件的计算机应使用Windows操作系统，为了实现PLC与计算机的通信，必须使用编程电缆，包括采用COM口的PC/PPI电缆（见图2-3a）、USB口的USB-PPI电缆（见图2-3b）、PPI多主站电缆或MPI电缆加安装在电脑中的通信处理器。

西门子S7-200 PLC的编程软件为STEP7-Micro/WIN，它与第5讲介绍的S7-300/400系列PLC为不同的编程环境。

STEP7-Micro/WIN可以从西门子公司官方网站下载（V4.0版本以上），安装中文编程环境的步骤如下：

第一步：关闭所有应用程序，包括Microsoft Office快捷工具栏，在Windows资源管理器中打开安装文件所在区域（光盘、U盘或硬盘），双击“Setup.exe”文件。

第二步：运行Setup程序，选择安装程序界面语言，并默认使用英语（见图2-4），选择安装目的地文件夹。

第三步：在安装过程中，会出现“设置PG/PC接口”窗口，按照编程电缆型号进行选择，一般选择“PC/PPI cable”（见图2-5）。

第四步：安装完成后，单击对话框上的完成按钮重新启动计算机，重启后在Windows的“开始”菜单找到相应的快捷方式，运行“STEP7-Micro/WIN软件”，如图2-6所示。

第五步：在STEP7-Micro/WIN编程环境中，选择菜单Tools→Options（见图2-7），选择General选项卡，并设置为Chinese（见图2-8），改变设置后，推出编程环境，再次启动后即进入全中文编程界面。

2.1.3　编程环境的项目组成

图2-9所示为V4.0版本编程软件的界面。

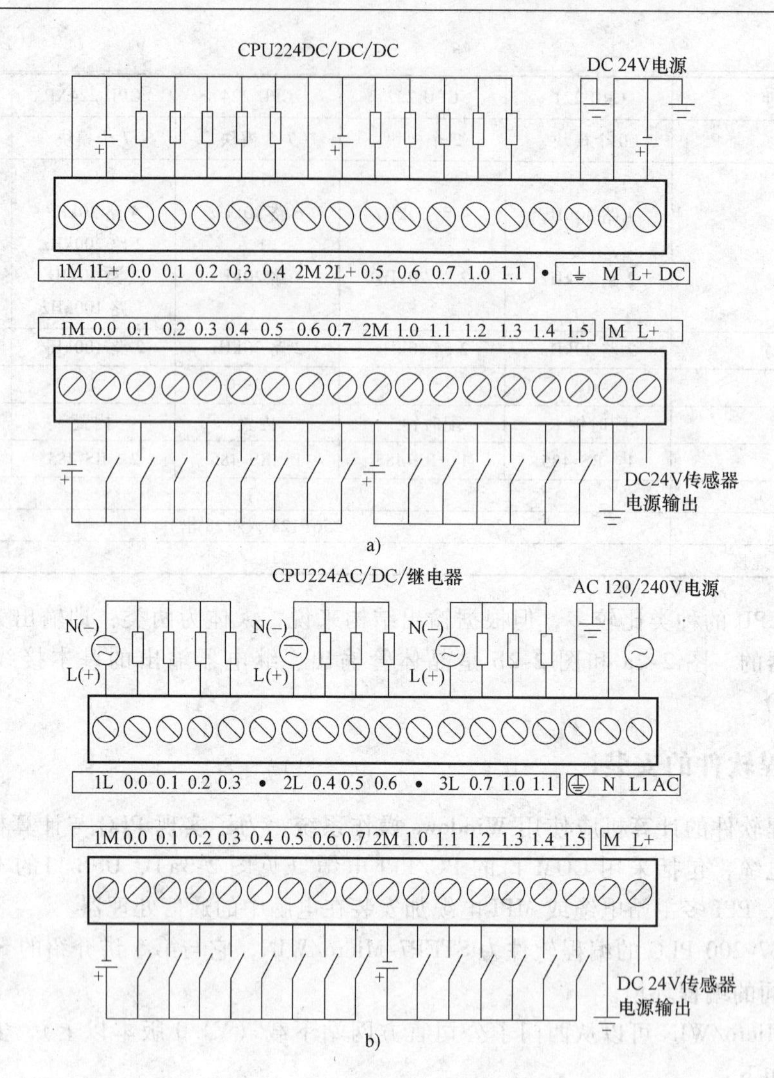

图 2-2 S7-200 CPU 的接线图
a）晶体管输出 b）继电器输出

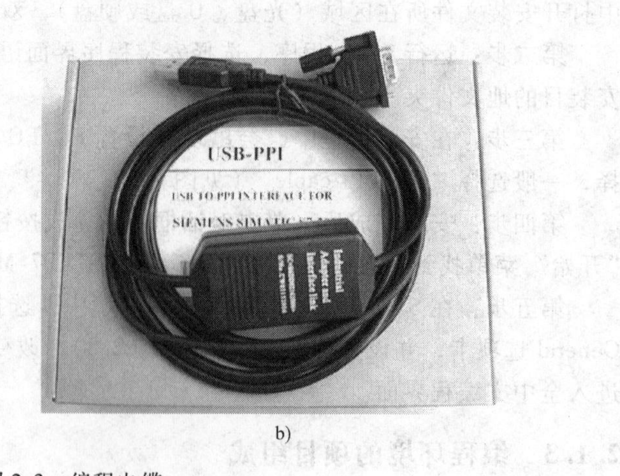

a) b)

图 2-3 编程电缆
a）PC/PPI 电缆 b）USB-PPI 电缆

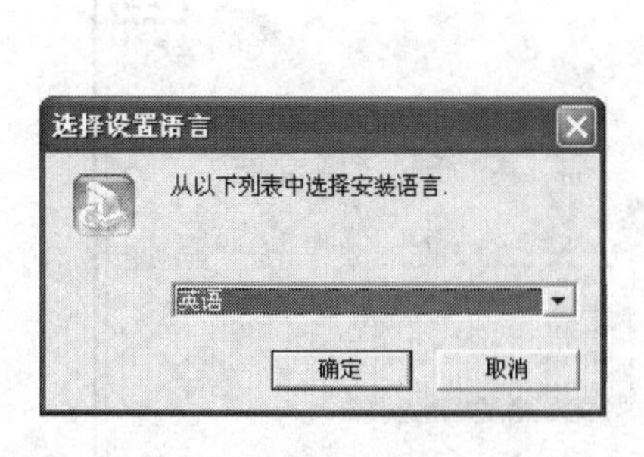

图 2-4 选择设置语言

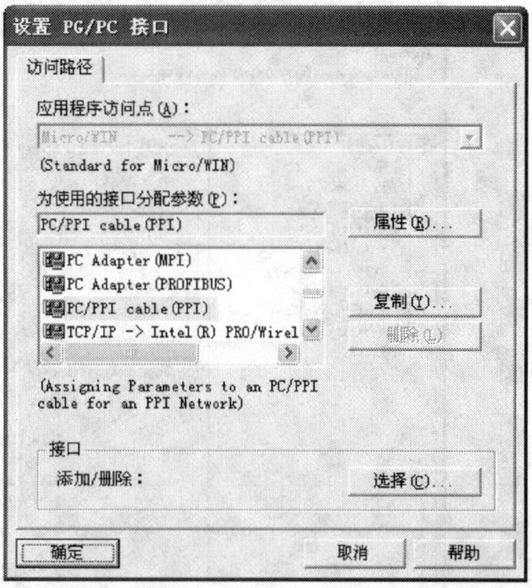

设置 PG/PC 接口
访问路径
应用程序访问点(A):
Micro/WIN --> PC/PPI cable(PPI)
(Standard for Micro/WIN)
为使用的接口分配参数(P):
PC/PPI cable(PPI)
属性(R)...
PC Adapter(MPI)
PC Adapter(PROFIBUS)
PC/PPI cable(PPI)
TCP/IP -> Intel(R) PRO/Wirel
复制(Y)...
删除(L)
(Assigning Parameters to an PC/PPI cable for an PPI Network)
接口
添加/删除:
选择(C)...
确定
取消
帮助

图 2-5 设置 PG/PC 接口

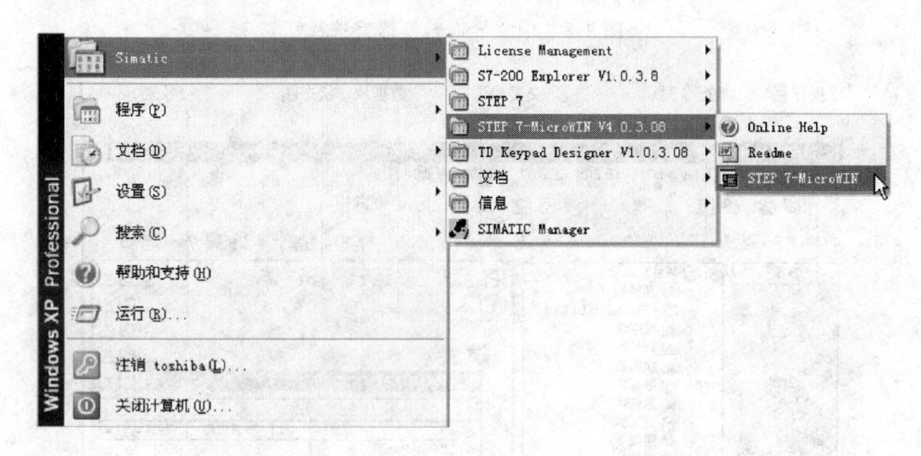

图 2-6 快捷方式运行 STEP 7-Micro/WIN 软件

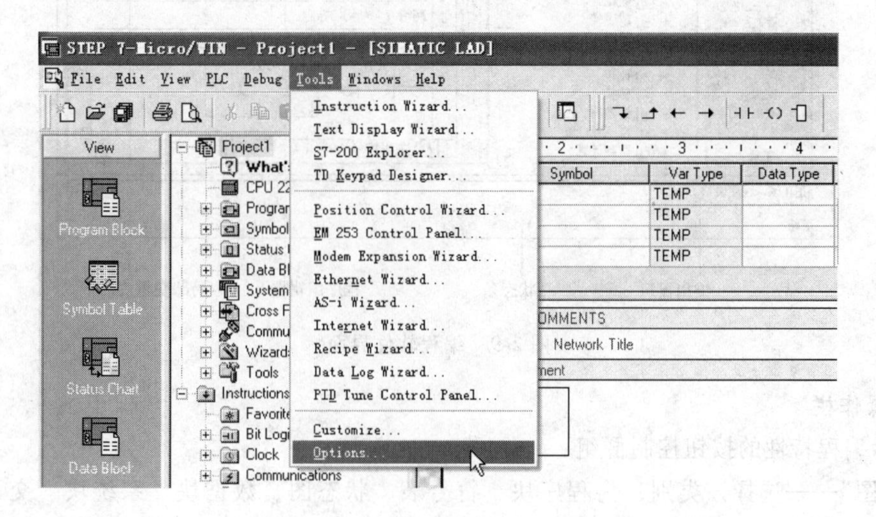

图 2-7 菜单 Tools→Options 选项

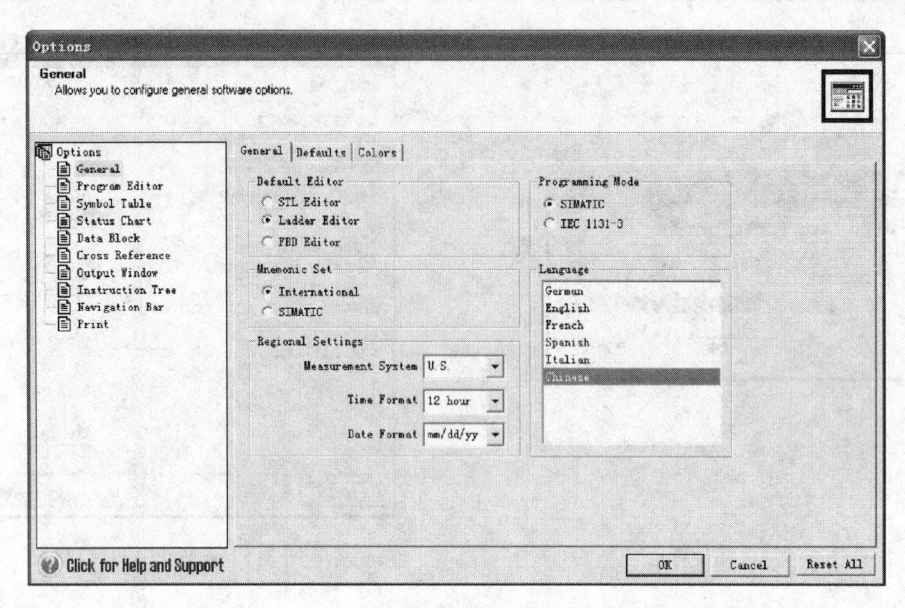

图 2-8　中文界面转换语言选择

图 2-9　编程软件界面

1. 操作栏

显示编程特性的按钮控制群组：

“视图”——选择该类别，为程序块、符号表、状态图、数据块、系统块、交叉参考及通信显示按钮控制。

"工具"——选择该类别，显示指令向导、文本显示向导、位置控制向导、EM 253 控制面板和调制解调器扩展向导的按钮控制。

当操作栏包含的对象因为当前窗口大小无法显示时，操作栏显示滚动按钮，使用户能向上或向下移动至其他对象。

2. 指令树

提供所有项目对象和为当前程序编辑器（LAD、FBD 或 STL）提供的所有指令的树型视图。

用户可以用鼠标右键点击树中"项目"部分的文件夹，插入附加程序组织单元(POU)；也可以用鼠标右键点击单个"POU"，打开、删除、编辑其属性表，用密码保护或重命名子程序及中断例行程序。

用户还可以用鼠标右键点击树中"指令"部分的一个文件夹或单个指令，以便隐藏整个树。一旦打开指令文件夹，就可以拖放单个指令或双击，按照需要自动将所选指令插入程序编辑器窗口中的光标位置。当然用户还可以将指令拖放在"偏好"文件夹中，排列经常使用的指令。

3. 交叉参考

允许检视程序的交叉参考和组件使用信息。

4. 数据块

允许显示和编辑数据块内容。

5. 状态图

窗口允许将程序输入、输出或变量置入图表中，以便追踪其状态。用户可以建立多个状态图，以便从程序的不同部分检视组件。每个状态图在状态图窗口中有自己的标签。

6. 符号表/全局变量表窗口

允许分配和编辑全局符号（即可在任何 POU 中使用的符号值，不只是建立符号的 POU)。用户可以建立多个符号表，也可在项目中增加一个 S7-200 系统符号预定义表。

7. 输出窗口

在编译程序时提供信息。当输出窗口列出程序错误时，可双击错误信息，会在程序编辑器窗口中显示适当的网络。当编译程序或指令库时，提供信息。当输出窗口列出程序错误时，这时可以双击错误信息，会在程序编辑器窗口中显示适当的网络。

8. 状态条

提供在 STEP 7-Micro/WIN 中操作时的操作状态信息。

9. 程序编辑器窗口

包含用于该项目的编辑器（LAD、FBD 或 STL）的局部变量表和程序视图。如果需要，可以拖动分割条，扩展程序视图，并覆盖局部变量表。当在主程序一节（OB1）之外建立子程序或中断例行程序时，标记出现在程序编辑器窗口的底部。可点击该标记，在子程序、中断和 OB1 之间移动。

10. 局部变量表

包含对局部变量所作的赋值（即子程序和中断例行程序使用的变量）。在局部变量表中建立的变量使用暂时内存；地址赋值由系统处理；变量的使用仅限于建立此变量的 POU。

11. 菜单条

允许使用鼠标或键击执行操作。用户可以定制“工具”菜单，在该菜单中增加自己的工具。

12. 工具条

为最常用的 STEP 7-Micro/WIN 操作提供便利的鼠标访问。用户可以定制每个工具条的内容和外观。

2.1.4 S7-200 PLC 的数据类型

STEP 7-Micro/WIN 编程软件在运行过程中执行简单的数据类型检查，这意味着在编程时的变量必须指定为一种合适的数据类型。表 2-2 所列为 S7-200 PLC 的基本数据类型。

表 2-2 S7-200 PLC 的基本数据类型

基本数据类型	数据类型大小	说　明	范　围
位	1 位	布尔逻辑	0 ~ 1
字节	8 位	不带符号的字节	0 ~ 255
字节	8 位	带符号的字节(SIMATIC 模式仅限用于 SHRB 指令)	− 128 ~ + 127
字	16 位	不带符号的整数	0 ~ 65535
整数	16 位	带符号的整数	− 32768 ~ + 32767
双字	32 位	不带符号的双整数	0 ~ 4294967295
双整数	32 位	带符号的双整数	− 2147483648 ~ + 2147483647
实数	32 位	IEEE 32 位浮点	+ 1. 175495E − 38 ~ + 3. 402823E + 38 − 1. 175495E − 38 ~ 3. 402823E + 38
字符串	2 至 255 字节	ASCII 字符串照原样存储在 PLC 内存中,形式为 1 字符串长度接 ASCII 数据字节	ASCII 字符代码 128 ~ 255

根据基本数据类型，S7-200 PLC 的各数据存储区寻址见表 2-3。

表 2-3 数据存储区寻址

区域	说　明	作为位存取	作为字节存取	作为字存取	作为双字存取
I	离散输入和映像寄存器	读取/写入	读取/写入	读取/写入	读取/写入
Q	离散输出和映像寄存器	读取/写入	读取/写入	读取/写入	读取/写入
M	内部内存位	读取/写入	读取/写入	读取/写入	读取/写入
SM	特殊内存位 (SM0 ~ SM29 为只读内存区)	读取/写入	读取/写入	读取/写入	读取/写入
V	变量内存	读取/写入	读取/写入	读取/写入	读取/写入
T	定时器当前值和定时器位	T 位 读取/写入	否	T 当前 读取/写入	否
C	计数器当前值和计数器位	C 位 读取/写入	否	C 当前 读取/写入	否
HC	高速计数器当前值	否	否	否	只读

（续）

区域	说　　明	作为位存取	作为字节存取	作为字存取	作为双字存取
AI	模拟输入	否	否	只读	否
AQ	模拟输出	否	否	只写	否
AC	累加器寄存器	否	读取/写入	读取/写入	读取/写入
L	局部变量内存	读取/写入	读取/写入	读取/写入	读取/写入
S	SCR	读取/写入	读取/写入	读取/写入	读取/写入

2.1.5　直接和间接编址

当用户编程时，可以使用直接编址和间接编址为指令操作数编址。

1. 直接编址

S7-200 PLC 在具有独特地址的不同内存位置存储信息。用户可以明确识别希望存取的内存地址，允许程序直接存取信息，并直接编址指定内存区、大小和位置。例如，VW790 指内存区中的字位置 790。

欲存取内存区中的一个位，用户需要指定地址，包括内存区标识符、字节地址和前面带一个句号的位数。图 2-10 所示为存取位（亦称为“字节位”编址）的一个范例。在该范例中，内存区和字节地址（I = 输入，2 = 字节 2）后面是一个点号（“.”），用于分隔位址（位 6）。

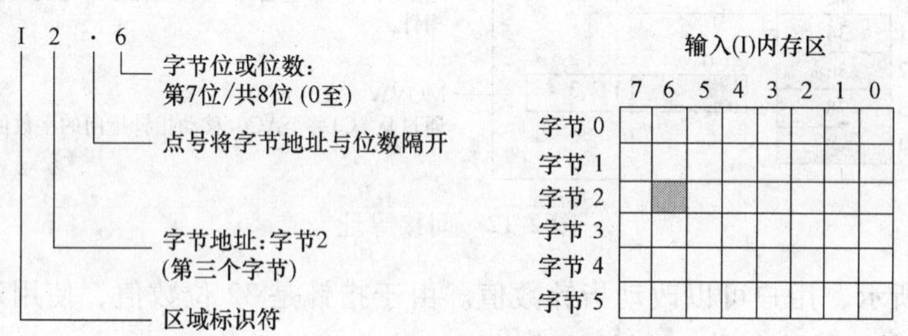

图 2-10　位直接寻址

用户可以使用字节地址格式将大多数内存区（V、I、Q、M、S、L 和 SM）的数据存取为字节、字或双字。如果存取内存中数据的字节、字或双字，必须以与指定位址相似的方法指定地址。字节寻址举例如图 2-11 所示，这包括区域标识符、数据大小指定和字节、字或双字的字节地址。

其他内存区中的数据（例如，T、C、HC 和累加器）可使用地址格式存取，地址格式包括区域标识符和设备号码。

2. 间接编址

间接编址使用指针存取内存中的数据。指针是包含另一个内存位置地址的双字内存位置。用户只能将 V 内存位置、L 内存位置或累加器寄存器（AC1、AC2、AC3）用作指针。如果要建立指针，用户必须使用“移动双字”指令，将间接编址内存位置移至指针位置。指针还可以作为参数传递至子程序。

S7-200 PLC 允许指针存取以下内存区：I、Q、V、M、S、T（仅限当前值）和 C（仅限

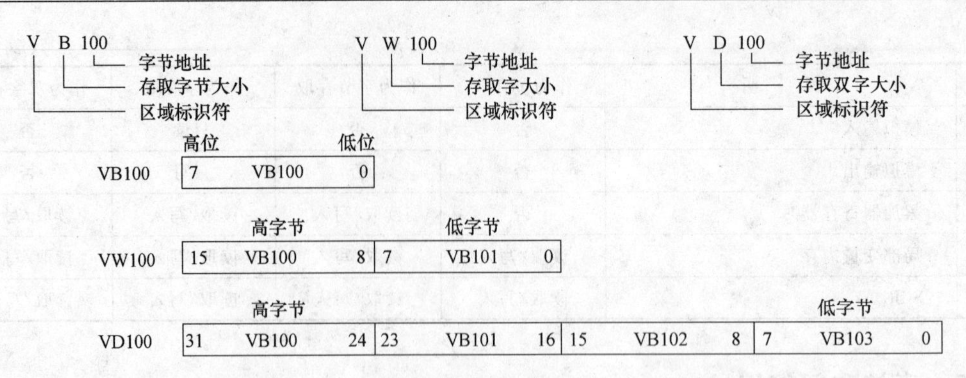

图 2-11 字节寻址举例

当前值)。不能使用间接编址存取单个位或存取 AI、AQ、HC、SM 或内存区。

欲间接存取内存区数据，输入一个“和”符号（&）和需要编址的内存位置，建立一个该位置的指针。指令的输入操作数前必须有一个“和”符号（&），表示内存位置的地址(而并非内存位置的内容）将被移入在指令输出操作数中识别的位置（指针）。

在指令操作数前面输入一个星号（*）指定该操作数是一个指针。间接寻址如图 2-12 所示，输入 * AC1 指定 AC1 是“移动字”（MOVW）指令引用的字长度数值的指针。在该范例中，在 VB200 和 VB201 中存储的数值被移至累加器 AC0。

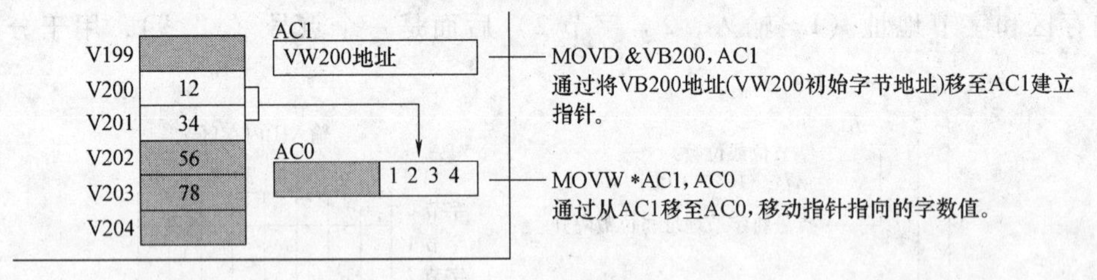

图 2-12 间接寻址

如图 2-13 所示，用户可以改动指针数值。由于指针是 32 位数值，使用双字指令修改指针数值。可使用简单算术操作（例如加或递增）修改指针数值。

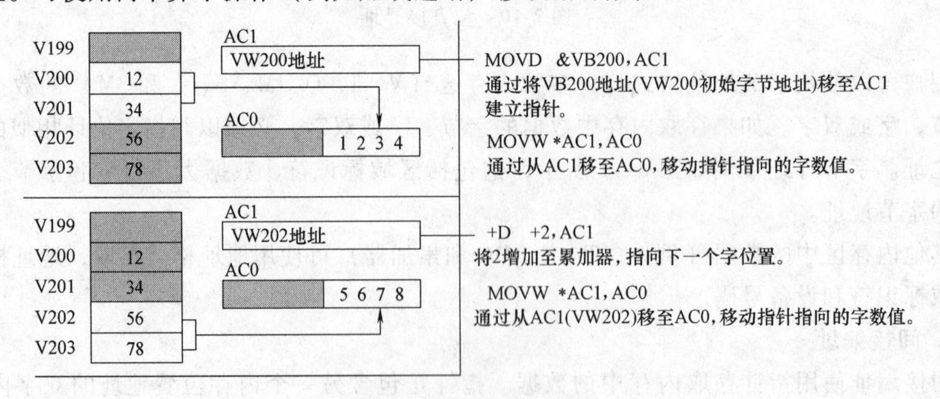

图 2-13 改动指针数值

2.1.6 S7-200 PLC 内存地址范围

建立程序时，必须确保输入的 I/O 和内存范围对即将下载程序的 CPU 有效。如果用户尝试下载的程序存取的 I/O 或内存位置超出 S7-200 CPU 的允许范围，就会收到一则错误信息。

表 2-4 所列为以位为单位进行标识的 S7-200 PLC 内存地址范围，如果采用字节、字或双字则可以根据数据类型进行转换。

表 2-4 S7-200 PLC 内存地址范围

被存取：	内存类型	CPU 221	CPU 222	CPU 224	CPU 226
位(字节．位)	V	0.0-2047.7	0.0-2047.7	0.0-5119.7V1.22 0.0-8191.7V2.00 0.0-10239.7XP	0.0-5119.7V1.23 0.0-10239.7V2.00
	I	0.0-15.7	0.0-15.7	0.0-15.7	0.0-15.7
	Q	0.0-15.7	0.0-15.7	0.0-15.7	0.0-15.7
	M	0.0-31.7	0.0-31.7	0.0-31.7	0.0-31.7
	SM	0.0-179.7	0.0-299.7	0.0-549.7	0.0-549.7
	S	0.0-31.7	0.0-31.7	0.0-31.7	0.0-31.7
	T	0-255	0-255	0-255	0-255
	C	0-255	0-255	0-255	0-255
	L	0.0-59.7	0.0-59.7	0.0-59.7	0.0-59.7

注：XP 表示 CPU224XP 型号；V1.22 等表示版本号。

2.2 梯形图的设计方法与 LAD 编辑、编译

2.2.1 根据继电器电路设计梯形图的方法

继电器—接触器控制系统电路与梯形图在表示方法和分析方法上有很多相似之处，因此可以根据继电器—接触器控制电路来设计梯形图（即 LAD）。

1. 根据经验设计法设计梯形图

PLC 的梯形图设计经验法，就是要依靠平时所积累的设计经验来设计梯形图。PLC 发展初期就沿用了设计继电器电路的方法来设计梯形图，既在已有的典型继电器电路的基础上，根据被控制对象对控制的要求，不断地修改完善成梯形图。这种方法没普遍的规律可以遵循，一切都要靠设计者的经验来实现，就是把设计继电器电路的思维转化为 PLC 梯形图设计思维。它一般用于逻辑关系较简单的梯形图设计。

经验设计法是沿用设计继电器—接触器控制电路的方法来设计梯形图，即在一些典型电路的基础上，根据被控对象对控制系统的要求，不断地修改和完善梯形图。从实践来看，经验设计法可用于较简单的梯形图设计。

2. 电动机正转控制电路

（1）控制要求　按下启动按钮 SB1，电动机自锁正转；按下停止按钮 SB2，电动机停转。电动机正转控制电路如图 2-14 所示。

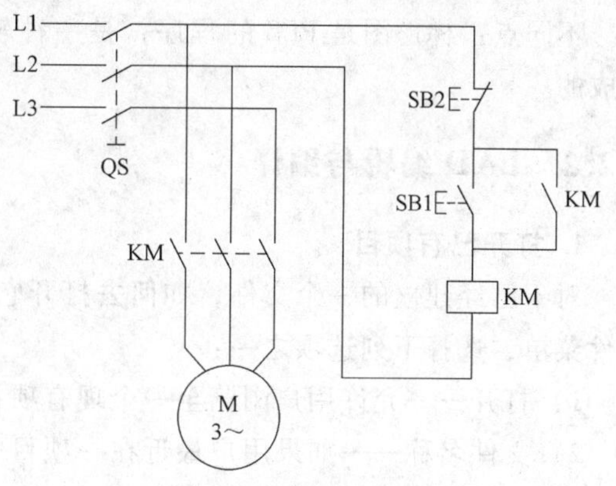

图 2-14 电动机正转控制电路

（2）PLC 输入/输出分配　根据“经验设计法”可以进行 I/O 资源配置，见表 2-5。

停止时：按下停止按钮 SB2 →停止信号 I0.1 为“1”→I0.1 常闭触点断开→线圈“失电”(低电平)→电动机停转。

表 2-5　电动机正转控制电路的 I/O 资源配置

输入	名称	输出	名称
I0.0	启动按钮 SB1	Q0.0	接触器 KM
I0.1	停止按钮 SB2		

PLC 外部接线如图 2-15 所示。

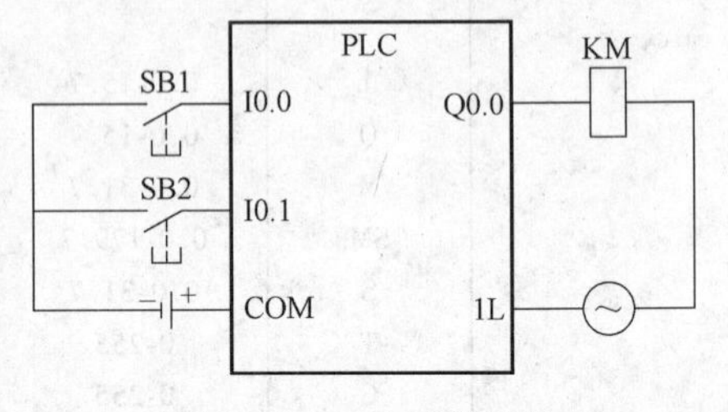

图 2-15　PLC 外部接线

根据电动机工作原理，可以进行图 2-16 所示的 PLC 梯形图编程。启动时：按下启动按钮 SB1 →启动信号 I0.0 为“1”（高电平）→I0.0 常开触点接通；不按停止按钮 SB2→停止信号 I0.1 为“0”（低电平）→I0.1 常闭触点接通→Q0.0 线圈“有电”（高电平）→Q0.0 触点闭合“自锁”→电动机连续正转。如果按下停止按钮，则 Q0.0 不能自保而掉电，电动机停止运行。具体的波形如图 2-17 所示。

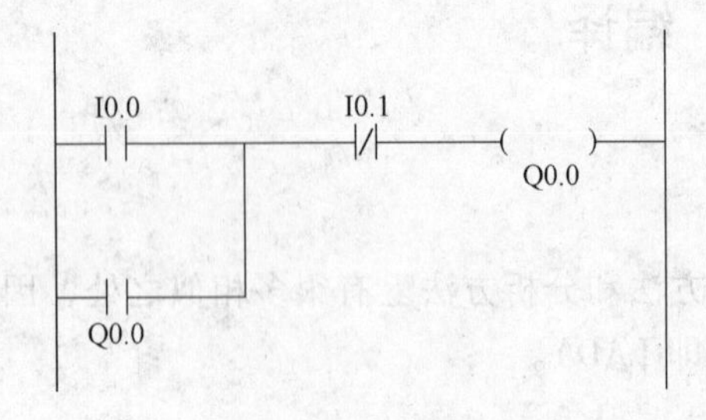

图 2-16　PLC 梯形图

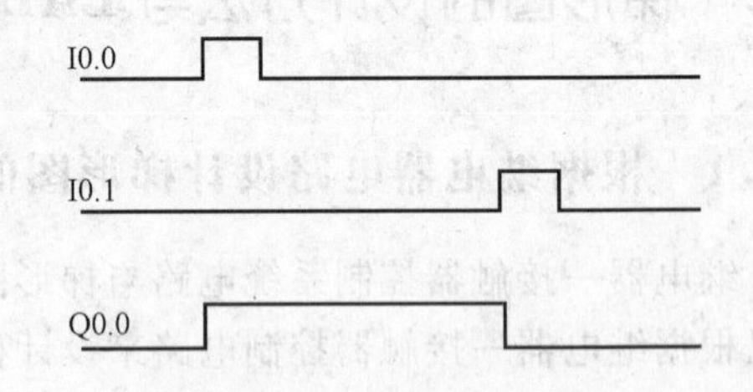

图 2-17　波形图

3. 相同点与不同点

相同点：继电器—接触器控制系统电路与梯形图在表示方法和分析方法上有很多相似之处。如 PLC 控制元件也称为继电器，有线圈—常开触点—常闭触点，当某个继电器线圈有电时，其常开触点闭合，常闭触点断开。

不同点：梯形图是 PLC 的程序，是一种软件，继电器—接触器控制电路是由硬件元件组成的。

2.2.2　LAD 编辑与编译

1. 打开已有项目

对于已经建立的一个文件，如何去打开它呢？用户可以从 STEP 7-Micro/WIN 中，使用文件菜单，选择下列选项之一：

1）打开——允许用户浏览至一个现有项目，并且打开该项目。

2）文件名称——如果用户最近在一项目中工作过，该项目在“文件”菜单下列出，可直接选择，不必使用“打开”对话框。

当然也可以使用 Windows Explorer 浏览至适当的目录，无需将 STEP 7-Micro/WIN 作为一个单独的步骤启动即可打开用户所在的项目。在 STEP 7-Micro/WIN V4.0 版中，项目包含在带有 .mwp 扩展名的文件中。

2. LAD 编辑图形组件和逻辑网络

当用户以 LAD（梯形图）方式写入程序时，其编辑手段就是使用图形组件，并将该组件排列成一个逻辑网络。

常用的图形组件包括以下三种：

1）触点代表电源可通过的开关。

电源仅在触点关闭时通过正常打开的触点（逻辑值1）；电源仅在触点打开时通过正常关闭或负值（非）触点（逻辑值0）。

2）线圈代表由使能位充电的继电器或输出。

3）方框代表当使能位到达方框时执行的一项功能（例如定时器、计数器或数学运算）。

网络由以上图形组件组成并代表一个完整的梯形图线路，电源从左边的电源杆流过（在 LAD 编辑器中由窗口左边的一条垂直线代表）闭合触点，为线圈或方框充电。如图 2-18 所示为其中一个网络。

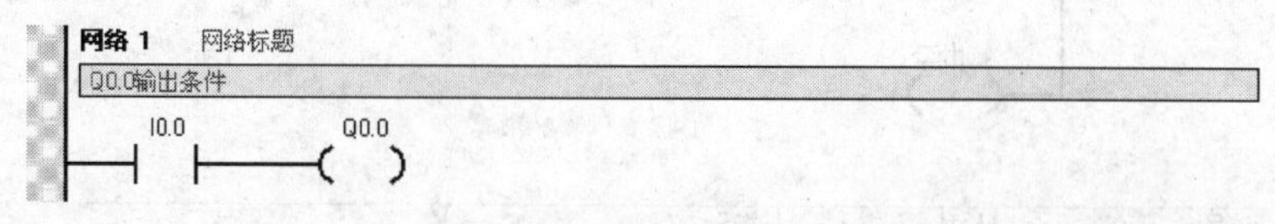

图 2-18　网络

在 LAD 编辑中，对于组件和网络都有一定的要求：

（1）放置触点的规则　每个网络必须以一个触点开始，网络不能以触点终止。

（2）放置线圈的规则　网络不能以线圈开始；线圈用于终止逻辑网络。一个网络可有若干个线圈，只要线圈位于该特定网络的并行分支上。不能在网络上串联一个以上线圈（即不能在一个网络的一条水平线上放置多个线圈）。

（3）放置方框的规则　如果方框有 ENO（即允许输出），使能位扩充至方框外。这意味着用户可以在方框后放置更多的指令。在网络的同级线路中，可以串联若干个带 ENO 的方框。如果方框没有 ENO，则不能在其后放置任何指令。

ENO 允许用户以串联（水平方向）方式连接方框，不允许以并联（垂直方向）方式连接方框。如果方框在输入位置有使能位，且方框执行无错误，则 ENO 输出将使能位传输至下一个元素。如果方框执行过程中检测到错误，则在生成错误的方框位置终止使能位。

（4）网络尺寸限制　用户可以将程序编辑器窗口视作划分为单元格的网格（单元格是可放置指令、为参数指定值或绘制线段的区域）。在网格中，一个单独的网络最多能垂直扩充 32 个单元格或水平扩充 32 个单元。用户可以用鼠标右键在程序编辑器中点击，并选择“选项”菜单项目，改变网格大小。

3. LAD 常见逻辑结构

LAD 编辑中常见的逻辑结构如下所示：

（1）自保　图 2-19 所示网络使用一个正常的触点（“开始”）和一个负（非）触点

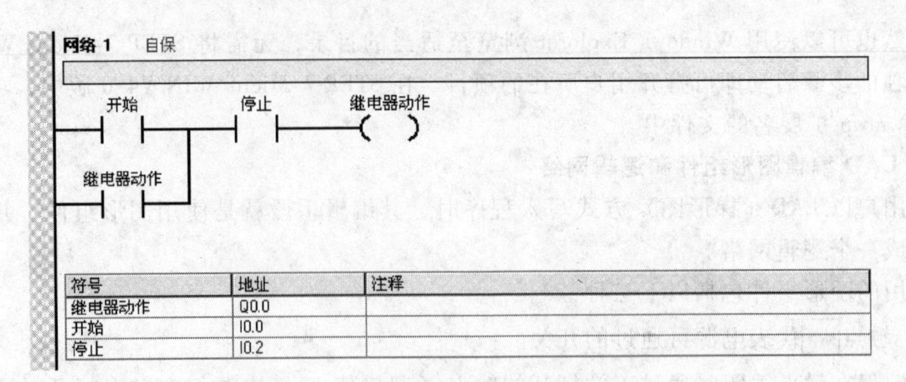

符号	地址	注释
继电器动作	Q0.0	
开始	I0.0	
停止	I0.2	

图 2-19　自保

（“停止”）。一旦继电器输出成功激活，则保持锁定，直至符合“停止”条件。

（2）中线输出　如果符合第一个条件，初步输出（输出二）在第二个条件评估之前显示。用户还可以建立有中线输出的多个级档，如图 2-20 所示。

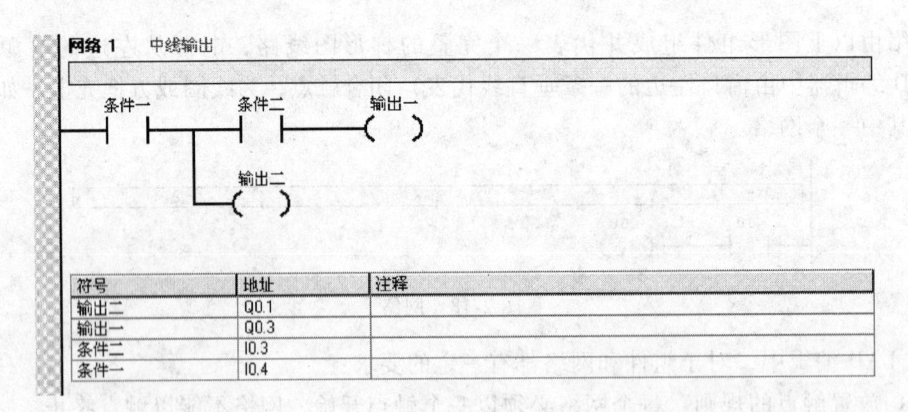

符号	地址	注释
输出二	Q0.1	
输出一	Q0.3	
条件二	I0.3	
条件一	I0.4	

图 2-20　中线输出

（3）串行方框指令　如果第一个方框指令评估成功，电源顺网络流至第二个方框指令。用户可以在网络的同一级上将多条 ENO 指令用串联方式级联。如果任何指令失败，剩余的串联指令不会执行，使能位停止（错误不通过该串联级联），如图 2-21 所示。

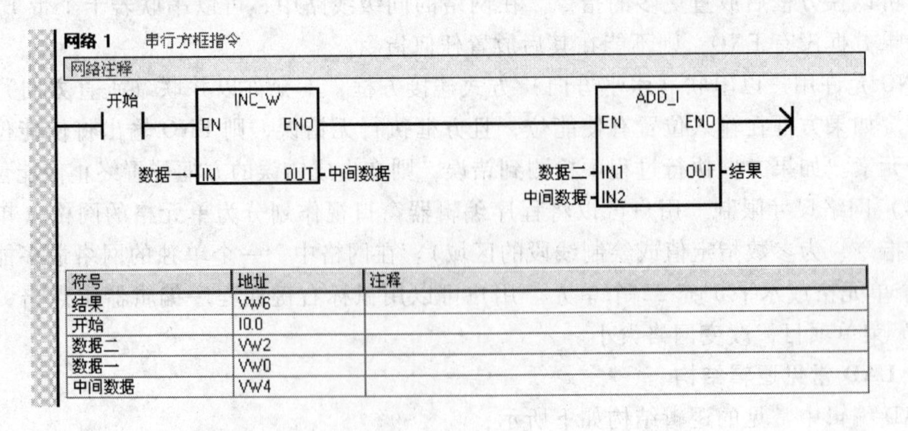

符号	地址	注释
结果	VW6	
开始	I0.0	
数据二	VW2	
数据一	VW0	
中间数据	VW4	

图 2-21　串行方框指令

（4）并行方框（线圈）输出　当符合起始条件时，所有的输出（方框和线圈）均被激活。如果一个输出未评估成功，电源仍然流至其他输出，不受失败指令的影响，如图2-22所示。

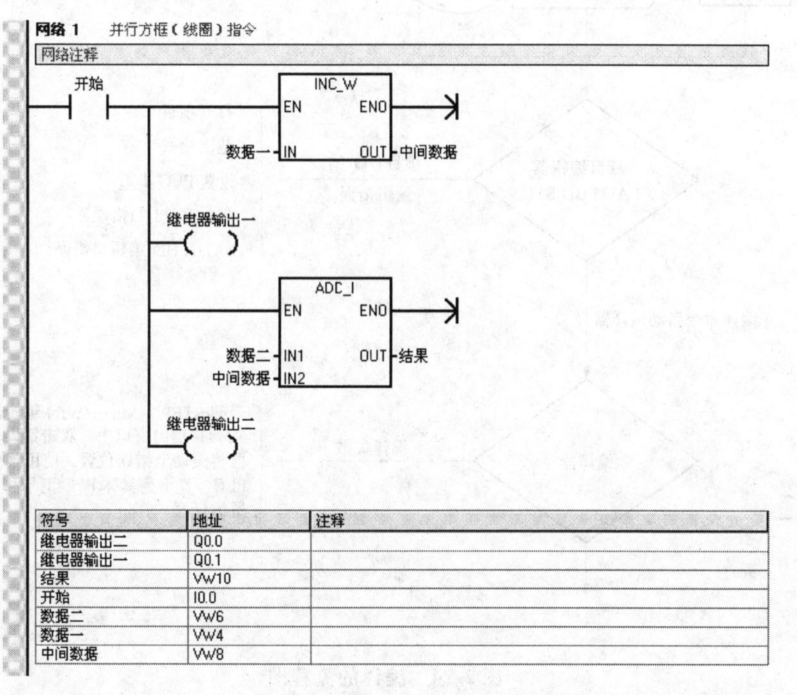

符号	地址	注释
继电器输出二	Q0.0	
继电器输出一	Q0.1	
结果	VW10	
开始	I0.0	
数据二	VW6	
数据一	VW4	
中间数据	VW8	

图2-22　并行方框（线圈）输出

4. LAD 编译

LAD编辑结束后，就可以选用下列一种方法启动STEP 7-Micro/WIN项目编译器：

1）点击“编译”按钮或选择菜单命令PLC（PLC）→编译（Compile），编译当前激活的窗口（程序块或数据块）。

2）点击“全部编译”按钮或选择菜单命令PLC（PLC）→全部编译（Compile All），编译全部项目组件（程序块、数据块和系统块）。

3）用鼠标右键点击指令树中的某个文件夹，然后由弹出菜单中选择编译命令（见图2-23）。项目、程序块文件夹、系统块文件夹及数据块文件夹都有编译命令。

编译的流程如图2-24所示。

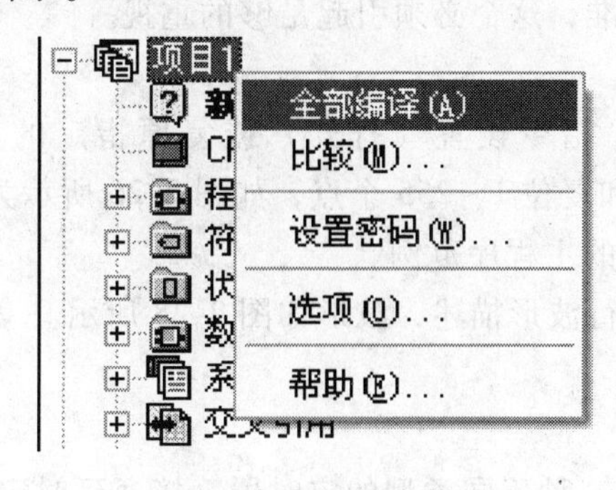

图2-23　编译命令

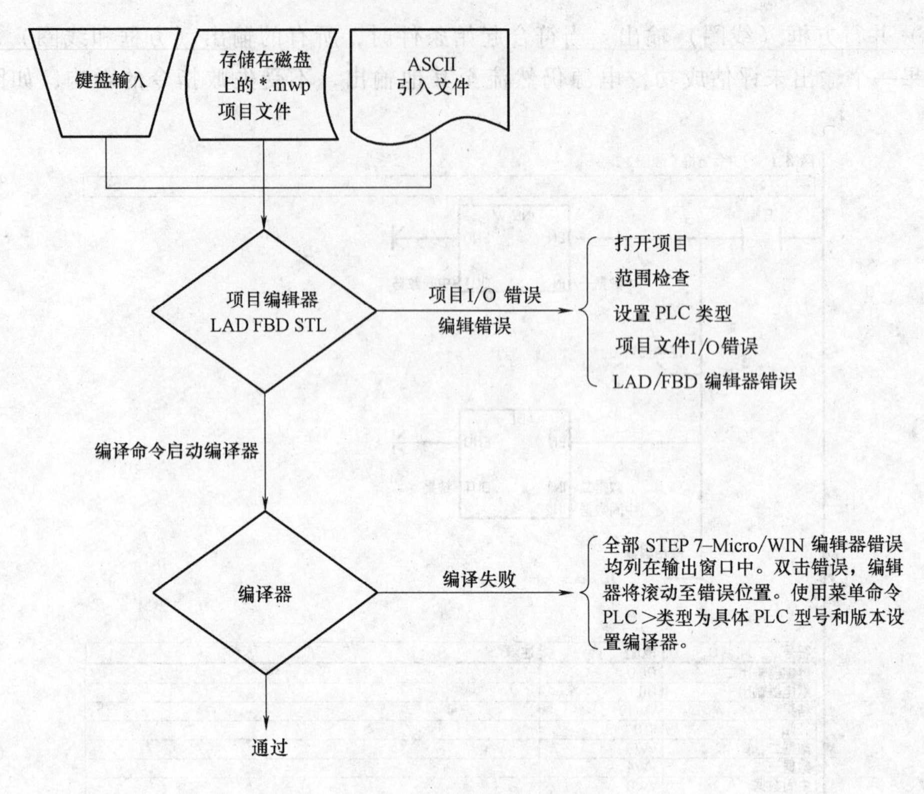

图 2-24　编译的流程图

2.3　位逻辑、定时器与计数器

2.3.1　位逻辑指令

PLC 最初的设计是为了替代继电器而出现，因此类似于继电器控制电路的位逻辑指令是最基本的、最常见的，图 2-25 所示为 S7-200 PLC 最常见的 5 种位逻辑。

1. 常开与常闭触点

在 S7-200 PLC 控制程序中，使用 I/O 地址来访问实际连接到 CPU 输入/输出端子的实际器件。也就是说，对于常开和常闭触点，以 S7-200 PLC 实际获得的信号为准，而不是以继电器的常开或常闭符号为准，这个必须引起足够的重视。

2. 置位与复位

置位（S）和复位（R）指令设置（打开）或复原指定的点数（N），从指定的地址（位）开始，用户可以置位和复位 1 ~ 255 个点，如图 2-26 所示为 RS 指令。

图 2-27 所示为 RS 指令的主程序范例。

根据上述程序，可以进行波形描述，波形如图 2-28 所示。

2.3.2　定时器

S7-200 PLC 指令集提供三种不同类型的定时器：接通延时定时器（TON），用于单间隔

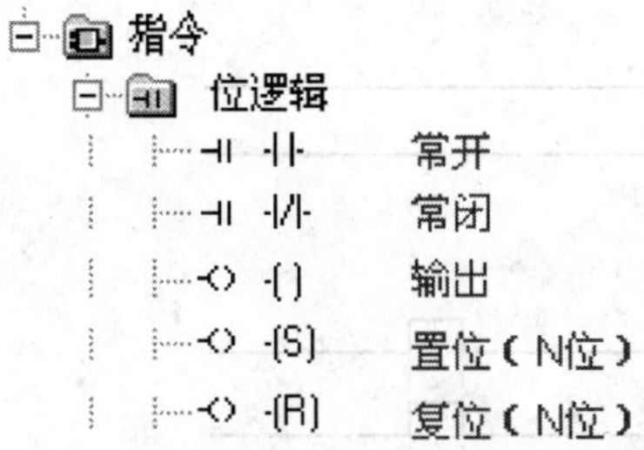

指令
位逻辑
常开
常闭
输出
置位（N位）
复位（N位）

图 2-25 5种位逻辑

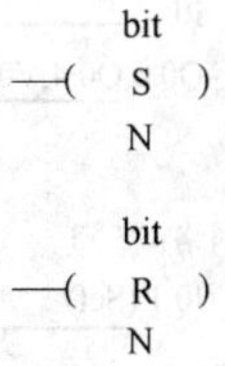

bit —(S) N
bit —(R) N

图 2-26 RS指令

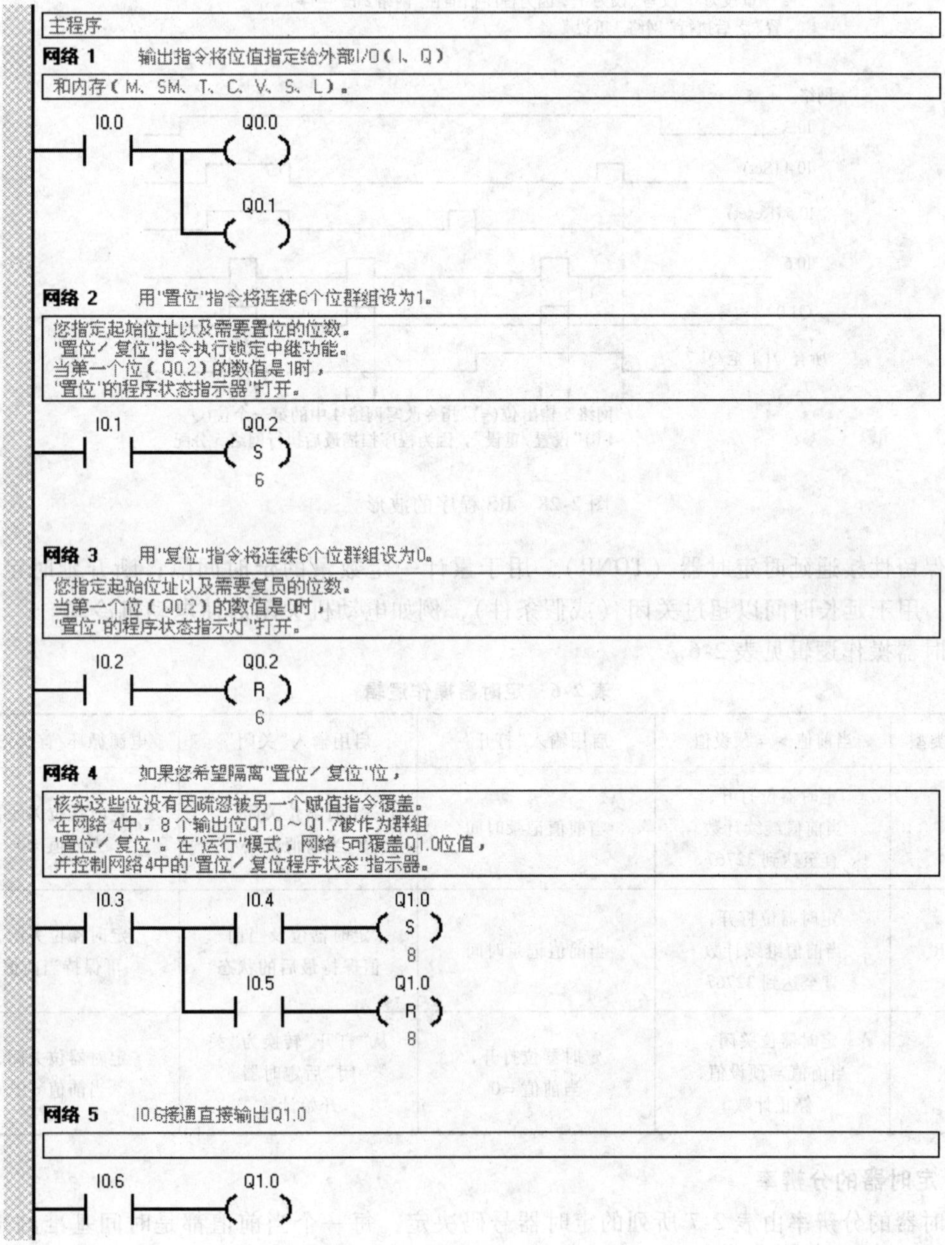

主程序

网络 1 输出指令将位值指定给外部I/O（I、Q）

和内存（M、SM、T、C、V、S、L）。

I0.0 Q0.0 Q0.1

网络 2 用"置位"指令将连续6个位群组设为1。

您指定起始位址以及需要置位的位数。
"置位/复位"指令执行锁定中继功能。
当第一个位（Q0.2）的数值是1时，
"置位"的程序状态指示器"打开。

I0.1 Q0.2 S 6

网络 3 用"复位"指令将连续6个位群组设为0。

您指定起始位址以及需要复员的位数。
当第一个位（Q0.2）的数值是0时，
"置位"的程序状态指示灯"打开。

I0.2 Q0.2 R 6

网络 4 如果您希望隔离"置位/复位"位，

核实这些位没有因疏忽被另一个赋值指令覆盖。
在网络 4中，8个输出位Q1.0～Q1.7被作为群组
"置位/复位"。在"运行"模式，网络 5可覆盖Q1.0位值，
并控制网络4中的"置位/复位程序状态"指示器。

I0.3 I0.4 Q1.0 S 8
I0.5 Q1.0 R 8

网络 5 I0.6接通直接输出Q1.0

I0.6 Q1.0

图 2-27 RS指令的主程序范例

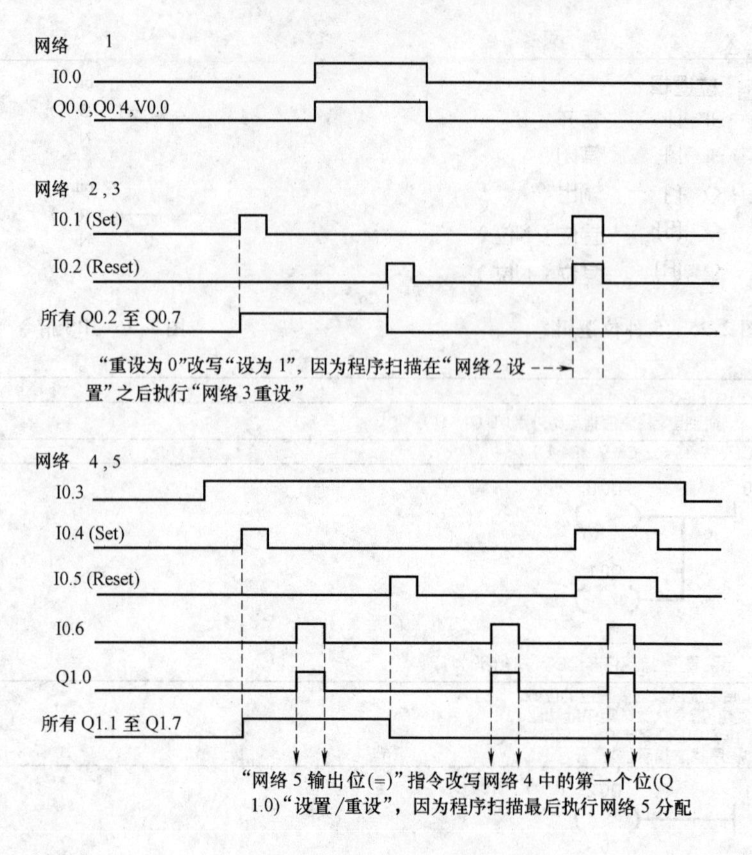

图 2-28　RS 程序的波形

计时；保留性接通延时定时器（TONR），用于累计一定数量的定时间隔；断开延时定时器（TOF），用于延长时间以超过关闭（或假条件），例如电动机关闭后使电动机冷却。

定时器操作逻辑见表 2-6。

表 2-6　定时器操作逻辑

定时器类型	当前值 >= 预设值	启用输入“打开”	启用输入“关闭”	电源循环/首次扫描
TON	定时器位打开，当前值继续计数直至达到 32767	当前值记录时间	定时器位关闭，当前值 = 0	定时器位关闭，当前值 = 0
TONR	定时器位打开，当前值继续计数直至达到 32767	当前值记录时间	定时器位及当前值保持最后的状态	定时器位关闭，可保持当前值
TOF	定时器位关闭，当前值 = 预设值，停止计数	定时器位打开，当前值 = 0	从“打开”转换为“关闭”后定时器开始计数	定时器位关闭，当前值 = 0

1. 定时器的分辨率

定时器的分辨率由表 2-7 所列的定时器号码决定，每一个当前值都是时间基准的倍数。例如，10ms 定时器中的数值 50 表示 500ms。

表2-7　定时器的分辨率

定时器类型	分辨率/ms	最大值/s	定时器号码
TONR	1	32.767	T0，T64
	10	327.67	T1～T4，T65～T68
	100	3276.7	T5～T31，T69～T95
TON、TOF	1	32.767	T32，T96
	10	327.67	T33～T36，T97～T100
	100	3276.7	T37～T63，T101～T255

2. 接通时间延时

如图2-29所示，接通延时定时器（TON）指令在启用输入为“打开”时，开始计时。当前值（Txxx）大于或等于预设时间（PT）时，定时器位为“打开”。启用输入为“关闭”时，接通延时定时器当前值被清除。达到预设值后，定时器仍继续计时，达到最大值32767时，停止计时。

Txxx
IN　TON
PT　??? ms

图2-29　TON定时器

（1）定时器的启动、停止与复位　可用“复原”（R）指令复原任何定时器。“复原”指令执行下列操作：

定时器位=关闭，定时器当前值=0

图2-30所示范例中，在（10）100ms或1s之后，100ms定时器T37超时；

I0.0打开=T37被启用，I0.0关闭=禁止和复原T37。

其时序图如图2-31所示。

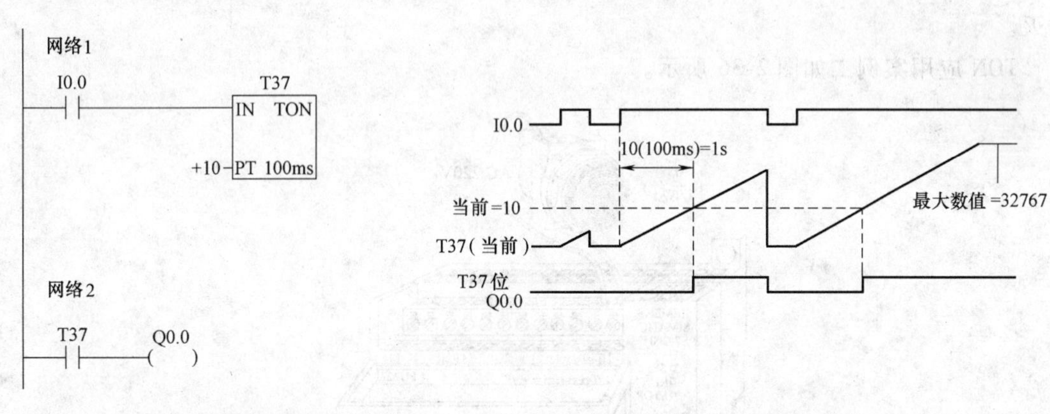

图2-30　定时器范例程序　　　图2-31　定时器时序图一

（2）定时器的启动、停止与复位　可用“复原”（R）指令复原任何定时器。“复原”指令执行下列操作：

定时器位=关闭，定时器当前值=0。

图2-32所示为定时器的另外一个范例程序。

其时序图如图2-33所示。

3. 指示灯程序编制（TON应用案例）

1）按图2-34进行接线，确保接线无误。

2）根据要求编制不同的程序，并下载运行测试是否正确。

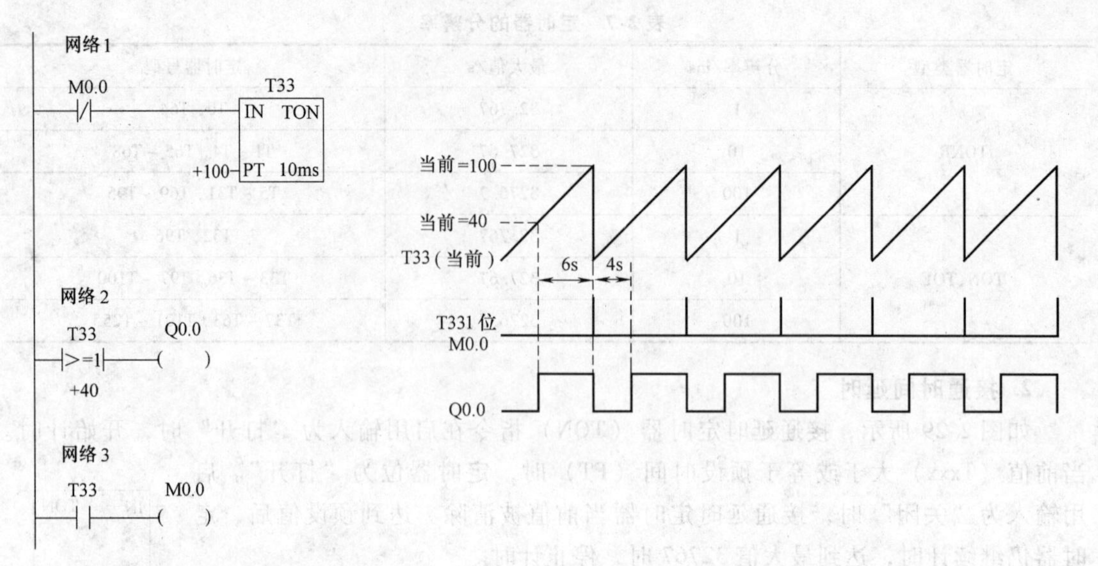

图 2-32 定时器的另外一个范例程序　　　　图 2-33 定时器时序图二

① 选择开关“ON”后延时5s，指示灯才亮；选择开关“OFF”后，指示灯就灭。

TON应用案例一如图2-35所示。

② 选择开关“ON”后，指示灯就亮；选择开关“OFF”后，指示灯延时5s才灭。

参考程序（略），只需要将T101的TON功能改为TOF即可。

③ 选择开关“ON”后延时5s，指示灯才亮；选择开关“OFF”后，指示灯也延时5s才灭。

TON应用案例二如图2-36所示。

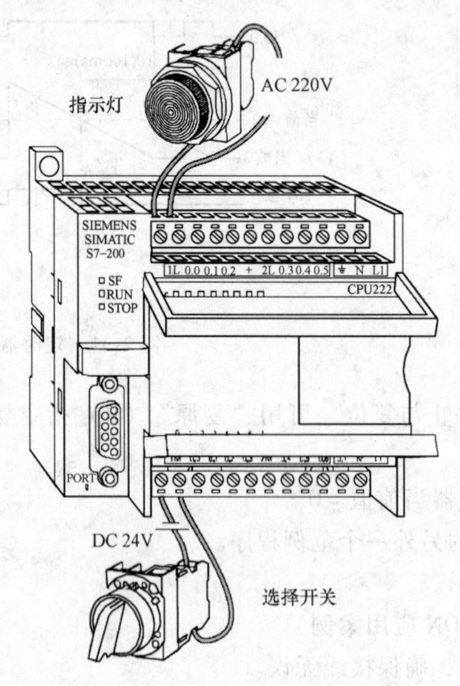

图 2-34 指示灯程序的硬件接线

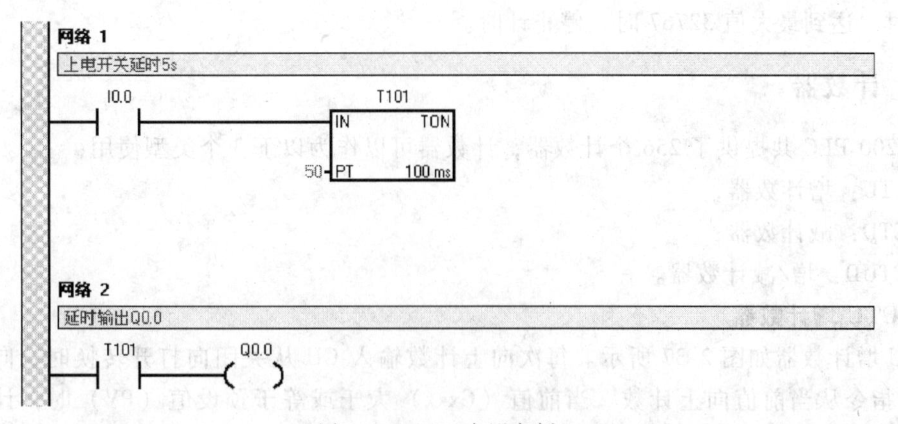

图 2-35　TON 应用案例一

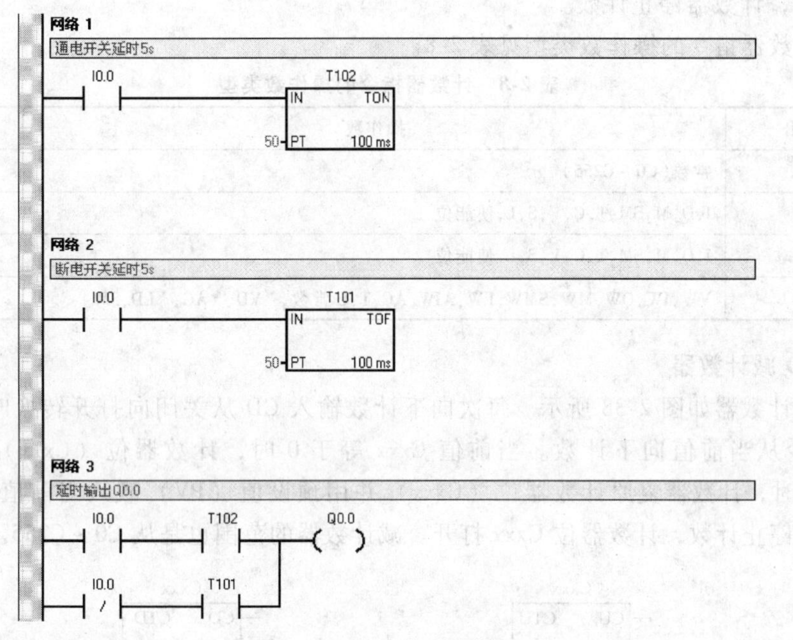

图 2-36　TON 应用案例二

4. TOF 和 TONR 指令

断开延时定时器（TOF）用于在输入关闭后，延迟固定的一段时间再关闭输出。启用输入打开时，定时器位立即打开，当前值被设为 0。输入关闭时，定时器继续计时，直到消逝的时间达到预设时间。达到预设值后，定时器位关闭，当前值停止计时。如果输入关闭的时间短于预设数值，则定时器位仍保持在打开状态。TOF 指令必须遇到从“打开”至“关闭”的转换才开始计时。如果 TOF 定时器位于 SCR 区域内部，而且 SCR 区域处于非现用状态，则当前值被设为 0，计时器位被关闭，而且当前值不计时。

掉电保护性接通延时定时器（TONR）指令在启用输入为“打开”时，开始计时。当前值（Txxx）大于或等于预设时间（PT）时，计时位为“打开”。当输入为“关闭”时，保持保留性延迟定时器当前值。可使用保留性接通延时定时器为多个输入“打开”阶段累计时间。使用“复原”指令（R）清除保留性延迟定时器的当前值。达到预设值后，定时器继续计时，达到最大值 32767 时，停止计时。

2.3.3 计数器

S7-200 PLC 共提供了 256 个计数器，计数器可以作为以下 3 个类型使用：

◆CTU：增计数器；

◆CTD：减计数器；

◆CTUD：增/减计数器。

1. CTU 增计数器

CTU 增计数器如图 2-37 所示。每次向上计数输入 CU 从关闭向打开转换时，向上计数（CTU）指令从当前值向上计数。当前值（Cxxx）大于或等于预设值（PV）时，计数器位（Cxxx）打开。复原（R）输入打开或执行“复原”指令时，计数器被复原。达到最大值（32767）时，计数器停止计数。

CTU 计数器指令的操作数类型见表 2-8。

表 2-8 计数器指令的操作数类型

输入/输出	操作数	数据类型
Cxxx	常数(C0 ~ C255)	字
CU	I,Q,M,SM,T,C,V,S,L,使能位	布尔
R	I,Q,M,SM,T,C,V,S,L,使能位	布尔
PV	VW,IW,QW,MW,SMW,LW,AIW,AC,T,C 常数,*VD,*AC,*LD,SW	整数

2. CTD 减计数器

CTD 减计数器如图 2-38 所示。每次向下计数输入 CD 从关闭向打开转换时，向下计数（CTD）指令从当前值向下计数。当前值 Cxxx 等于 0 时，计数器位（Cxxx）打开。输入（LD）打开时，计数器复原计数器位（Cxxx）并用预设值（PV）载入当前值。达到零时，向下计数器停止计数，计数器位 Cxxx 打开。减计数器的范围也是从 C0 ~ C255。

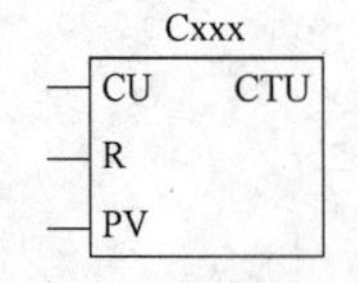

图 2-37 CTU 增计数器

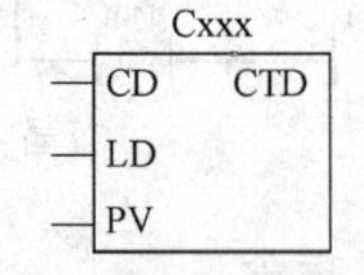

图 2-38 CTD 减计数器

CTD 减计数器指令的操作数类型与 CTU 类似，即 CU 与 CD、R 与 LD 类似。

如图 2-39 所示为一啤酒包装线，原设定每三瓶要执行一个小分装动作，因此编写主程序如图 2-40 所示。

啤酒线波形图如图 2-41 所示。

3. CTUD 增/减计数器

CTUD 增/减计数器如图 2-42 所示。每次向上计数输入 CU 从关闭向打开转换时，向上/向下计时（CTUD）指令向上计数，每次向下计数输入 CD 从关闭向打开转换时，向下计数。计数器的当前值 Cxxx 保持当前计数。每次执行计数器指令时，预设值 PV 与当前值进行比较。达到最大值（32767），位于向上计数输入位置的下一个上升沿使当前值返转为最小值

图 2-39 啤酒包装线

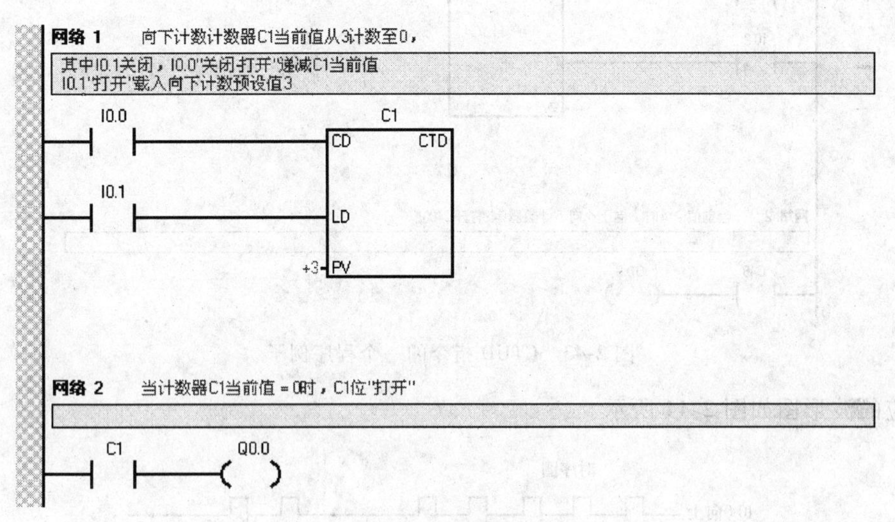

图 2-40 啤酒线主程序

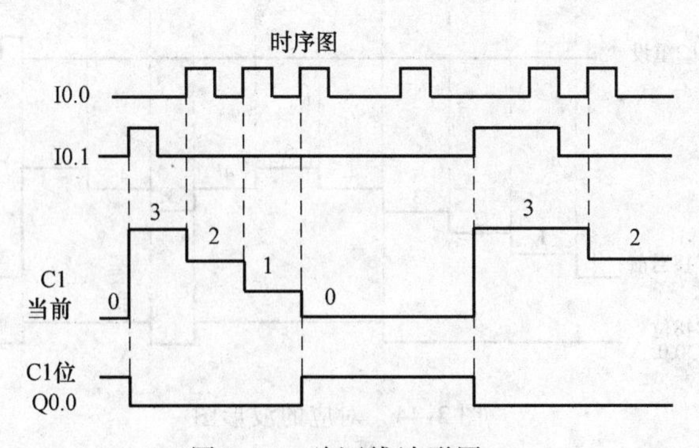

图 2-41 啤酒线波形图

（-32768）。在达到最小值（-32768）时，位于向下计数输入位置的下一个上升沿使当前计数返转为最大值（32767）。当当前值 Cxxx 大于或等于预设值 PV 时，计数器位 Cxxx 打开。否则，计数器位关闭。当“复原”（R）输入打开或执行“复原”指令时，计数器被复原。达到 PV 时，CTUD 计数器停止计数。

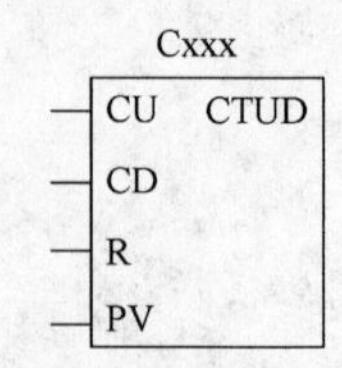

图 2-42 CTUD 增/减计数器

如图 2-43 所示是 CTUD 指令的一个程序例子。

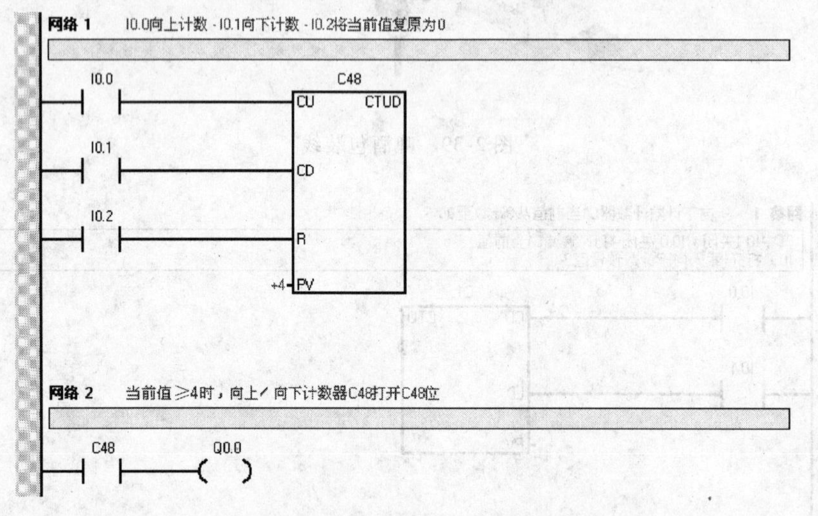

图 2-43 CTUD 指令的一个程序例子

对应的波形图如图 2-44 所示。

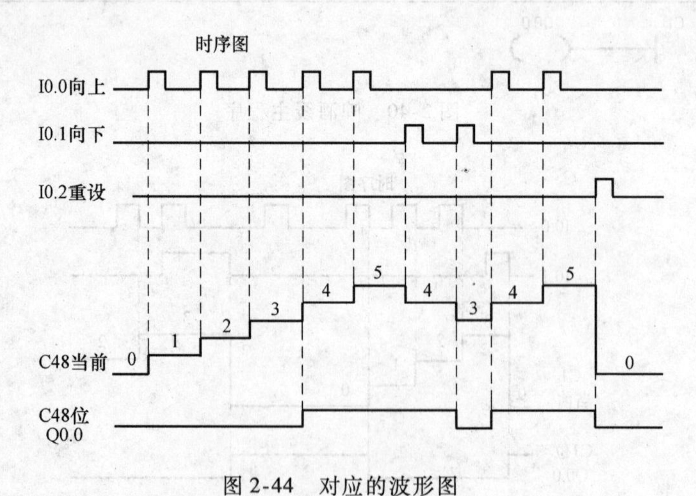

图 2-44 对应的波形图

2.3.4 特殊存储器标志位 SMB0

特殊内存字节 0（SM0.0～SM0.7）提供 8 个位，在每次扫描周期结尾处由 S7-200 CPU 更新。程序可以读取这些位的状态，然后根据位值作出决定。SMB0 的具体含义见表 2-9，它在实际编程中非常有用。

表 2-9 特殊存储器标志位 SMB0 的具体含义

符号名	SM 地址	用户程序读取 SMB0 状态数据
Always_On	SM0.0	该位总是打开
First_Scan_On	SM0.1	首次扫描周期时该位打开，一种用途是调用初始化子程序
Retentive_Lost	SM0.2	如果保留性数据丢失，该位为一次扫描周期打开。该位可用作错误内存位或激活特殊启动顺序的机制
RUN_Power_Up	SM0.3	从电源开启条件进入 RUN（运行）模式时，该位为一次扫描周期打开。该位可用于在启动操作之前提供机器预热时间
Clock_60s	SM0.4	该位提供时钟脉冲，该脉冲在 1min 的周期时间内 OFF（关闭）30s，ON（打开）30s。该位提供便于使用的延迟或 1min 时钟脉冲
Clock_1s	SM0.5	该位提供时钟脉冲，该脉冲在 1s 的周期时间内 OFF（关闭）0.5s，ON（打开）0.5s。该位提供便于使用的延迟或 1s 时钟脉冲
Clock_Scan	SM0.6	该位是扫描周期时钟，为一次扫描打开，然后为下一次扫描关闭。该位可用作扫描计数器输入
Mode_Switch	SM0.7	该位表示"模式"开关的当前位置（关闭 ="终止"位置，打开 ="运行"位置）。开关位于 RUN（运行）位置时，可以使用该位启用自由口模式，可使用转换至"终止"位置的方法重新启用带 PC/编程设备的正常通信

关于其他特殊寄存器 SM 的含义可以参考西门子 S7-200 编程手册。

2.4 简单电气控制电路的编程与运行

2.4.1 灯控电路的应用

1. 编程任务

图 2-45 所示为一简单的灯控电路，其所实现的功能是：①当选择开关 SA1 闭合时，指示灯一就亮，反之则灭；②当选择开关 SA2 或 SA3 任何一个闭合时，指示灯二就亮，只有当 SA2 和 SA3 都断开时，指示灯二才灭。

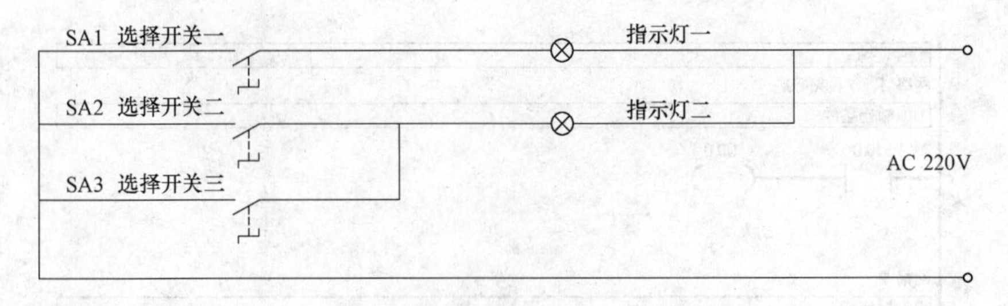

图 2-45 简单的灯控电路

既然 PLC 能够实现电气控制功能，则可以采用西门子 S7-200 PLC 来进行电路改造，具体如图 2-46 所示（注：为读者编程方便起见，本书第 2-4 讲中大多数案例均采用 CPU224 来进行，具体包括 CPU224 AC/DC/Relay 和 CPU224 DC/DC/DC 两种）。

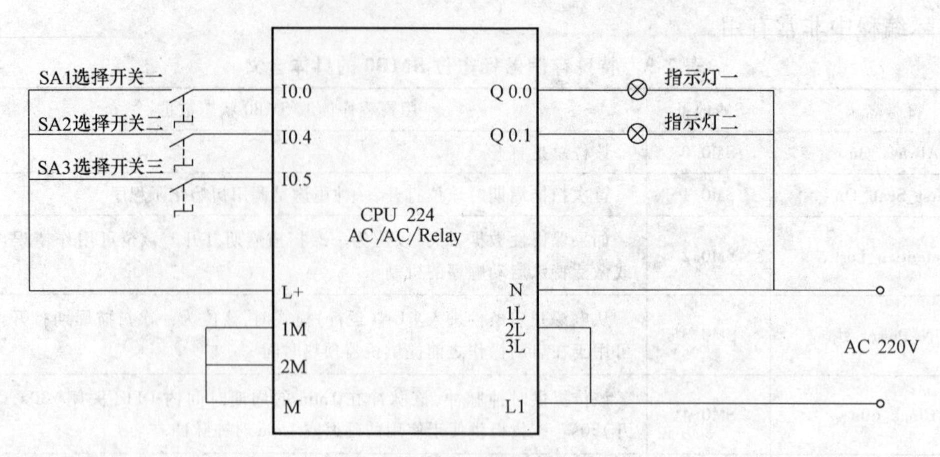

图 2-46 灯控电路的 PLC 接线

从图 2-46 中可以知道，I0.0、I0.4 和 I0.5 接的是选择开关（简称“输入信号”），而 Q0.0 和 Q0.1 接的是指示灯（简称“输出信号”），两者在硬件接线上是分离，而 PLC 的编程就是将选择开关和指示灯进行“程序联系”。

2. 采用梯形图 LAD 进行编程

梯形图 LAD 是各种 PLC 的通用语言，根据图 2-47 所示输入简单逻辑的一段程序（见图 2-48）。

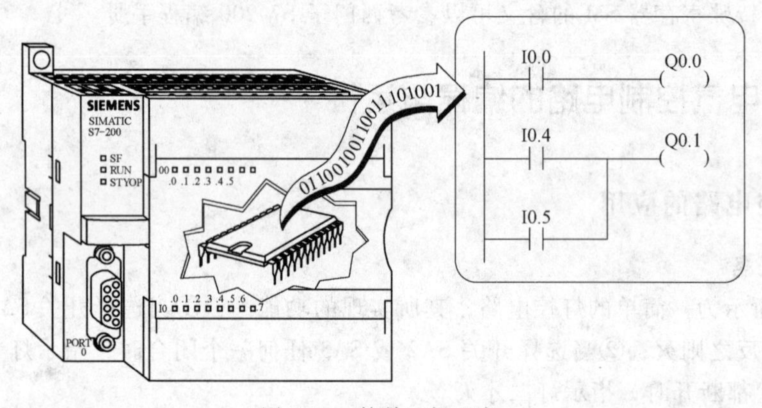

图 2-47 简单逻辑程序

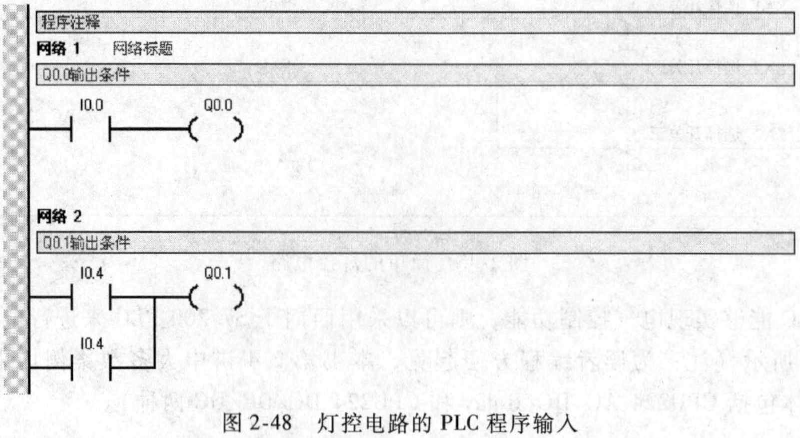

程序注释
网络 1 网络标题
Q0.0输出条件
I0.0 Q0.0
网络 2
Q0.1输出条件
I0.4 Q0.1
I0.4

图 2-48 灯控电路的 PLC 程序输入

STEP7-Micro/WIN LAD 的编辑可以包括工具条按钮、指令树拖放和功能键等多种方式。

3. 对梯形图 LAD 程序进行编译

可以用工具条按钮或 PLC 菜单进行编译。S7-200 PLC 程序编译如图 2-49 所示。

当用户在编译时，“输出窗口”会列出发生的所有错误。错误根据位置（网络、行和列）以及错误类型识别。这时可以双击错误线，调出程序编辑器中包含错误的代码网络。

4. 通过 PC/PPI 编程电缆连接 PC 与 PLC

按图 2-50 所示进行 PC/PPI 编程电缆通信联机，一旦联机成功后，即可下载程序到 PLC。

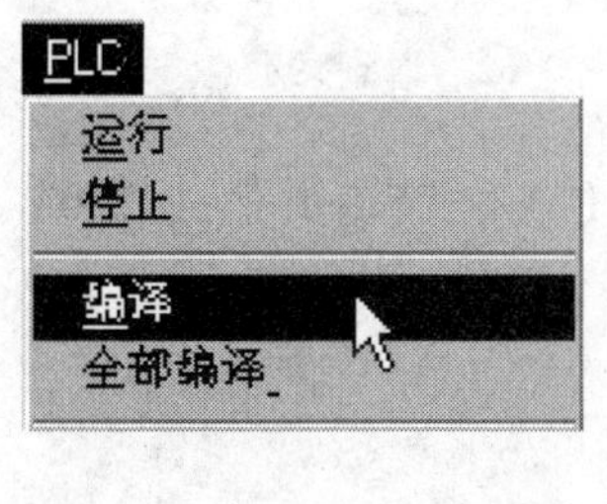

图 2-49　S7-200 PLC 程序编译

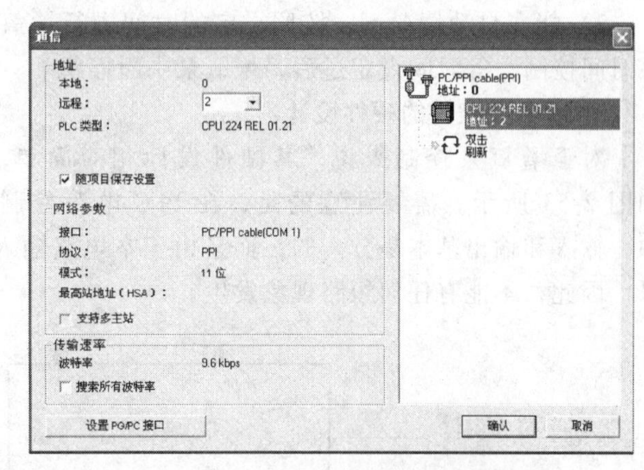

图 2-50　PC/PPI 编程电缆通信联机

5. 下载程序，并使 CPU 处于运行状态

图 2-51 所示是程序的联机运行、停止与状态监控，其中▶为程序 RUN 命令；■为程序 STOP 命令；为程序状态监控命令。

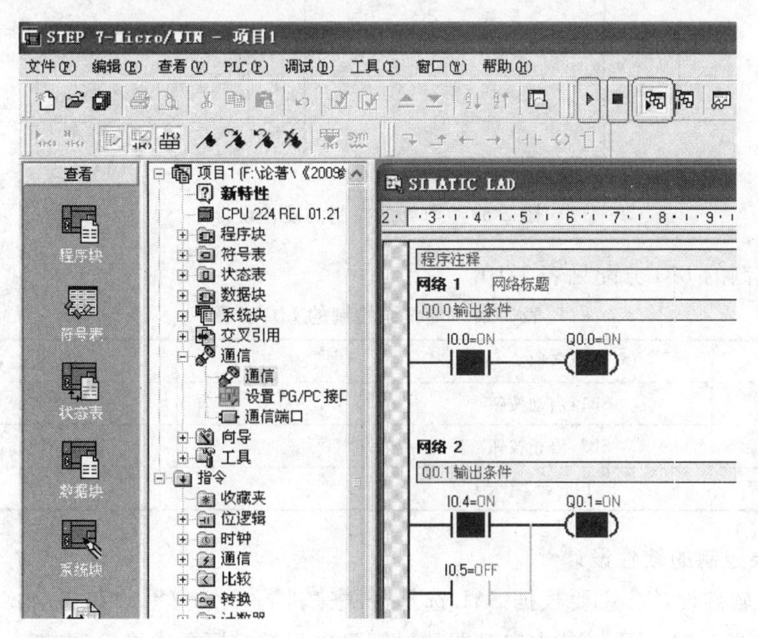

图 2-51　程序的联机运行、停止与状态监控

2.4.2 增氧泵控制应用

1. 编程任务

在水产养殖中，经常需要给鱼类补充氧气，最好的办法就是使用“增氧泵”（见图 2-52）。适时开动增氧泵给鱼塘水体增加溶氧量，可以改善水质，减少鱼类“浮头”现象。

以某养殖场的增氧泵控制要求为例：

1）能在手动情况下，进行增氧泵的开机和关机。

2）能在自动情况下，按照设定的时间进行增氧泵时间控制，等时间设定过后，增氧泵中断停机。

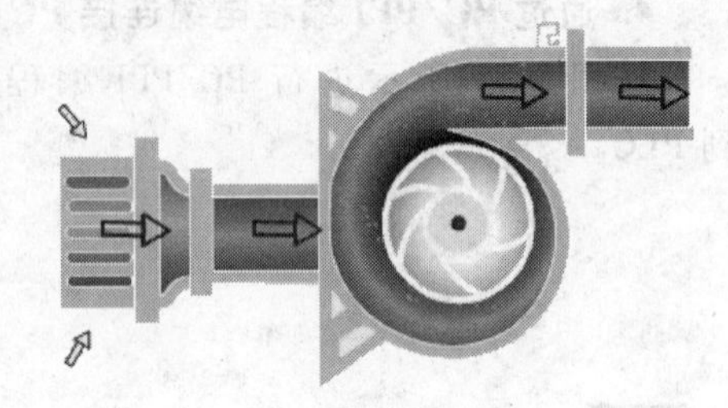

图 2-52 增氧泵示意

2. 增氧泵控制的硬件设计

对于增氧泵控制来说，其硬件设计相对简单，如图 2-53 所示。需要注意的是，在 PLC 电路控制中，输入和输出基本是分离的，而且由于本电路输入是 DC24V 信号，而输出是 AC220V 信号，因此，不能有任何短路现象发生。

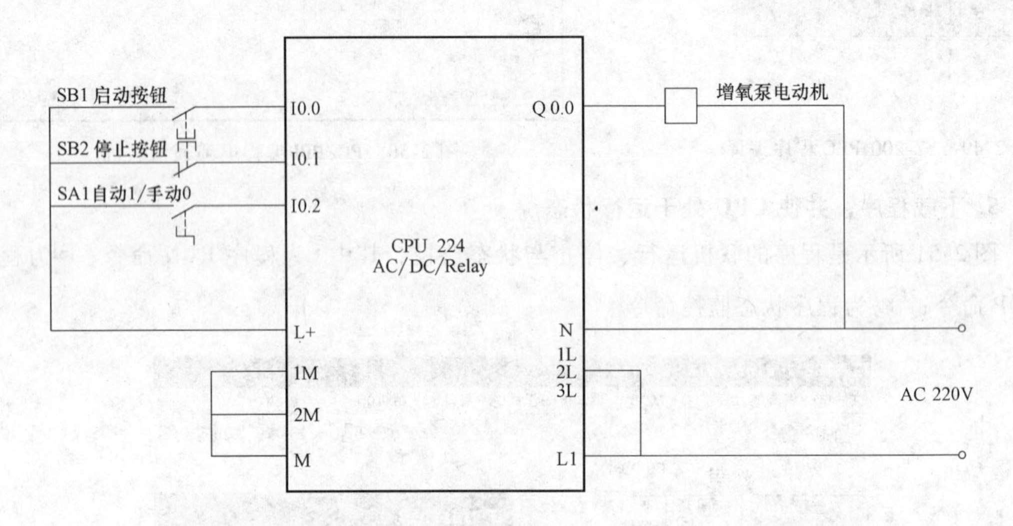

图 2-53 增氧泵控制的硬件设计

增氧泵控制的 I/O 分配见表 2-10。

表 2-10 增氧泵控制的 I/O 分配

输入	名称	输出	名称
I0.0	SB1:启动按钮	Q0.0	增氧泵电动机
I0.1	SB2:停止按钮		
I0.2	SA1:自动/手动		

3. 增氧泵控制的软件设计

增氧泵的软件设计，主要根据 SA1 选择开关来进行，分为手动和自动，增氧泵的定时控制主程序如图 2-54 所示，其中定时器的时间可以根据实际要求进行调整。

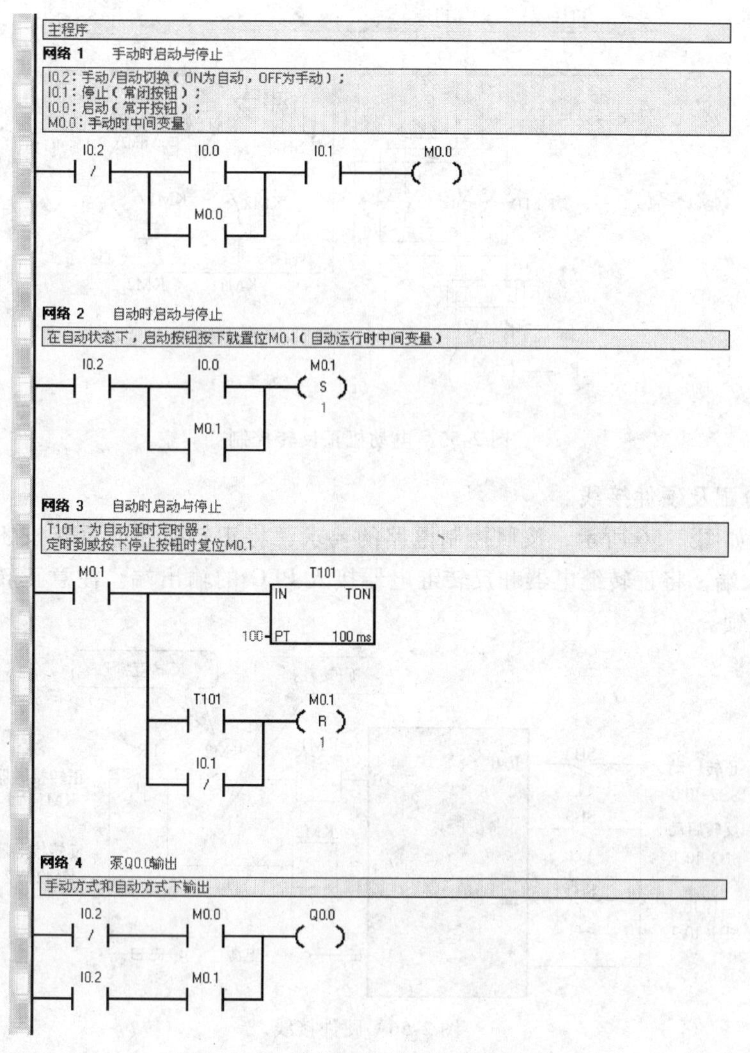

图 2-54　增氧泵的定时控制主程序

其中必须要说明的是：尽管I0.1在硬件接线中是采用NC按钮，但是在实际编程中必须采用NO触点。

2.4.3　电动机正反转控制应用

1. 编程任务

图2-55所示为一电动机正反转控制应用。在该控制电路中，KM1为正转交流接触器，KM2为反转交流接触器，SB1为停止按钮，SB2为正转控制按钮，SB3为反转控制按钮。KM1、KM2常闭触点相互闭锁，当按下SB2正转按钮时，KM1得电，电动机正转；KM1的常闭触点断开反转控制回路，此时当按下反转按钮，电动机运行方式不变；若要电动机反转，必须按下SB1停止按钮，正转交流接触器失电，电动机停止，然后再按下反转按钮，电动机反转。若要电动机正转，也必须先停下来，再来改变运行方式。这样的控制电路的好处在于避免误操作等引起的电源短路故障。

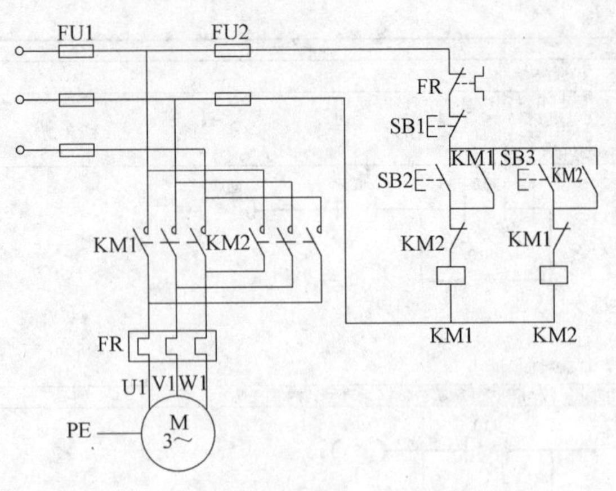

图 2-55 电动机正反转控制

2. I/O 分配及硬件接线

硬件接线如图 2-56 所示，按照控制电路的要求，将正转按钮、反转按钮和停止按钮接入 PLC 的输入端，将正转继电器和反转继电器接入 PLC 的输出端。注意正转、反转控制继电器必须有互锁。

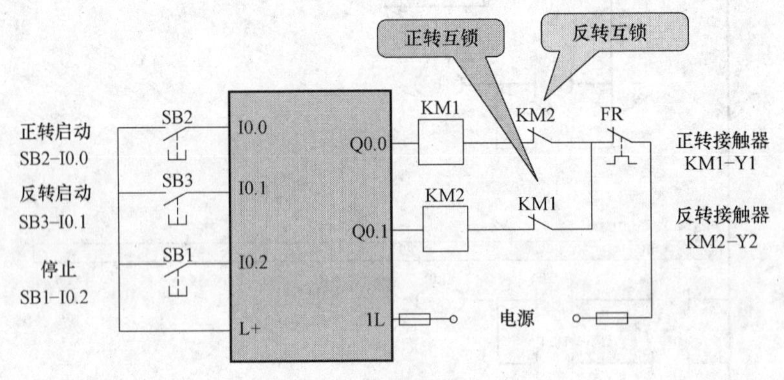

图 2-56 硬件接线

3. 编程和下载

运行编程软件，首先对电动机正反转控制程序的 I/O 及存储器进行分配和符号表的编辑，然后实现电动机正反转控制程序的编制，并通过编程电缆传送到 PLC 中。

如图 2-57 所示，在 STEP 7-Micro/WIN 中，单击“查看”视图中的“符号表”，弹出如图所示窗口，在符号栏中输入符号名称，中英文都可以，在地址栏中输入寄存器地址。

正反转1 (E:\S7 PLC)
新特性
CPU 224 REL 02.01
程序块
符号表
用户定义1
POU 符号
状态表

			符号	地址	注释
1			正转按钮	I0.0	
2			反转按钮	I0.1	
3			停止按钮	I0.2	
4			正转接触器	Q0.0	
5			反转接触器	Q0.1	

图 2-57 符号表

在符号表定义完符号地址后，在程序块中的主程序内输入如图 2-58 所示的程序。注意当菜单“察看”中“√符号寻址”选项选中时，输入地址，程序中自动出现的是符号编址。若选中“查看”菜单的“符号信息表”选项，每一个网络中都有程序中相关符号信息。

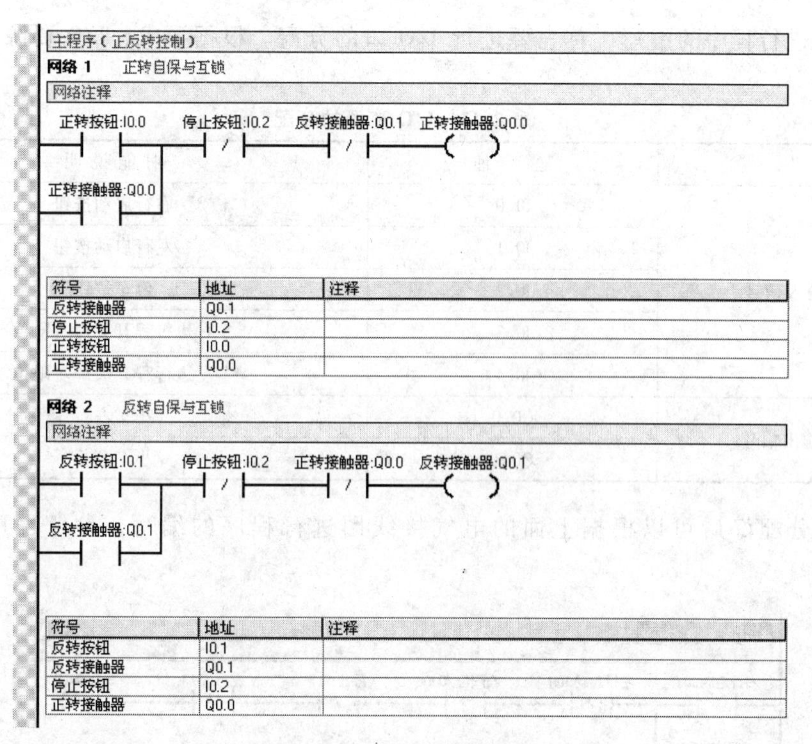

符号	地址	注释
反转接触器	Q0.1	
停止按钮	I0.2	
正转按钮	I0.0	
正转接触器	Q0.0	

符号	地址	注释
反转按钮	I0.1	
反转接触器	Q0.1	
停止按钮	I0.2	
正转接触器	Q0.0	

图 2-58 正反转控制的主程序

4. 应用拓展

有电动机的正反转控制项目的基础，可以进一步用西门子 S7-200 PLC 实现小车往返的自动控制。

控制过程是：按下启动按钮，小车从左边往右边运动（右边往左边运动），当运动到右边（左边）碰到右边（左边）的行程开关后，小车自动做返回运动，当碰到另一边的行程开关后又做返回运动。如此的往返运动，直到当按下停车按钮后小车停止运动。

设计思路：可以按照电气接线图中的思路来编写程序。即可以利用下一个状态来封闭前一个状态。使其两个线圈不会同时动作。同时把行程开关作为一个状态的转换条件。小车往返电气接线图如图 2-59 所示。

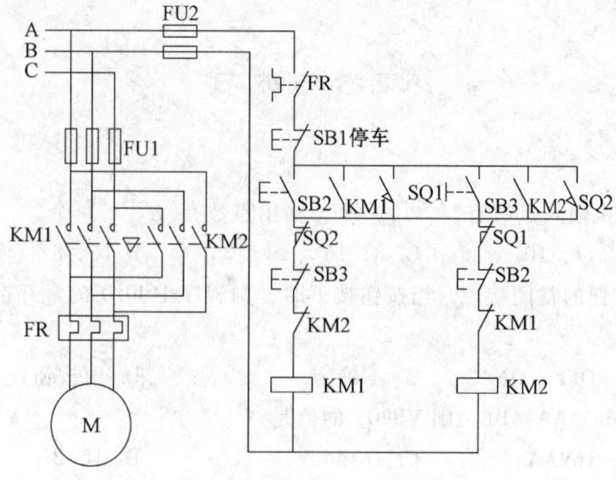

图 2-59 小车往返电气接线图

接下来进行程序的编写，首先要进行I/O口的分配。根据要求，I/O资源的分配见表2-11。

表2-11　I/O资源的分配

	地　址	功能说明
I区输入信号	I0.0	右行启动按钮
	I0.1	左行启动按钮
	I0.2	停车按钮
	I0.3	右边行程开关即右限位
	I0.4	左边行程开关即左限位
Q区输出信号	Q0.0	小车右行
	Q0.1	小车左行

I/O口分配好后可以根据上面的电气接线图进行程序的编写，参考程序如图2-60所示。

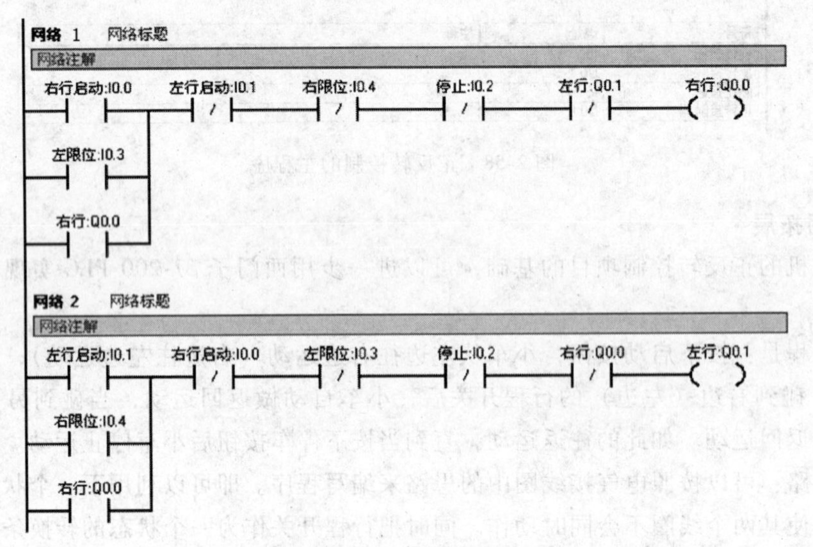

图2-60　参考程序

思考与练习

习题2.1　选择题

(1) S7-224PLC的本机输入点数有(　　)个，输出点数有(　　)个。

A. 10，14　　B. 14，10　　C. 8，16　　D. 16，8

(2) I0.0外接一个按钮的常闭接点，当按钮按下时，则程序中I0.0的常开接点为(　　)，常闭接点为(　　)。

A. ON，OFF　　B. OFF，ON　　C. 不确定　　D. 由按钮按下的时间决定

(3) VD200的值是16#55AA44BB，则VB203的值是(　　)

A. 16#55　　B. 16#AA　　C. 16#44　　D. 16#BB

(4) SM0.1的值是(　　)。

A. 程序首次运行为ON　　B. 程序首次运行为OFF　　C. 总为ON

D. 总为OFF　　E. 周期为1s的脉冲信号

(5) PLC的用户程序存放在（　　）中。

A. RAM　　B. EEPROM　　C. ROM　　D. 变量存储区V中

(6) 下列哪项属于双字寻址（　　）。

A. QW1　　B. V10　　C. IB0　　D. MD28

(7) 只能使用字寻址方式来存取信息的寄存器是（　　）。

A. S　　B. I　　C. HC　　D. AI

(8) SM是（　　）存储器的标识符。

A. 高速计数器　　B. 累加器　　C. 内部辅助寄存器　　D. 特殊辅助寄存器

(9) CPU224型PLC有（　　）个通信口。

A. 2　　B. 1　　C. 3　　D. 4

习题2.2　简要回答以下问题：

(1) S7-22X系列PLC有哪些型号的CPU？

(2) S7-200 PLC有哪些输出方式？各适应于什么类型的负载？

(3) S7-22X系列PLC的用户程序下载后存放在什么存储器中，掉电后是否会丢失？

习题2.3　用接在自动门控制中，采用NPN和PNP两种输入光电开关作为输入信号，请根据下面的光电开关原理图（见图2-61）进行PLC硬件接线，并分别进行I/O测试。

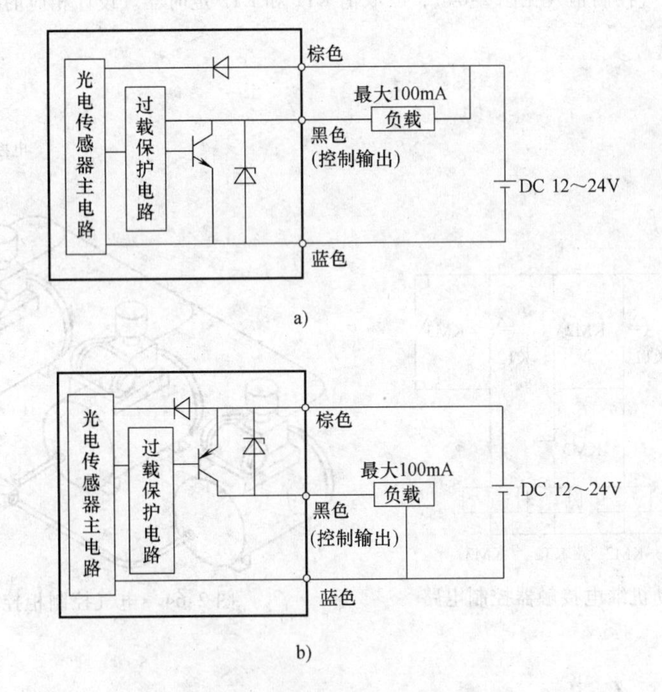

图2-61　自动门控制所用的两种光电开关

a) NPN型光电开关　b) PNP型光电开关

习题2.4　用接在I0.0输入端的光电开关检测传送带上通过的电子产品，有产品通过时I0.0为ON，如果在10s内没有产品通过，由Q0.0发出报警信号，同时用I0.1输入端外接的开关接触报警信号（见图2-62）。请设计相关的PLC输入/输出连线，并进行编程。

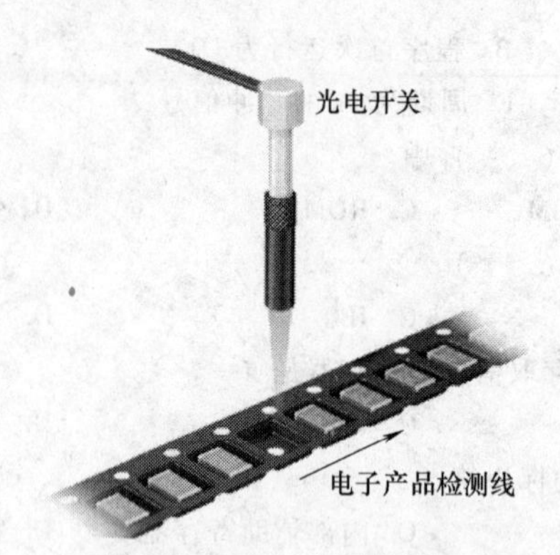

图 2-62 电子产品检测

习题 2.5 在某楼梯灯 PLC 控制中，三地的按钮都可以将楼梯灯点亮，并在亮灯后延时 30s 后灭，请设计相应的硬件电路和软件程序。如果此时断电，PLC 能自动保存此时已亮灯的时间，并在通电后继续下去，完成 30s 的亮灯时间，请重新编程。

习题 2.6 使用置位、复位指令，编写两套双电动机组的控制程序，两套程序控制要求如下：①起动时，电动机 M1 先起动，才能起动电动机 M2，停止时，电动机 M1、M2 同时停止；②起动时，电动机 M1、M2 同时起动，停止时，只有在电动机 M2 停止时，电动机 M1 才能停止。

习题 2.7 图 2-63 所示是用继电接触器设计三台交流电动机相隔 3s 顺序起动同时停止的控制电路。请用 PLC 电路改造该电气控制柜（见图 2-64），以取消 KT1 和 KT2 定时器。设计相应的 PLC 硬件电路，并进行软件编程。

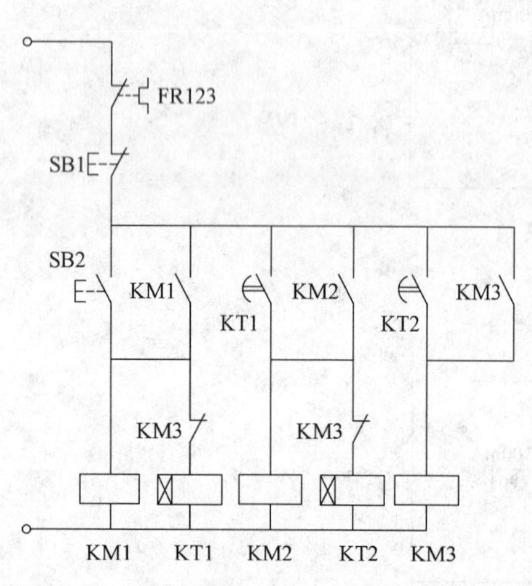

图 2-63 交流电动机继电接触器控制电路

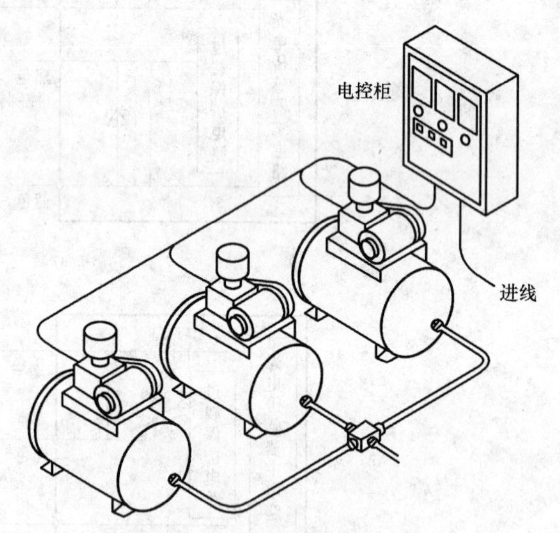

图 2-64 电气控制柜控制示意

第3讲　S7-200 PLC仿真软件及应用

【内容提要】

西门子 S7-200 PLC 在编程后可以进行在线仿真，在实验条件尚不具备的情况下，完全可以作为学习 PLC 的一个辅助工具。该仿真程序提供了数字信号输入开关、两个模拟电位器和 LED 输出显示，同时还支持对 TD-200 文本显示器的仿真。本讲主要介绍了仿真软件的基本界面、仿真步骤，以自动开关门控制为例进行了详细阐述。除此之外，扩展模块（包括数字量和模拟量模块等）、文本显示均可以借助仿真软件来实现程序的模拟调试。

应知

※了解仿真软件的作用
※熟悉数字量扩展模块的特点
※掌握模拟量扩展模块的寻址方式
※掌握文本显示器 TD200 的基本功能

☆能对 S7-200 PLC 仿真软件进行简单模拟
☆能用仿真软件实现数字量扩展模块的模拟
☆能用仿真软件实现模拟量扩展模块的寻址
☆能用仿真软件实现文本显示器的操作

3.1 S7-200 PLC 仿真软件的使用

3.1.1 PLC 仿真程序使用介绍

这里介绍的是 juan luis villanueva 设计的 S7-200 PLC 仿真软件（V2.0），原版为西班牙语，目前已经进行汉化（可以通过搜索后进行下载）。

该仿真软件可以仿真大量的 S7-200 PLC 指令（支持常用的位触点指令、定时器指令、计数器指令、比较指令、逻辑运算指令和大部分的数学运算指令等，但部分指令如顺序控制指令、循环指令、高速计数器指令和通信指令等尚无法支持。

仿真程序提供了数字信号输入开关、两个模拟电位器和 LED 输出显示，仿真程序同时还支持对 TD-200 文本显示器的仿真，在实验条件尚不具备的情况下，完全可以作为学习 S7-200 PLC 的一个辅助工具。

仿真软件界面如图 3-1 所示。和所有基于 Windows 的软件一样，仿真软件最上方是菜单，仿真软件的所有功能都有对应的菜单命令；在工件栏中列出了部分常用的命令（如 PLC 程序加载、启动程序、停止程序、AWL、KOP、DB1 和状态观察窗口等）。

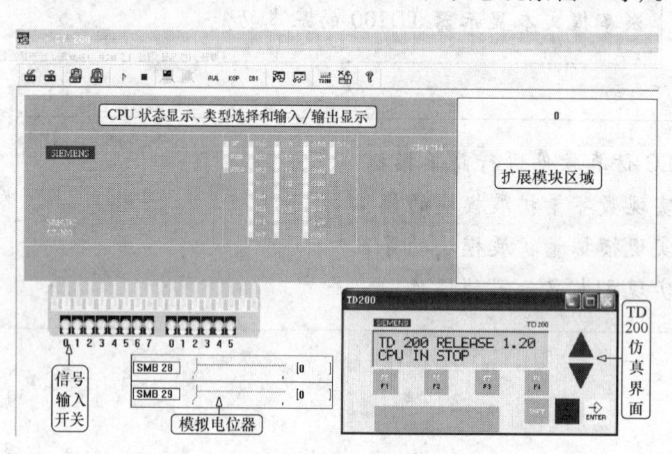

图 3-1 仿真软件界面

输入位状态显示：对应的输入端子为 1 时，相应的 LED 变为绿色。

输出位状态显示：对应的输出端子为 1 时，相应的 LED 变为绿色。

CPU 类型选择：点击该区域可以选择仿真所用的 CPU 类型。

模块扩展区：在空白区域点击，可以加载数字和模拟 I/O 模块。

信号输入开关：用于提供仿真需要的外部数字量输入信号。

模拟电位器：用于提供 0～255 连续变化的数字信号。

TD200 仿真界面：仿真 TD200 文本显示器（该版本 TD200 只具有文本显示功能，不支持数据编辑功能）。

3.1.2 菜单命令介绍

常用菜单命令为 程序(P) 查看(V) 配置(C) PLC 显示(D) 帮助(H) ，下面一一进行介绍。

1. 程序

图 3-2 所示为所有程序菜单命令，包括删除程序、装载程序、粘贴程序块、粘贴数据块、保存配置、装载配置等。

需要注意的是，加载仿真程序时，仿真程序梯形图必须为 awl 文件（该文件在 STEP7-Micro/WIN 环境中进行转换），数据块必须为 dbl 或 txt 文件。

2. 查看

图 3-3 所示为所有查看菜单命令，包括程序块代码 OB1、程序块图形 OB1、数据块 DB1、内存监视、TD200 显示器等。

该命令对于不是以 I/O 开关量表示的状态非常有用，可以查看几乎所有的变量，如 V 变量、C 变量、T 变量等。

3. 配置

图 3-4 所示为所有配置菜单命令，包括 CPU 型号、CPU 信息、当前时间、仿真速度等。图 3-5 所示为旧的 CPU 类型为 CPU214，可以通过设置 CPU 类型来改变为新的 CPU224 等，图 3-6 所示为更改 CPU 型号后的 PLC 外观。

4. PLC

图 3-7 所示为 PLC 菜单命令，包括运行、停止、单步、取消强制、输出 I/O，交换 I/O 等。

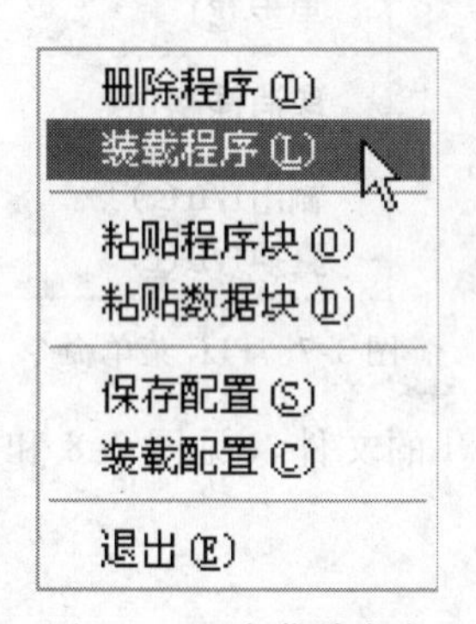

图 3-2　程序菜单命令

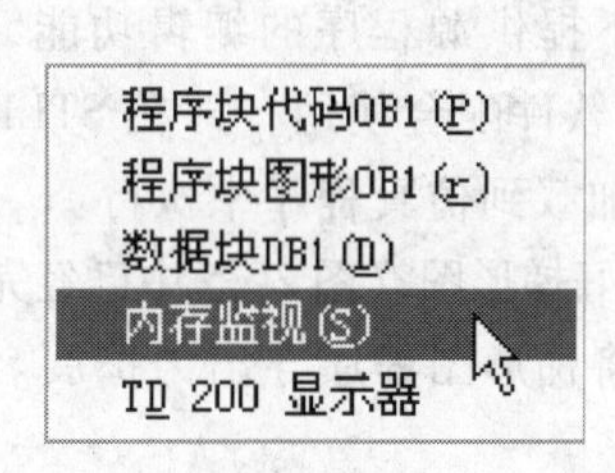

图 3-3　查看菜单命令

图 3-4　配置菜单命令

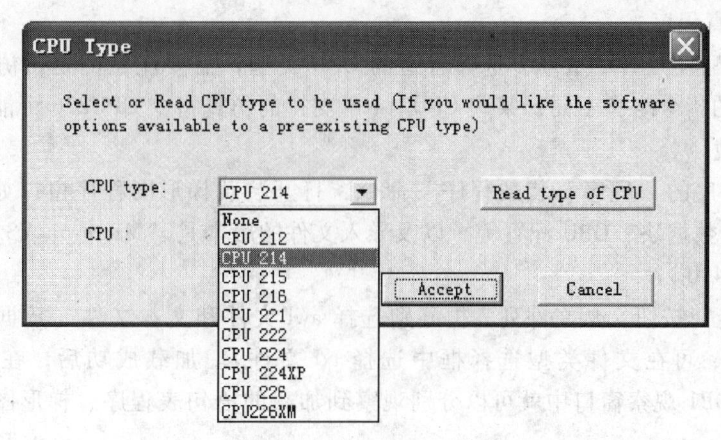

图 3-5　选择新的 CPU 类型

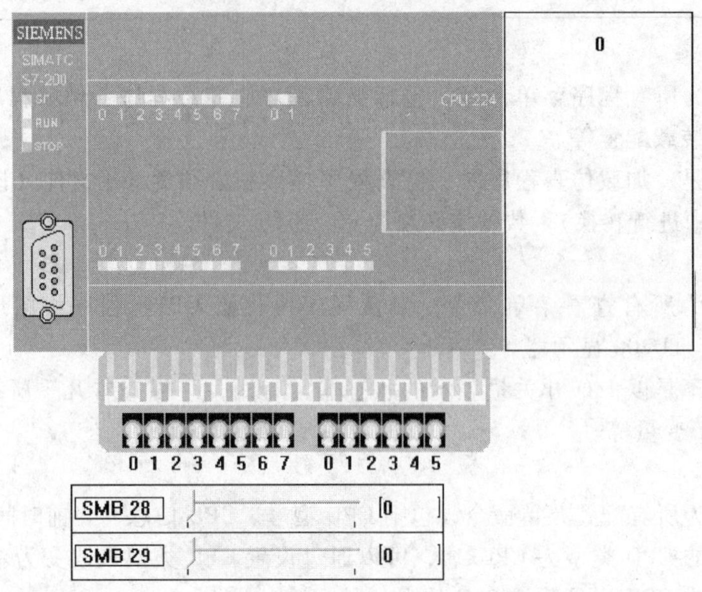

图 3-6　更改 CPU 型号后的 PLC 外观

PLC 程序的仿真步骤

这里以第 2 讲中图 2-35 所示的 TON 应用程序为例进行仿真步骤说明。

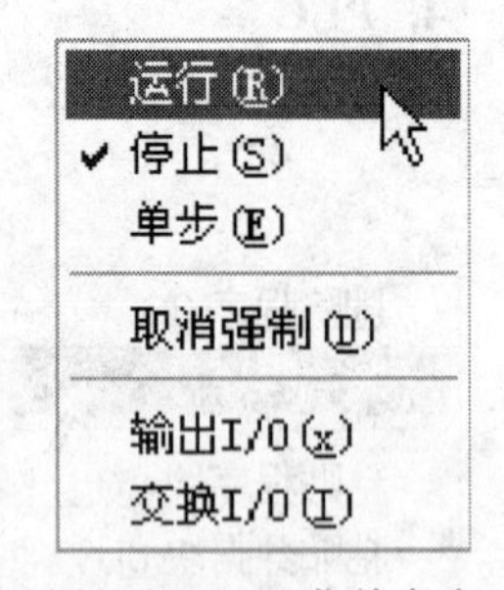

图 3-7　PLC 菜单命令

1. 准备工作

由于 S7-200 PLC 的仿真软件不提供源程序的编辑功能，因此必须和 STEP7-Micro/WIN 程序编辑软件配合使用，即在 STEP7 Micro/WIN 中编辑好源程序后，然后加载到仿真程序中执行。

1）在 STEP7 Micro/WIN 中编辑好梯形图（图 2-35 中已经完成）。

2）利用“文件 | 导出”命令将梯形图程序导出为扩展名为 awl 的文件（见图 3-8 和图 3-9）。

3）如果程序中需要数据块，需要将数据块导出为 txt 文件。

2. 程序仿真

1）启动仿真程序。

2）利用“配置 | CPU 型号”选择合适的 CPU 类型，需要注意的是：仿真软件不同类型的 CPU 支持的指令略有不同，某些 CPU214 不支持的仿真指令 CPU226 可能支持。

3. 程序加载

选择仿真程序的“程序 | 装载程序”命令，打开装载梯形图程序窗口如图 3-10 所示，可选择逻辑块、数据块、CPU 配置等，以及导入文件的版本是“Microwin V3.1”还是“Microwin V3.2，V4.0”。

点击“确定”按钮，从文件列表框分别选择 awl 文件和文本文件（数据块默认的文件格式为 dbl 文件，可在文件类型选择框中选择 txt 文件）。加载成功后，在仿真软件中的 AWL、KOP 和 DB1 观察窗口中就可以分别观察到加载的语句表程序、梯形图程序和数据块（见图 3-11）。

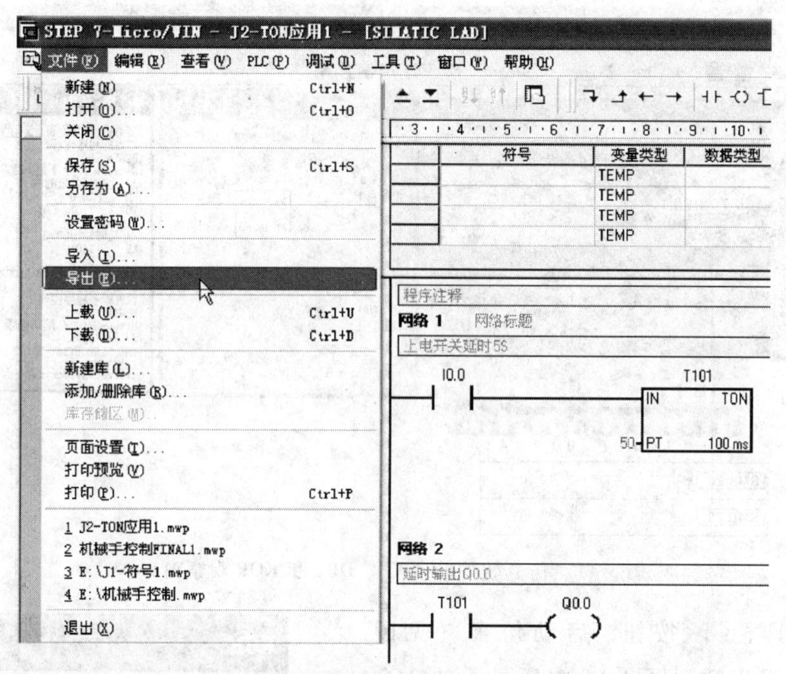

图 3-8　选择“文件 | 导出”命令

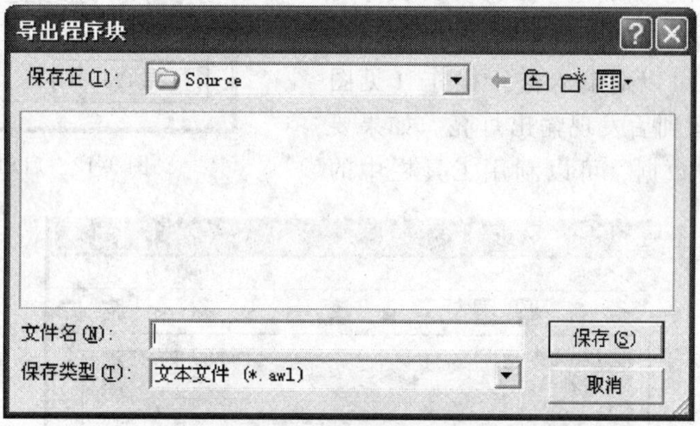

导出程序块

保存在(I): Source

文件名(N):

保存类型(T): 文本文件 (*.awl)

保存(S)　取消

图 3-9　导出程序块

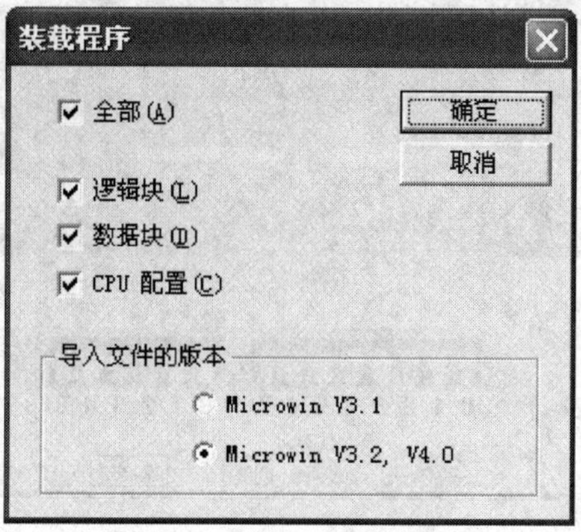

装载程序

☑ 全部(A)

☑ 逻辑块(L)

☑ 数据块(D)

☑ CPU 配置(C)

导入文件的版本

○ Microwin V3.1

◉ Microwin V3.2, V4.0

确定　取消

图 3-10　装载程序窗口

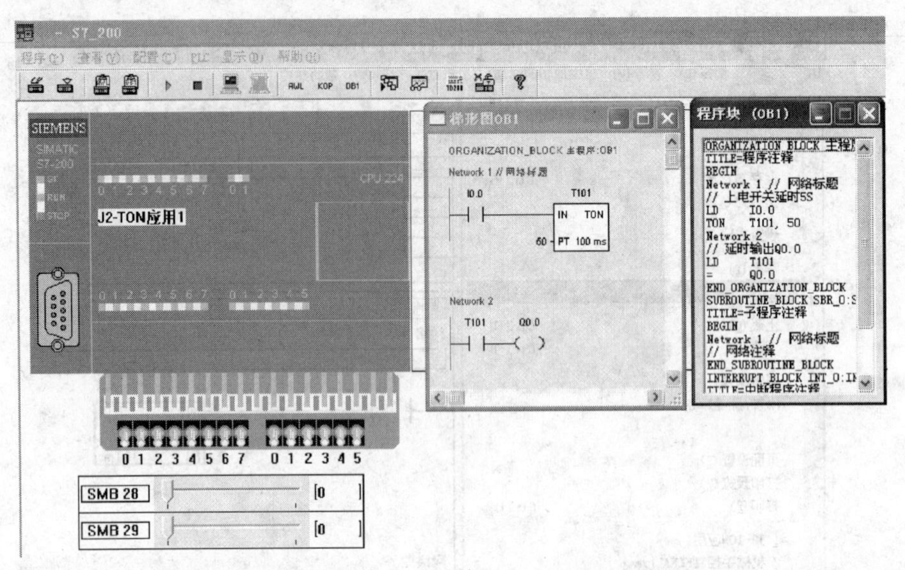

图 3-11 仿真软件的 AWL、DB1 和 KOP 观察窗口

点击工具栏 ▶ 按钮，启动仿真（见图 3-12），用户可以看到图 3-13 中所显示的 3 个状态：①模拟 PLC 运行灯 RUN；②仿真软件的 RUN 状态；③仿真软件的计时运行。

图 3-12 启动 RUN

仿真启动后，可以对输入进行操作（见图 3-14），在定时时间到后发现输出灯亮。如果要观察定时器的实时数据，可以利用工具栏中的

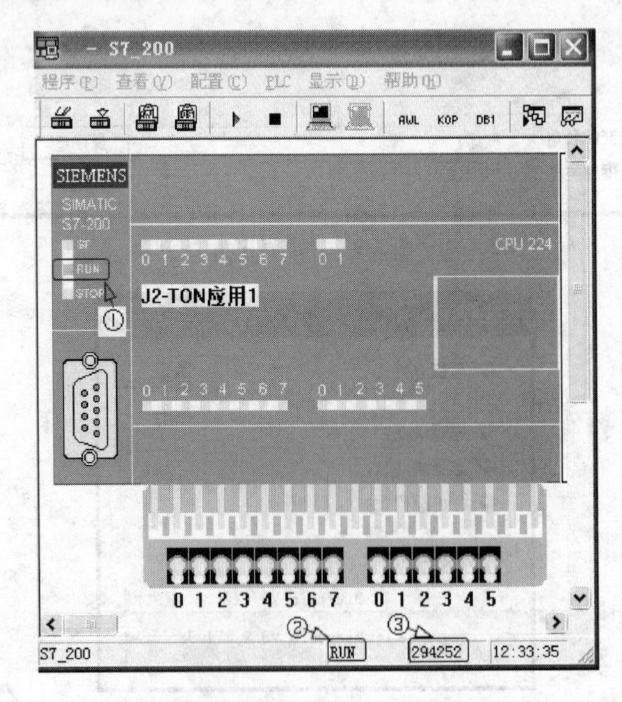

图 3-13 RUN 的 3 个状态

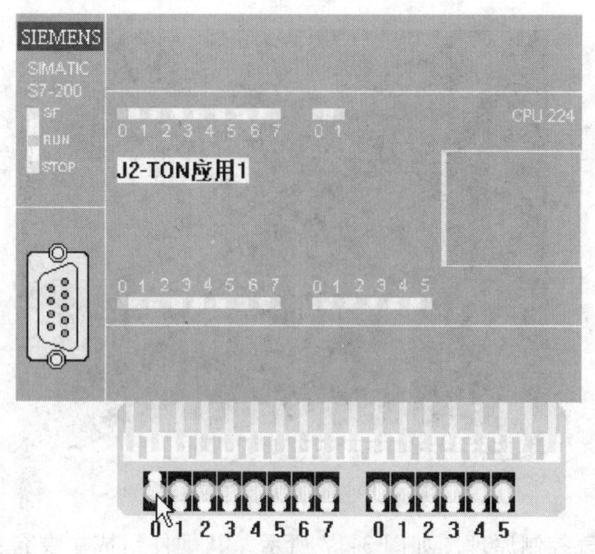

图 3-14　对输入进行操作

按钮，启动状态观察窗口（见图 3-15）。

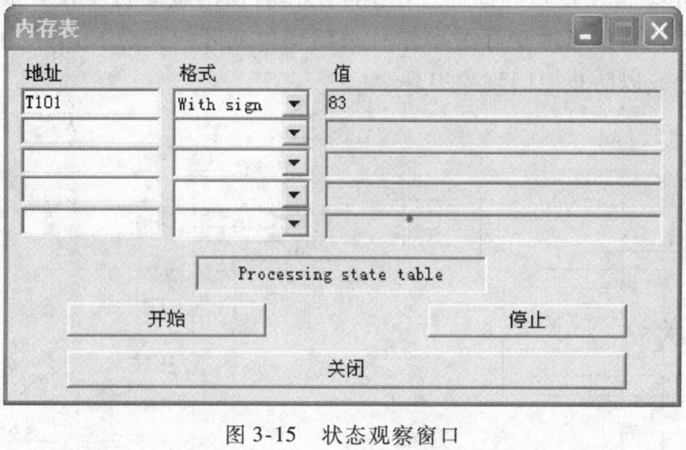

图 3-15　状态观察窗口

图 3-15 中，在“地址”对应的对话框中，可以添加需要观察的编程元件的地址，在“格式”对应的对话框中选择数据显示模式。点击窗口中的“开始”按钮后，在“值”对应的对话框中可以观察按照指定格式显示的指定编程元件当前数值。在程序执行过程中，如果编程元件的数据发生变化，“值”中的数值将随之改变。利用状态观察窗口可以非常方便地监控程序的执行情况。

3.2　自动开关门控制 LAD 设计与仿真

3.2.1　自动开关门控制概述

在超级市场、公共建筑、银行、医院等入口，经常会使用自动门控制系统，如图 3-16 所示为某酒店前台自动门。

图 3-16　酒店前台自动门

自动门的主要电气控制原理图如图 3-17 所示，其硬件组成主要包括门内光电探测开关 K1（图中未画出）、门外光电探测开关 K2（图中未画出）、开门到位限位开关 SQ1（图中未画出）、关门到限位开关 SQ2（图中未画出）、开门执行机构 KM1（使电动机正转）、关门执行机构 KM2（使电动机反转）等部件。在实际工作自动门电动机实现开关门的时候，为考虑到电动机的惯性，通常当微动开关动作（关门到位或开门到位）时采用电磁抱闸来实行电动机的快速停止，以防止撞门现象出现。

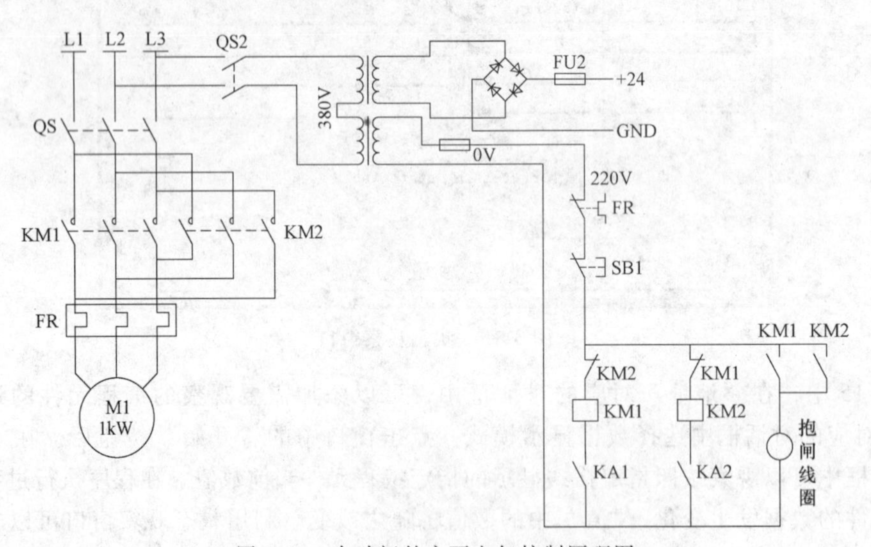

图 3-17　自动门的主要电气控制原理图

以下是该酒店客户对自动门提出的控制要求：

1）当有人由内到外或由外到内通过光电检测开关 K1 或 K2 时，开门执行机构 KM1 动作，电动机正转，到达开门限位开关 SQ1 位置时，电动机停止运行。

2）自动门在开门位置停留 8s 后，自动进入关门过程，关门执行机构 KM2 被起动，电动机反转，当门移动到关门限位开关 SQ2 位置时，电动机停止运行。

3）在关门过程中，当有人员由外到内或由内到外通过光电检测开关 K2 或 K1 时，应立即停止关门，并自动进入开门程序。

4）在门打开后的8s等待时间内，若有人员由外至内或由内至外通过光电检测开关K2或K1时，必须重新开始等待8s后，再自动进入关门过程，以保证人员安全通过。

请设计合理的PLC电气控制系统方案。

3.2.2 自动门控制的硬件设计

对于自动门控制来说，其硬件设计相对简单，如图3-18所示。需要注意的是，在PLC电路控制中，输入和输出基本是分离的，而且由于本电路输入是DC24V信号，而输出是AC220V信号，因此不能有任何短路现象发生。

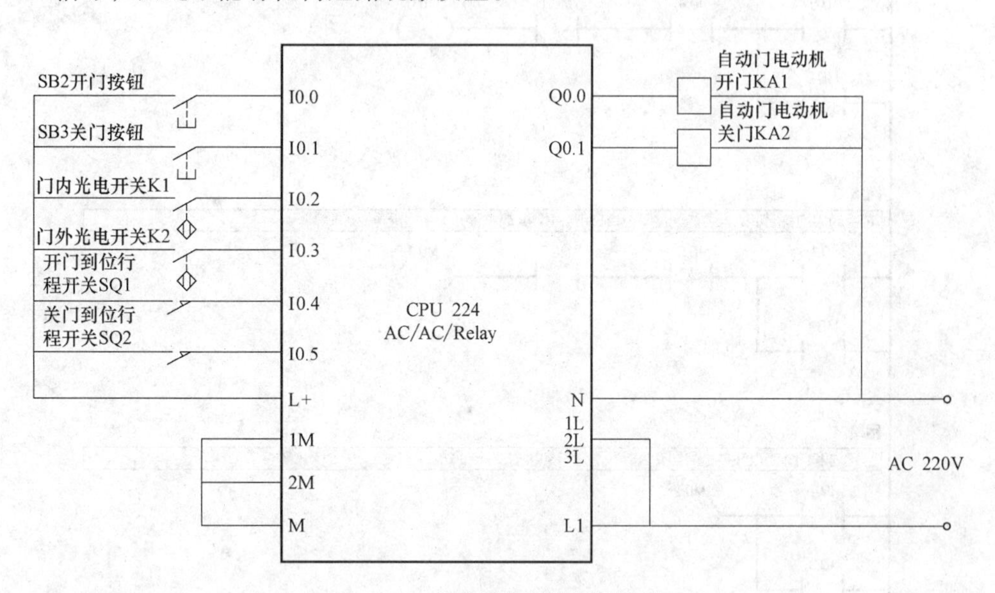

图3-18 自动门控制的硬件设计

根据图3-18所示可以列出自动门控制的I/O分配表（见表3-1）。

表3-1 自动门控制的I/O分配表

输入	名称	输出	名称
I0.0	开门按钮SB2	Q0.0	自动门电动机开门KA1
I0.1	关门按钮SB3	Q0.1	自动门电动机关门KA2
I0.2	门内光电开关K1		
I0.3	门外光电开关K2		
I0.4	开门到位行程开关SQ1		
I0.5	关门到位行程开关SQ2		

3.2.3 自动门控制的软件设计

自动门的软件设计，主要根据SA1选择开关来进行，分为手动和自动，具体如图3-19所示，其中定时器的时间可以根据实际要求进行调整。

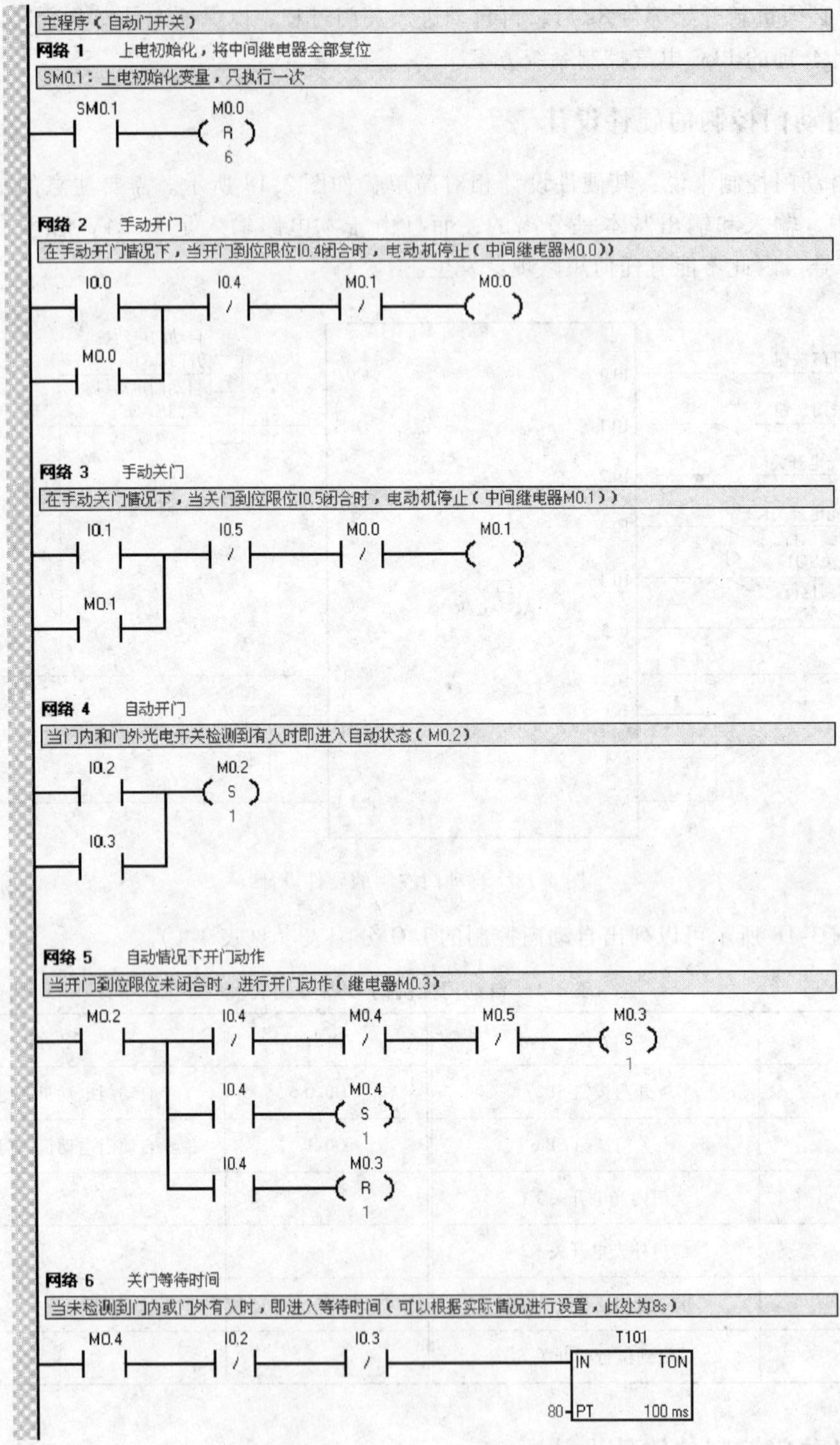

主程序（自动门开关）

网络 1 上电初始化，将中间继电器全部复位

SM0.1：上电初始化变量，只执行一次

SM0.1 M0.0 R 6

网络 2 手动开门

在手动开门情况下，当开门到位限位I0.4闭合时，电动机停止（中间继电器M0.0）

I0.0 I0.4 M0.1 M0.0

M0.0

网络 3 手动关门

在手动关门情况下，当关门到位限位I0.5闭合时，电动机停止（中间继电器M0.1）

I0.1 I0.5 M0.0 M0.1

M0.1

网络 4 自动开门

当门内和门外光电开关检测到有人时即进入自动状态（M0.2）

I0.2 M0.2 S 1

I0.3

网络 5 自动情况下开门动作

当开门到位限位未闭合时，进行开门动作（继电器M0.3）

M0.2 I0.4 M0.4 M0.5 M0.3 S 1

I0.4 M0.4 S 1

I0.4 M0.3 R 1

网络 6 关门等待时间

当未检测到门内或门外有人时，即进入等待时间（可以根据实际情况进行设置，此处为8s）

M0.4 I0.2 I0.3 T101 IN TON

80 PT 100 ms

图 3-19 自动门开关控制主程序

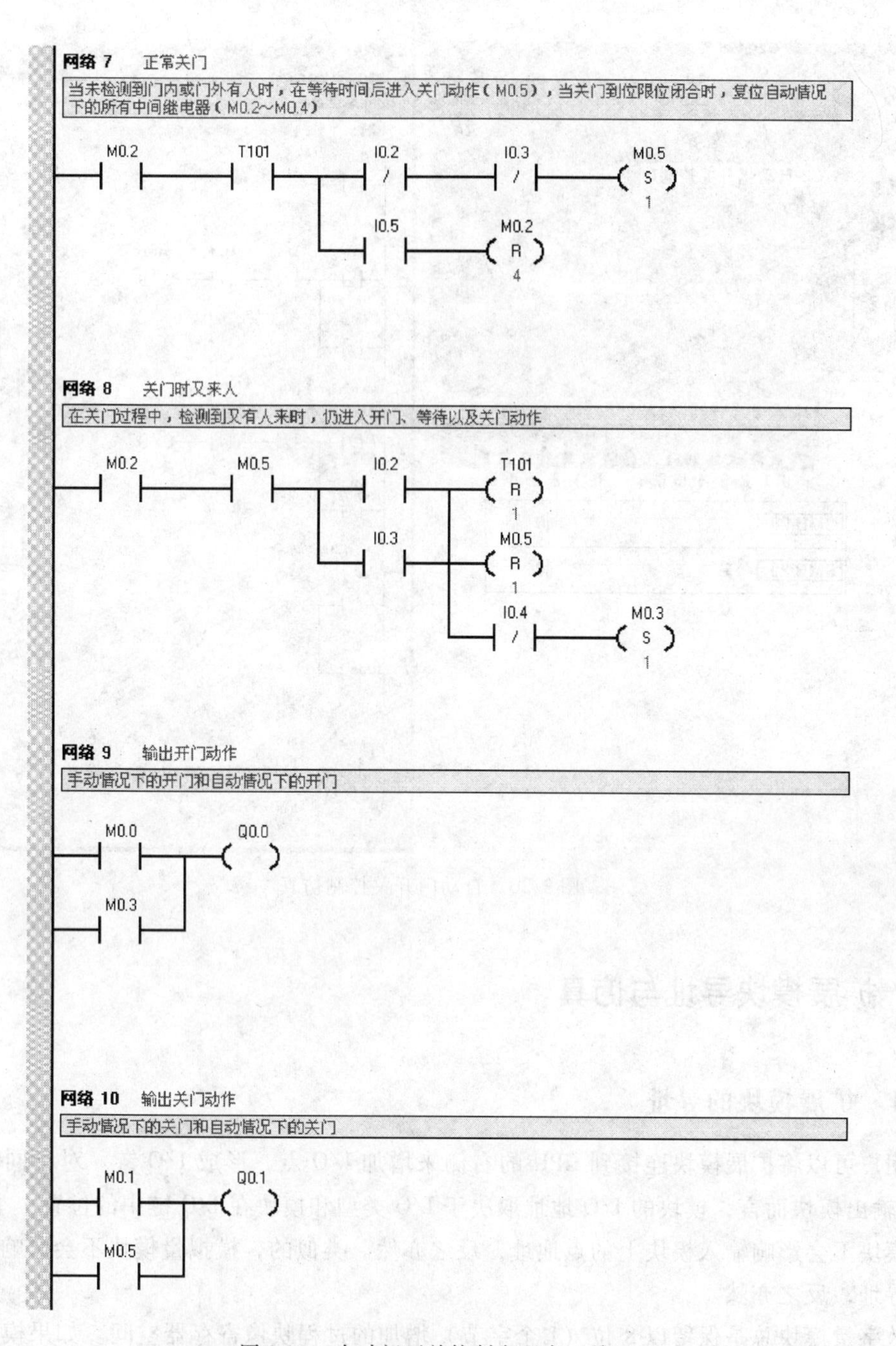

图 3-19 自动门开关控制主程序（续）

3.2.4 自动门控制的软件仿真

将自动门开关控制的主程序导出 awl 文件后，进行仿真软件加载，并进行测试，图 3-20 所示为自动门开关控制仿真，为“自动情况下，门在关闭时，当门内光电开关动作时，自动门执行开门动作”，此时需要将 I0.2 和 I0.5 的开关均打到 ON 状态。其余状态测试可以类比进行，不再赘述。

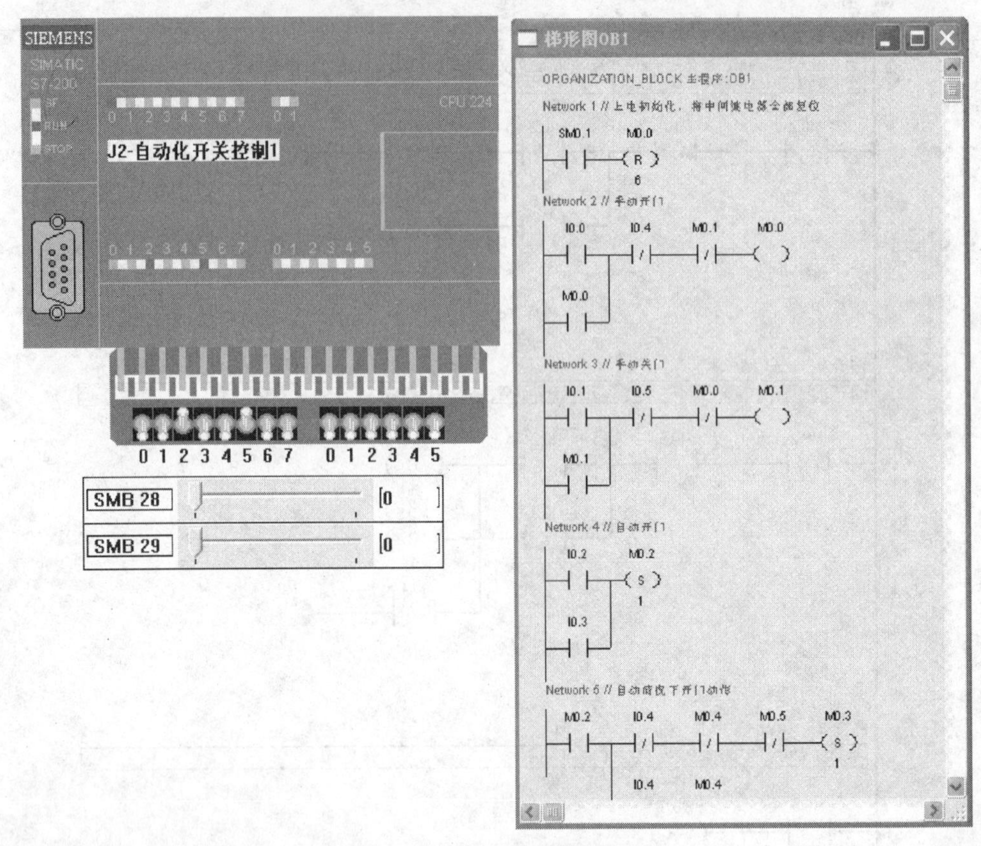

图 3-20　自动门开关控制仿真

3.3　扩展模块寻址与仿真

3.3.1　扩展模块的寻址

用户可以将扩展模块连接到 CPU 的右侧来增加 I/O 点，形成 I/O 链。对于同种类型的输入/输出模块而言，模块的 I/O 地址取决于 I/O 类型和模块在 I/O 链中的位置。举例来说，输出模块不会影响输入模块上的点地址，反之亦然。类似的，模拟量模块不会影响数字量模块的寻址，反之亦然。

数字量模块总是保留以 8 位（1 个字节）增加的过程映像寄存器空间。如果模块没有给保留字节中每一位提供相应的物理点，那些未用位不能分配给 I/O 链中的后续模块。对于输入模块，这些保留字节中未使用的位会在每个输入刷新周期中被清零。

图 3-21 中是一个特定的硬件配置中的 I/O 地址。地址间隙（用灰色斜体文字表示）无法在程序中使用。

3.3.2　利用仿真软件进行扩展模块的增加与删除

在图 3-22 所示的仿真软件中“模块扩展区”的空白处点击，弹出模块组态窗口，扩展

CPU224XP		4输入/4输出		8输入	4模拟量输入 1模拟量输出		8输出	4模拟量输入 1模拟量输出	
本地I/O		扩展I/O 模块0		模块1	模块2		模块3	模块4	
I0.0	Q0.0	I2.0	Q2.0	I3.0	AIW4	AQW4	Q3.0	AIW12	AQW8
I0.1	Q0.1	I2.1	Q2.1	I3.1	AIW6	AQW6	Q3.1	AIW14	AQW10
I0.2	Q0.2	I2.2	Q2.2	I3.2	AIW8		Q3.2	AIW16	
I0.3	Q0.3	I2.3	Q2.3	I3.3	AIW10		Q3.3	AIW18	
I0.4	Q0.4	I2.4	Q2.4	I3.4			Q3.4		
I0.5	Q0.5	I2.5	Q2.5	I3.5			Q3.5		
I0.6	Q0.6	I2.6	Q2.6	I3.6			Q3.6		
I0.7	Q0.7	I2.7	Q2.7	I3.7			Q3.7		
I1.0	Q1.0								
I1.1	Q1.1								
I1.2	Q1.2								
I1.3	Q1.3								
I1.4	Q1.4								
I1.5	Q1.5								
I1.6	Q1.6								
I1.7	Q1.7								
AIW0	AQW0								
AIW2	AQW2								

图 3-21　CPU224XP 的本地和扩展 I/O 地址举例

模块选项如图 3-23 所示。在图 3-23 所示的扩展模块选项窗口中列出了可以在仿真软件中扩展的模块。选择需要扩展的模块类型后，点击“确定”按钮即可。

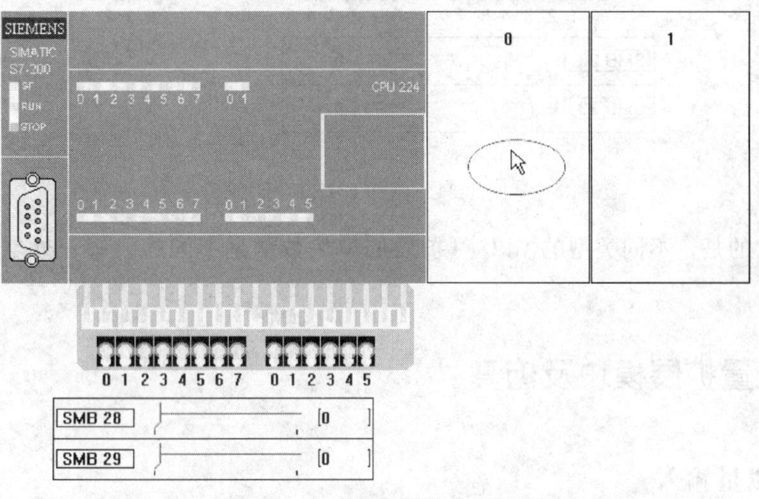

图 3-22　仿真软件的模块扩展区

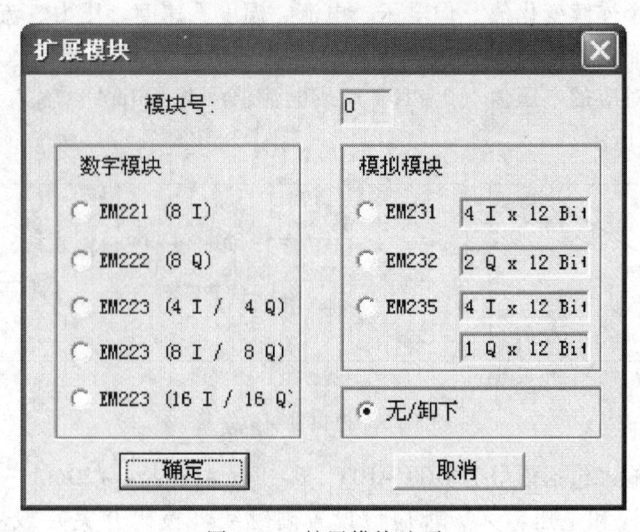

图 3-23　扩展模块选项

比如选择 EM223（4I/4Q），选中后，即可看到如图 3-24 所示的画面。显然，仿真软件已经自动将地址 IB2/QB2 显示出来。

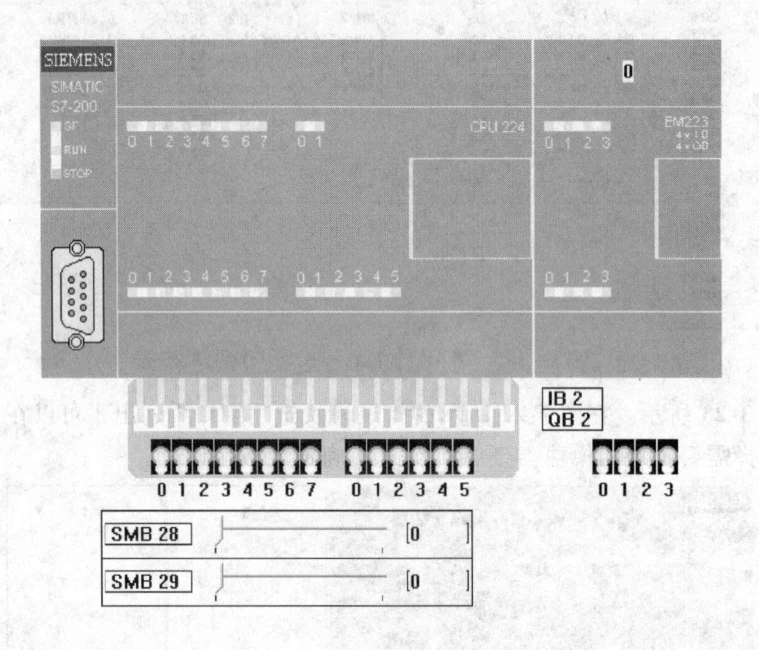

图 3-24 添加 EM223 模块

需要注意的是，不同类型的 CPU 可扩展的模块数量是不同的，每一处空白只能添加一种模块。

3.4 模拟量扩展模块及仿真

3.4.1 模拟量输入

模拟量值是一个连续变化值，像电压、电流、温度、速度、压力、流量等。例如，压力是随着时间的变化而变化的。因为这个压力值不是直接作为 PLC 的输入，而是必须通过变换器把同压力值相对应的电压值（0～10V）或电流值（4～20mA）输入到 PLC 中，模拟量与数字量如图 3-25 所示。

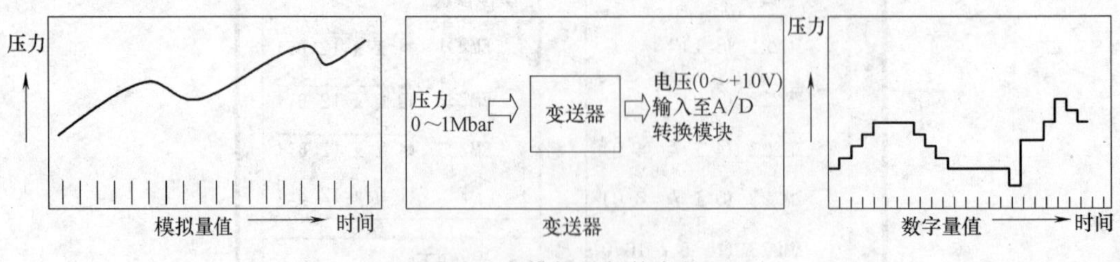

图 3-25 模拟量与数字量

PLC 的模拟量输入包括信号为 DC0～10V、0～20mA 或者 4～20mA 三种，对于不同的输入，尤其是电流输入和电压输入，都应该设置硬跳线（拨码开关）或者软跳线（参数设定）。PLC 的模拟量输入模块负责 A/D 转换，将模拟量信号转换为 PLC 可以认识的数字量信号。

图 3-26 所示为模拟量输入电压的转换实例，每一种 PLC 输入 10V 都会对应一个最大数值，这里以最大值 4000 为例，即输入 10V 对应数值 4000，则其输入特性的曲线为 $y=400x$（y 代表数字输出值，x 代表模拟量输入电压）。输入 2.5mV 等同数字值 1，小于 2.5mV 的值不能转换。

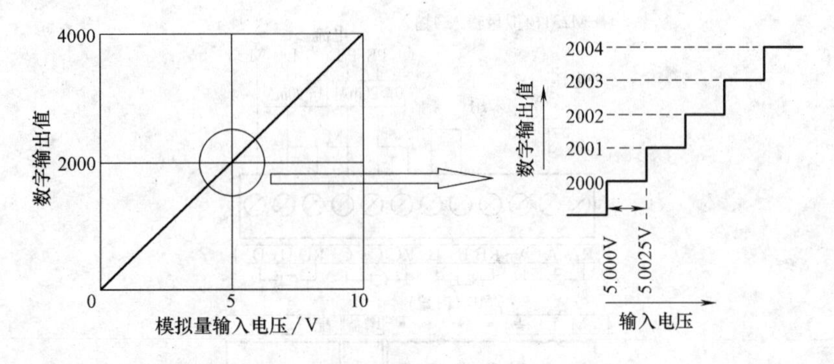

图 3-26 模拟量输入电压的转换实例

用软件实现的工程化反变换如图 3-27 所示。

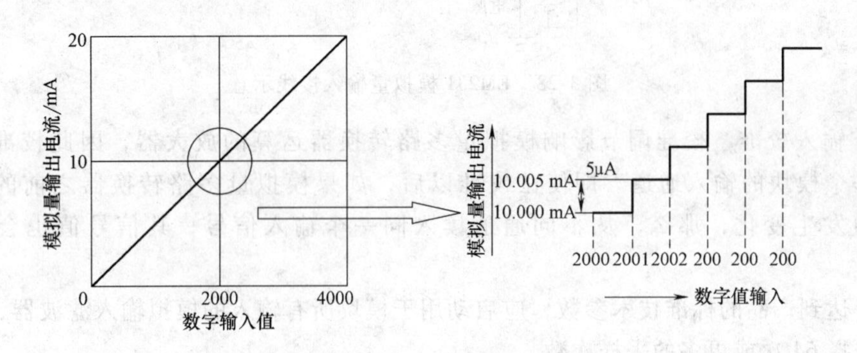

图 3-27 工程化反变换

3.4.2 模拟量与数字量的关系

模拟量其实也是数字量，因为在 PLC 或是计算机里面只有 0 和 1，其实模拟量也就是由 1 和 0 组合起来的，它有个分辨率的概念。

比如说 12 位的分辨率，那么 12 位的分辨率是什么意思呢？因为里面是 2 进制的，然后 12 的分辨率就是表示 2^{12}，$2^{12}=4096$。它的意思是这个满量程能分成 4096 等份，那么为了计算方便取 4000，意思是 PLC 的输出可以把它分成 4000 等份，PLC 的输出量输出是 0～10V，那么一等份等于 2.5mV，所以说理论上它的模拟量输出值只能是 0mV、2.5mV、5mV、7.5mV 依次递增，而不可能出现 3mV、4mV，因为它由分辨率决定的，分辨率是 12 位进制的只能分到 4000 等份，每一等份是 2.5mV。

因此这个模拟量的意思是，把这一输出分成比较多的等份。每份很细，当一份增加 2.5mV 的时候，对现场几乎是没有改变的，那么就足够用了。比如说控制变频器的速度，用户增加 2.5mV，那变频器的频率几乎是不变的，可能变 0.101Hz 没什么作用，那么用户的模拟量的分辨率就足够用。

3.4.3 西门子模拟量输入/输出模块

1. EM231 模拟量输入模块

图 3-28 所示为 EM231 模拟量输入接线示意。

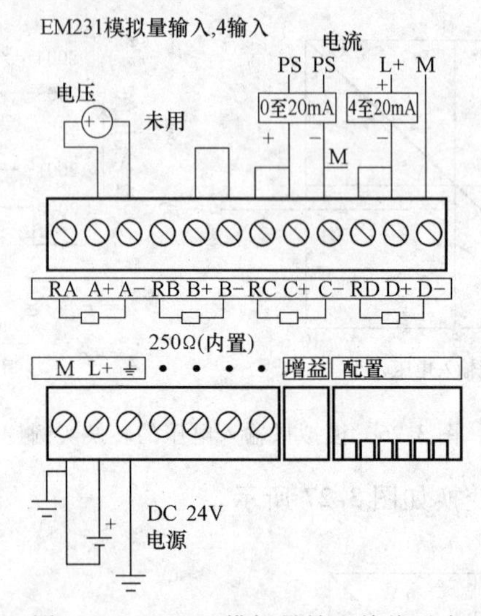

图 3-28 EM231 模拟量输入接线示意

（1）输入校准　校准调节影响模拟量多路转换器运算的放大器，因此校准影响到所有的同一个模块的输入通道。即使在校准以后，如果模拟量多路转换器之前的输入电路的部件值发生变化，那么，从不同通道读入同一个输入信号，其信号值也会有微小的不同。

为了达到产品的标准技术参数，应启动用于模块所有输入的模拟输入滤波器，计算平均值时，选择 64 次或更多的采样次数。

校准输入时，其步骤如下：

1）切断模块电源，选择需要的输入范围。

2）接通 CPU 和模块电源，使模块稳定 15min。

3）用一个传感器，一个电压源或一个电流源，将零值信号加到一个输入端。

4）在 CPU 的程序中读出测量值。

5）调节偏置电位器，直到读数为零，或所需要的数字数据值。

6）将一个满刻度值信号 DC 10V 或 10mA 信号接到输入端子中的一个，读出 CPU 中的数值。

7）调节增益电位器，直到读数为 32000，或所需要的数字数据值。

8）必要时，重复偏置和增益校正过程。

注意，EM231 模块只有增益电位器，因此可以略去偏置调节部分。

（2）配置组态　EM231 模块的输入需要通过配置开关进行单极性或双极性组态，EM231 模块组态配置见表 3-2。

表 3-2 EM231 模块组态配置

单极性			满量程输入	分辨率
SW1	SW2	SW3		
ON	OFF	ON	0 至 10V	2.5mV
	ON	OFF	0 至 5V	1.25mV
			0 至 20mA	5μA
双极性			满量程输入	分辨率
SW1	SW2	SW3		
OFF	OFF	ON	±5V	2.5mV
	ON	OFF	±2.5V	1.25mV

（3）输入数据字格式　模拟量到数字量转换器称为 ADC，其为 12 位读数，数据格式是左端对齐的（见图 3-29）。最高有效位是符号位，0 表示是正值数据字，对单极性格式，3 个连续的“0”使得 ADC 计数数值每变化一个单位则数据字的变化是以 8 为单位变化的。对双极性格式，4 个连续的“0”使得 ADC 计数数值每变化一个单位，则数据字的变化是以 16 为单位变化的。

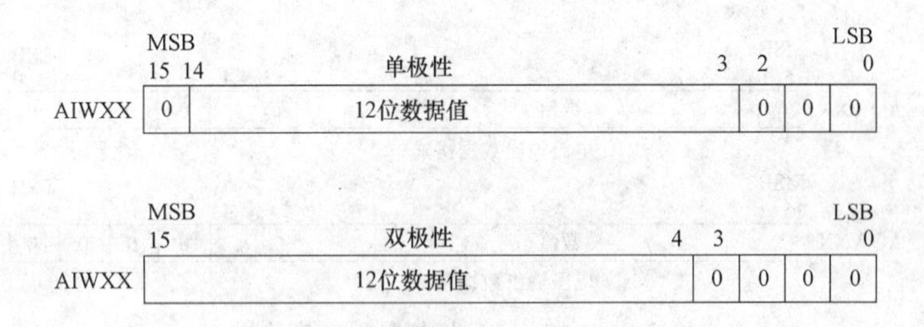

图 3-29　模拟量输入格式

2. 模拟量输入滤波功能

S7-200 PLC 允许对每一路模拟量输入选择软件滤波功能，滤波值是多个模拟量输入采样值的平均值，滤波器参数（如采样次数和死区）对于允许滤波的所有模拟量输入是相同的。

步骤如下：①通过菜单命令选中输入滤波器，点击模拟量标签；②选择需要滤波的模拟量输入、采样个数和死区；③确认后，将改变后的系统块下载到 PLC 中。

3. EM232 模拟量输出模块

S7-200 PLC 的模拟量输出模块 EM232 的接线方式如图 3-30 所示。

数字量到模拟量的转换器称为 DAC，分电流和电压两种输出格式，电流为 11 位读数，电压为 12 位读数，如图 3-31 所示。

3.4.4　西门子模拟量输入/输出模块的仿真

如图 3-32 所示，在扩展模块区域点击即可选择要添加的模拟量输入模块，即 EM231、EM232 和 EM235，这里以 EM231 为例进行添加，添加后的结果如图 3-33 所示。

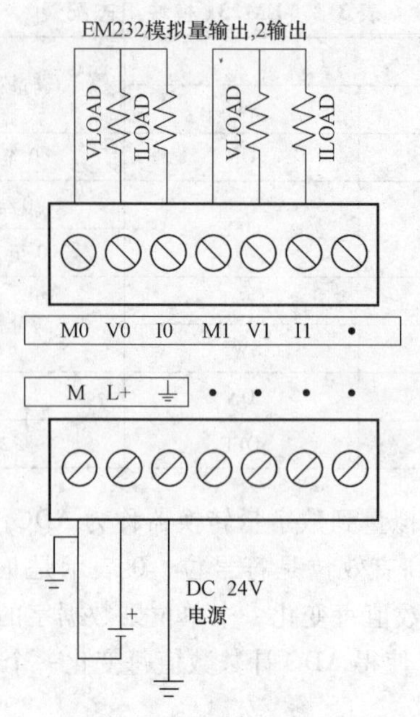

图 3-30　EM232 的接线方式

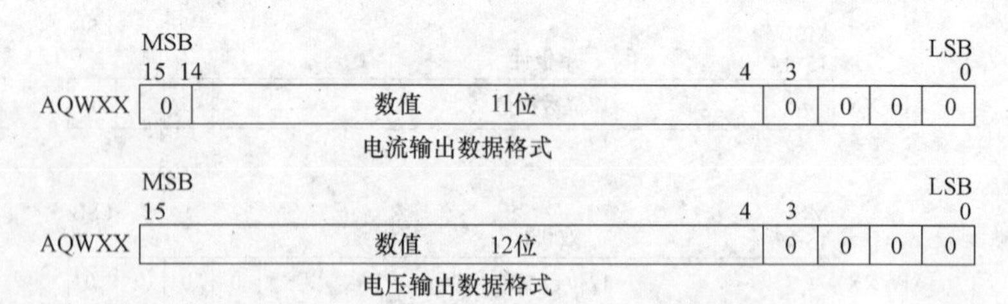

图 3-31　数字量到模拟量的转换格式

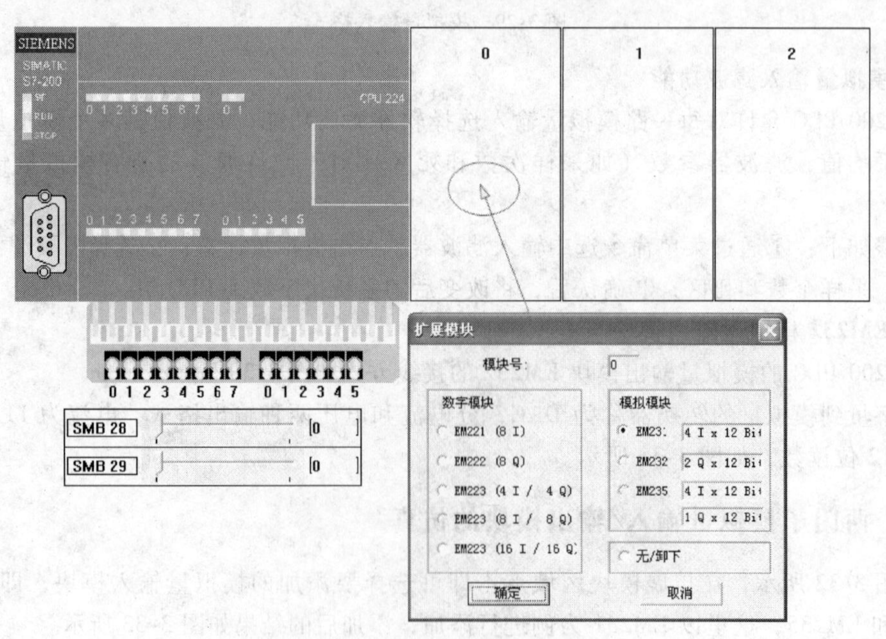

图 3-32　增加扩展模块 EM231

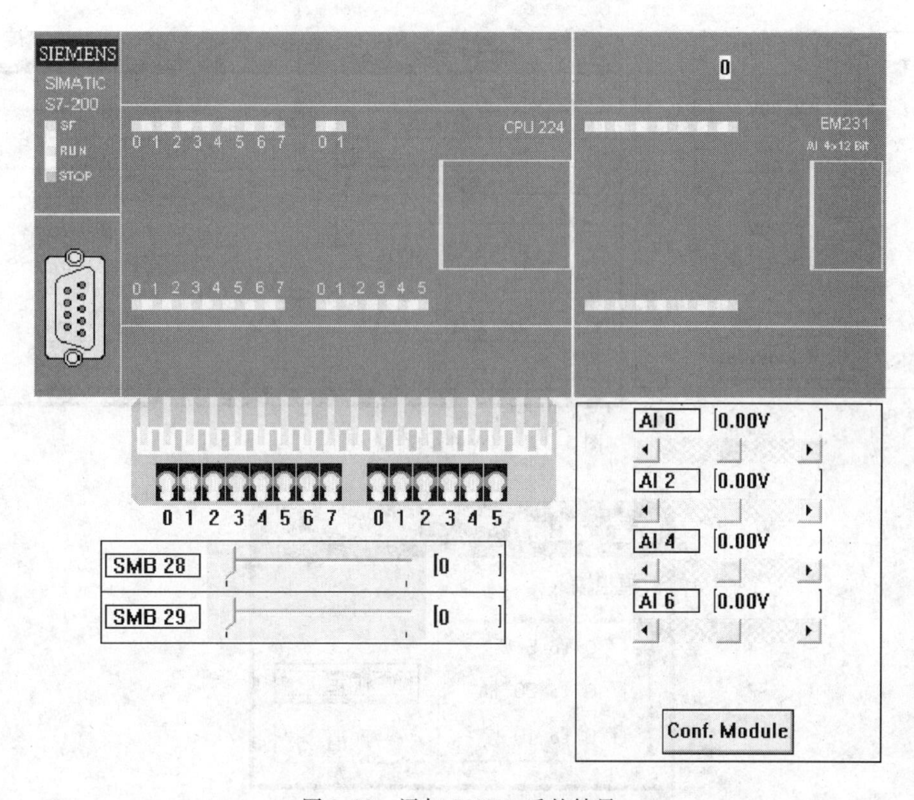

图 3-33　添加 EM231 后的结果

在图 3-34 中，用户可以用鼠标选择 AI0 ~ AI6 的任意一个滑块，即可获得不同的电压输入值。需要注意的是，在内存监视中，输入 10V 对应的值是 32760，这与 S7-200 PLC 手册中的值 32000 略有不同（见图 3-35）。

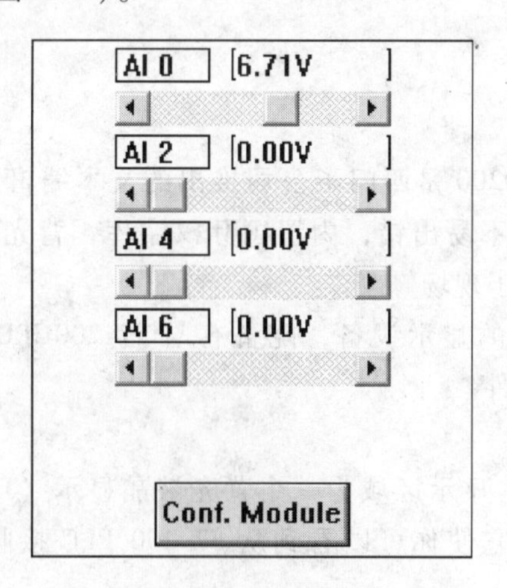

图 3-34　输入不同的模拟量值

点击 Conf. Module 按键，即可看到图 3-36 所示的配置 EM231，用户可以选择不同的模拟量输入方式，即 0 ~ 5V、0 ~ 20mA、0 ~ 10V。

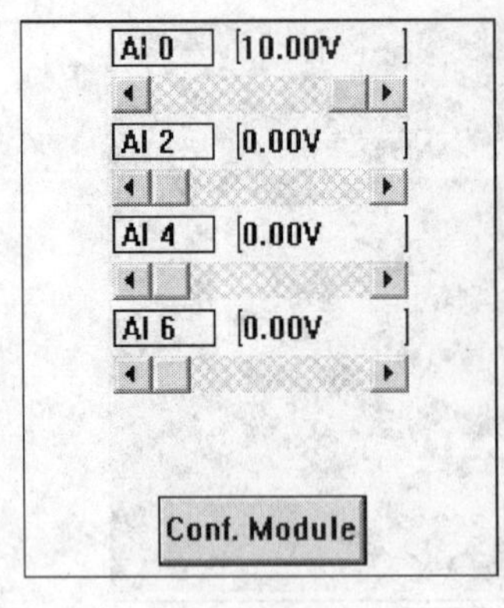

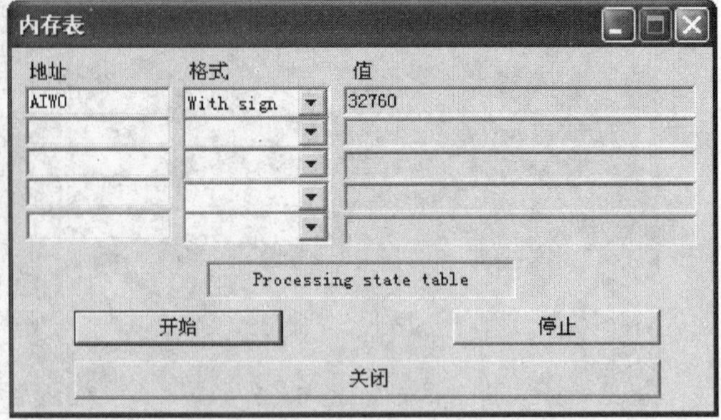

图 3-35　10V 的内存监视值

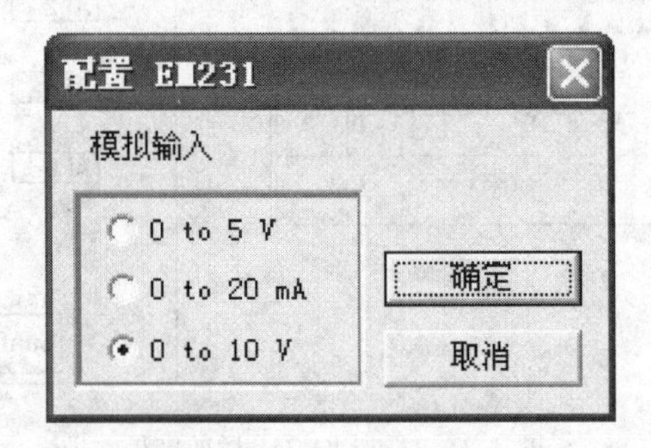

图 3-36　配置 EM231

3.5　TD200 文本显示与仿真

3.5.1　TD200 简介

中文文本液晶显示屏 TD200 是西门子公司推出的文本编辑显示设备，具有人体工程学设计的输入键，操作简便，不易出错，内置国际汉字库，背光 LCD 显示，不需额外电源，具有人工设置数字输入，便于现场修改。

TD200 是一个小巧紧凑的显示设备，配备有与 S7-200CPU 连接所需的全部部件，图 3-37所示为 TD200 的主要部件。

简要说明：

1）文本显示区域：文本显示区域为一个背光液晶显示（LCD），可显示两行信息，每行 20 个字符或 10 个汉字。它使你可以看到从 S7-200 PLC 接收来的信息及指令给 S7-200 PLC 的命令。

2）通信端口 TD/CPU 电缆：通信端口是一个 9 针 D 型连接器，通过 TD/CPU 电缆把 TD200 连接到 S7-200 CPU。

3）按键：TD200 有 9 个键。其中有 5 个键提供预定义的上、下文有关的命令键（见表 3-3），4 个自定义的功能键（见表 3-4）。

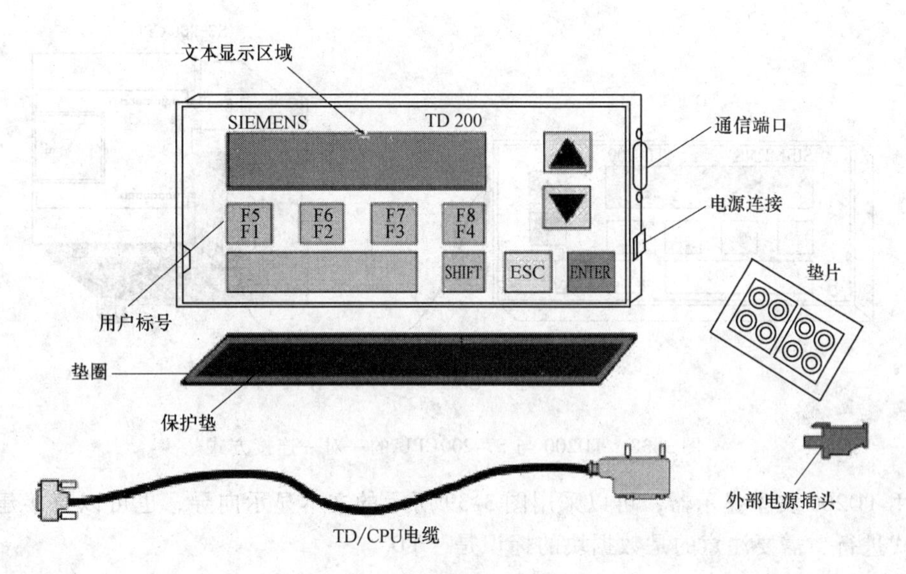

图3-37 TD200的主要部件

表3-3 命令键说明

命令键	说明
ENTER	用此键写入新数据和确认信息
ESC	用此键转换Display Message方式和Menu方式，或紧急停止一个编辑
UP ARROW	UP箭头用于递增数据和上卷光标到下一个更高优先级的信息
DOWN ARROW	DOWN箭头用于递减数据和卷动光标到下一个较低优先级的信息
SHIFT	SHIFT键转换所有功能键的数值。当按SHIFT键时，在TD 200显示区的右下方显示一个闪烁的S

表3-4 功能键说明

功能键	说明
F1	功能键F1设置标志位Mx.0 如果按SHIFT键的同时（或预先按下SHIFT键）按下功能键F1，则F1设置标志位Mx.4
F2	功能键F2设置标志位Mx.1 如果按SHIFT键的同时（或预先按下SHIFT键）按下功能键F2，则F2设置标志位Mx.5
F3	功能键F3设置标志位Mx.2 如果按SHIFT键的同时（或预先按下SHIFT键）按下功能键F3，则F3设置标志位Mx.6
F4	功能键F4设置标志位Mx.3 如果按SHIFT键的同时（或预先按下SHIFT键）按下功能键F4，则F4设置标志位Mx.7

3.5.2 TD200与S7-200 CPU的连接

TD200与S7-200CPU的连接方式可以采用一对一的方式（见图3-38），也可以采用一对多的方式，在这里只介绍一对一的方式。

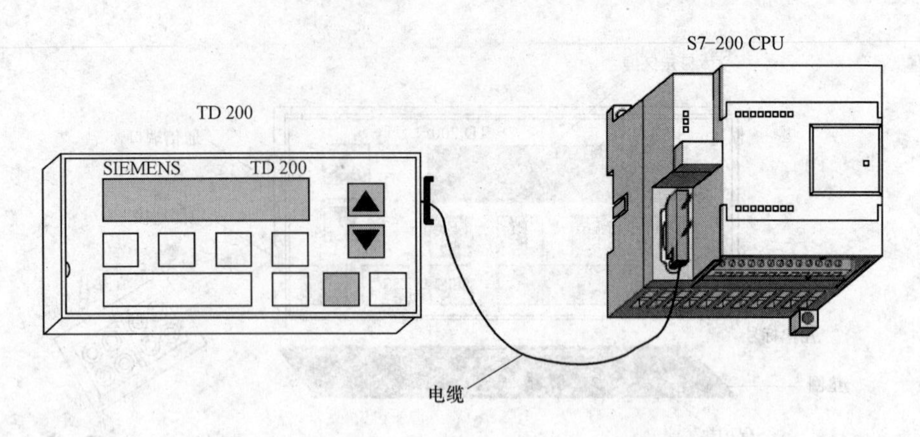

图 3-38 TD200 与 S7-200CPU 的一对一连接方式

采用 TD200 文本显示器，可以采用图 3-39 所示的文本显示向导，也可以直接建立数据块的方式进行，需要注意的是数据块的标识是“TD”。

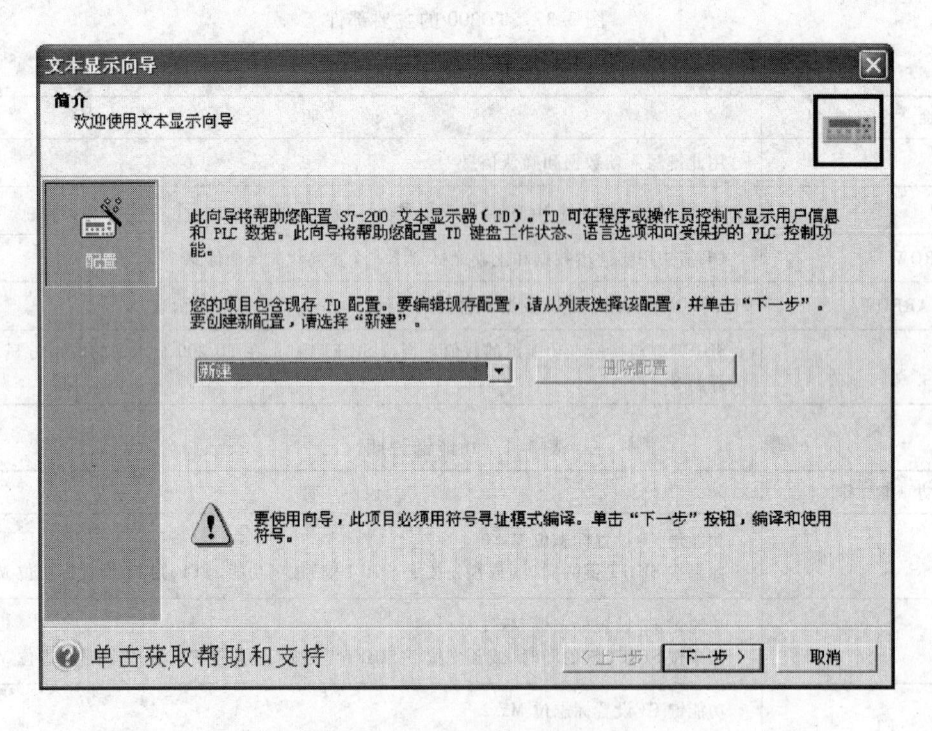

图 3-39 TD200 文本显示向导

3.5.3 利用仿真软件来模拟 TD200 与 S7-200 PLC 的连接

现要求：设计一 PLC 程序，读出模拟电位器 0 的当前值，并在 TD200 文本显示器中显示出来。

首先在 S7-200 PLC 编程软件中建立一个梯形图文件，如图 3-40 所示。

同时根据 TD200 的数据块属性建立数据块，编辑数据块如图 3-41 所示，并按照仿真软件的要求导出为 txt 文件（见图 3-42）。

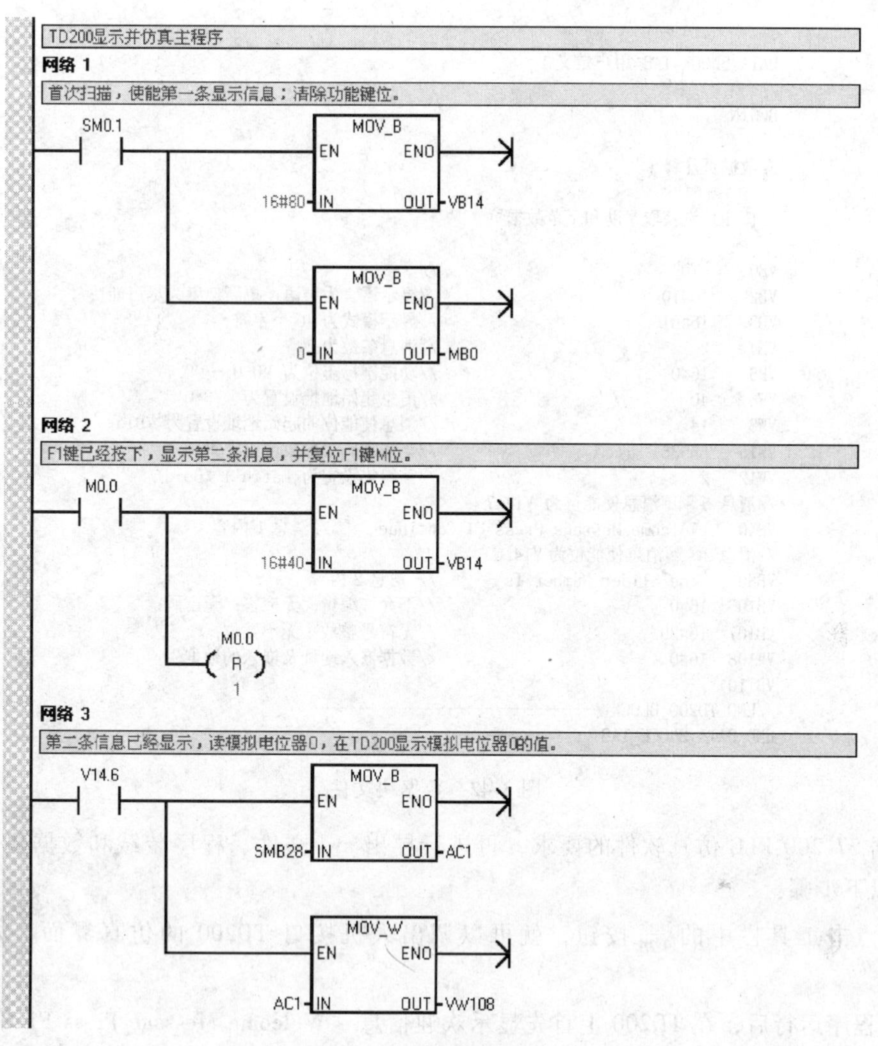

图 3-40　梯形图文件

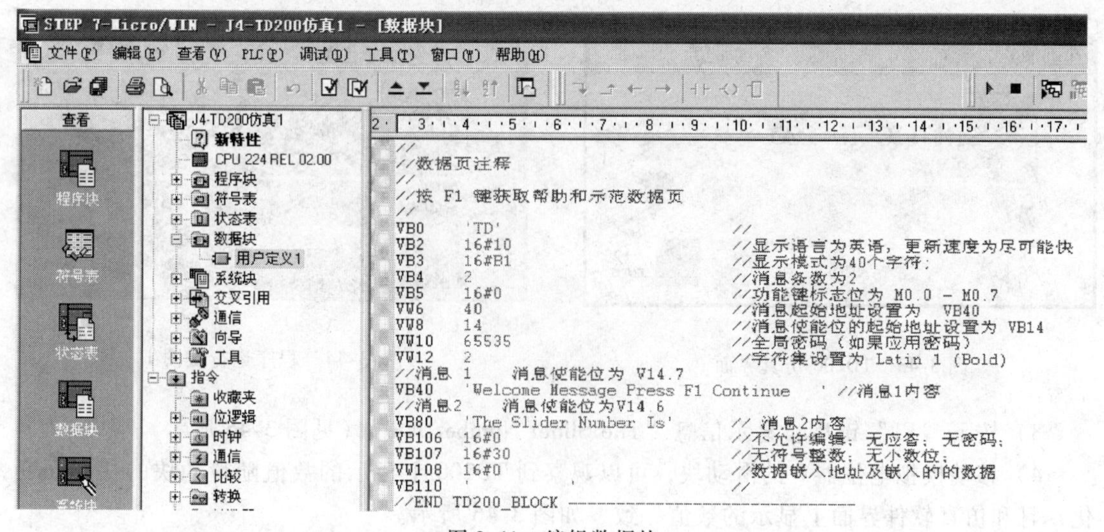

图 3-41　编辑数据块

```
DATA_BLOCK_TAB 用户定义 1
//
BEGIN
//
//数据页注释
//
//按 F1 键获取帮助和示范数据页
//
VB0    'TD'                              //
VB2    16#10                             //显示语言为英语，更新速度为尽可能快
VB3    16#B1                             //显示模式为 40 个字符；
VB4    2                                 //消息条数为 2
VB5    16#0                              //功能键标志位为 M0.0 - M0.7
VW6    40                                //消息起始地址设置为  VB40
VW8    14                                //消息使能位的起始地址设置为 VB14
VW10   65535                             //全局密码（如果应用密码）
VW12   2                                 //字符集设置为 Latin 1 (Bold)
//消息 1    消息使能位为 V14.7
VB40   'Welcome Message Press F1 Continue    ' //消息 1 内容
//消息 2    消息使能位为 V14.6
VB80   'The Slider Number Is'            // 消息 2 内容
VB106  16#0                              //不允许编辑；无应答；无密码；
VB107  16#30                             //无符号整数；无小数位；
VW108  16#0                              //数据嵌入地址及嵌入的数据
VB110  '          '                      //
//END TD200_BLOCK ------------------------------
END_DATA_BLOCK_TAB
```

图 3-42　数据块文件

根据 S7-200 PLC 仿真软件的要求，再进行导出 awl 文件、程序装载和数据块粘贴，然后进行以下步骤：

1）点击工具栏中的 TD200 按钮，就可以调出人机接口 TD200 的仿真界面，如图 3-43 所示。

2）程序运行后，在 TD200 上首先显示欢迎信息“Welcome Message Press F1 Continue”，如图 3-44 所示。

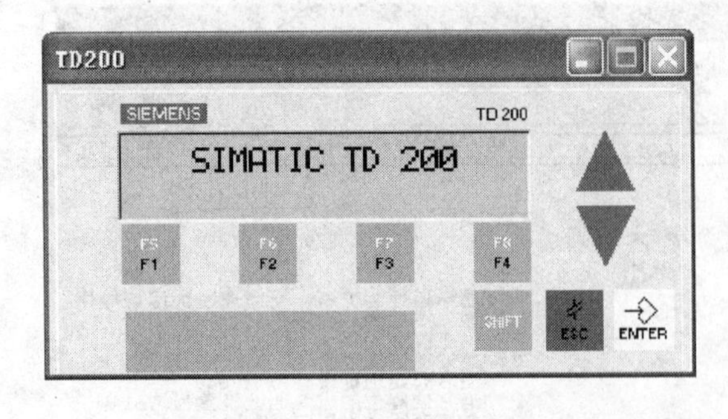

图 3-43　TD200 仿真界面

图 3-44　程序运行截图 1

3）按下“F1”键后，显示信息“The Slider Number Is 0”（见图 3-45 所示）。

4）移动模拟电位器 0 的滑动块，可以观察到 TD200 上显示的数值随滑动块的移动而变化，且和仿真软件界面上显示的数值一致，如图 3-46 所示。

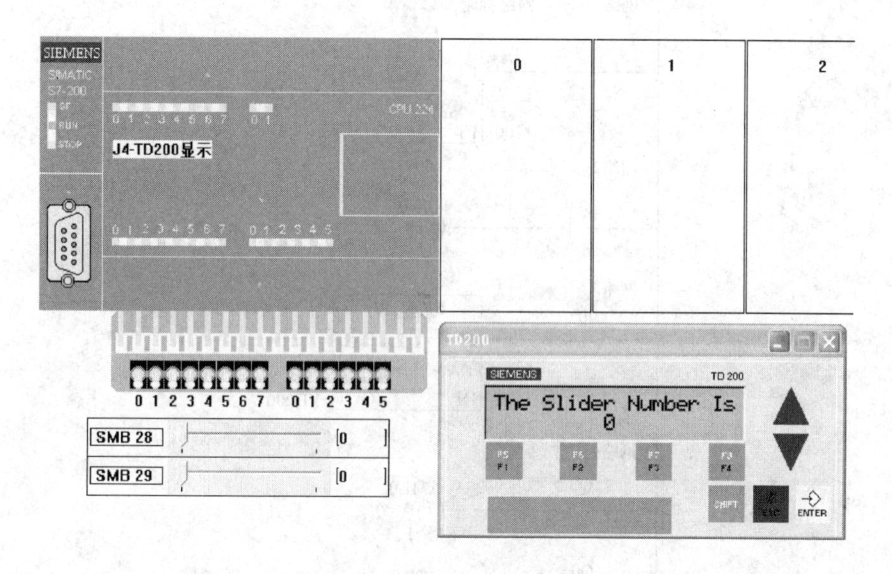

图 3-45　程序运行截图 2

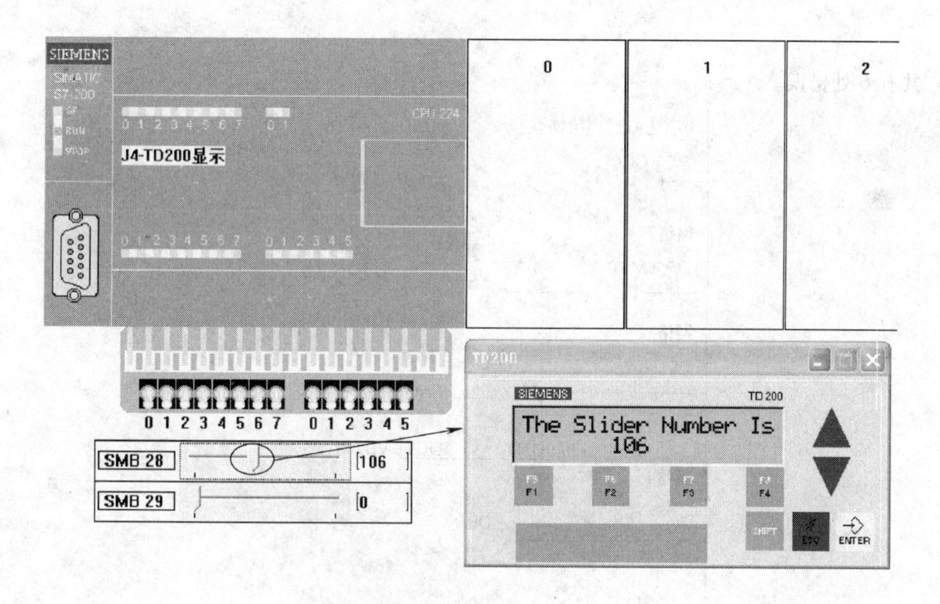

图 3-46　程序运行截图 3

思考与练习

习题 3.1　改错题。请指出下面的 PLC 程序是否错误，并且指出错误的原因，同时用 S7-200 PLC 仿真软件进行模拟。

（1）共有 5 处错误。

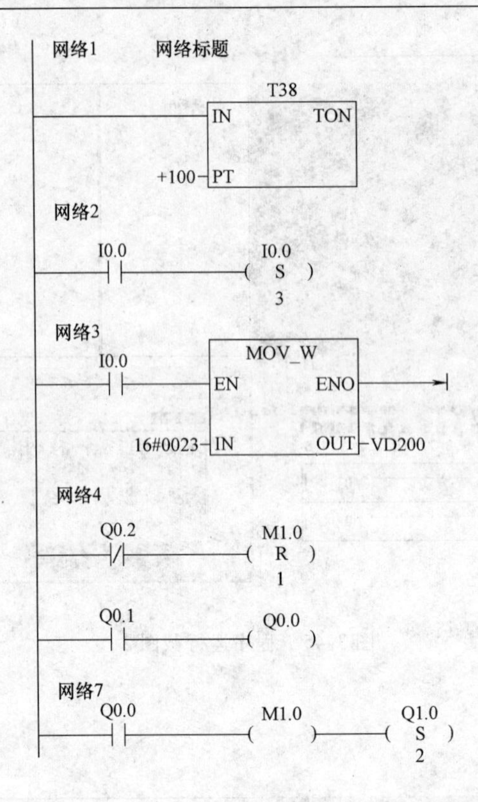
网络1 网络标题
T38
IN TON
+100 PT
网络2
I0.0
I0.0
S
3
网络3
MOV_W
I0.0
EN ENO
16#0023 IN OUT VD200
网络4
Q0.2
M1.0
R
1
Q0.1
Q0.0
网络7
Q0.0
M1.0
Q1.0
S
2

（2）共有6处错误。

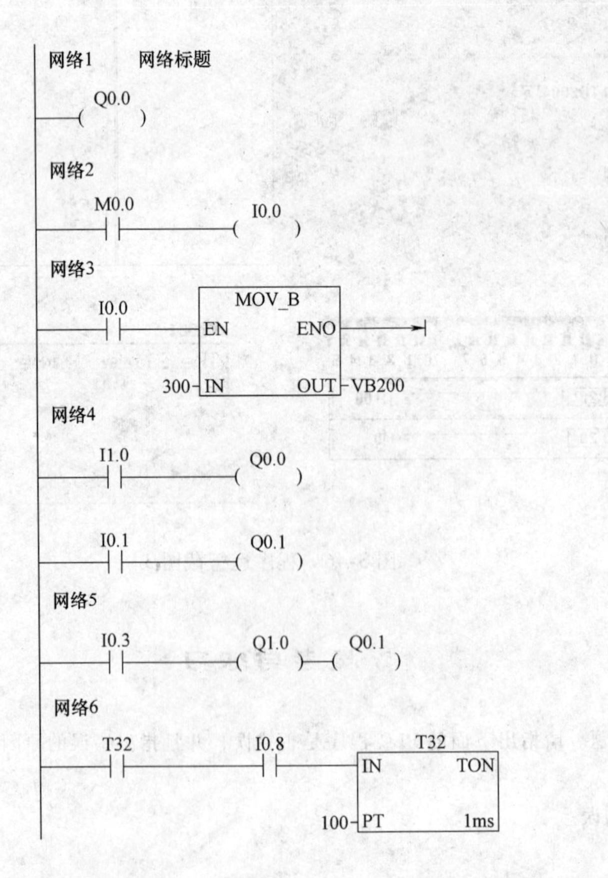
网络1 网络标题
Q0.0
网络2
M0.0
I0.0
网络3
MOV_B
I0.0
EN ENO
300 IN OUT VB200
网络4
I1.0
Q0.0
I0.1
Q0.1
网络5
I0.3
Q1.0
Q0.1
网络6
T32
I0.8
T32
IN TON
100 PT 1ms

习题3.2　简要回答以下问题：

（1）什么是模拟量信号？它与数字量信号相比，有何不同？

（2）什么是模拟量信号的分辨率？

（3）简述S7-200 PLC模拟量模块的基本功能。

（4）以EM235模块为例，解释模拟量模块整定的要点。

（5）数据块的一般规则有哪些？

（6）文本显示器的功能是什么？其显示数据来自于哪里？

习题3.3　设计一个由5个灯组成的彩灯组。按下启动按钮之后，相邻的两个彩灯两两同时点亮和熄灭，不断循环。每组点亮的时间为5s。按下停止按钮之后，所有彩灯立刻熄灭。

要求：用S7-200 PLC仿真软件进行模拟。

习题3.4　利用TD200设计一电动机正反转控制的程序，具体要求是：

按下启动按钮电动机正转起动，间隔一定时间后（时间可以调整，十进制显示）电动机反转，经过一定时间延时（十进制显示），电动机停止运行。

要求：用S7-200 PLC仿真软件进行模拟。

第4讲　S7-200 PLC高级编程与应用

【内容提要】

S7-200 PLC在应用中经常会碰到一些生产流程控制、运动控制等实际工程问题。前者是对生产过程中工艺参数进行监视、调节与控制，也是对工艺现场参数或指令参数进行数据处理、保存和传送；而后者使用通称为伺服机构的一些设备如液压泵、线性执行机或者是电动机来控制机器的位置和/或速度。这些都统称为S7-200 PLC的高级编程。本讲主要介绍了SCR顺序控制指令、CALL子程序指令、ATCH中断子程序指令、PID闭环控制指令、配方和运动控制等编程方式和方法。

应知

※了解顺序控制的概念与SCR指令
※了解子程序、中断子程序的概念
※掌握配方及其应用
※掌握运动控制的应用

☆能用顺序控制SCR指令来编程
☆能编写子程序并在主程序中进行调用
☆能编写中断子程序并在主程序中进行调用
☆能用配方、运动控制、PID等来解决综合自动化系统

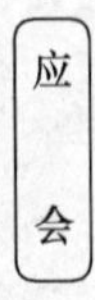

应会

4.1 SCR 指令与顺序控制

4.1.1 顺序控制设计法基本概念

状态流程（转移）图是描述控制系统的控制过程、功能和特性，又称状态图、流程图、功能图，它具有直观、简单的特点，是设计 PLC 顺序控制程序的一种有力工具。

在顺序控制中，一个很重要的概念就是步，它是根据系统输出量的变化，将系统的一个工作循环过程分解成若干个顺序相连的阶段，编程时一般用 PLC 内部的软继电器表示各步。

需要注意的是，步是根据 PLC 的输出量是否发生变化来划分的，只要系统的输出量状态发生变化，系统就从原来的步进入新的步。

现在以某液压工作台的工作过程来进行分步，液压工作台的工作过程，如图 4-1 所示。

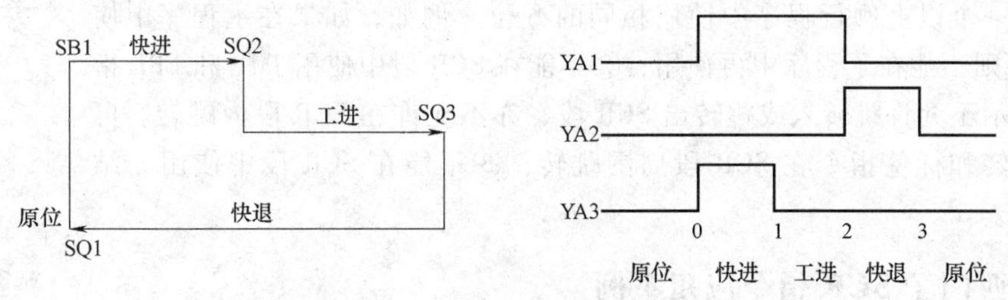

图 4-1 液压工作台的工作过程

液压工作台的整个工作过程可划分为原位（SB1）、快进（SQ2）、工进（SQ3）和快退（SQ1）四步。各步电磁阀 YA1、YA2、YA3 的状态见表 4-1。

1）液压工作台初始状态：停在原位（压合 SQ1）—YA1 -、YA2 -、YA3 -（输出）。

2）按 SB：快进—YA1 +、YA2 -、YA3 +（输出）。

3）压合 SQ2：工进—YA1 +、YA2 -、YA3 -（输出）。

4）压合 SQ3：快退，快退回原位停止—YA1 -、YA2 +、YA3 -（输出）。

表 4-1 各步电磁阀 YA1、YA2、YA3 的状态

	YA1	YA2	YA3	转换主令
快进	+	-	+	SB1
工进	+	-	-	SQ2
快退	-	+	-	SQ3
停止	-	-	-	SQ1

从以上分析可以得出结论，PLC 输出量发生变化时产生新的一步。

1）初始步：刚开始阶段所处的步，每个功能表图必须有一个。在状态转移图中，初始步用双线框表示，如 S0.0 。

2）活动步：当前正在执行的步。

除了步之外，还有步与步之间的连线，叫做有向连线，以表示步的活动状态的进展方向。从当前步进入下一步叫做转移，它是用与有向连线垂直的短划线表示。

指某步活动时，PLC 向被控系统发出的命令叫做动作（输出），它是系统应执行的动作，动作用矩形框，中间用文字或符号表示，如果某一步有几个动作，则可用如图 4-2 所示的方法表示。

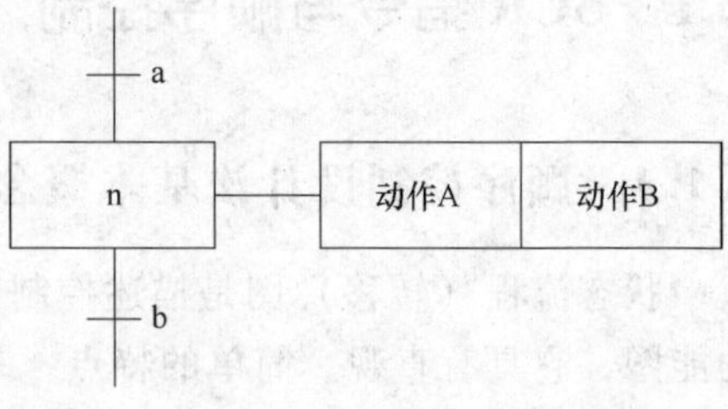

a
n
动作A
动作B
b

图 4-2 动作示意

4.1.2 SCR、SCRT 和 SCRE 指令

西门子的 SCR 指令为用户提供一种顺序控制的编程方法。每当应用程序包含一系列必须重复执行的操作时，SCR 可用于为程序安排结构，以便使之直接与应用程序相对应。因而用户能够更快速、更方便地编程和调试应用程序。

如图 4-3 所示为 SCR 等 3 个指令。在梯形图中，使用 SCR 有三种限制：①不能在一个以上例行程序中使用相同的 S 位。例如，如果在主程序中使用 S0.1，则不能在子程序中再使用；②不能在 SCR 段中使用 JMP 和 LBL 指令。这表示不允许跳转入或跳转出 SCR 段，亦不允许在 SCR 段内跳转。可以使用跳转和标签指令在 SCR 段周围跳转；③不能在 SCR 段中使用“结束”指令。

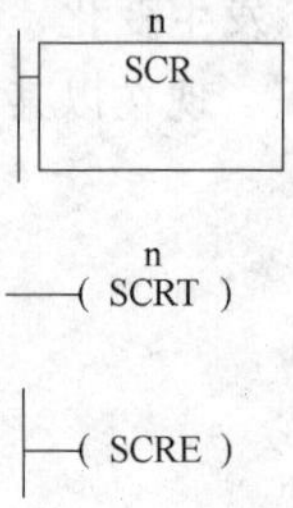

n
SCR
n
(SCRT)
(SCRE)

图 4-3 SCR 等 3 个指令

4.1.3 西门子 SCR 指令应用举例

具有良好定义步骤顺序的进程很容易用 SCR 段作为示范。例如，考虑一个有 3 个步骤的循环进程，当第三个步骤完成时，应当返回第一个步骤，顺序控制如图 4-4 所示。

但是，在很多应用程序中，一个顺序状态流必须分为两个或多个不同的状态流。分散控制如图 4-5 所示，当控制流分为多个时，所有的输出流必须同时激活。

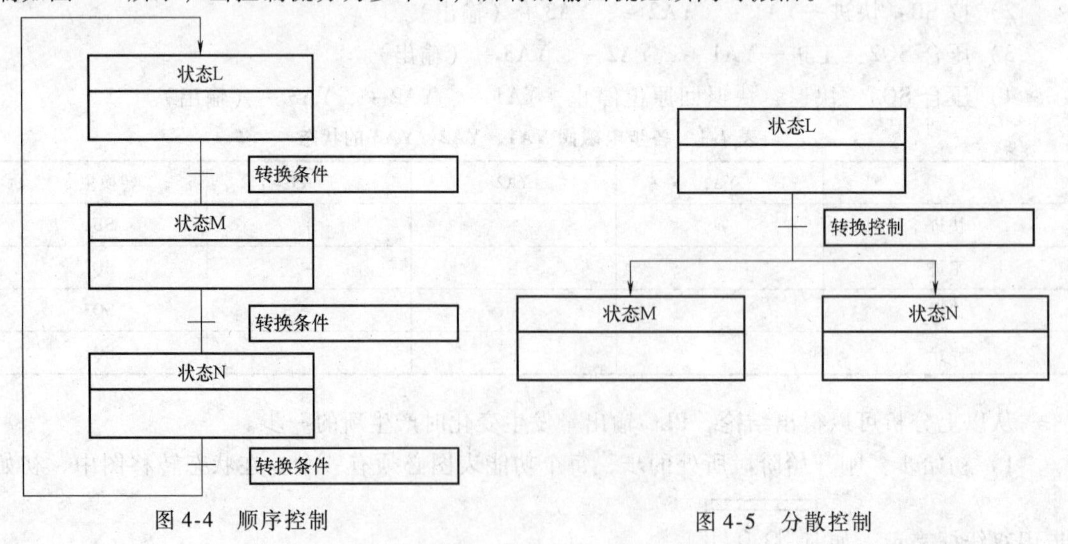

图 4-4 顺序控制

图 4-5 分散控制

分散控制程序如图 4-6 所示，可使用由相同的转换条件启用的多条 SCRT 指令，在 SCR 程序中实施控制流分散。

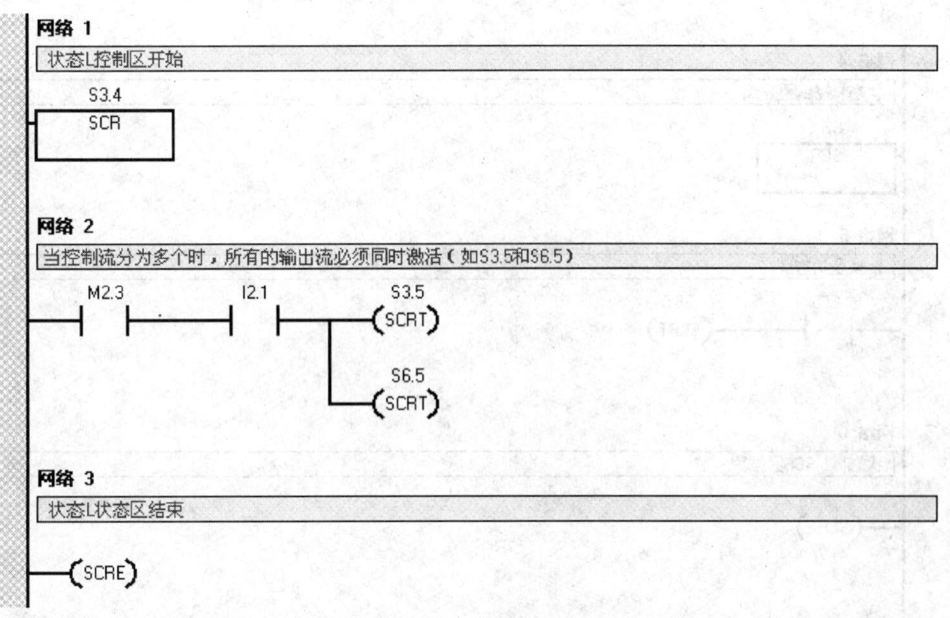

图4-6　分散控制程序

当两个或多个连续状态流必须汇合成一个状态流时，出现一种与分散控制相似的状况。当多个状态流汇合成一条状态流时，则称为汇合。当状态流汇合时，在执行下一个状态之前，所有的输入流必须完成。图4-7所示为汇合控制。

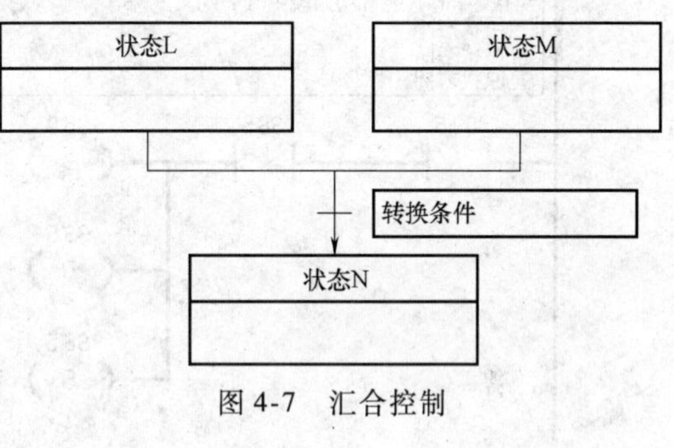

图4-7　汇合控制

可采用从状态L转换至L’和从状态M转换至M’的方式，在SCR程序中实施控制流汇合。如图4-8所示，当代表L’和M’的两个SCR位均为真时，可启用状态N。

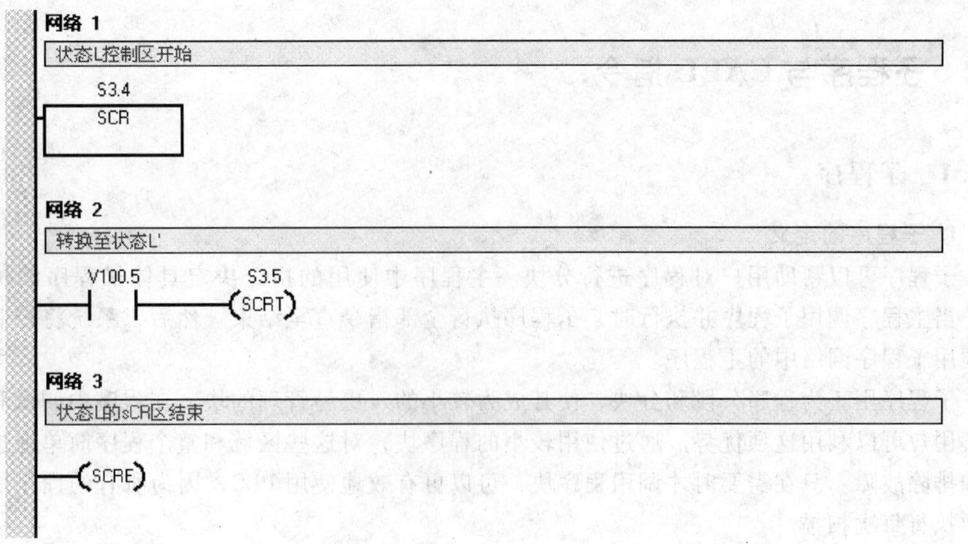

图4-8　汇合控制

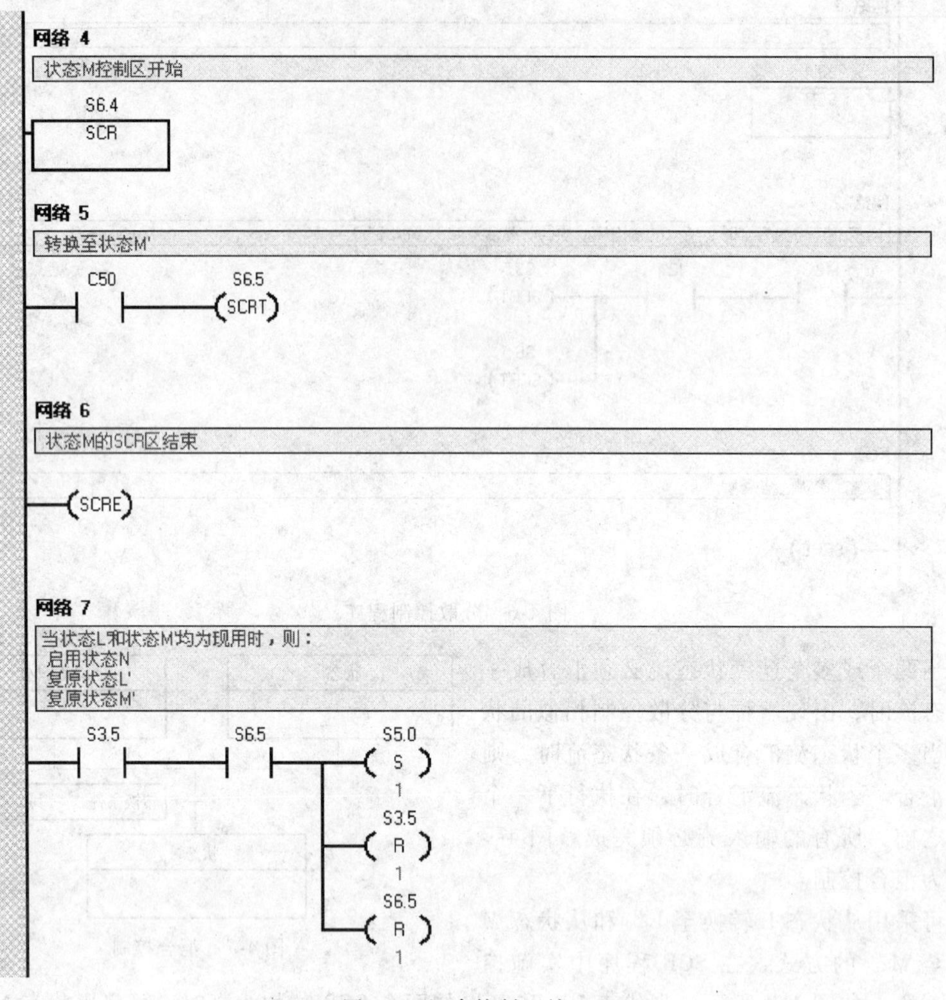

图 4-8 汇合控制（续）

4.2 子程序与 CALL 指令

4.2.1 子程序

1. 子程序的定义

子程序可以帮助用户对程序进行分块。主程序中使用的指令决定具体子程序的执行状况。当主程序调用子程序并执行时，子程序执行全部指令直至结束。然后，系统将控制返回至调用子程序网络中的主程序。

子程序用于为程序分段和分块，使其成为较小的、更易管理的块。在程序中调试和维护时，用户可以利用这项优势。通过使用较小的程序块，对这些区域和整个程序简单地进行调试和排除故障。只在需要时才调用程序块，可以更有效地使用 PLC，因为所有的程序块可能无须执行每次扫描。

最后，如果子程序仅引用参数和局部内存，则可移动子程序。为了移动子程序，应避免使用任何全局变量/符号（I、Q、M、SM、AI、AQ、V、T、C、S、AC内存中的绝对地址）。如果子程序无调用参数（IN、OUT或IN_OUT）或仅在L内存中使用局部变量，用户就可以导出子程序并将其导入另一个项目。

2. 子程序的建立

欲在程序中使用子程序，必须执行下列三项任务：

1）建立子程序；

2）在子程序局部变量表中定义参数（如果有）；

3）从适当的POU（从主程序或另一个子程序）调用子程序。

当子程序被调用时，整个逻辑堆栈被保存，堆栈顶端被设为一，所有其他堆栈位置被设为零，控制被传送至调用子程序。当该子程序完成时，堆栈恢复为在调用点时保留的数值，控制返回调用子程序。

子程序和调用子程序共用累加器。由于子程序的使用，对累加器不执行保存或恢复操作。

4.2.2　CALL指令

1. 子程序CALL指令

西门子S7-200 PLC为了解决主程序语句过多的问题，通常可以采用“调用子程序（CALL）指令”将控制转换给子程序（SBR_n）。用户可以使用带参数或不带参数的“调用子程序”指令。如图4-9所示为CALL语句。

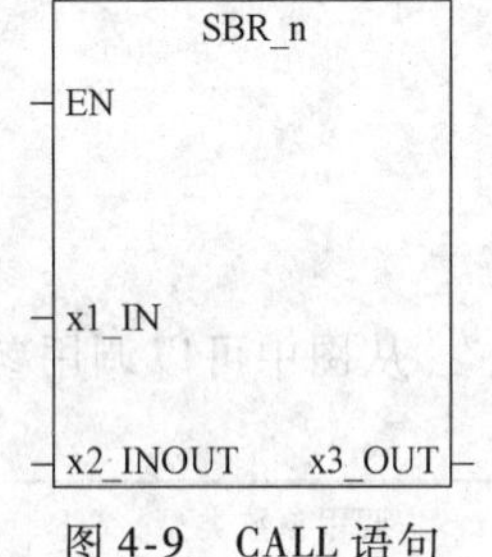

图4-9　CALL语句

在子程序完成执行后，控制返回至“调用子程序”之后的指令。每个子程序调用的输入/输出参数最大限制为16。如果下载的程序超过此限制，则会返回错误信息。用户可以为子程序指定一个符号名，例如USR_NAME，该符号名会出现在指令树的“子程序”文件夹中。

将参数值指定给子程序中的局部内存时应遵循以下几点：

1）参数值指定给局部内存的顺序由CALL指定，参数从Lx.0开始。

2）1～8个连续位参数值被指定给从Lx.0开始持续至Lx.7的单字节。

3）字节、字和双字数值被指定给局部内存，位于字节边界（LBx、LWx或LDx）位置。

4）在带参数的“调用子程序”指令中，参数必须与子程序局部变量表中定义的变量完全匹配。

5）参数顺序必须以输入参数开始，其次是输入/输出参数，然后是输出参数。

2. CALL调用示例

需要注意的是，在西门子S7-200 PLC程序中，不使用RET指令终止子程序，也不得在子程序中使用END（结束）指令。

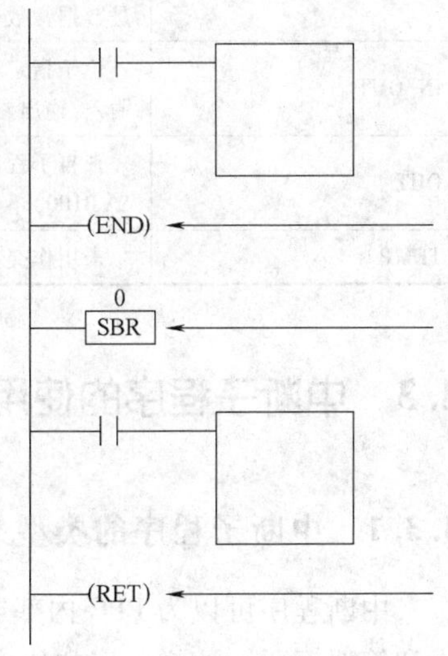

图4-10　子程序调用说明

图4-10所示为子程序的调用说明，其中箭头所指语句

不用编程，由 STEP7-Micro/WIN 自动处理。

图 4-11 所示为子程序调用示例。

用于 SBR_ 0 的局部变量表。

	符号	变量类型	数据类型	注释
	EN	IN	BOOL	
L0.0	IN1	IN	BOOL	
LB1	IN2	IN	BYTE	
L2.0	IN3	IN	BOOL	
LD3	IN4	IN	DWORD	
LD7	INOUT	IN_OUT	REAL	
LD11	OUT	OUT	REAL	
		TEMP		

a)

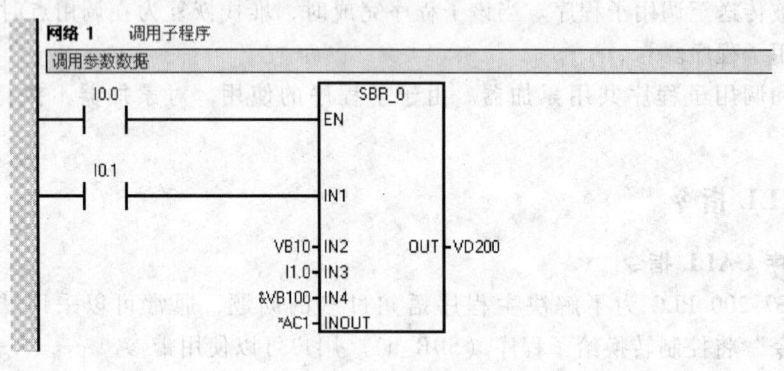

b)

图 4-11 子程序调用示例

a）变量定义 b）主程序

从图中可以调用参数类型见表 4-2。

表 4-2 可以调用的参数类型

调用参数类型	说 明
IN	参数被交接至子程序。如果参数是直接地址(例如 VB10),在指定位置的数值被交接至子程序。如果参数是间接地址(例如 * AC1),位于指向位置的数值被交接至子程序。如果参数是数据常数(16#1234)或地址(&VB100),常数或地址数值被交接至子程序
IN_OUT	位于指定参数位置的数值被交接至子程序,来自子程序的结果数值被返回至相同的位置。输入/输出参数不允许使用常数(例如 16#1234)和地址(例如 &VB100)
OUT	来自子程序的结果数值被返回至指定的参数位置。常数(例如 16#1234)和地址(例如 &VB100)不允许用作输出
TEMP	未用作交接参数的任何本地内存不得用于子程序中的临时存储

4.3 中断子程序的使用

4.3.1 中断子程序的类型

中断程序可以为 PLC 内部或外部的特殊事件提供快速反应，通常中断子程序都较为短小和简明扼要，这样可以加快中断子程序执行的速度，使其他程序不会受到长时间的延误。

S7-200PLC 支持以下中断子程序类型：

（1）通信端口中断　S7-200PLC 生成允许程序控制通信端口的事件。此种操作通信端口的模式被称作自由端口模式。在自由端口模式中，程序定义波特率、每个字符的位、校验和协议。可提供“接收”和“传送”中断，协助您进行程序控制的通信。

（2）I/O 中断　S7-200PLC 生成用于各种 I/O 状态不同变化的事件。这些事件允许程序对高速计数器、脉冲输出或输入的升高或降低状态作出应答。一般情况下，I/O 中断包括上升/下降边缘中断、高速计数器中断和脉冲链输出中断。S7-200PLC 可生成输入（I0.0、I0.1、I0.2 或 I0.3）上升和/或下降边缘中断。

（3）时间基准中断　S7-200PLC 生成允许程序按照具体间隔作出应答的事件。通常使用定时中断控制模拟输入取样或定期执行 PID 环路。

时间基准中断包括定时中断和定时器 T32/T96 中断。用户可以使用定时中断基于循环指定需要采取的措施，循环时间通常被设为从 1~255ms 每 1ms 递增一次。

4.3.2　中断子程序的相关指令

在 S7-200PLC 中，中断相关的指令有 6 个，如图 4-12 所示。

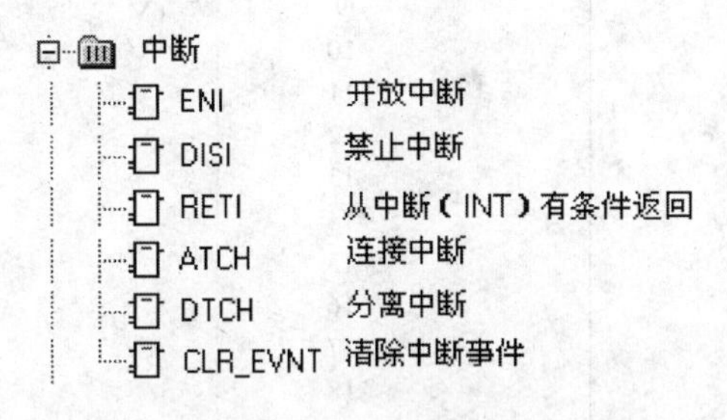

图 4-12　中断相关的指令

1. ENI 和 DISI 指令

开放中断（ENI）指令全局性启用所有附加中断事件进程。禁止中断（DISI）指令全局性禁止所有中断事件进程。转换至 RUN（运行）模式时，中断开始时被禁止。

一旦进入 RUN（运行）模式，用户可以通过执行全局开放中断指令，启用所有中断进程。执行禁止中断指令会禁止处理中断，但是现用中断事件将继续入队等候。

如图 4-13 所示为 ENI 和 DISI 指令。

2. ATCH 指令

连接中断（ATCH）指令将中断事件（EVNT）与中断子程序号码（INT）相联系，并启用中断事件，如图 4-14 所示。

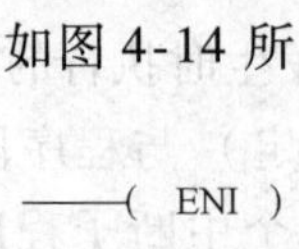

图 4-13　ENI 和 DISI 指令

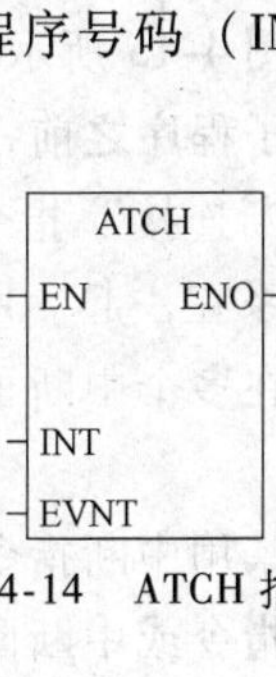

图 4-14　ATCH 指令

常见的S7-200CPU中断事件见表4-3。

表4-3　常见的S7-200CPU中断事件

事件号码	中断说明	优先级别　组别	CPU 221	CPU 222	CPU 224	CPU 224XP 226 226XM
8	端口0:接收字符	0	√	√	√	√
9	端口0:传输完成	0	√	√	√	√
23	端口0:接收信息完成	0	√	√	√	√
24	端口1:接收信息完成	1				√
25	端口1:接收字符	1				√
26	端口1:传输完成	1				√
19	PTO　0完全中断	0	√	√	√	√
20	PTO　1完全中断	1	√	√	√	√
0	上升边缘,I0.0	2	√	√	√	√
2	上升边缘,I0.1	3	√	√	√	√
4	上升边缘,I0.2	4	√	√	√	√
6	下降边缘,I0.3	5	√	√	√	√
1	下降边缘,I0.0	6	√	√	√	√
3	下降边缘,I0.1	7	√	√	√	√
5	下降边缘,I0.2	8	√	√	√	√
7	下降边缘,I0.3	9	√	√	√	√
12	HSC0　CV=PV	10	√	√	√	√
27	HSC0方向改变	11	√	√	√	√
28	HSC0外部复原/Zphase	12	√	√	√	√
13	HSC1　CV=PV	13			√	√
14	HSC1方向改变	14			√	√
15	HSC1外部复原	15			√	√
16	HSC2　CV=PV	16			√	√
17	HSC2方向改变	17			√	√
18	HSC2外部复原	18			√	√
32	HSC3　CV=PV	19	√	√	√	√
29	HSC4　CV=PV	20	√	√	√	√
30	HSC1方向改变	21	√	√	√	√
31	HSC1外部复原/Zphase	22	√	√	√	√
33	HSC2　CV=PV	23	√	√	√	√
10	定时中断0	0	√	√	√	√
11	定时中断1	1	√	√	√	√
21	定时器T32　CT=PT中断	2	√	√	√	√
22	定时器T96　CT=PT中断	3	√	√	√	√

3. DTCH指令

分离中断（DTCH）指令取消中断事件（EVNT）与所有中断子程序之间的关联，并禁用中断事件，如图4-15所示。

在激活中断子程序之前，必须在中断事件和您希望在事件发生时执行的程序段之间建立联系。使用“中断连接”指令将中断事件（由中断事件号码指定）与程序段（由中断子程序号码指定）联系在一起。用户可以将多个中断事件附加在一个中断子程序上，但一个事件不能同时附加在多个中断子程序上。当将一个中断事件附加在一个中断子程序上时，会自动启用中断。

如果用全局禁用中断指令禁用所有的中断，则每次出现的中断事件均入队等候，直至使用全局启用中断指令或中断队列溢出重新启用中断。用户可以使用“中断分离”指令断开中断事件与中断子程序之间的联系，从而禁用单个中断事件。“分离中断”指令使中断返回至非现用或忽略状态。

4.3.3　中断子程序应用一：处理 I/O 中断

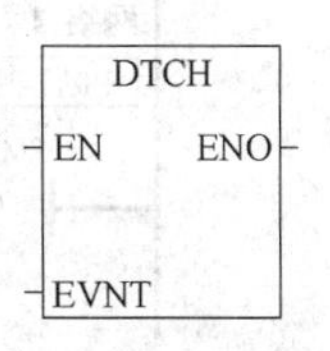

图 4-15　DTCH 指令

现有一应用要求：根据 I0.0 的状态进行计数，如果输入 I0.0 为 1，则程序减计数；输入 I0.0 为 0，则程序加计数。

对于该类问题，可以采用 I/O 中断（即事件 0 ~ 7）来进行，即利用 I0.0 的上升沿和下降沿。当 I0.0 输入的状态发生改变，则将激活 I/O 中断，其中 INT_ 0 负责将存储器位 M0.0 置 1，INT_ 1 负责将存储器位 M0.1 置 0。

程序清单及注释如图 4-16 ~ 图 4-18 所示。

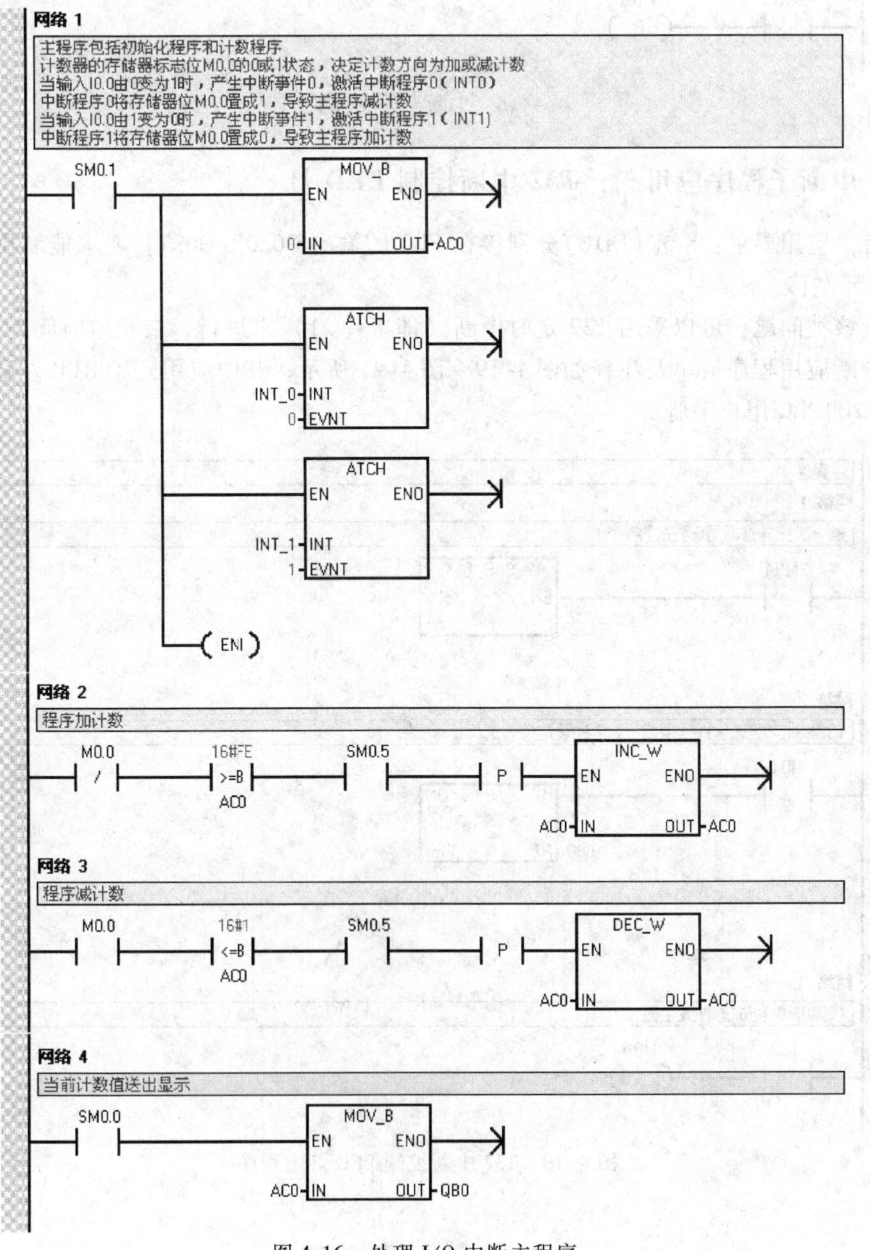

图 4-16　处理 I/O 中断主程序

网络 1

中断程序0将存储器位M0.0置成1，导致主程序减计数

SM0.0 M0.0 (S) 1

图 4-17 中断子程序 INT_ 0

网络 1

中断程序1将存储器位M0.0置成0，导致主程序加计数

SM0.0 M0.0 (R) 1

图 4-18 中断子程序 INT_ 1

4.3.4 中断子程序应用二：T32 中断控制 LED 灯

现有一应用要求：8 盏 LED 灯分别接在 PLC 的输出 Q0.0 ~ Q0.7，要求能利用中断实现 8 盏灯循环左移。

对于该类问题，可以采用 T32 定时中断（即事件 21）来进行，最长定时间为 32767s。

该中断应用程序清单及注释如图 4-19 ~ 图 4-21 所示，其中应用到了 RLB 左移指令可以参考 S7-200PLC 用户手册。

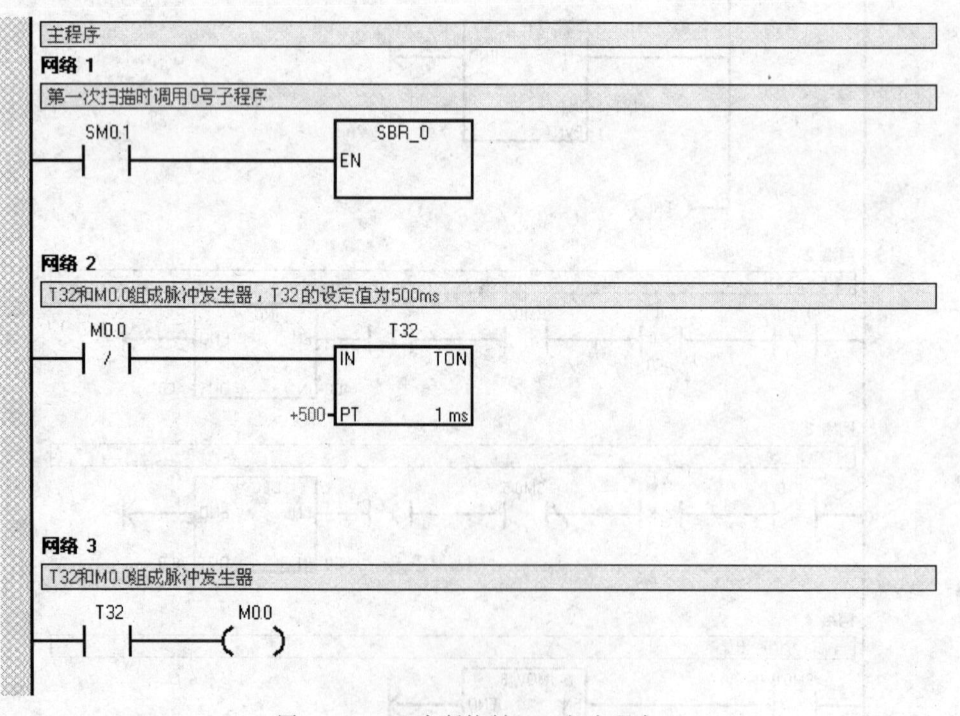

图 4-19 T32 中断控制 LED 灯主程序

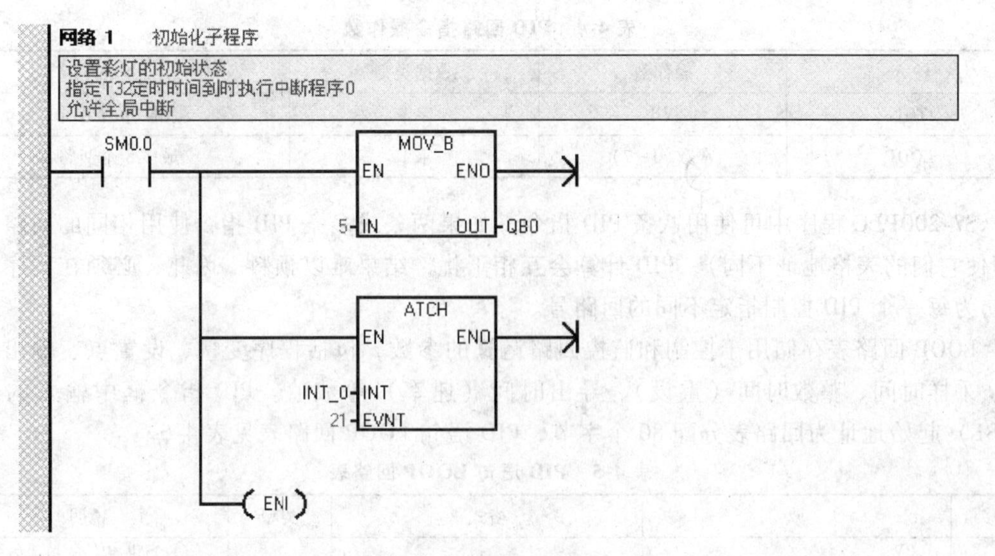

图4-20　子程序SBR_0

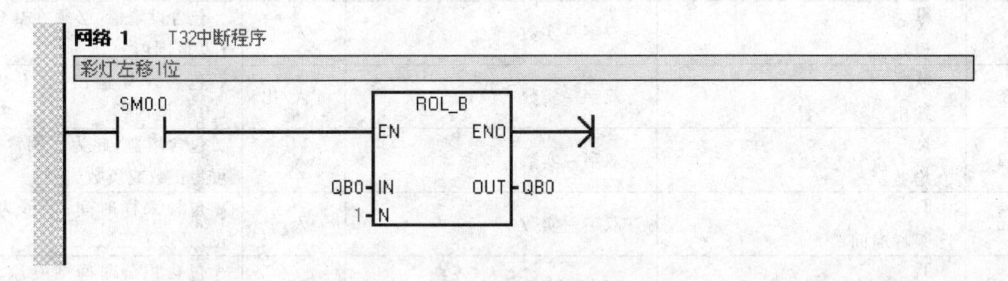

图4-21　中断子程序INT_0

4.4　PID指令与向导

4.4.1　PID标准指令

西门子S7-200 PLC具有标准的PID回路指令来实现各种温度控制，PID回路指令如图4-22所示。PID回路（PID）指令根据表格（TBL）中的输入和配置信息对引用LOOP执行PID回路计算，PID回路指令操作数见表4-4。同时，逻辑堆栈（TOS）顶值必须是“打开”（使能位）状态，才能启用PID计算。

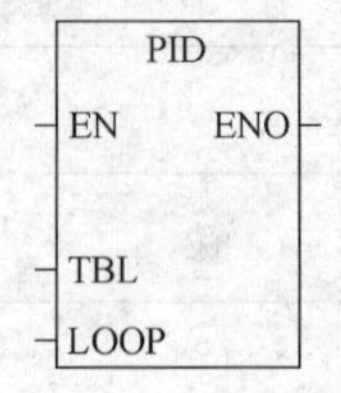

图4-22　PID回路指令

表 4-4 PID 回路指令操作数

输入	操作数	数据类型	备注
TBL	VB	字节	标准 80 个字节
LOOP	常数(0~7)	字节	最多 8 个回路

S7-200PLC 程序中可使用八条 PID 指令，如果两条或多条 PID 指令使用相同的回路号码(即使它们的表格地址不同)，PID 计算会互相干扰，结果难以预料。因此，必须在程序设计之初为每一个 PID 控制指定不同的回路号。

LOOP 回路表存储用于控制和监控回路运算的参数，包括程序变量、设置点、输出、增益、采样时间、整数时间（重设)、导出时间（速率）等数值。PID 指令框中输入的表格(TBL）起始地址为回路表分配 80 个字节，PID 语句 LOOP 回路表见表 4-5。

表 4-5 PID 语句 LOOP 回路表

偏移量	域	格式	类型	说明
0	PV_n 进程变量	双字-实数	入	包含进程 变量,必须在 0.0~1.0 范围内
4	SP_n 设定值	双字-实数	入	包含设定值,必须在 0.0~1.0 范围内
8	M_n 输出	双字-实数	入/出	包含计算输出,在 0.0~1.0 范围内
12	K_c 增益	双字-实数	入	包含增益,此为比例常数,可为正数或负数
16	T_s 采样时间	双字-实数	入	包含采样时间,以秒为单位,必须为正数
20	T_I 积分时间或复原	双字-实数	入	包含积分时间或复原,以分钟为单位,必须为正数
24	T_D 微分时间或速率	双字-实数	入	包含微分时间或速率,以分钟为单位,必须为正数
28	MX 偏差	双字-实数	入/出	包含 0.0 和 1.0 之间的偏差或积分和数值
32	PV_{n-1} 以前的进程变量	双字-实数	入/出	包含最后一次执行 PID 指令存储的进程变量以前的数值
36	PID 扩展表标识	ASCII	常数	'PIDA'(PID 扩展表 A 版):ASCII 常数
40	AT 控制(ACNTL)	字节	入	
41	AT 状态(ASTAT)	字节	出	
42	AT 结果(ARES)	字节	入/出	
43	AT 配置(ACNFG)	字节	入	
44	偏差(DEV)	实数	入	最大 PV 振荡幅度的归一值
48	滞后(HYS)	实数	入	用于确定过零的 PV 滞后之归一值
52	初始输出步长(STEP)	实数	入	用于在 PV 中诱发振荡的输出值中的步长改变的归一值
56	看门狗时间(WDOG)	实数	入	在两个过零之间以秒为单位的最大允许时间

（续）

偏移量	域	格式	类型	说明
60	建议增益(AT_KC)	实数	出	由自动调谐过程确定的建议回路增益
64	建议积分时间(AT_TI)	实数	出	由自动调谐过程确定的建议积分时间
68	建议微分时间(AT_TD)	实数	出	由自动调谐过程确定的建议微分时间
72	实际步长(ASTEP)	实数	出	由自动调谐过程确定的归一输出步长值
76	实际滞后(AHYS)	实数	出	由自动调谐过程确定的归一PV滞后值

由表4-5可以看出，偏移量0为实际检测值（或称反馈值），偏移量4为设定值（或称目标值），偏移量8为输出值。需要注意的是：此表起初的长度为36个字节，但在西门子新版本软件V4.0增加了PID自动调谐后，回路表现已扩展到80个字节。

4.4.2　PID语句的使用

在工业控制系统中，可能有必要仅采用一种或两种回路控制方法。例如，可能只要求比例控制或比例和积分控制。这时可以通过设置常数参数值对所需的回路控制类型进行选择。

如果不需要积分运算（即在PID计算中无“I”），则应将积分时间（复原）指定为“INF”（无限大）。由于积分和MX的初始值，即使没有积分运算，积分项的数值也可能不为零。

如果不需要求导数运算（即在PID计算中无“D”），则应将求微分时间（速率）指定为0.0。

如果不需要比例运算（即在PID计算中无“P”），但需要I或ID控制，则应将增益值指定为0.0。

在实际应用中，设定值、反馈值和输出值均为实际数值，其大小、范围和工程单位可能不同。

（1）设定值和反馈值的转换　将这些数值用于PID指令操作之前，必须将其转换成标准化小数表示法，其方法如下：

PID标准值=原值÷值域+偏置值

偏置值如果是单极性数值时取0.0，如果是双极性数值时取0.5。

单极性数值转换为PID标准信号如图4-23所示。

（2）输出值的转换　该数值在PID操作之后，必须将PID标准化小数转换成实际值（0~32000），其方法如下：

实际输出值=（PID标准输出值-偏置值）×值域

偏置值的选择同（1）。单极性数值输出的例子如图4-24所示。

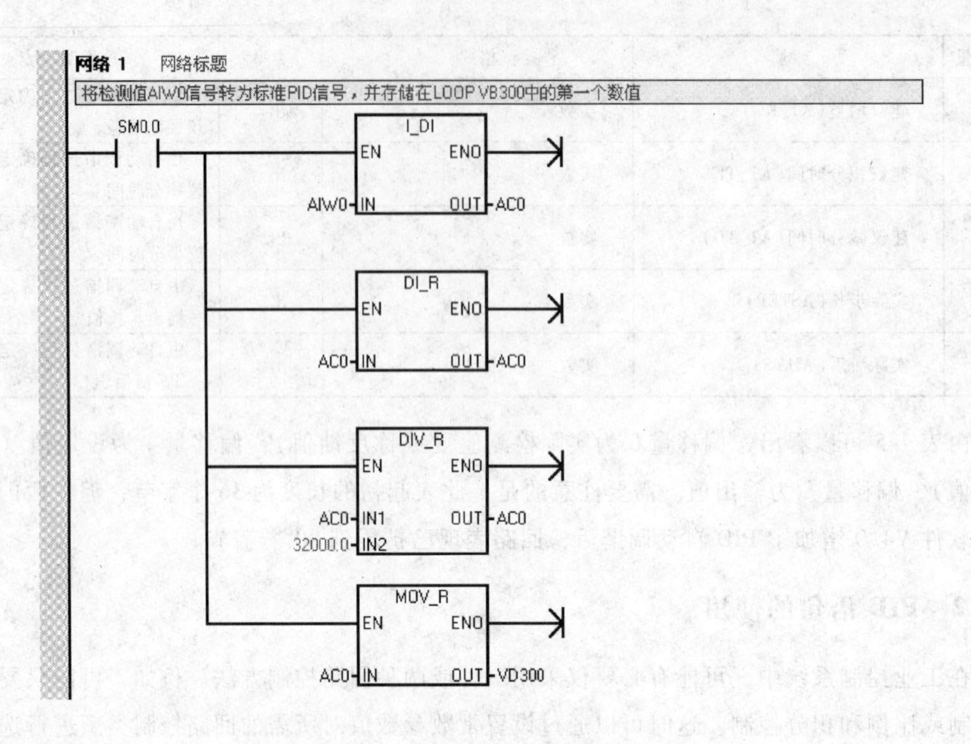

图 4-23 单极性数值转换为 PID 标准信号

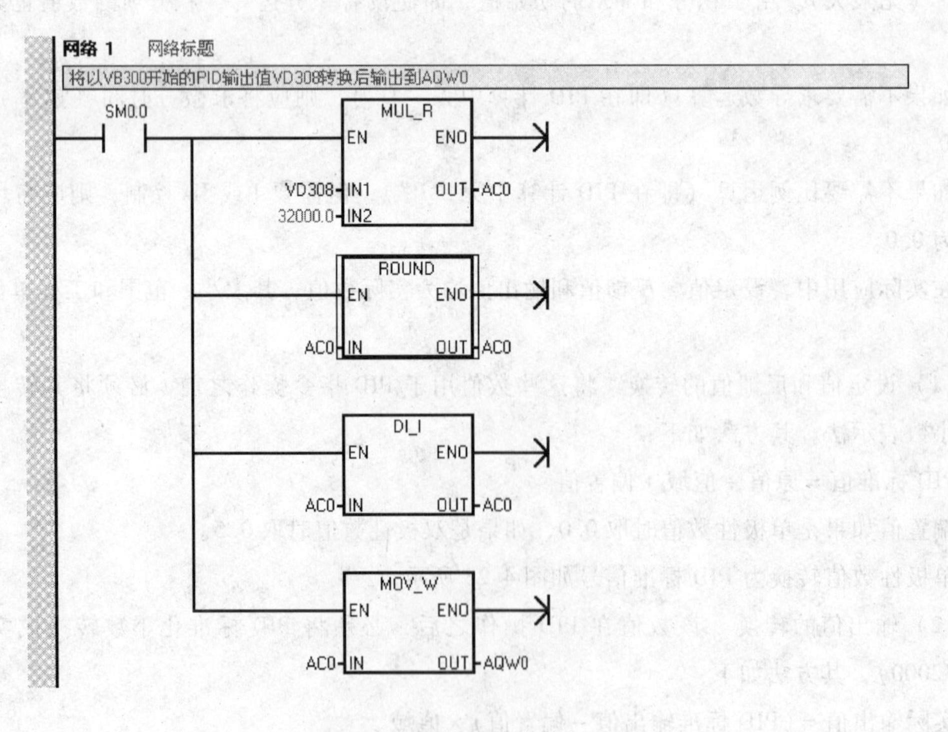

图 4-24 单极性数值输出的例子

4.4.3　PID向导的使用步骤

除了使用标准PID指令外，还可以使用PID向导。

选择菜单命令工具（T）→指令向导；或点击浏览条中的指令向导图标，然后选择PID；或打开指令树中的“向导”文件夹并随后打开此向导或某现有配置（见图4-25）。

PID向导使用的步骤主要包括7个方面：指定回路号码、设置回路参数、回路输入和输出选项、回路报警选项、为计算指定存储区、指定初始化子程序和中断程序、生成代码。

S7-200PLC指令向导的PID功能可用于简化PID操作配置。向导向用户询问初始化选项，然后为指定配置生成程序代码和数据块代码。

在使用PID向导之前，程序必须被编译并位于符号编址模式。如果尚未编译，向导会在PID配置过程开始提示进行编译。

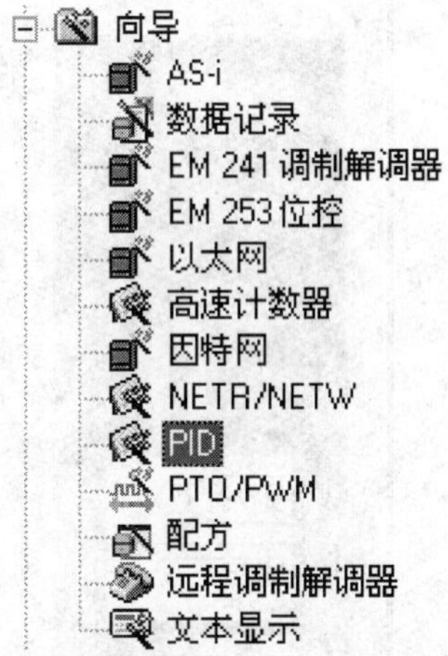

向导
AS-i
数据记录
EM 241调制解调器
EM 253位控
以太网
高速计数器
因特网
NETR/NETW
PID
PTO/PWM
配方
远程调制解调器
文本显示

图4-25　指令树中的“向导”文件夹

4.4.4　PID向导的使用

某化工厂的恒液位PID控制要求如下：

1）过程反馈值（即实际值）的输入地址为AIW0；

2）PID模拟量输出值地址为AQW0；

3）可以通过I0.0输入开关信号进行手动（I0.0=OFF）/自动（I0.0=ON）切换；

4）高限报警输出为Q0.0，低限报警输出为Q0.1。

1. 进入向导，并指定回路号码

如图4-26所示进入PID向导。

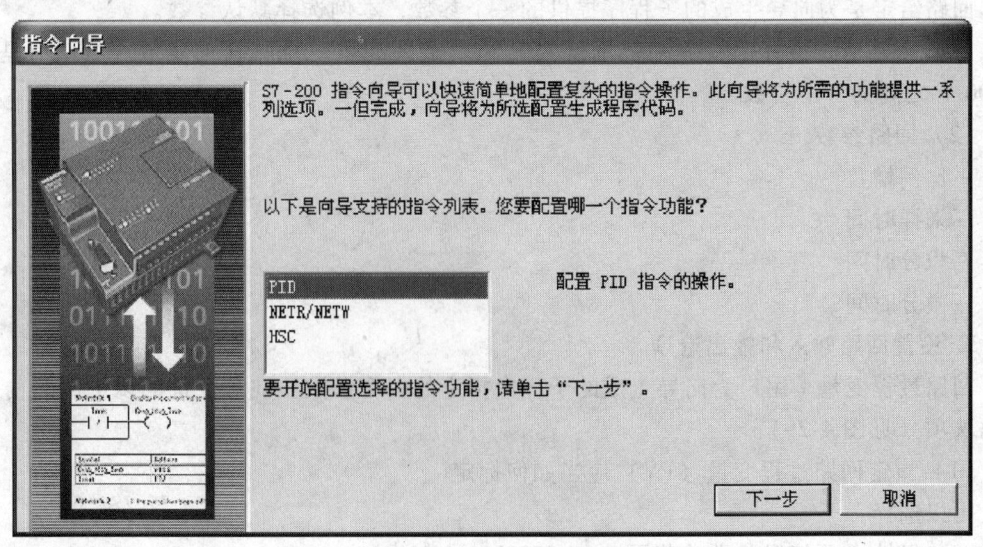

图4-26　进入PID向导

如果项目包含使用 STEP 7 Micro/WIN 3.2 版建立的现有 PID 配置，用户必须在继续执行步骤 1 之前选择编辑其中一个现有配置或建立一个新配置。

然后，用户指定配置哪一个 PID 回路（见图 4-27）。一般情况下，如果只是一个 PID，可以采用默认参数，即 PID 回路 0。

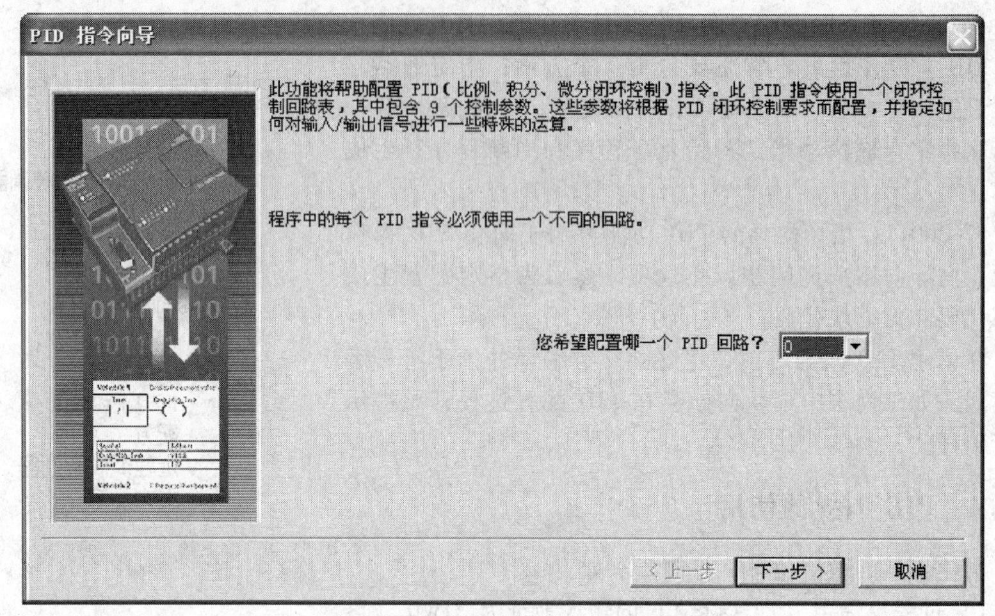

图 4-27　指定配置哪一个 PID 回路

2. 设置回路参数

如图 4-28 所示设置回路参数。参数表地址的符号名已经由向导指定。PID 向导生成的代码使用相对于参数表中的地址的偏移量建立操作数。如果用户为参数表地址建立了符号名，然后又改变为该符号指定的地址，由 PID 向导生成的代码则不再能够正确执行。

回路给定是为向导生成的子程序提供的一个参数，本例选择默认参数。

（1）回路给定值标定　为“范围低限”和“范围高限”选择任何实数。默认值是 0.0 ~100.0 之间的一个实数。

（2）回路参数

- 比例增益
- 采样时间
- 积分时间
- 微分时间

3. 设置回路输入和输出选项

回路过程变量是用户为向导生成的子程序指定的一个参数。向导会询问以下回路输入和输出选项（见图 4-29）：

（1）指定回路过程变量（PV）应当如何标定

可以选择：

- 单极性（可编辑，默认范围 0 ~ 32000）；
- 双极性（可编辑，默认范围 -32000 ~ 32000）；

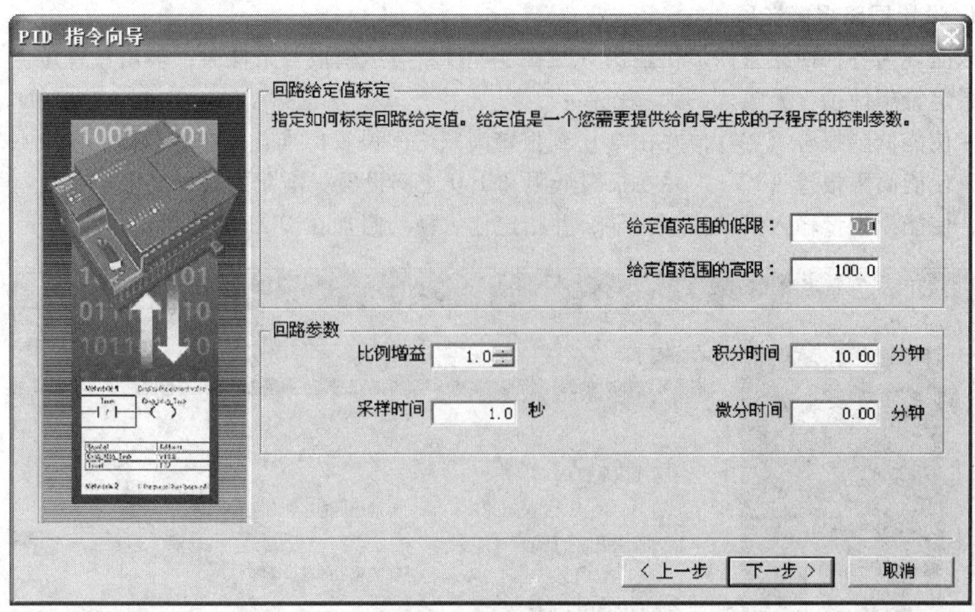

图 4-28 设置回路参数

-20% 偏移量（设置范围 6400~32000，不可变更）。

(2) 指定回路输出应当如何标定

可以选择：

-输出类型（模拟量或数字量）。

如果选择配置数字量输出类型，则必须以秒为单位输入“占空比周期”。

-标定（单极、双击或 20% 偏移量）。

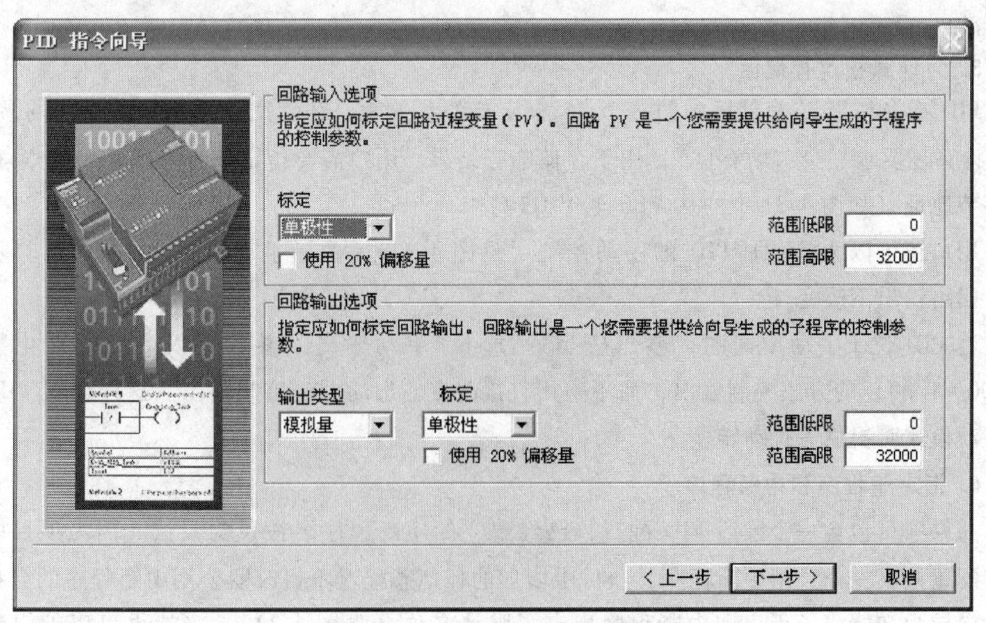

图 4-29 回路输入和输出选项

4. 设置回路报警选项

该向导为各种回路条件提供输出（见图 4-30）。当达到报警条件时，输出被置位。

指定希望使用报警输入的那些条件：

- 使能低限报警（PV），并在 0.0 到报警高限之间设置标准化的报警低限；
- 使能高限报警（PV），并在报警低限和 1.0 之间设置标准化的报警高限；
- 使能模拟量输入模块错误报警，并指定输入模块附加在 PLC 上的位置。

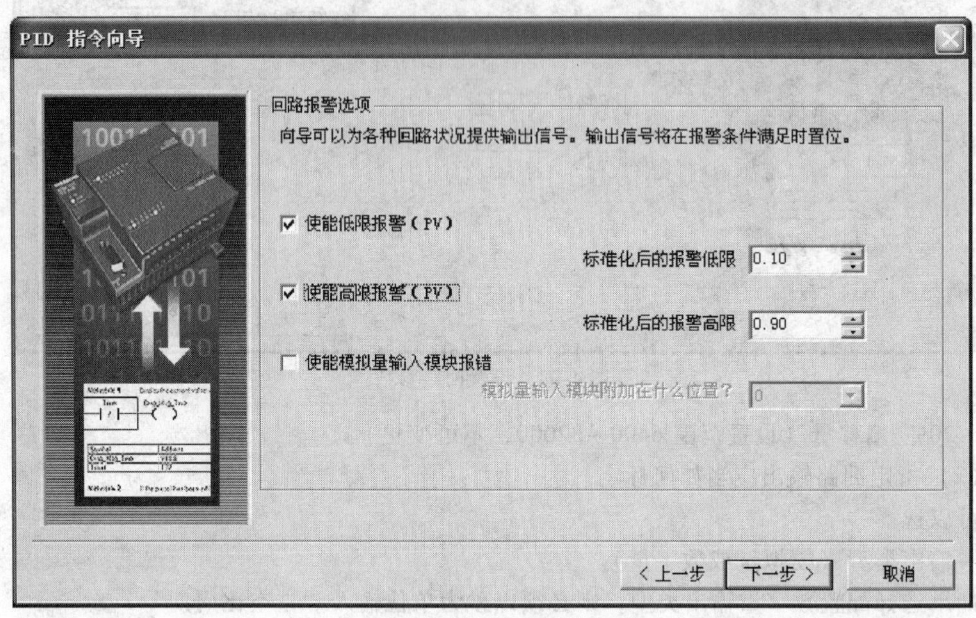

图 4-30　设置回路报警选项

5. 为计算指定存储区

PID 指令使用 V 存储区中的一个 36 个字节的参数表，存储用于控制回路操作的参数。PID 计算还要求一个“暂存区”，用于存储临时结果。用户需要指定该计算区开始的 V 存储区字节地址（如图 4-31 中的从 VB0 至 VB119）。

用户还可以选择增加 PID 的手动控制（见图 4-32）。位于手动模式时，PID 计算不执行，回路输出不改变。

当 PID 位于手动模式时，输出应当通过向“手动输出”参数写入一个标准化数值（0.00～1.00）的方法控制输出，而不是用直接改变输出的方法控制输出。这样会在 PID 返回自动模式时提供无扰动转换。

6. 指定子程序和中断程序

如果项目包含一个激活 PID 配置，已经建立的中断程序名被设为只读。因为项目中的所有配置共享一个公用中断程序，项目中增加的任何新配置不得改变公用中断程序的名称。

向导为初始化子程序和中断程序指定了默认名称（见图 4-33）。当然也可以编辑默认名称。

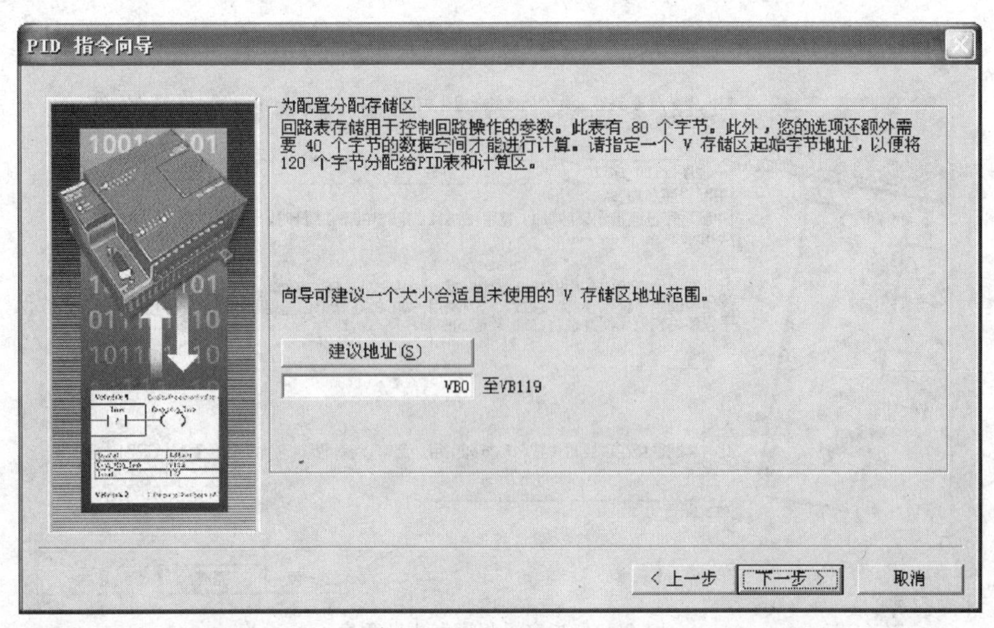

图 4-31 为计算指定存储区

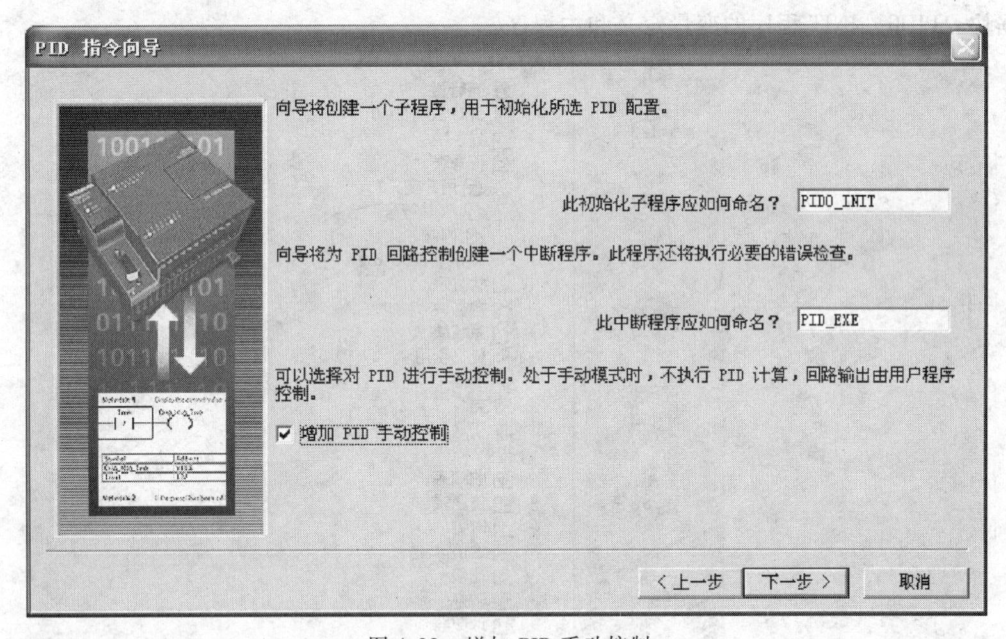

图 4-32 增加 PID 手动控制

7. 生成 PID 代码

回答以上所有询问后，点击“完成”，S7-200PLC 指令向导将为用户指定的配置生成程序代码和数据块代码。

由向导建立的子程序和中断程序成为项目的一部分。要在程序中使能该配置，每次扫描周期时，使用 SM0.0 从主程序块调用该子程序。该代码配置 PID 0。该子程序初始化 PID 控制逻辑使用的变量，并启动 PID 中断“PID_ EXE”程序。根据 PID 采样时间循环调用 PID 中断程序。

如图 4-34 ~ 图 4-39 所示为 PID 向导生成的 PID 符号表、符号表具体内容、所有程序、

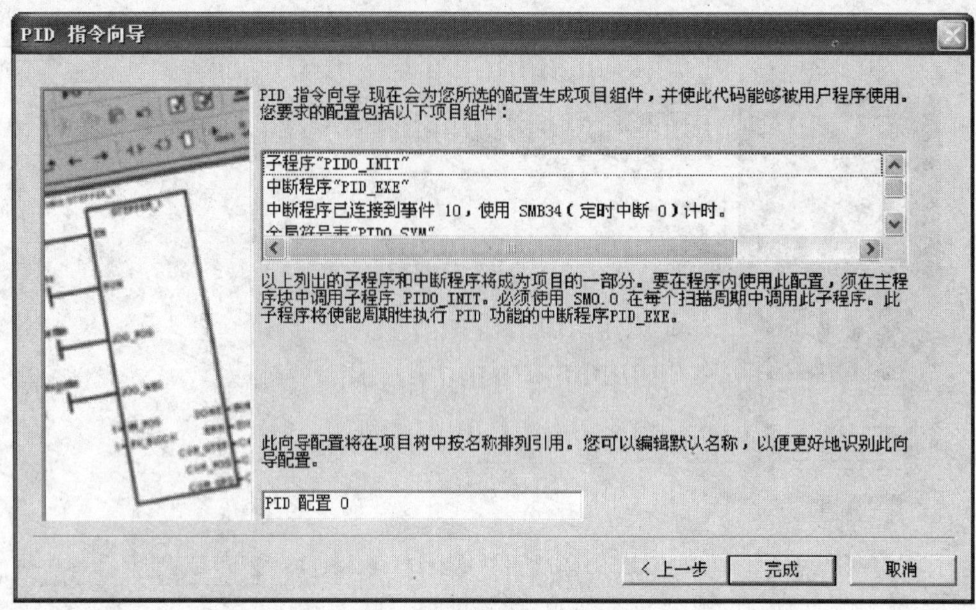

图 4-33　指定子程序和中断程序

数据块、PID0_ INIT 程序的变量定义和主程序。

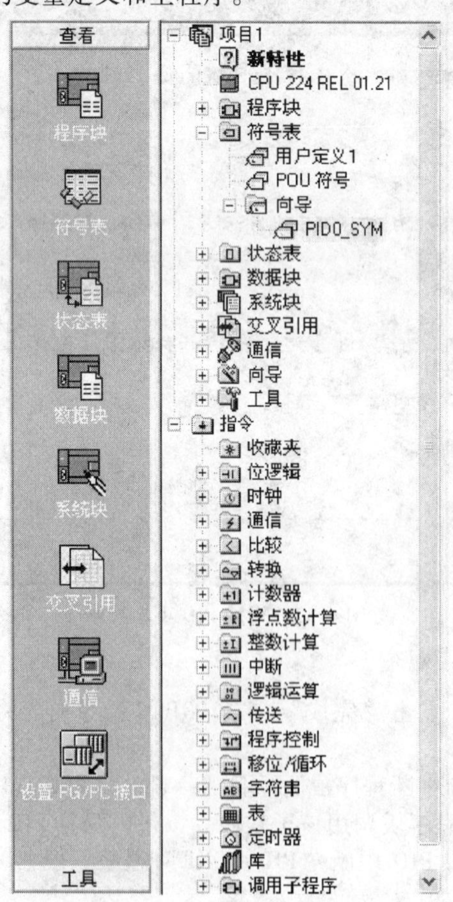

图 4-34　生成后的 PID 符号表

			符号	地址	注释
1			PID0_Low_Alarm	VD116	报警低限
2			PID0_High_Alarm	VD112	报警高限
3			PID0_Mode	V82.0	
4			PID0_WS	VB82	
5			PID0_D_Counter	VW80	
6			PID0_D_Time	VD24	微分时间
7			PID0_I_Time	VD20	积分时间
8			PID0_SampleTime	VD16	采样时间（要修改请重新运行 PID 向导）
9			PID0_Gain	VD12	回路增益
10			PID0_Output	VD8	标准化的回路输出计算值
11			PID0_SP	VD4	标准化的过程给定值
12			PID0_PV	VD0	标准化的过程变量
13			PID0_Table	VB0	PID 0的回路表起始地址

图4-35　符号表具体内容

			符号	地址	注释
1			SBR_0	SBR0	子程序注释
2			PID0_INIT	SBR1	此 POU 由 S7-200 指令向导的 PID 功能创建。
3			INT_0	INT0	中断程序注释
4			PID_EXE	INT1	此 POU 由 S7-200 指令向导的 PID 功能创建。
5			主程序	OB1	程序注释

图4-36　PID向导生成的所有程序

```
//------------------------------------------------------------------------
//下列内容由 S7-200 的 PID 指令向导生成。
//PID 0 的参数表。
//------------------------------------------------------------------------
VD0     0.0                         //过程变量
VD4     0.0                         //回路给定值
VD8     0.0                         //回路输出计算值
VD12    1.0                         //回路增益
VD16    1.0                         //采样时间
VD20    10.0                        //积分时间
VD24    0.0                         //微分时间
VD28    0.0                         //积分项前值
VD32    0.0                         //上次运算时存储的过程变量前值。
VB36    'PIDA'                      //扩展回路表标志
VB40    16#00                       //算法控制字节
VB41    16#00                       //算法状态字节
VB42    16#00                       //算法结果字节
VB43    16#03                       //算法配置字节
VD44    0.08                        //从'高级'按钮或默认设置的偏差值
VD48    0.02                        //从'高级'按钮或默认设置的滞后死区值
VD52    0.1                         //从'高级'按钮或默认设置的起始输出步长值
VD56    7200.0                      //从'高级'按钮或默认设置的看门狗超时值
VD60    0.0                         //由自动调节算法决定的增益值
VD64    0.0                         //由自动调节算法决定的积分时间值
VD68    0.0                         //由自动调节算法决定的微分时间值
VD72    0.0                         //选择自动计算选项时由算法计算的偏差值
VD76    0.0                         //选择自动计算选项时由算法计算的滞后死区值
VD112   0.9                         //报警高限
VD116   0.1                         //报警低限
```

图4-37　数据块

	符号	变量类型	数据类型	注释
	EN	IN	BOOL	
LW0	PV_I	IN	INT	过程变量输入：范围从 0 至 32000
LD2	Setpoint_R	IN	REAL	给定值输入：范围从 0.0 至 100.0
L6.0	Auto_Manual	IN	BOOL	自动/手动模式（0=手动模式，1=自动模式）
LD7	ManualOutput	IN	REAL	手动模式时回路输出期望值：范围从 0.0 至 1.0
		IN		
		IN_OUT		
LW11	Output	OUT	INT	PID 输出：范围从 0 至 32000
L13.0	HighAlarm	OUT	BOOL	过程变量（PV）>报警高限（0.90）
L13.1	LowAlarm	OUT	BOOL	过程变量（PV）<报警低限（0.10）
		OUT		
LD14	Tmp_DI	TEMP	DWORD	
LD18	Tmp_R	TEMP	REAL	
		TEMP		

此 POU 由 S7-200 指令向导的 PID 功能创建。
要在用户程序中使用此配置，请在每个扫描周期内使用 SM0.0 在主程序块中调用此子程序。此代码配置 PID 0。在 DB1 中可以找到从 VB0 开始的 PID 回路变量表。此子程序初始化 PID 控制逻辑使用的变量，并启动 PID 中断程序"PID_EXE"。PID 中断程序会根据 PID 采样时间被周期性调用。如需 PID 指令的完整说明，请参见《S7-200 系统手册》。注意：当 PID 位于手动模式时，输出应该通过写入一个标准化的数值（0.00 至 1.00）至手动输出参数来控制，而不是直接改动输出。这将使 PID 返回至自动模式时保持输出无扰动。

图 4-38　PID0_INIT 程序的变量定义

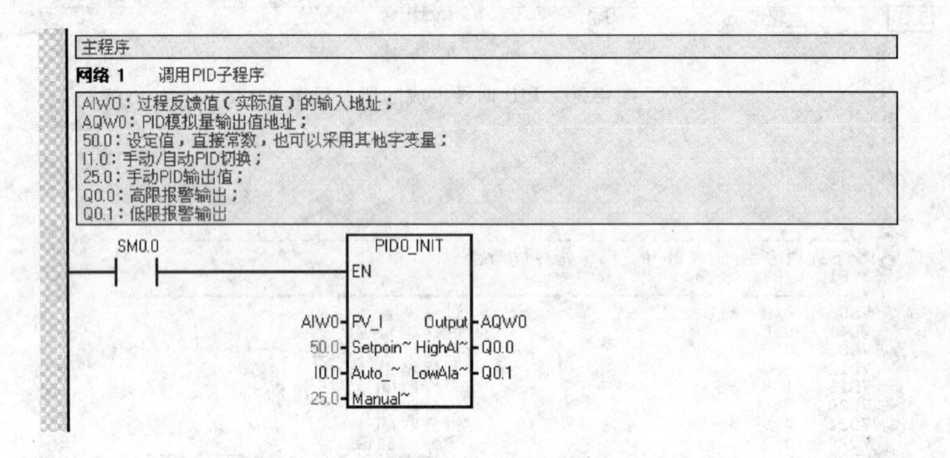

图 4-39　主程序

4.5　配方使用

4.5.1　配方的概念

配方是一组参数值，它用来提供生产产品和控制生产过程所需的信息。例如饼干的配方包括黄油、白糖、鸡蛋、面粉和烹调时间等参数的数据类型和参数值等。如图 4-40 所示为饼干生产线示意，当黄油等混合成分进入混合槽、缓冲槽，然后经过灌气、结晶固化等程序，最后变成成品。

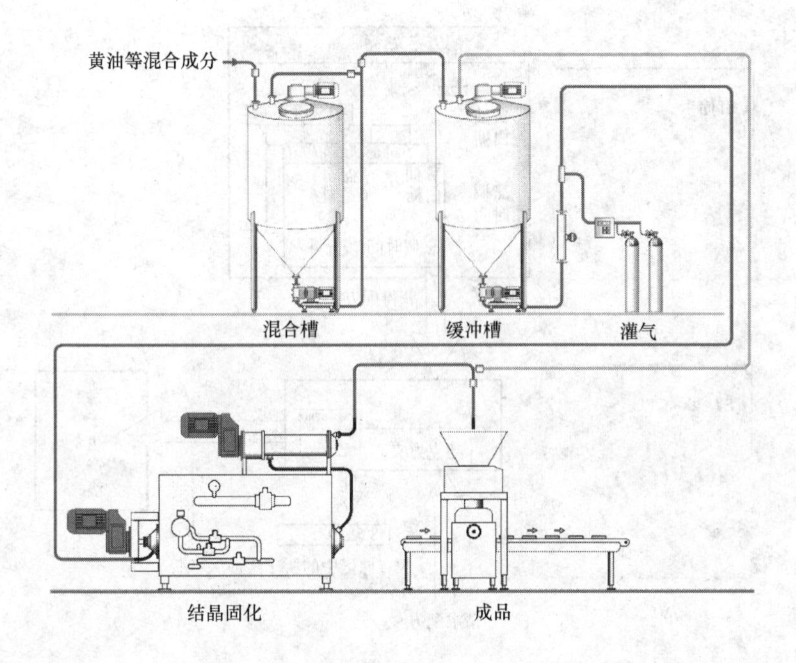

图4-40　饼干生产线示意

由于该生产线可以生产不同类型的饼干，且配料和工序等基本相同，因此可以组合成若干个配方的集合，即配方集。这些配方有相同的参数集合，但是参数的数值各不相同。例如饼干配方集包含夹心饼干和苏打饼干的配方。生成配方集后，在更换产品时，只需要输入配方的符号名或配方的编号，就可以使用配方中预设的参数集合，避免了在生产过程中经常输入重复的大量的参数。

过去只有在计算机上运行的组态软件等上位机软件才有配方功能，小型PLC因为存储容量小，不可能设置配方功能。西门子的新一代S7-200小型PLC新增了配方功能，配方集的数据和实时采集的数据保存在64K或256K的EEPROM存储卡中，存储卡插在CPU模块的插槽中。存储卡的写操作次数的典型值为100万次。S7-200PLC的编程软件STEP7-Micro/WIN（V4.0及以上）支持配方功能，它的配方向导用于在存储卡中创建、修改配方和配方集。

对于食品厂饼干生产线来说，当用户程序处理一条配方时，该条配方被读入PLC的存储区。例如：如果生产饼干，会有很多种饼干的配方，巧克力夹心饼干、甜饼干和麦片饼干。但在同一时间只能生产一种饼干，因而必须选择合适的配方读入PLC的存储区。图4-41所示阐述了一个使用配方来生产多种饼干的处理过程。每一种饼干的配方存在存储卡中。操作员使用人机界面、现场操作按钮等来选择所要生产饼干的种类，用户程序将配方读入PLC的存储区。

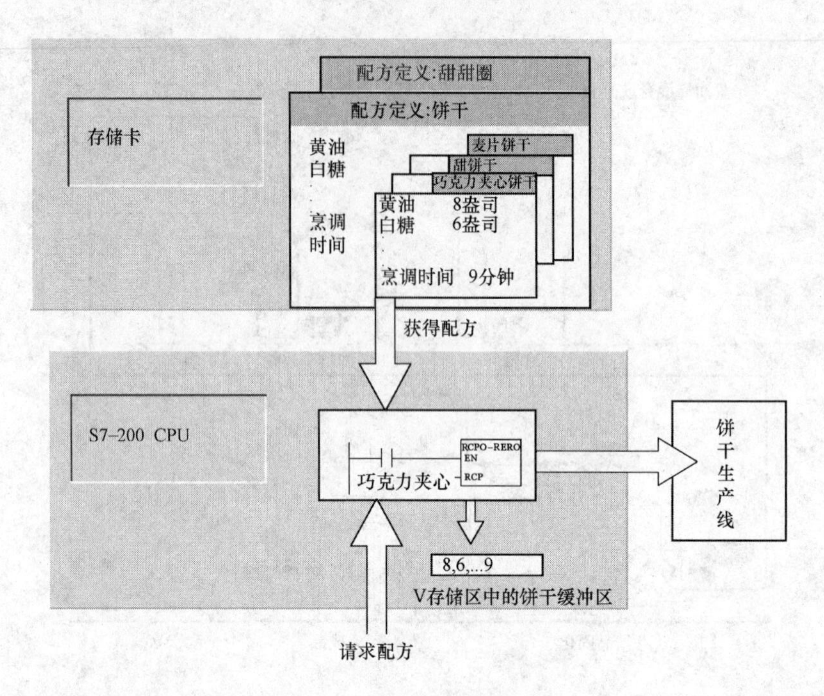

图4-41　饼干生产线配方应用

该饼干生产线中巧克力夹心饼干和甜饼干的域和值见表4-6。

表4-6　饼干生产线中巧克力夹心饼干和甜饼干的域和值

域名	数据类型	巧克力夹心(配方0)	甜饼干(配方1)	注释
黄油	Byte	8	8	盎司
白糖	Byte	6	12	盎司
红糖	Byte	6	0	盎司
鸡蛋	Byte	2	1	个
香草	Byte	1	1	茶匙
面粉	Byte	18	32	盎司
碳酸氢钠	Real	1.0	0.5	茶匙
发酵粉	Real	0	1.0	茶匙
盐	Real	1.0	0.5	茶匙
巧克力夹心	Real	16	0.0	盎司
柠檬皮	Real	0.0	1.0	大汤匙
烹调时间	Real	9.0	10.0	分钟

图4-42所示为本案例的电气接线示意，其中内存盒的选型见表4-7。

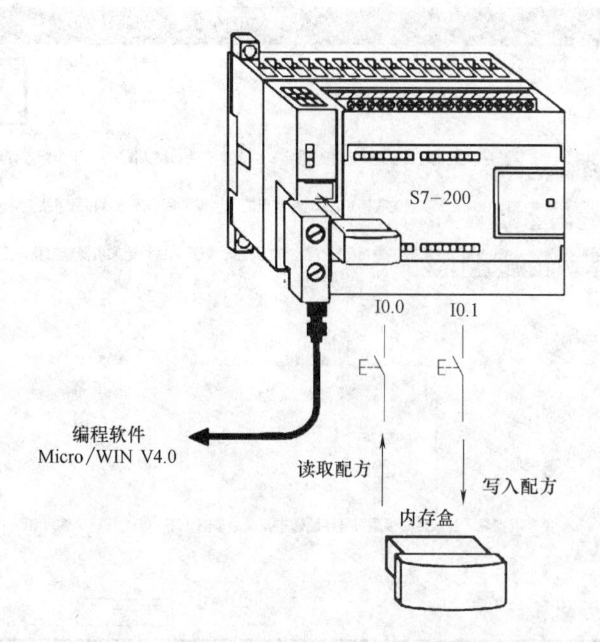

图4-42　饼干生产线配方使用的电气接线

表4-7　内存盒的选型

卡件	描述	订货号
存储卡	存储卡,64K(用户程序、配方和数据记录)	6ES7　291-8GF23-0XA0
存储卡	存储卡,256K(用户程序、配方和数据记录)	6ES7　291-8GH23-0XA0

4.5.2　饼干配方的PLC编程

对于本案例，通常采用“配方向导”来创建项目代码，并使用64千字节或256千字节永久性内存（EEPROM）盒中存储和获取配方数据。需要注意的是：对配方向导和存储卡的支持只有S7-200 CPU 222、CPU 224、CPU 226第2.0版以上。

“配方”的编程步骤如下：

（1）在编程软件中执行菜单命令“工具→配方向导”，打开如图4-43所示的配方向导，可以定义和生成配方（见图4-44）。

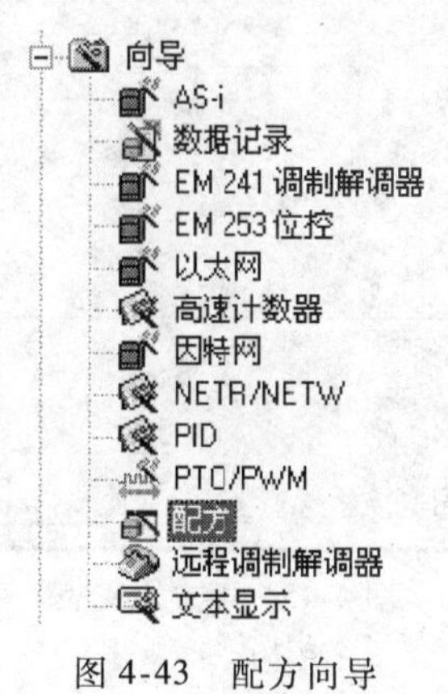

图4-43　配方向导

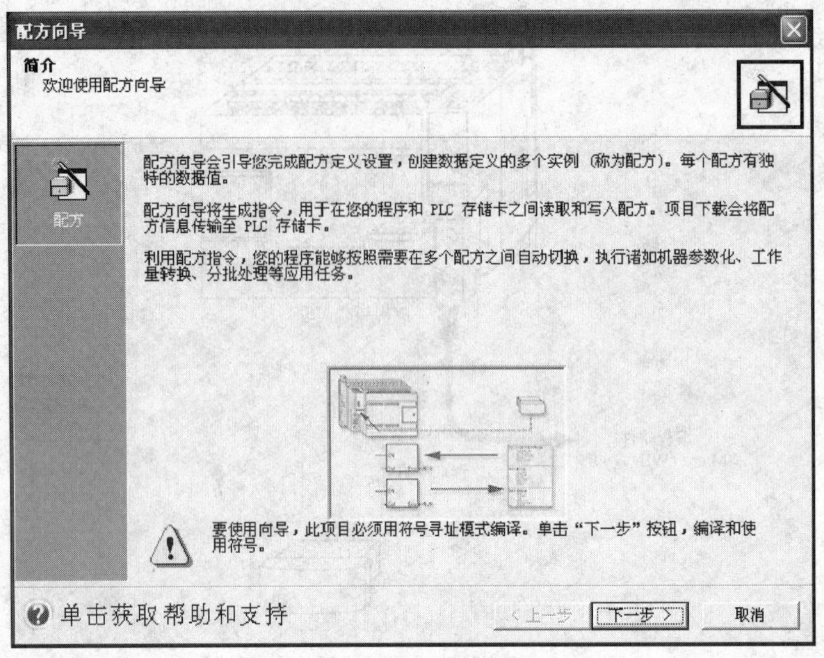

图 4-44　配方向导简介

(2) 定义配方　在图 4-45 所示的配方定义表中，用鼠标点击“域名”（Field Name）列中的一个单元，然后编辑该域名，每个域名都将成为名为 RCPx_ SYM（x 是配方集的编号）的符号表中的符号名。用下拉式列表选择变量的数据类型、输入变量的默认值和注释。所有的新配方将用这些默认值作为初值。最多可以定义 4 个配方，即最多可以有 4 个配方集，每个配方集内配方的个数只受存储卡容量的限制。

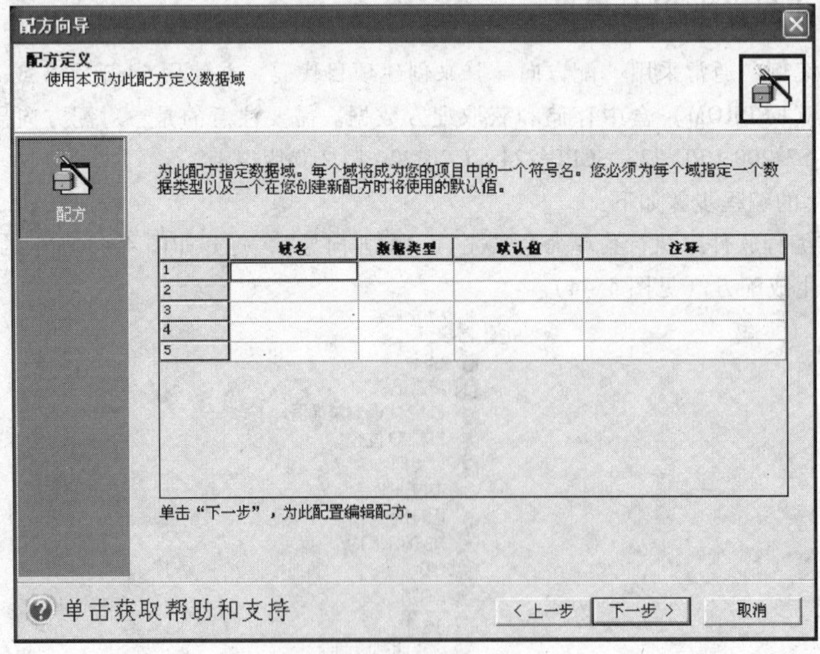

图 4-45　配方定义表

（3）创建和编辑配方　在创建和编辑配方对话框中，按“新”按钮后，在图 4-46 所示的配方定义表中，将会出现一个白色背景的可编辑的新配方列。该列中同时出现定义配方时设置的默认值，应根据产品的实际情况来修改默认值，以创建新的配方。可以修改列标题中配方的名称，例如“苏打饼干”。选中某一列的配方后，可以删除它，或将它的参数设置为默认值。创建和编辑配方如图 4-47 所示，用鼠标右键单击某一配方列，执行弹出的菜单中的命令，可以剪切、复制和粘贴点击的配方。粘贴后新的列被插入当前光标位置的左侧。

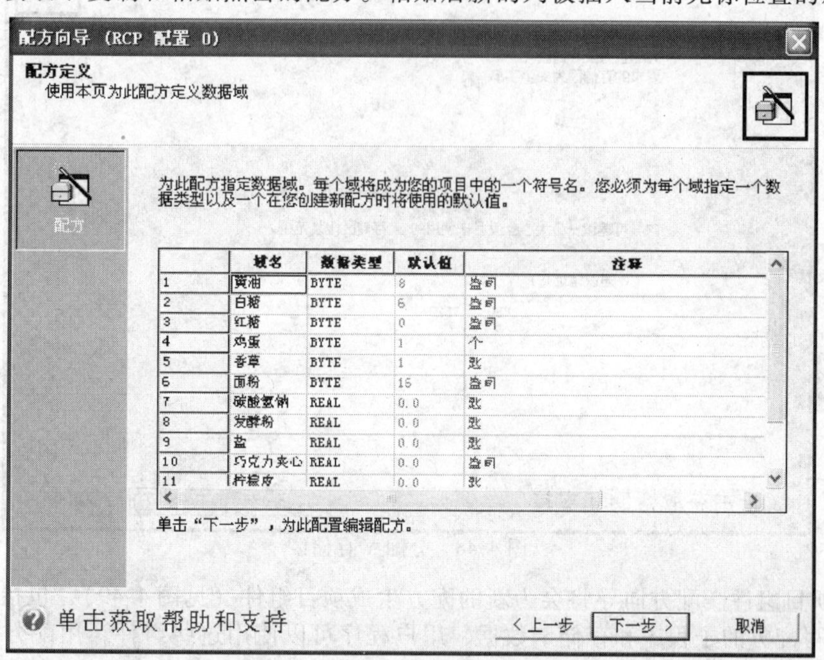

图 4-46　饼干生产线的配方定义表

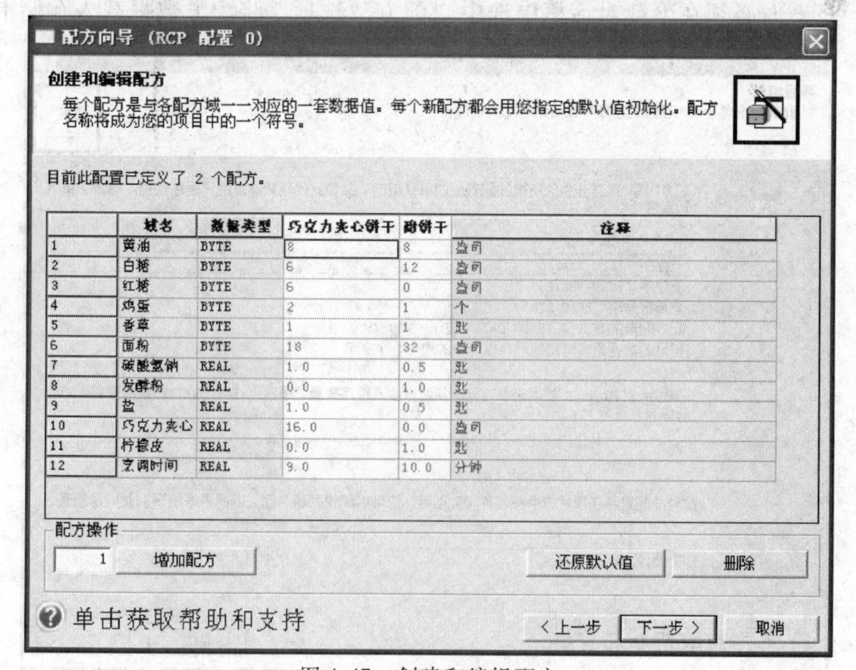

图 4-47　创建和编辑配方

（4）分配V存储区　分配V存储区如图4-48所示，用户可以选择V存储区中的起始地址，也可以使用配方向导推荐的地址，单击“建议地址”按钮，推荐的地址将会根据配方的字节长度递增。

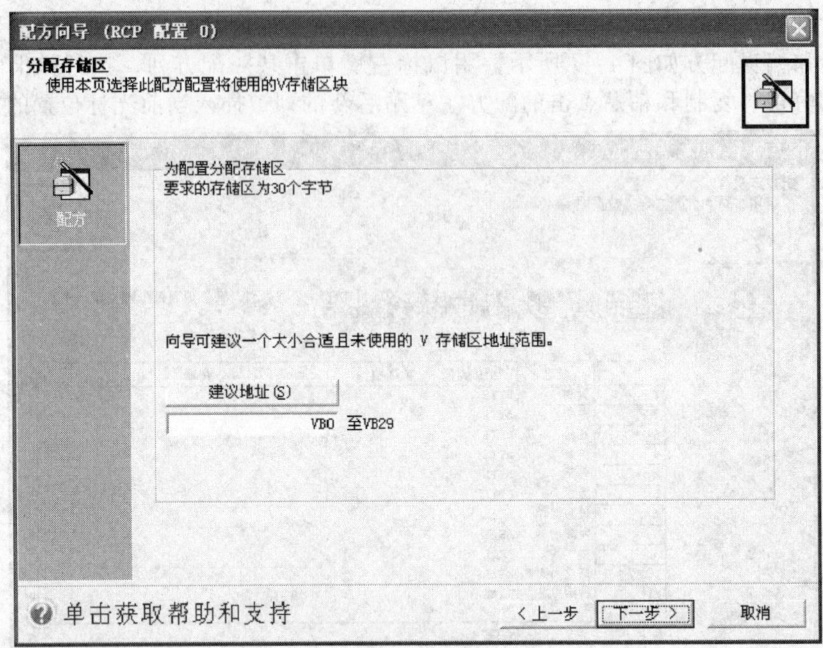

图4-48　分配V存储区

（5）项目组件　配方向导将会为新的配方生成项目组件（见图4-49），包括符号表、数据块、读/写配方的子程序和存储卡数据，用户程序可以使用这些组件，用配方的符号名读取配方数据。必须将带有配方向导配置的项目下载至PLC才能使用它们。下载选项如图4-50所示，下载时必须在下载对话框中选中“配方”选项，将配方数据载入存储卡。

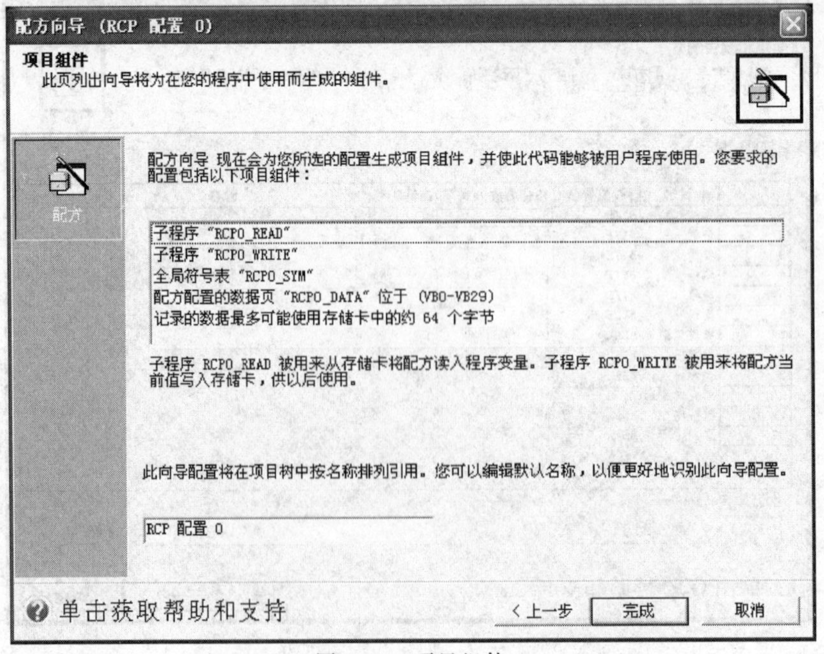

图4-49　项目组件

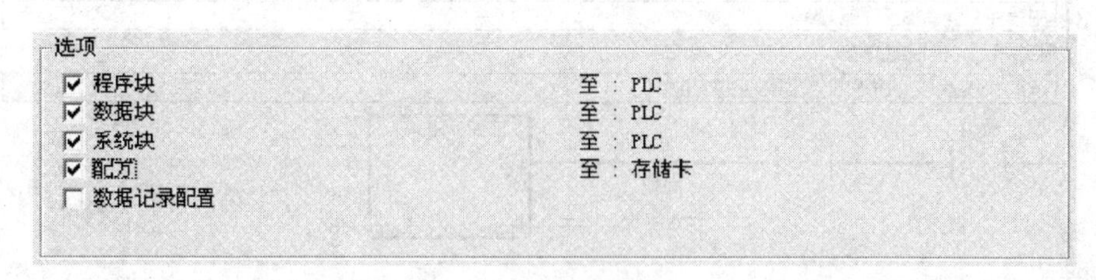

图 4-50 下载选项

（6）在用户程序中读出和修改配方 在用户程序中可以调用配方向导创建的子程序，RCPx_ Read（x=0~3）将配方从存储卡传送到V存储区（见图4-51），RCPx_ Write用指定的V存储区中的配方数据替代存储卡中的配方（见图4-52）。配方向导创建的子程序在指令树的“\指令\调用子例行程序”文件夹中。

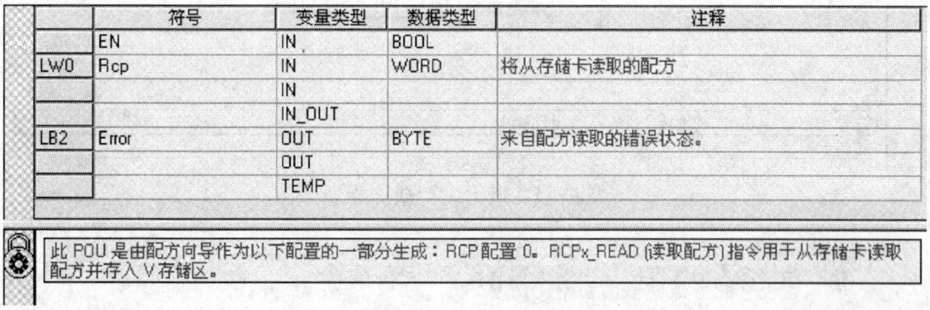

	符号	变量类型	数据类型	注释
	EN	IN	BOOL	
LW0	Rcp	IN	WORD	将从存储卡读取的配方
		IN		
		IN_OUT		
LB2	Error	OUT	BYTE	来自配方读取的错误状态。
		OUT		
		TEMP		

此POU是由配方向导作为以下配置的一部分生成：RCP配置0。RCPx_READ(读取配方)指令用于从存储卡读取配方并存入V存储区。

图 4-51 读配方指令

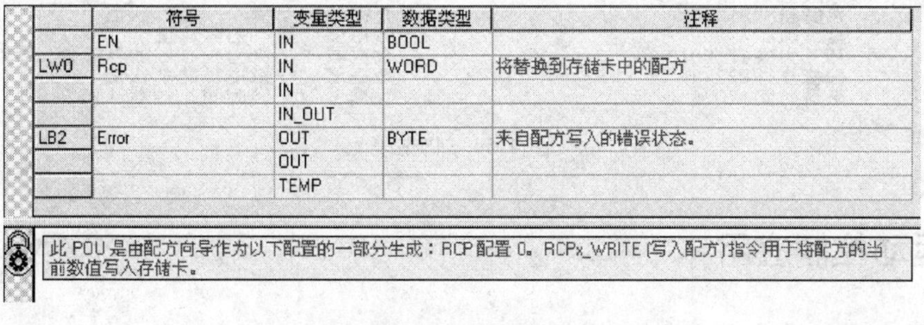

	符号	变量类型	数据类型	注释
	EN	IN	BOOL	
LW0	Rcp	IN	WORD	将替换到存储卡中的配方
		IN		
		IN_OUT		
LB2	Error	OUT	BYTE	来自配方写入的错误状态。
		OUT		
		TEMP		

此POU是由配方向导作为以下配置的一部分生成：RCP配置0。RCPx_WRITE(写入配方)指令用于将配方的当前数值写入存储卡。

图 4-52 写配方指令

（7）饼干生产线主程序 如图4-53所示为饼干生产线主程序示意。

从主程序中可以看出，指令框中的Rcp输入端是配方的编号，数据类型为Word，可以使用配方的符号名，例如“甜饼干”。字节Error是输出端返回的执行结果，无错误时为0，访问存储卡失败为132。

将主程序写入主程序OB1，将程序块、数据块和配方下载到CPU，切换到RUN模式。为了监视对配方的读写操作，生成如图4-54所示的状态表。

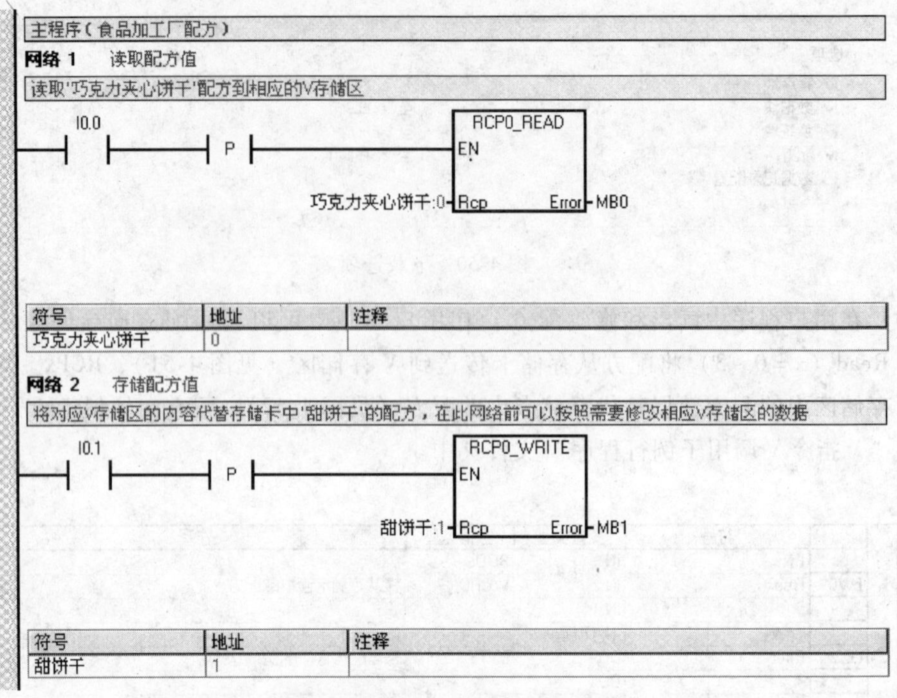

图 4-53　饼干生产线主程序

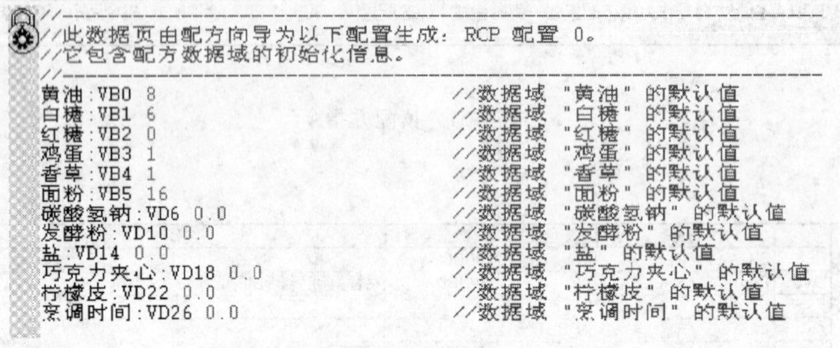

```
//-----------------------------------------------------------------------
//此数据页由配方向导为以下配置生成: RCP 配置 0。
//它包含配方数据域的初始化信息。
//-----------------------------------------------------------------------
黄油:VB0 8                          //数据域 "黄油" 的默认值
白糖:VB1 6                          //数据域 "白糖" 的默认值
红糖:VB2 0                          //数据域 "红糖" 的默认值
鸡蛋:VB3 1                          //数据域 "鸡蛋" 的默认值
香草:VB4 1                          //数据域 "香草" 的默认值
面粉:VB5 16                         //数据域 "面粉" 的默认值
碳酸氢钠:VD6 0.0                    //数据域 "碳酸氢钠" 的默认值
发酵粉:VD10 0.0                     //数据域 "发酵粉" 的默认值
盐:VD14 0.0                         //数据域 "盐" 的默认值
巧克力夹心:VD18 0.0                 //数据域 "巧克力夹心" 的默认值
柠檬皮:VD22 0.0                     //数据域 "柠檬皮" 的默认值
烹调时间:VD26 0.0                   //数据域 "烹调时间" 的默认值
```

图 4-54　状态表

4.6　运动控制应用

4.6.1　运动控制的基本架构

一个运动控制系统的基本架构组成包括（见图 4-55）：

1）一个运动控制器（如 PLC）用以生成轨迹点（期望输出）和闭合位置反馈环。许多控制器也可以在内部闭合一个速度环。

2）一个驱动或放大器（如伺服控制器和步进控制器）用以将来自运动控制器的控制信号（通常是速度或扭矩信号）转换为更高功率的电流或电压信号。更为先进的智能化驱动可以自身闭合位置环和速度环，以获得更精确的控制。

3）一个执行器如液压泵、气缸、线性执行机或电动机用以输出运动。

4）一个反馈传感器如光电编码器、旋转变压器或霍尔效应设备等用以反馈执行器的位置到位置控制器，以实现和位置控制环的闭合。

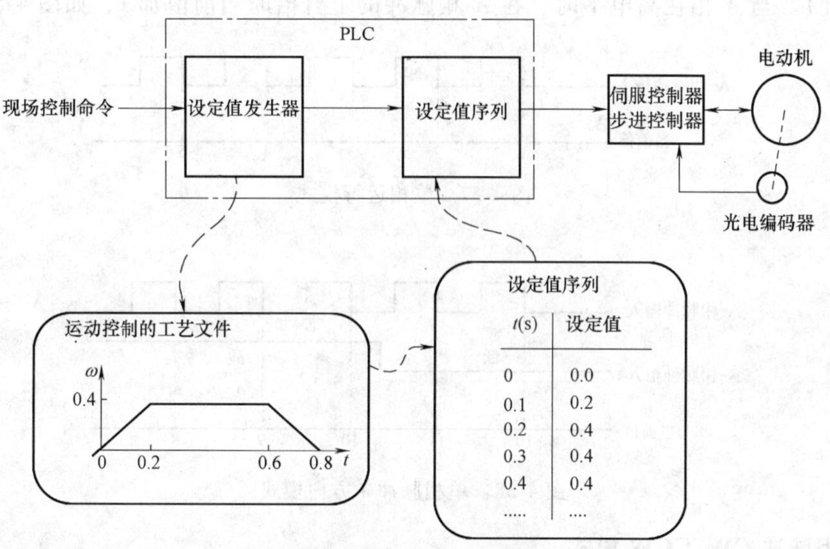

图 4-55　运动控制系统的基本架构

众多机械部件用以将执行器的运动形式转换为期望的运动形式，它包括齿轮箱、轴、滚珠丝杠、齿形带、联轴器以及线性和旋转轴承。

从运动控制的基本架构可以看到，PLC 作为一种典型的运动控制核心起到了非常重要的作用，这主要归因于 PLC 具有高速脉冲输入、高速脉冲输出和运动控制模块等软硬件功能。

4.6.2　脉冲量输入和高速计数器

在运动控制中的大量场合，输入的都是一些高速脉冲信号，如光电编码器信号，这时候 PLC 可以使用高速计数器功能对这些特定的脉冲量进行加、减计数，来最终获取所需要的工艺数据（转速、角度、位移等）。从硬件角度来讲，PLC 都会内置一些端口用于高速脉冲输入，其结构与普通的数字量不同。从软件角度来讲，PLC 都会采用特殊的高速计数器指令来进行中断处理。

高速计数器的模式一般分为以下三种：

1. 单相脉冲模式

单相脉冲模式是指输入的连续脉冲数来自于一个通道，通常用于接近开关等简易式输入信号，单相脉冲模式控制原理如图 4-56 所示。

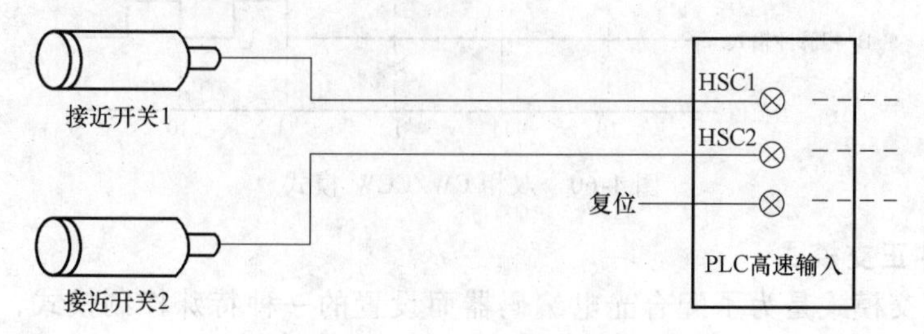

图 4-56　单相脉冲模式控制原理

单相脉冲模式又可以分为单相运行模式和单相脉冲 + 方向模式两种，前者是在输入脉冲的上升沿时当前值加 1，如图 4-57 所示；后者是在 B-相在低电平时，当 A-相脉冲的上升沿时当前值加 1。当 A 相在高电平时，在 A-相脉冲的上升沿时当前值加 1，如图 4-58 所示。

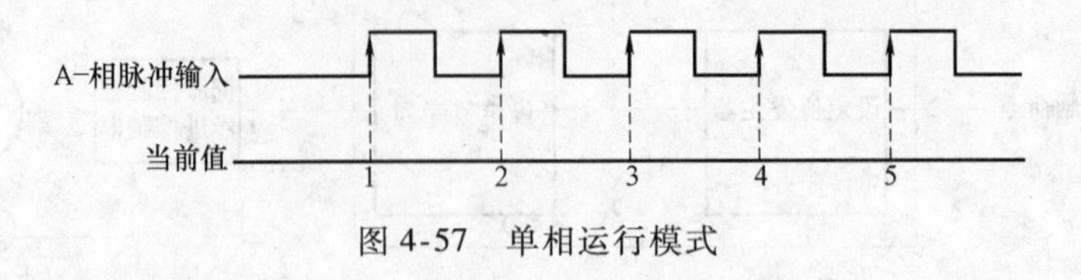

图 4-57 单相运行模式

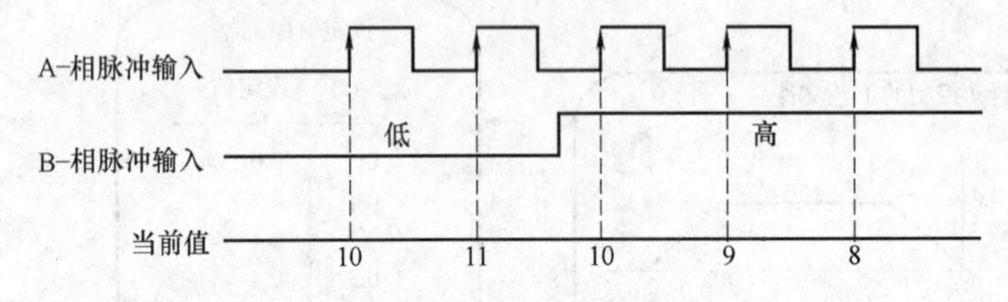

图 4-58 单相脉冲 + 方向模式

2. 双相脉冲 CW/CCW 模式

双相脉冲 CW/CCW 模式通常与接近开关等简易式输入信号，CW 表示正方向（顺时针），CCW 表示反方向（逆时针），控制原理如图 4-59 所示。与单相脉冲控制原理的不同在于，在本模式中，两个接近开关都是为一个高速输入脉冲 HSC1 服务。

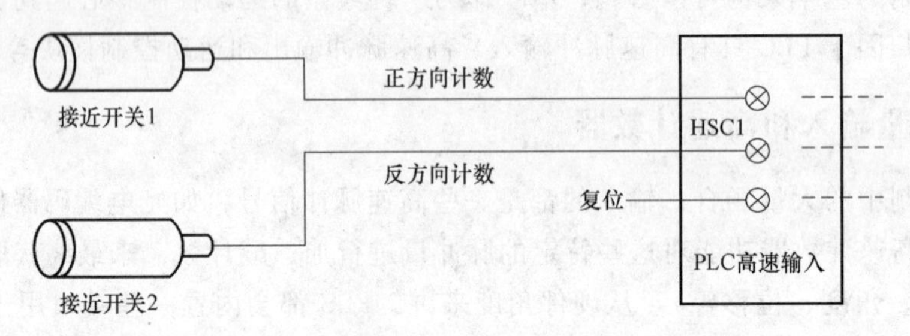

图 4-59 双相脉冲 CW/CCW 模式控制原理

双相脉冲 CW/CCW 模式的计数器变化是：当 B-相在低电平时，在 A-相输入脉冲的上升沿时当前值加 1。当 A-相在低电平时，在 B-相输入脉冲的上升沿时当前值加 1，如图 4-60 所示。

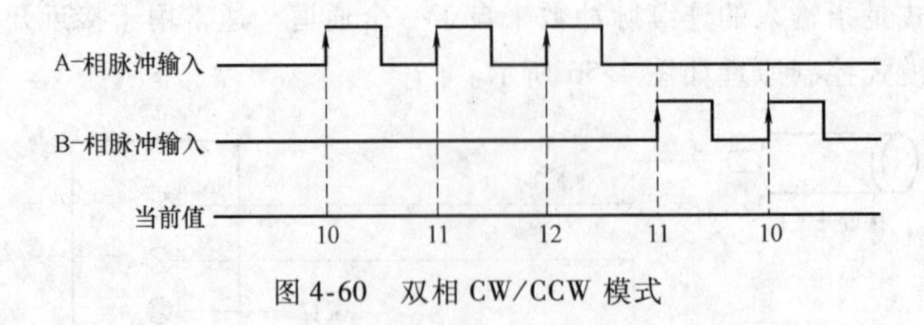

图 4-60 双相 CW/CCW 模式

3. 双相脉冲正交模式

双相脉冲正交模式是为了配合光电编码器而设置的一种特殊控制模式，控制原理如图 4-61 所示。

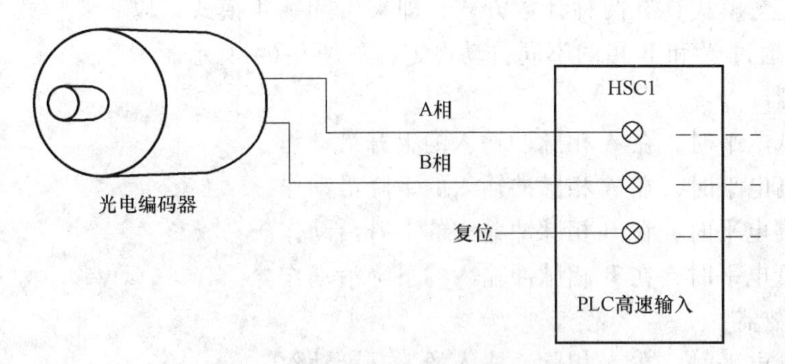

图 4-61　双相脉冲正交模式控制原理

光电编码器是一种通过光电转换将输出轴上的机械几何位移量转换成脉冲或数字量的传感器。这是目前应用最多的传感器。光电编码器是由光栅盘和光电检测装置组成。光栅盘是在一定直径的圆板上等分地开通若干个长方形孔。由于光电码盘与电动机同轴，电动机旋转时，光栅盘与电动机同速旋转，经发光二极管等电子器件组成的检测装置检测输出若干脉冲信号，其原理示意如图 4-62 所示；通过计算每秒光电编码器输出脉冲的个数就能反映当前电动机的转速。此外，为判断旋转方向，码盘还可提供相位相差 90°的双相脉冲正交信号。

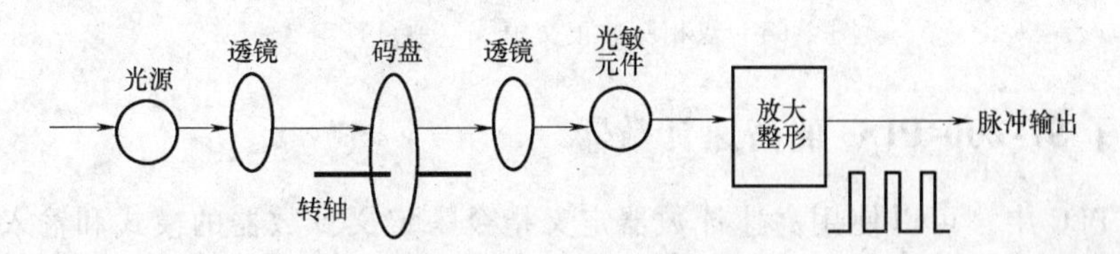

图 4-62　光电编码器原理示意

增量式光电编码器输出两路相位相差 90°的脉冲信号 A 和 B，当电动机正转时，脉冲信号 A 的相位超前脉冲信号 B 的相位 90°，此时逻辑电路处理后可形成高电平的方向信号。当电动机反转时，脉冲信号 A 的相位滞后脉冲信号 B 的相位 90°，此时逻辑电路处理后的方向信号为低电平。因此根据超前与滞后的关系可以确定电动机的转向，其转向判别的原理如图 4-63 所示。

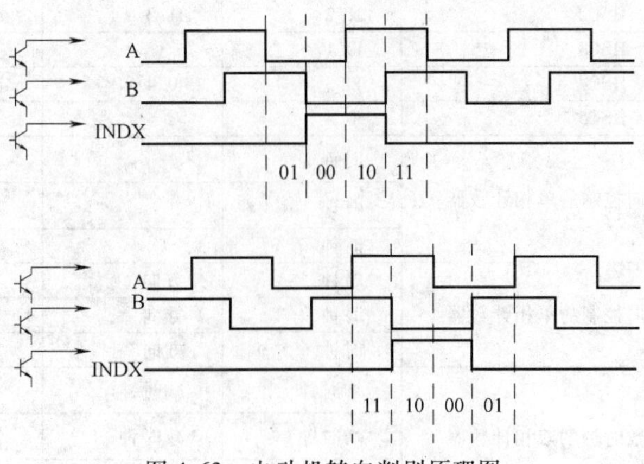

图 4-63　电动机转向判别原理图

双相脉冲正交模式具有两种计数方式，即乘 1 和乘 4 模式，以乘 4 模式为例，它的 Up 或 Down 计数是通过 A 和 B 相的不同自动设定，如图 4-64 所示。

● Up 计数器

- 当 B 相低电平时，在 A 相脉冲输入的上升沿动作。
- 当 B 相高电平时，在 A 相脉冲输入的下降沿动作。
- 当 A 相高电平时，在 B 相脉冲输入的上升沿动作。
- 当 A 相低电平时，在 B 相脉冲输入的下降沿动作。

● Down 计数器

- 当 B 相高电平时，在 A 相脉冲输入的上升沿动作。
- 当 B 相低电平时，在 A 相脉冲输入的下降沿动作。
- 当 A 相低电平时，在 B 相脉冲输入的上升沿动作。
- 当 A 相高电平时，在 B 相脉冲输入的下降沿动作。

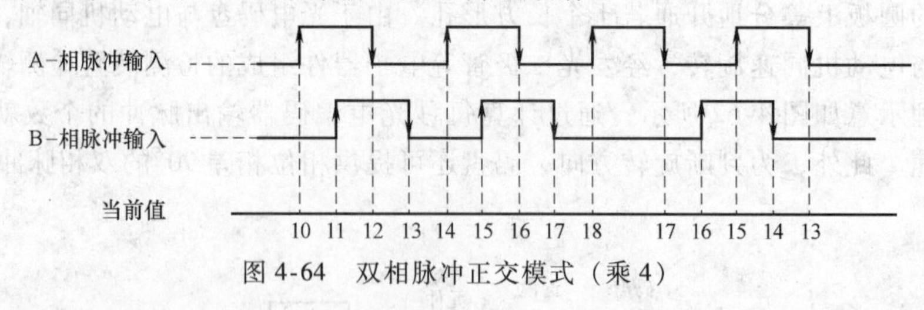

图 4-64 双相脉冲正交模式（乘 4）

4.6.3 西门子 S7-200 PLC 的高速计数器

在 S7-200 PLC 中，可以使用高速计数器定义指令来定义计数器的模式和输入，表 4-8 给出了与高速计数器相关的时钟、方向控制、复位和启动输入点。同一个输入点不能用于两个不同的功能，但是任何一个没有被高速计数器的当前模式使用的输入点，都可以被用作其他用途。

表 4-8 S7-200 PLC 高速计数器的输入点和模式

模式	中断描述	输入点			
	HSC0	I0.0	I0.1	I0.2	
	HSC1	I0.6	I0.7	I1.0	I1.1
	HSC2	I1.2	I1.3	I1.4	I1.5
	HSC3	I0.1			
	HSC4	I0.3	I0.4	I0.5	
	HSC5	I0.4			
0	带有内部方向控制的单相计数器	时钟			
1		时钟		复位	
2		时钟		复位	启动
3	带有外部方向控制的单相计数器	时钟	方向		
4		时钟	方向	复位	
5		时钟	方向	复位	启动
6	带有增减计数时钟的双相计数器	增时钟	减时钟		
7		增时钟	减时钟	复位	
8		增时钟	减时钟	复位	启动

（续）

模式	中断描述	输入点			
9	A/B相正交计数器	时钟A	时钟B		
10		时钟A	时钟B	复位	
11		时钟A	时钟B	复位	启动
12	只有HSC0和HSC3支持模式12 HSC0计数Q0.0输出的脉冲数 HSC3计数Q0.1输出的脉冲数				

在理解高速计数器的详细时序时，还必须注意复位和启动的操作。图4-65中所示的复位和启动操作适用于使用复位和启动输入的所有模式，且都被编程为高电平有效。

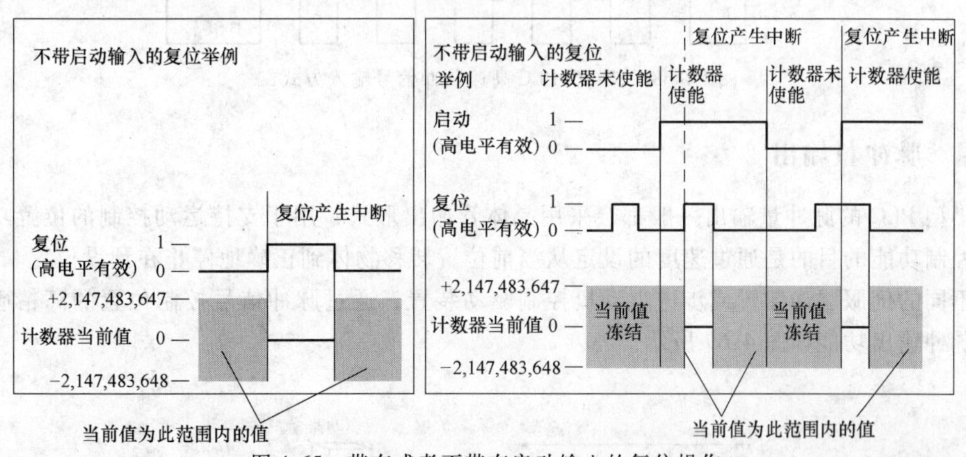

图4-65　带有或者不带有启动输入的复位操作

在访问高速计数器时，需要指定其地址，同时使用存储器类型HC和计数器号（例如HC0）。在S7-200 PLC中，高速计数器的当前值是只读值特性，以双字32位来分配，如图4-66所示。

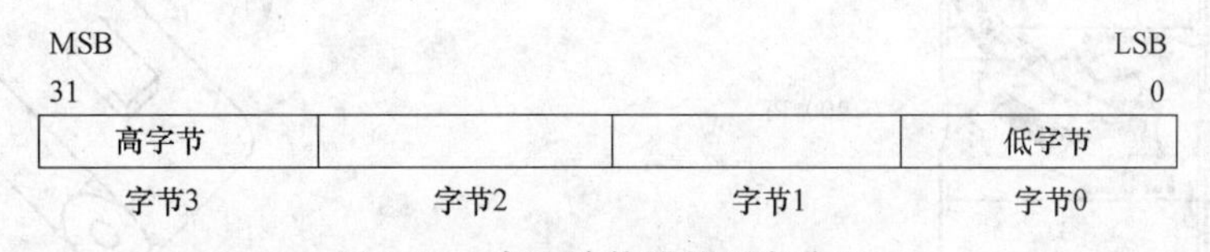

图4-66　高速计数器的双字分配

图4-67和图4-68所示是S7-200 PLC高速脉冲信号的两种输入方式。

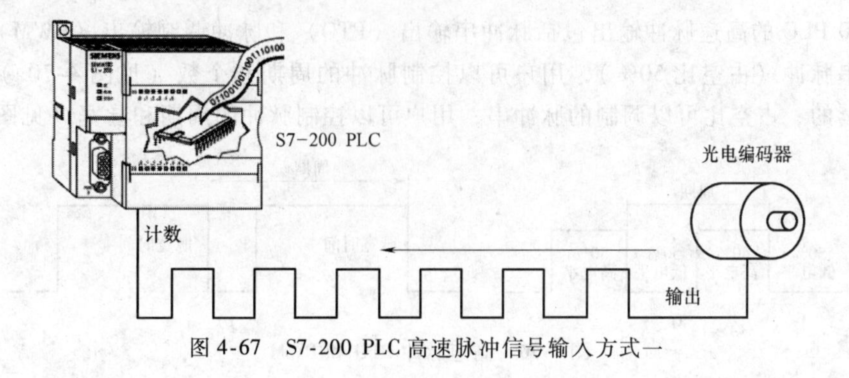

图4-67　S7-200 PLC高速脉冲信号输入方式一

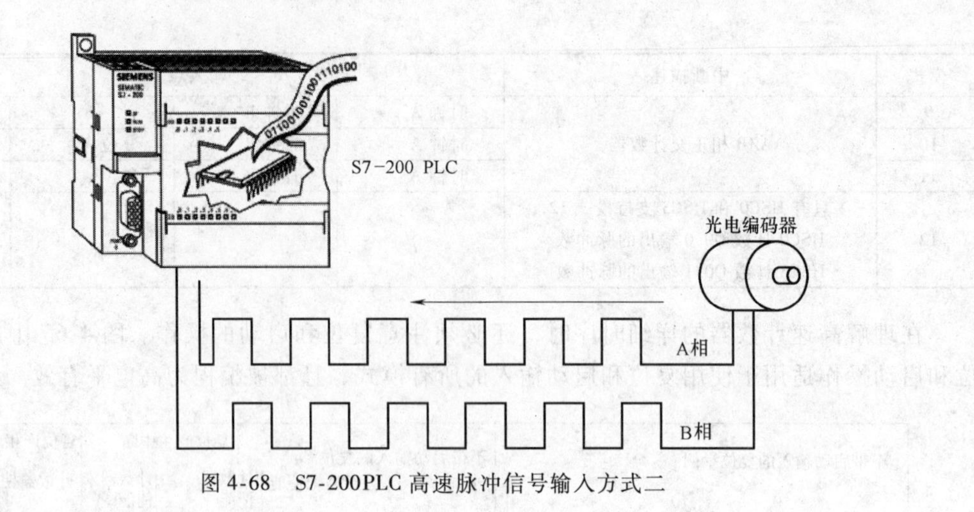

图 4-68　S7-200PLC 高速脉冲信号输入方式二

4.6.4　脉冲量输出

小型 PLC 的脉冲量输出一般都会采用晶体管输出形式，用于支持运动控制的位置功能。位置控制功能的目的是通过速度的设定从当前位置转移物体到正确地停止在预设位置。当连接到不同的伺服驱动装置或步进电动机控制驱动装置，通过脉冲信号控制位置的高精确度，高速脉冲输出功能如图 4-69 所示。

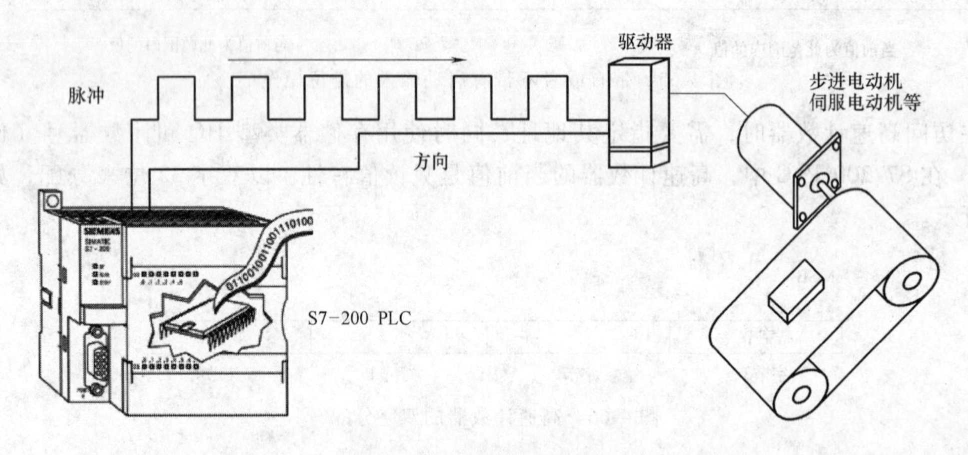

图 4-69　高速脉冲输出功能

S7-200 PLC 的高速脉冲输出包括脉冲串输出（PTO）和脉冲调制输出（PWM），前者可以输出一串脉冲（占空比 50%），用户可以控制脉冲的周期和个数（见图 4-70a）；后者可以输出连续的、占空比可以调制的脉冲串，用户可以控制脉冲的周期和脉宽（见图 4-70b）。

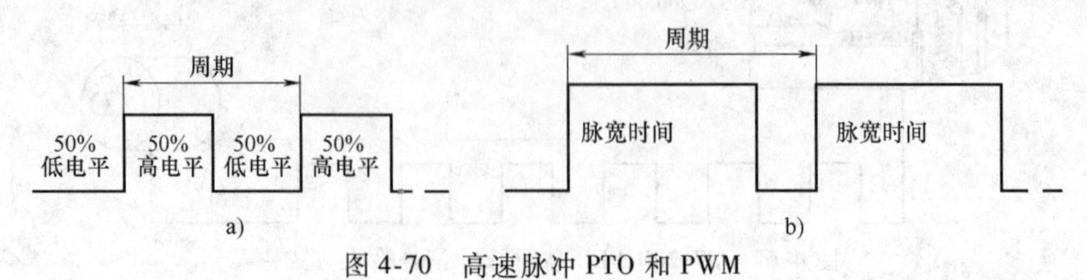

图 4-70　高速脉冲 PTO 和 PWM

S7-200 PLC 的高速脉冲硬件发生器有两个，即 Q0.0 和 Q0.1。在使用 PTO 和 PWM 操作之前，需要将两者的过程映像寄存器清零。在高速脉冲输出过程中，输出负载至少为 10% 的额定负载，才能提供陡直的上升沿和下降沿。

PTO/PWM 发生器的多段管线功能在许多应用中非常有用，尤其在步进电动机控制中。例如，可以用带有脉冲包络的 PTO 来控制一台步进电动机来实现一个简单的加速、匀速和减速过程，或者一个由最多 255 段脉冲包络组成的复杂过程，而其中每一段包络都是加速、匀速和减速过程。

思考与练习

习题 4.1　选择题

(1) 顺序控制段开始指令的操作码是（　　）。

A. SCR　B. SCRP　C. SCRE　D. SCRT

(2) PID 回路指令操作数 TBL 可寻址的寄存器为（　　）。

A. I　B. M　C. V　D. Q

(3) 顺序控制段转移指令的操作码是（　　）。

A. SCR　B. SCRP　C. SCRE　D. SCRT

(4) 顺序控制段结束指令的操作码是（　　）。

A. SCR　B. SCRP　C. SCRE　D. SCRT　E. END

(5) 中断分离指令的操作码是（　　）。

A. DISI　B. ENI　C. ATCH　D. DTCH

(6) 以下（　　）不属于 PLC 的中断事件类型。

A. 通信口中断　B. I/O 中断　C. 定时中断　D. 编程中断

(7) 在顺序控制继电器指令中的操作数 n，它所能寻址的寄存器只能是（　　）。

A. S　B. M　C. SM　D. T

(8) 无条件子程序返回指令是（　　）。

A. CALL　B. CRET　C. RET　D. SBR

习题 4.2　图 4-71 所示为某汽车厂轮胎计数生产线，请选择合适的光电开关、按钮、输出继电器和报警灯，并进行硬件设计，同时用软件进行编程：(1) 按下启动按钮，输送带电动机运行；(2) 光电开关预设数量为 20 个；(3) 当计数器达到 20 个时，输送带停止运行 10s；(4) 待停止 10s 后，输送带继续运行，重新计数；(5) 当轮胎计数达到 200 个时，输出报警，全线停机。

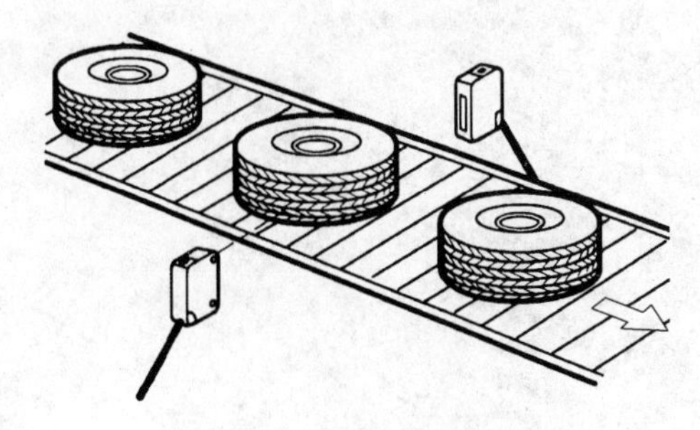

图 4-71　轮胎计数生产线

习题 4.3　在某点焊机设备中（见图 4-72），通过 SA1 和 SA2 的选择开关可以设定点焊动作次数为 100、200、400、800 共四种，根据点焊脚踏板 SB1 的计数，当达到预定设置次数时，输出报警灯闪烁。请设计合理的硬件接线图，并进行编程。

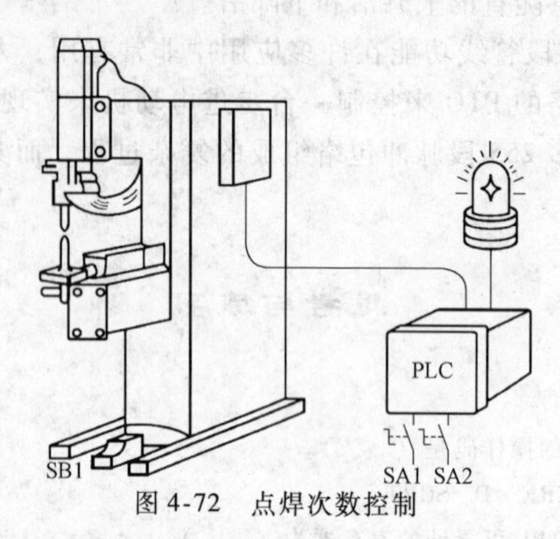

图 4-72　点焊次数控制

习题 4.4　使用顺序控制程序结构，编写出实现红、黄、绿三种颜色信号灯循环显示的程序（要求循环间隔时间为 1s），并画出该程序设计的功能流程图。

习题 4.5　某自动生产线上，使用有轨小车来运转工序之间的物件，小车的驱动采用电动机拖动，其行驶示意图如图 4-73 所示。电动机正转，小车前进；电动机反转，小车后退。

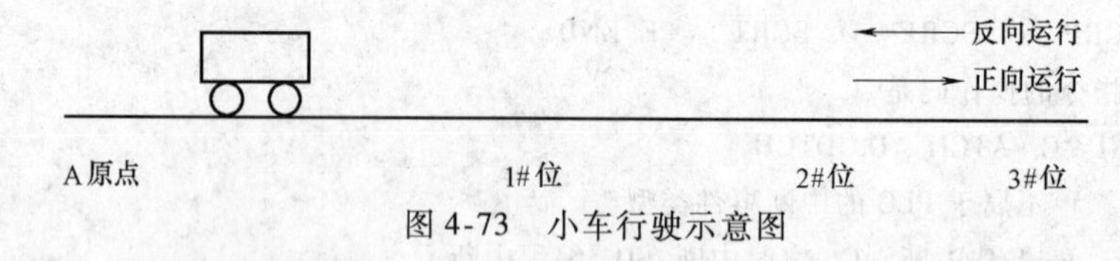

图 4-73　小车行驶示意图

控制过程为：

(1) 小车从原位 A 出发驶向 1#位，抵达后，立即返回原位；

(2) 接着直向 2#位驶去，到达后立即返回原位；

(3) 第三次出发一直驶向 3#位，到达后返回原位；

(4) 必要时，小车按上述要求出发三次运行一个周期后能停下来；

(5) 根据需要，小车能重复上述过程，不停地运行下去，直到按下停止按钮为止。

请设计 PLC 控制系统硬件，并进行软件编程以满足工艺要求。

习题 4.6　设计一个 PID 恒液位控制系统，设定来源于一电位器（4.7K，1W），控制输出为调节阀，请设计合理的硬件接线图，并编程。

第5讲　S7-300/400 PLC控制基础

【内容提要】

与小型PLC（如西门子S7-200 PLC）不同，大中型PLC（如S7-300 PLC和S7-400 PLC）最大的特点就是采用模块化控制系统，来满足中等或高性能要求的应用。在大中型PLC系统中，各种单独的模块之间可进行广泛组合以用于扩展，由于点数基本上不受太多的限制，其灵活性就非常高。本讲首先阐述了S7-300/400系列PLC的硬件基础；然后对SIMATIC可编程序逻辑控制器进行组态和编程的标准软件包STEP 7进行了基础知识介绍；接着介绍了S7-300 PLC硬件配置实例；最后介绍了STEP 7的软件结构。

应知

※了解大中型PLC的模块结构
※熟悉西门子S7-300/400 PLC的硬件结构
※掌握STEP 7软件的编程环境特点
※掌握OB/FB/FC等定义

☆能对S7-300/400 PLC进行结构规划
☆能熟练安装STEP 7软件
☆能进行S7-300 PLC的简单硬件配置
☆能在OB1中进行简单编程

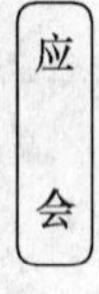

应会

5.1 大中型 PLC 模块化控制系统

5.1.1 大中型 PLC 的模块化结构

与小型 PLC（如西门子 S7-200 PLC）不同，大中型 PLC 最大的特点就是采用模块化控制系统，来满足中等或高性能要求的应用。在大中型 PLC 系统中，各种单独的模块之间可进行广泛组合以用于扩展，由于点数基本上不受太多的限制，其灵活性就非常高。

基本的模块化硬件结构包括机架、电源、处理器 CPU、输入/输出（I/O）模块、编程或通信用接口，图 5-1 所示为模块化控制器的组成部分。

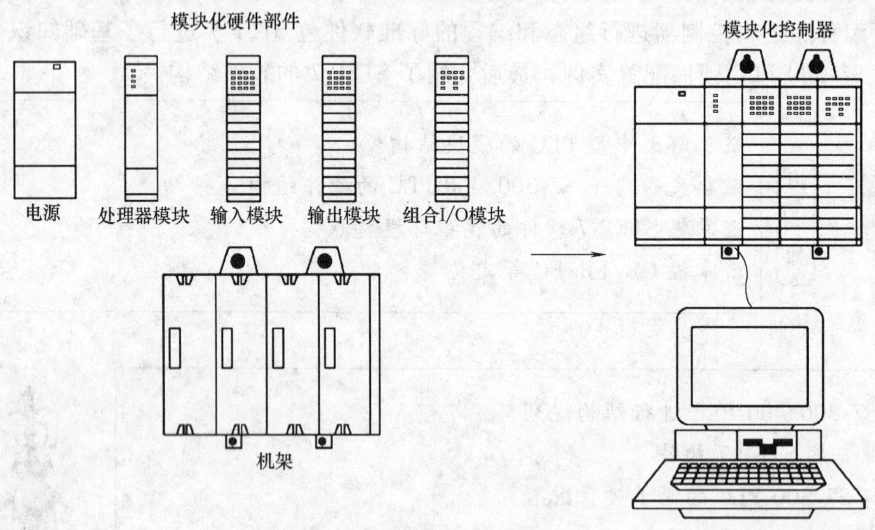

图 5-1 模块化控制器的组成部分

1. 机架

机架是用来安装处理器和 I/O 模块、特殊模块的，所有模块都可以很容易地沿着导轨插入到机架。不同类型的 PLC 系统其机架槽数不太一样，可以互联的机架数也不尽相同。大中型 PLC 系统在配置时，其机架数可以有很多，机架之间的关系（网络）可以用图 5-2 来表示。

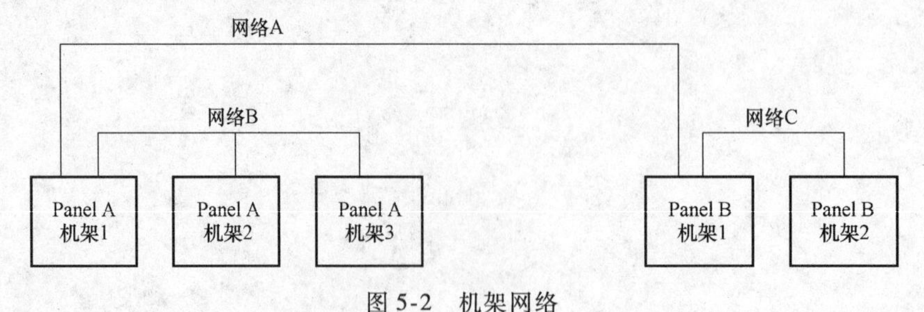

图 5-2 机架网络

2. 电源

电源一般安装在机架的左面。

3. 处理器 CPU

在传统的大中型 PLC 系统中，处理器 CPU 的位置一般固定在机架的左边，但是在最新型大中型 PLC 中则可以任意安装，数量也可以不止一个。

5.1.2　大中型 PLC 系统的配置流程

大中型 PLC 系统的配置一般都采用机架配置表来完成，它可以帮助用户配置一个机架或系统。每一个工作单可以帮助用户配置一个机架；若需要多个机架，则需要用另外的工作单配置另外的机架。

下面具体说明机架配置表的过程。

（1）估计系统所需的内存总量

1）累计数字量 I/O 点的数量。

2）累计模拟量 I/O 点的数量。

3）累计特殊功能模块的数量。

4）根据上述 3 个数量，乘上一定的系数，进行内存的估算。

（2）选择 CPU　根据内存量来选择。

（3）选择 I/O 模块

1）写上机架号和相应的槽号。

2）选择数字量 I/O 模块。

3）选择特殊功能模块和模拟量 I/O 模块。

4）在工作单上，把每一个模块放入所要放置的槽内。

5）在指定的栏目内填入每个模块的功率消耗值，并计算整个机架的总功率。

（4）选择正确的电源模块　把功率消耗总量与每个电源模块进行比较，选择可以提供足够功率的最小电源模块，并考虑系统扩容所需的电源消耗功率。

（5）选择机架　累计所用槽数，并选择所能容纳所有 I/O 模块的最小机架，并考虑将来的扩展需求。

（6）选择其他设备　要构成一个完整的系统，还需要其他设备，如电缆、通信接口、操作器接口、存储器模块等。具体的机架配置表见表 5-1。

表 5-1　机架配置表

机架号	模块型号	功率消耗		价格
		5V	24V	
槽___	___	___	___	___
槽___	___	___	___	___
槽___	___	___	___	___
槽___	___	___	___	___
槽___	___	___	___	___
槽___	___	___	___	___
槽___	___	___	___	___
槽___	___	___	___	___
槽___	___	___	___	___
槽___	___	___	___	___
槽___	___	___	___	___
电源	___	___	___	___
其他设备	___	___	___	___

一个实际的 PLC 系统，确定所有的模块后，要选择合适的电源模块，所选定的电源模块的输出功率必须大于 CPU 模块、所有 I/O 模块、各种功能模块等总消耗功率之和，并且要留有 30% 左右的裕量。当同一电源模块既要为主机单元又要为扩展单元供电时，从主机单元到最远一个扩展单元的电路压降必须小于 0.25V。

一个常规的大中型 PLC 系统往往只由一个独立的处理器和机架内的 I/O 模块组成，但是一个复杂的大中型 PLC 系统则可以在一个背板中同时使用多个处理器模块，多个处理器可以通过网络进行通信，多个平台上的 I/O 可以分布在不同的位置，它们之间则通过多条 I/O 链路连接起来。

5.1.3 西门子 S7-300 PLC

1. 模块化结构

S7-300 PLC 为节省空间的模块化结构设计，可以适配用户现有的各种机械控制任务，不需要考虑槽位规则。在运行时，无需风扇。除模块外，只需要 DIN 标准的导轨，就可以将模块旋转到位，安装在导轨上并用螺钉紧固。这种结构形式非常牢固并且有很高的电磁兼容性。S7-300 PLC 的背板总线集成在模块上，通过将模块插入到总线连接器进行装配。如图 5-3 所示为 S7-300 PLC 模块化结构安装现场。

S7-300 PLC 是模块化的组合结构，根据应用对象的不同，可选用不同型号和不同数量的模块，并可以将这些模块安装在同一机架（导轨）或多个机架上，S7-300 系列 PLC 系统构成框图如图 5-4 所示。

图 5-3 S7-300 PLC 模块化结构安装现场

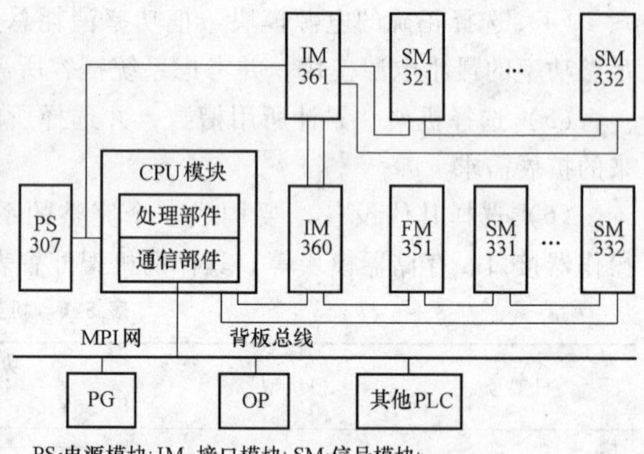

图 5-4 S7-300 系列 PLC 系统构成框图

2. 主要功能

S7-300 PLC 的大量功能能够支持和帮助用户进行编程、启动和维护，其主要功能如下：

（1）高速的指令处理　0.1～0.6μs 的指令处理时间在中等到较低的性能要求范围内开辟了全新的应用领域。

（2）人机界面（HMI）　方便的人机界面服务已经集成在 S7-300 PLC 操作系统内，因此人机对话的编程要求大大减少。

（3）诊断功能　CPU 的智能化的诊断系统可连续监控系统的功能是否正常，记录错误和特殊系统事件。

（4）口令保护 多级口令保护可以使用户高度、有效地保护其技术机密，防止未经允许的复制和修改。

3. CPU 的种类

S7-300 PLC 系统可以选择各种不同性能分级（直到高性能）的 CPU 作控制器使用。通过高效处理速率，CPU 能提供比小型 PLC 快得多的扫描时间来执行相同的程序。根据用户的任务要求和项目特点，S7-300 PLC 的 CPU 还可以具有带集成式 I/O、集成技术功能和集成通信接口的特点（见表 5-2）。

表 5-2 S7-300 PLC CPU 的集成特点

CPU	集成的 I/O	集成的技术功能	集成的接口
CPU 312	—	—	MPI
CPU 312C	数字量	计数	MPI
CPU 313C	数字量,模拟量	计数	MPI
CPU 313C-2 PtP	数字量	计数	PtP,MPI
CPU 313C-2 DP	数字量	计数	DP,MPI
CPU 314	—	—	MPI
CPU 314C-2 PtP	数字量,模拟量	计数,定位	PtP,MPI
CPU 314C-2 DP	数字量,模拟量	计数,定位	DP,MPI
CPU 315-2DP	—	—	DP,MPI
CPU 318-2DP	—	—	DP,MPI

S7-300 CPU 共有四种工作方式：

（1）RUN-P 可编程运行方式。CPU 扫描用户程序，既可以用编程装置从 CPU 中读出，也可以由编程装置装入 CPU 中。用编程装置可监控程序的运行。在此位置钥匙不能拔出。

（2）RUN 运行方式。CPU 扫描用户程序，可以用编程装置读出并监控 PLC CPU 中的程序，但不能改变装载存储器中的程序。在此位置可以拔出钥匙，以防止程序在正常运行时被改变操作方式。

（3）STOP 停止方式。CPU 不扫描用户程序，可以通过编程装置从 CPU 中读出，也可以下载程序到 CPU。在此位置可以拔出钥匙。

（4）MRES 该位置瞬间接通，用以清除 CPU 的存储器。

以上方式可以通过方式选择开关来切换，CPU 模块面板布置示意图如图 5-5 所示。

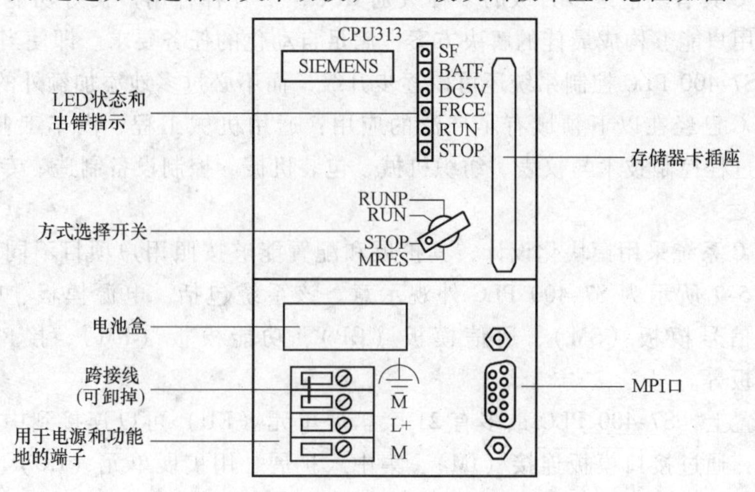

图 5-5 CPU 模块面板布置示意图

4. 扩展单元

如果控制系统所需的模块数大于 8 块时，S7-300 PLC 的中央控制器（CC）可以通过扩展单元加以扩展（但除 CPU 312IFM、312C 和 313 外），如图 5-6 所示。最多可以有 32 个模块与中央控制器相连接，每个扩展单元最多允许 8 个模块。各个扩展单元之间的通信是由接口模块（IM）相互独立地进行处理。如果工厂设备比较分散，则中央控制器和扩展单元可以分开安装，其最大距离为 10m。

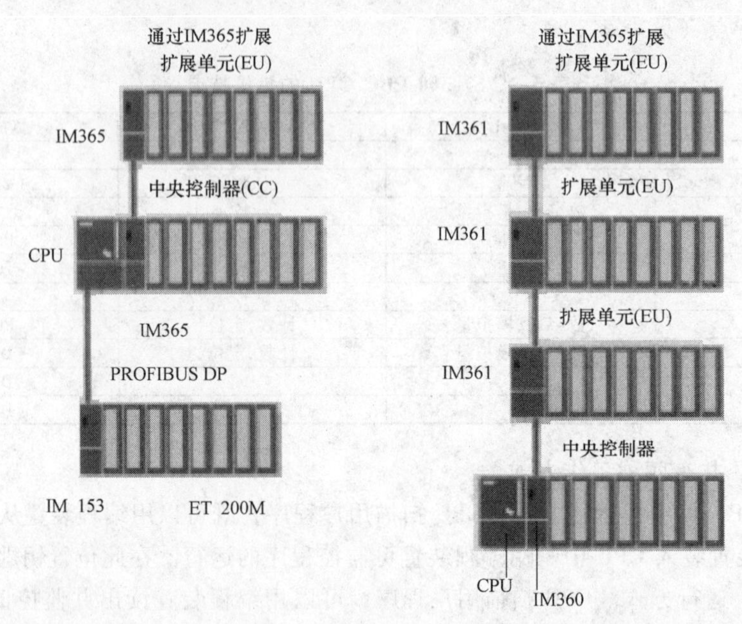

图 5-6 S7-300 及扩展单元

5.1.4 西门子 S7-400 PLC

西门子 S7-400 PLC 是用于中、高档性能范围的 PLC，具有模块化及无风扇的设计、坚固耐用、容易扩展和广泛的通信能力、容易实现分布式结构、操作界面友好等特点。

S7-400 PLC 具有功能逐步升级的多种级别 CPU，带有各种用户友好功能的种类齐全的功能模板，使用户能够构成最佳的解决方案，满足自动化的任务要求。即使当控制任务变得更加复杂时，S7-400 PLC 控制系统还可以逐步升级，而不必过多地添加额外的模板。

S7-400 PLC 已经在以下领域有了广泛的应用：通用机械工程、汽车工业、立体仓库、机床与工具、过程控制技术与仪表、纺织机械、包装机械、控制设备制造、专用机械等。

1. 设计综述

S7-400 PLC 系统采用模块化设计，其扩展和配置能够按照用户项目不同的需求而进行灵活组合。图 5-7 所示为 S7-400 PLC 外观示意。该系统包括：电源模板、中央处理单元（CPU）、各种信号模板（SM）、通信模板（CP）、功能模板（FM）、接口模板（IM）、SIMATIC S5模板等。

在扩展配置上，S7-400 PLC 最多有 21 个扩展单元（EU）可以连接到中央控制器，扩展的途径包括：通过接口模板连接（IM）、集中式扩展、用扩展单元（EU）进行分布式扩展、用 ET 200 进行远程扩展等。

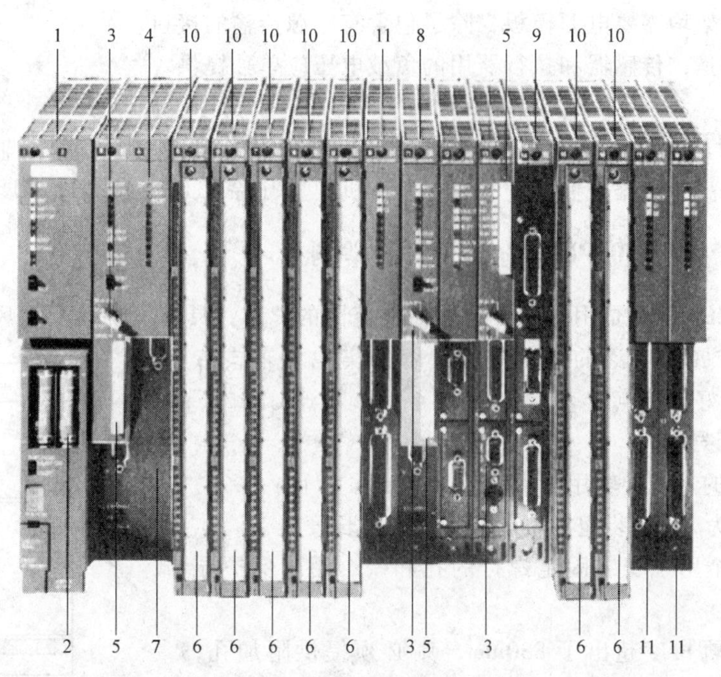

图 5-7　S7-400 PLC 外观示意

1—电源模板　2—后备电池　3—模式开关（钥匙操作）　4—状态和故障 LED　5—存储器卡
6—有标签区的前连接器　7—CPU1　8—CPU 2　9—M7 扩展模块　10—I/O 模板　11—IM 接口模板

2. CPU 的特点

西门子 S7-400 PLC 具有大范围的可选 CPU，大大增加了性能级别的可用性：

1）CPU 412-1 和 CPU 412-2 用于中等性能范围的小型安装。

2）CPU 414-2 和 CPU 414-3 适合于中等性能范围。它们满足对程序规模和指令处理速度以及复杂通信的更高要求。

3）CPU 416-2 和 CPU 416-3 安装于高性能范围中的各种高要求的场合。

4）CPU 417-4DP 适用于更高性能范围的最高要求的场合。

5）CPU 417H 用于 SIMATIC S7-400H。

3. 机架

机架构成 SIMATIC S7-400 PLC 的机械框架，它主要为模板提供电源，并通过背板总线将各个模板连接在一起。机架设计为壁挂式，可以安装在框架内或安装在机柜内。配置 SIMATIC S7-400 PLC 有多种形式的机架：

（1）UR1 和 UR2 机架　用于中央控制器和扩展单元。

（2）CR2 机架　用于有分隔的中央控制器（两个 CPU 在单一机架内彼此独立地并行运行）。

（3）ER1 和 ER2 机架　用于有信号模板的扩展单元。

（4）UR2-H 机架　用于 S7-400H。

4. PS 405 和 PS 407 电源

电源用于对 S7-400 PLC 的供电，即将用于将 AC 或 DC 进线电压转换为背板总线所需的 DC 5V 和 DC 24V，进线电压可以是 85 ~ 264V 的交流电源或者 19.2 ~ 300V 的直流电源。一般情况下每个机架均需要电源模板，除了包含有电源传输的接口。

必须注意的是，传感器和执行器用的负载电压应单独提供。

5. 总线

S7-400 PLC 的背板总线是并行 I/O 总线，又称为 P 总线，用于 CPU 与输入/输出模块、功能模块等进行高速数据交换，它集成在所有机架上（除了 ER1 和 ER2 扩展机架）。

5.1.5 西门子 S7-400 PLC 的电气安装举例

西门子 S7-400 PLC 是用于中、高档性能范围的 PLC，具有模块化及无风扇的设计、坚固耐用、容易扩展和广泛的通信能力、容易实现分布式结构、操作界面友好等特点。

1. 安装装配导轨

准备 2m 长的装配导轨用于安装，具体步骤如下：

1）将长度为 2m 的装配导轨削减到需要的长度。

2）标出 4 个用于安装固定螺钉的孔和一个用于保护导体螺栓的孔。

3）如果导轨长度超出了 830mm，则必须提供附加孔，以便用更多的螺钉固定才能使其稳固。沿导轨中间部分的凹槽标出这些孔（见图 5-8），其间距应大约为 500mm。

4）钻出标记的这些孔，M6 螺钉的孔径 = $6.5^{+0.2}$mm。

5）安装一个 M6 螺栓，用以固定接地导线。

6）确认导轨安装后 PLC 间隙（见图 5-9）。

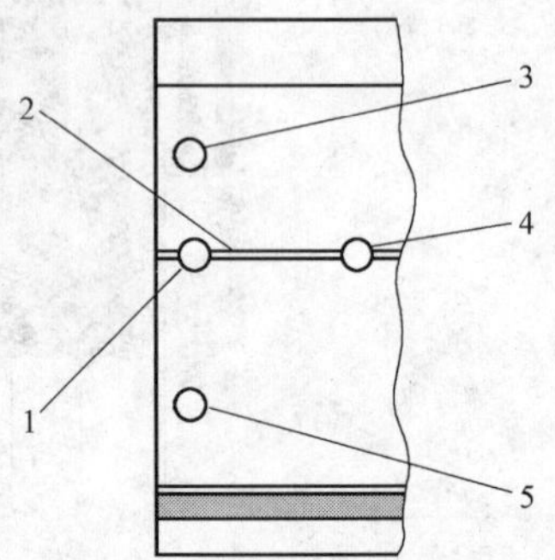

图 5-8 导轨安装
1—用于接地导线螺栓的孔
2—用于钻安装螺钉附加孔的凹槽
3—用于安装螺钉的孔
4—用于安装螺钉的附加孔
5—用于安装螺钉的孔

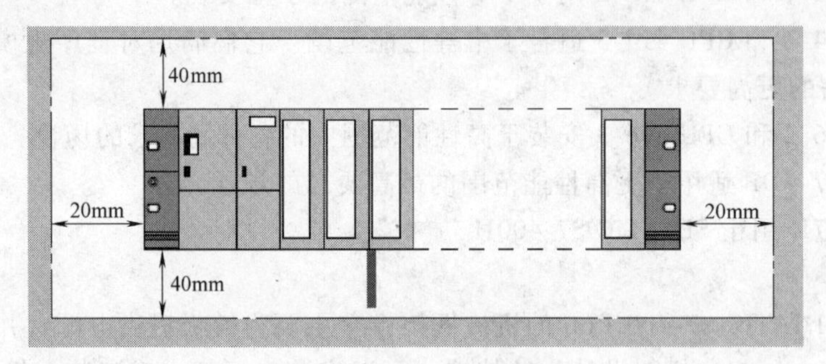

图 5-9 安装后 PLC 间隙

2. 将模块安装在装配导轨上

从机架左边开始，按照“先电源模块、再 CPU、最后 SM/FM/CP/IM 模块”的顺序，将模块挂靠在导轨上。具体步骤如下：

1）如图 5-10 所示，将总线连接器插入 CPU 和 SM/FM/CP/IM。除 CPU 外，每个模块都带有一个总线连接器。在插入总线连接器时，必须从 CPU 开始。拔掉装配中“最后一个”模块的总线连接器，因为“最后一个”模块不接受总线连接器。

2）如图 5-11 所示，按指定的顺序，将所有模块挂靠到导轨上①，滑动到靠近左边的模块②，然后向下旋转③。

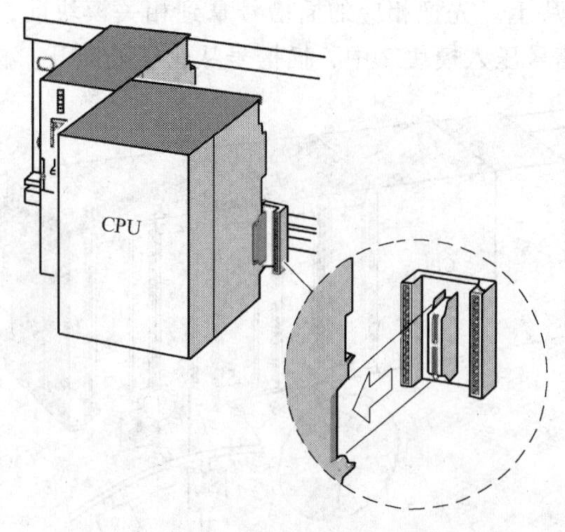

图5-10　总线连接器插接方法

3）用螺钉拧紧模块，如图5-12所示。

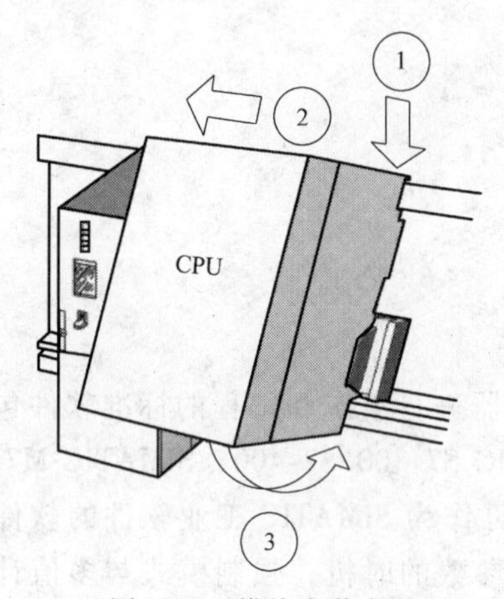

图5-11　模块安装方法

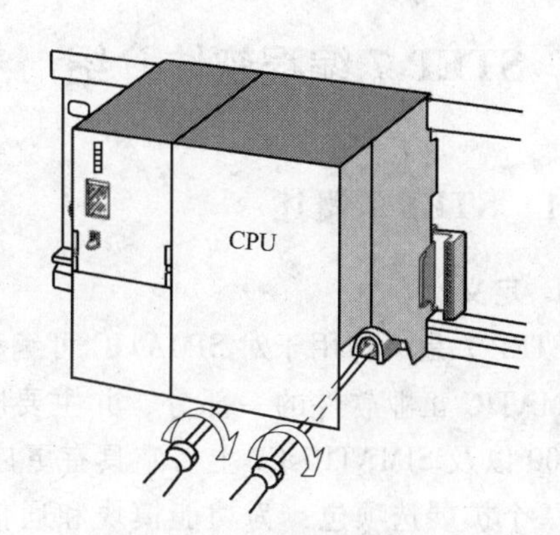

图5-12　螺钉拧紧模块

3. 标记模块

1）分配插槽号。应给每个安装的模块指定一个插槽号，这会使在STEP 7的组态表中分配模块更加容易。插槽号分配情况见表5-3。

表5-3　插槽号分配情况

插槽号	模　块	注　释
1	电源(PS)模块	—
2	CPU	—
3	接口模块(IM)	在CPU的右边
4	1#信号模块(SM)	在CPU或IM的右边
5	2#信号模块(SM)	—
6	3#信号模块(SM)	—
7	4#信号模块(SM)	—
8	5#信号模块(SM)	—
9	6#信号模块(SM)	—
10	7#信号模块(SM)	—
11	8#信号模块(SM)	—

2）将插槽号贴到模块上。先把相应的插槽号拿到相关模块前，然后将卡舌放置到模块①的开口中，最后将插槽号压入模块②中，插槽号从轮子处断开。标记模块如图 5-13 所示。

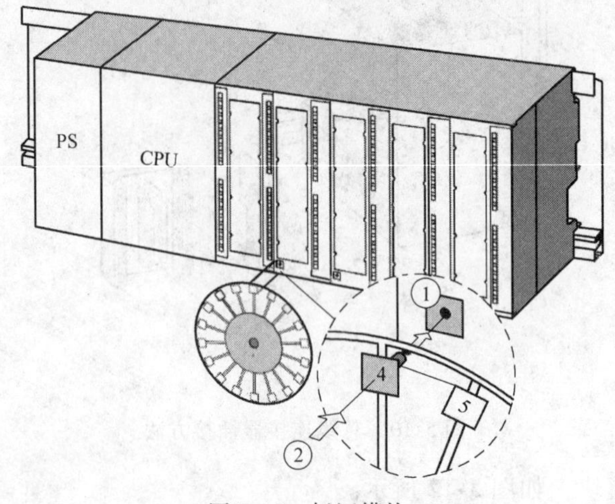

图 5-13　标记模块

5.2　STEP 7 编程软件介绍

5.2.1　STEP 7 概述

1. 定义

STEP 7 是一种用于对 SIMATIC 可编程序逻辑控制器进行组态和编程的标准软件包。它是 SIMATIC 工业软件的一部分，并主要应用在 SIMATIC S7-300/S7-400、SIMATIC M7-300/M7-400 以及 SIMATIC C7 上。它具有更广泛的功能：可作为 SIMATIC 工业软件的软件产品中的一个扩展选项包；为功能模块和通信处理器分配参数的时机；强制模式与多值计算模式；全局数据通信；使用通信功能块进行的事件驱动数据传送；组态连接。

集成在 STEP 7 中的 SIMATIC 编程语言符合 EN 61131-3 标准，该标准软件包符合面向图形和对象的 Windows 操作原则，在 MS Windows 系列操作系统中均能正常运行，其具体构成如图 5-14 所示。

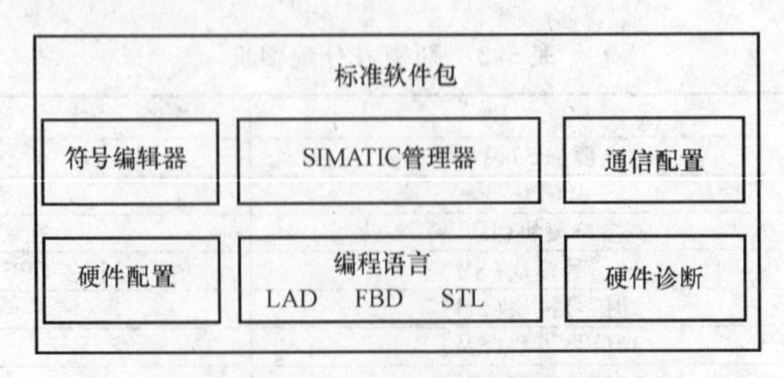

图 5-14　STEP 7 标准软件包构成

2. SIMATIC 管理器

SIMATIC 管理器管理一个自动化项目中的所有数据（见图 5-15），无论其设计用于何种类型的可编程序控制系统（S7/M7/C7），编辑数据所需的工具均可由 SIMATIC 管理器自动启动。

图 5-15 SIMATIC 管理器

3. 符号编辑器

如图 5-16 所示，通过符号编辑器，可以管理所有共享符号。它提供的功能如下：给过程信号（输入/输出）、位存储器以及块设置符号名称和注释；排序功能；从其他 Windows 程序中导入/导出到其他 Windows 程序；所有其他工具都可使用该工具创建的符号表。因此，符号属性的任何变化都可被所有工具自动识别。

符号编辑器 - [S7 程序(1) (符号) -- 案例1\SIMATIC 300(1)\CPU ...
符号表(S) 编辑(E) 插入(I) 视图(V) 选项(O) 窗口(W) 帮助(H)
全部符号

	状态	符号	地址		数据类型	注释
1		运行结束	T	10	TIMER	
2		灌装定时器	T	8	TIMER	
3		反转封锁	T	6	TIMER	
4		正转封锁	T	5	TIMER	
5		蜂鸣器	Q	6.7	BOOL	
6		电机反转	Q	6.6	BOOL	
7		电机正转	Q	6.5	BOOL	
8		终端指示灯	Q	6.4	BOOL	
9		灌装阀门	Q	6.2	BOOL	
10		液罐进料阀门	Q	6.0	BOOL	
11		急停指示灯	Q	5.7	BOOL	
12		故障3报警	Q	5.3	BOOL	
13		故障2报警	Q	5.2	BOOL	
14		故障1报警	Q	5.1	BOOL	
15		上位模式	Q	4.5	BOOL	

按下 F1 获取帮助。

图 5-16 符号编辑器

4. 硬件诊断

如图 5-17 所示，硬件诊断可以概览 PLC 的状态。概览可显示符号来指示各个模块是否发生故障。

如图 5-18 所示，双击模块可显示关于模块的详细信息。该信息范围取决于每个模块：显示模块的常规信息（例如订货号、版本、名称）以及模块状态（例如故障状态）；I/O 和 DP 从站的模块故障（例如通道故障）；显示来自诊断缓冲区的消息。对于 CPU，则显示下列附加信息：处理用户程序期间发生故障的原因；显示周期持续时间（最长、最短以及最

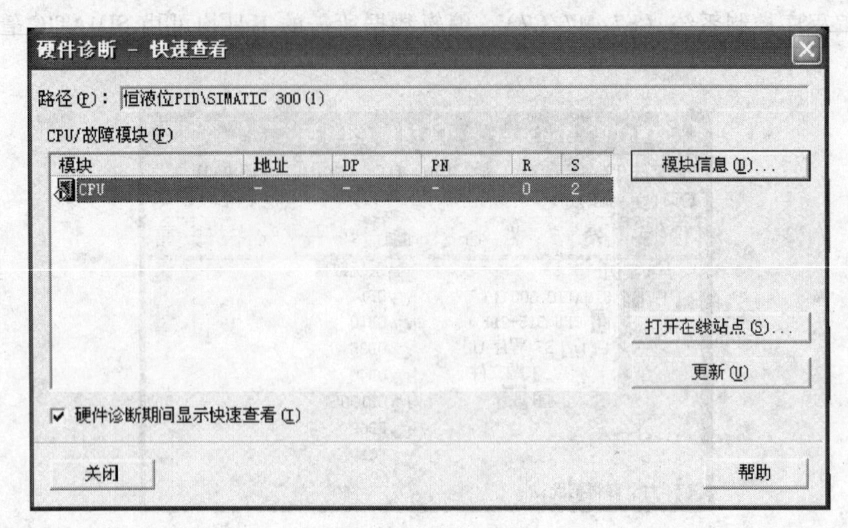

图 5-17 硬件诊断

后一个周期)；MPI 通信概率和负载；显示性能数据（输入/输出、位存储器、计数器、计时器和块的可能数目）。

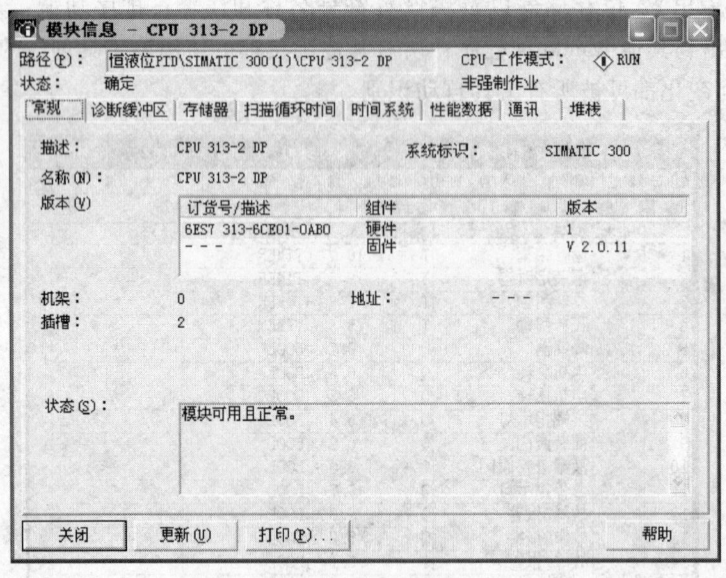

图 5-18 模块信息

5. 编程语言

在 STEP 7 中，有几个编程语言可以用来编程。根据特定的规则，用语句表建立的程序可以转换成另一种编程语言。除语句表外，S7-300 PLC 和 S7-400 PLC 的编程语言标准软件包还包括梯形图和功能块图。

梯形图（LAD）是 STEP 7 编程语言的图形表示，和电路很相似，采用诸如触点和线圈的符号。这种编程语言针对熟悉接触器控制的技术人员。其指令语法与传递梯形图相似：梯形图允许在能流过各种触点、复杂元件和输出线圈时，跟踪母线之间的电量流。

语句表（STL）是 STEP 7 编程语言的文本表示，与机器代码相似。如果用语句表书写程序，则每条指令都与 CPU 执行程序的步骤相对应。为便于编程，语句表已经扩展包括一些高级语言结构（如结构化数据访问和块参数）。

功能块图（FBD）是 STEP 7 编程语言的图形表示，使用布尔代数惯用的逻辑框表示逻辑功能。复杂功能（如算术功能）可直接结合逻辑框表示。功能块图使用不同的功能“盒”，盒中的符号表示功能（例如 & 指“与”逻辑操作）。即使一个过程工程师一样的“非程序员”也可以使用这种编程语言。

图 5-19 所示为三种 STEP 7 常用编程语言。

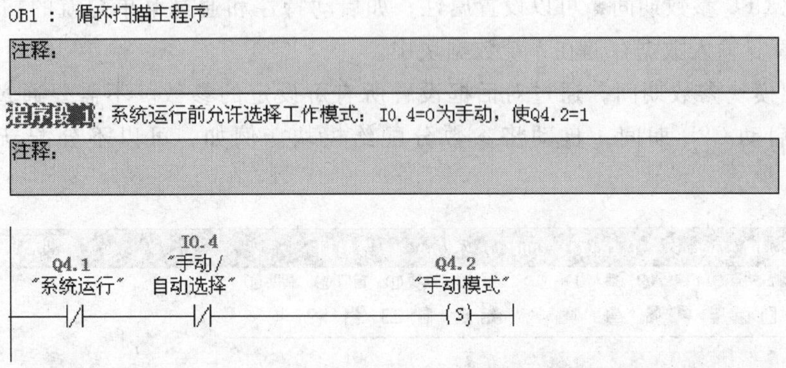

OB1 : 循环扫描主程序

注释:

程序段 1: 系统运行前允许选择工作模式: I0.4=0为手动，使Q4.2=1

注释:

```
          Q4.1          I0.4                      Q4.2
       "系统运行"     "手动/                    "手动模式"
                     自动选择"
|------|/|-----------|/|---------------------------(S)-----|
```

a)

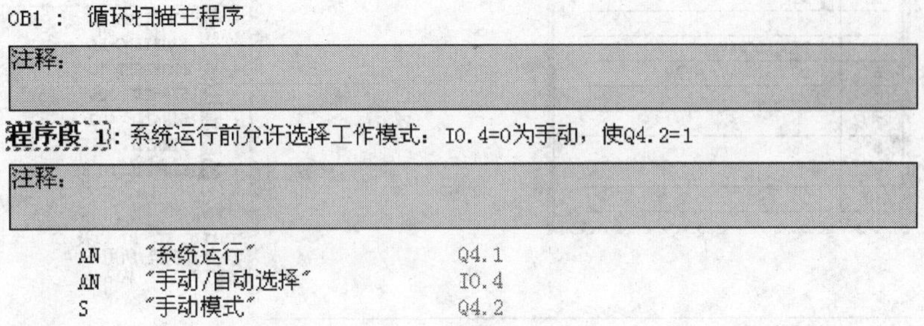

OB1 : 循环扫描主程序

注释:

程序段 1: 系统运行前允许选择工作模式: I0.4=0为手动，使Q4.2=1

注释:

```
AN    "系统运行"            Q4.1
AN    "手动/自动选择"       I0.4
S     "手动模式"            Q4.2
```

b)

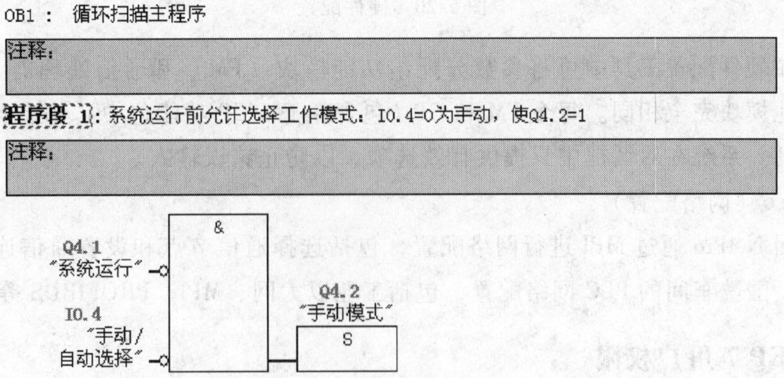

OB1 : 循环扫描主程序

注释:

程序段 1: 系统运行前允许选择工作模式: I0.4=0为手动，使Q4.2=1

注释:

```
                  +-----+
      Q4.1        |  &  |
  "系统运行" -----o|     |        Q4.2
      I0.4        |     |     "手动模式"
    "手动/        |     |      +-----+
  自动选择" -----o|     |------|  S  |
                  +-----+      +-----+
```

c)

图 5-19 三种 STEP 7 常用编程语言

a）LAD 编程 b）STL 编程 c）FBD 编程

其他编程语言则作为选件包提供。

6. 硬件配置

如图 5-20 所示，使用硬件配置工具可对自动化项目的硬件进行配置并分配参数。硬件配置提供功能如下：

1）要组态 PLC，可从电子目录中选择机架，然后在机架所要求的插槽中排列所选模块。

2）组态分布式 I/O 与组态集中式 I/O 相同，同时也支持具有通道式 I/O。

3）分配 CPU 参数期间，可以设置属性，如启动特性和通过菜单导航的扫描周期监控。支持多值计算。输入数据存储在系统数据块中。

4）分配模块参数期间，通过对话框设置所有可设定的参数。不需要通过 DIP 开关进行设置。在启动 CPU 期间，自动将参数分配给模块。例如，可以不分配新参数就交换模块。

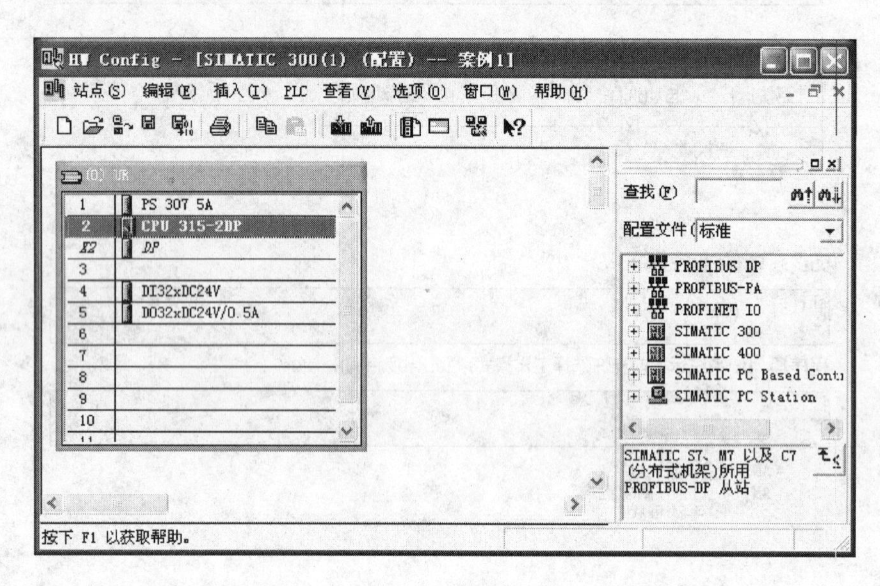

图 5-20　硬件配置

此外，在硬件配置工具中可将参数分配给功能模块（FM）和通信处理器（CP），其分配方式与其他模块完全相同。每个 FM 和 CP（包含在 FM/CP 功能包中）都有与模块有关的对话框和规则。系统在对话框中只提供有效选项，以防止错误输入。

7. NetPro（网络配置）

可以使用 NetPro 通过 MPI 进行网络配置，包括选择通信节点和设置通信连接。图 5-21 所示为钢铁厂酸洗车间的 PLC 网络配置，包括工业以太网、MPI、PROFIBUS 等。

5.2.2　STEP 7 用户权限

要使用 STEP 7 编程软件，需要一个产品专用的许可证密钥（用户权限）。从 STEP 7 V5.3 版本起，该密钥通过 Automation License Manager 安装。Automation License Manager 是西门子公司的软件产品，它用于管理所有系统的许可证密钥（许可证模块）。

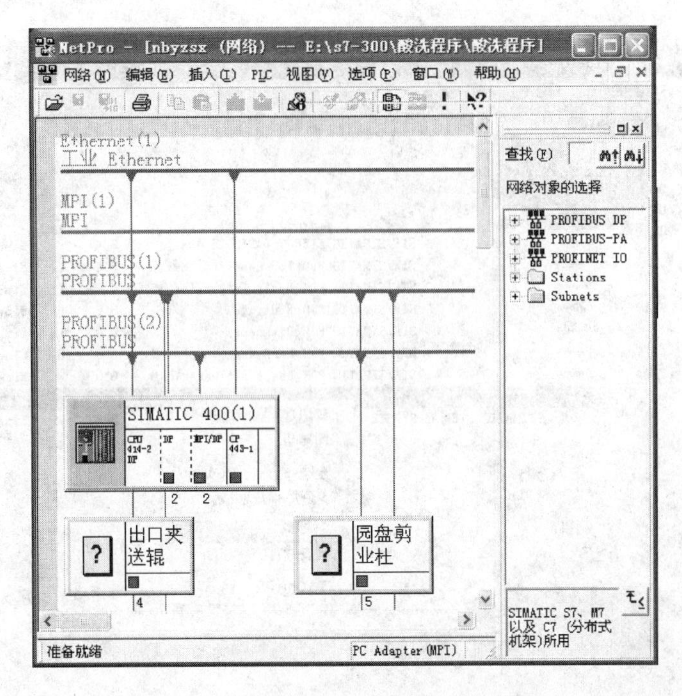

图 5-21 钢铁厂酸洗车间的 PLC 网络配置

1. 许可证

合法使用受许可证保护的 STEP 7 程序软件包时必须要有许可证，它为用户提供使用产品的合法权限。CoL（许可证证书）和许可证密钥提供了使用权限证明。

CoL 产品所包含的“许可证”是使用该产品权限的合法证明，该产品只能供 CoL 拥有者或由拥有者授权使用的人员使用。

而许可证密钥是软件使用许可证的技术表示（电子“许可证标志”），西门子公司给受许可证保护的所有软件颁发许可证密钥，启动计算机后，只能在确认具有有效许可证密钥之后，才能根据许可证和使用条款使用该软件。如图 5-22 所示为许可证密钥。

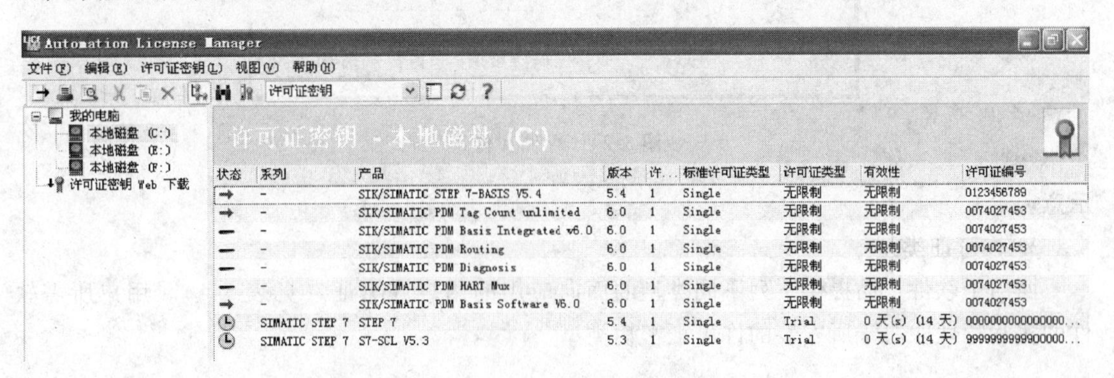

图 5-22 许可证密钥

2. 许可证密钥的存储和传送

在下列各种类型的存储设备之间可以存储和传送许可证密钥：在许可证密钥磁盘上或 U 盘上；在本地硬盘上；在网络硬盘上。如图 5-23 和图 5-24 所示为许可证密钥的存储与传送

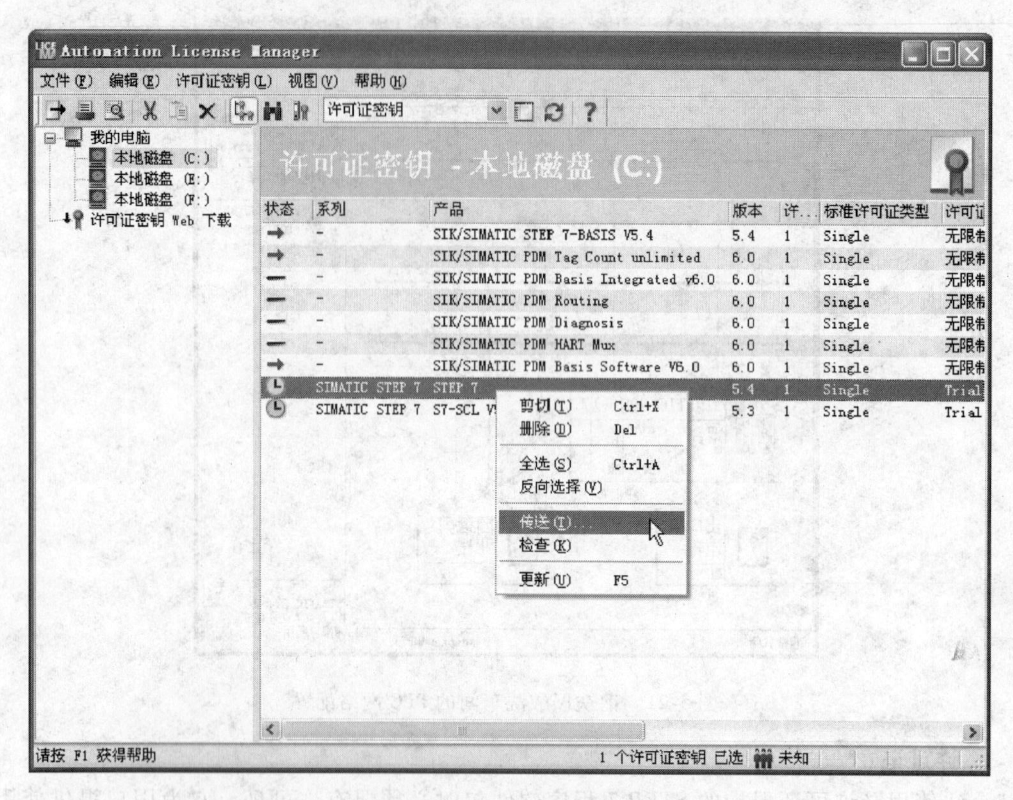

图 5-23　传送快捷键

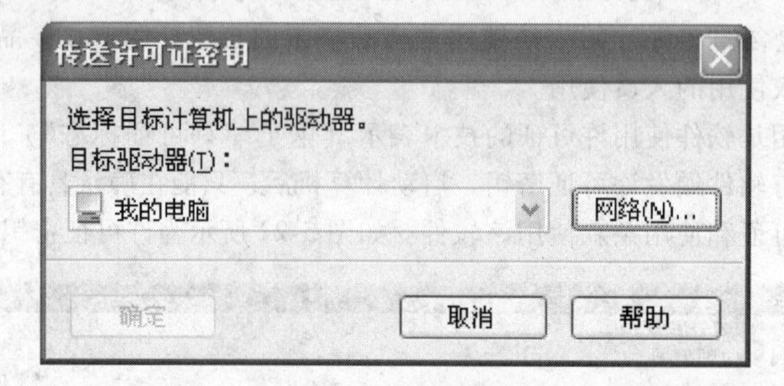

图 5-24　存储和传送

示意。

3. 许可证类型

西门子软件产品提供下列不同类型的面向应用的用户许可证（见表 5-4）。用户所需软件的实际特性取决于所安装的许可证密钥类型。

表 5-4　用户许可证类型与描述

许可证类型	描　　述
Single 许可证	该软件可在希望具有无限使用时间的单台计算机上使用
Floating 许可证	该软件可在希望具有无限使用时间的计算机网络（“远程使用”）上使用

（续）

许可证类型	描　述
Trial 许可证	该软件可在下列限制条件下使用:第一次使用之日起的总操作天数(即有效期)最多为14天,用于测试和确认(免除责任)
Rental License	该软件可在下列限制条件下使用:有效期最多为 50 天(即使用的总工作小时数为 50 × 24h)
Upgrade 许可证	在软件升级方面,现有系统中的特定要求可能适用:Upgrade License 可用于将"旧版本 X"软件转换为新版本 X+。由于给定系统中需处理的数据量增大,可能需要升级

5.2.3　安装 STEP 7

1. STEP 7 安装概要

STEP 7 安装程序可自动完成安装。通过菜单可控制整个安装过程。可通过标准 Windows 2000/XP/Server 2003 软件安装程序执行安装。STEP 7 V5.4 界面如图 5-25 所示。

图 5-25　STEP 7 V5.4 界面

STEP 7 安装的主要步骤是：

1）将数据复制到编程设备中。

2）组态 EPROM 和通信驱动程序。

3）安装许可证密钥（如果需要）。

2. 设置 PG/PC 接口

安装 STEP 7 期间，将显示一个对话框，可以将参数分配给 PG/PC 接口，也可以在 STEP 7 程序组中调用“设置 PG/PC 接口”，在安装后打开该对话框。这样可以在安装以后修改接口参数，而与安装无关。

如果使用带 MPI 卡或通信处理器（CP）的 PC，那么应该在 Windows 的“控制面板”中检查中断和地址分配，确保没有发生中断冲突，也没有地址区重叠现象。为简化将参数分配给编程设备/PC 接口，对话框将显示默认的基本参数设置（接口组态）选择列表。

控制面板设置如图 5-26 所示，在 Windows“控制面板”中双击“设置 PG/PC 接口”，将“应用访问点”设置为“S7ONLINE”。

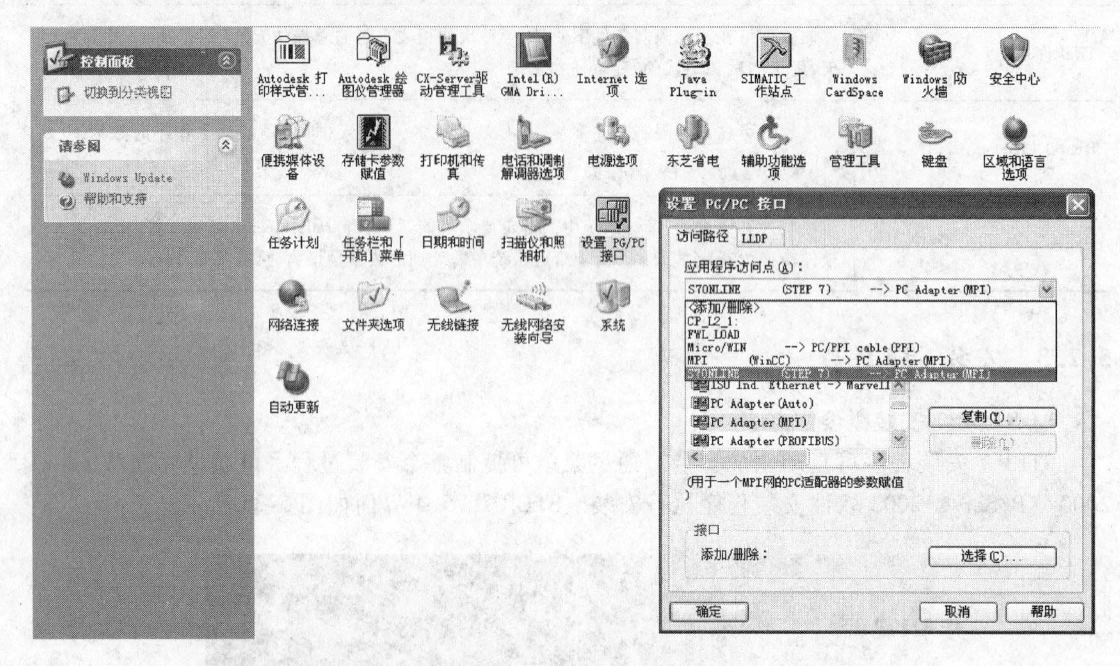

图 5-26　控制面板设置

在“为使用的接口分配参数”列表中，选择所要求的接口参数设置。如果没有显示所要求的接口参数设置，那么必须首先通过“选择”按钮安装一个模块或协议，然后自动产生接口参数设置。在即插即用系统中，不能手动安装即插即用 CP（CP 5611 和 CP 5511）。在 PG/PC 中安装硬件后，它们自动集成在“设置 PG/PC 接口”中。

具体的设置步骤和属性如图 5-27 ~ 图 5-29 所示。

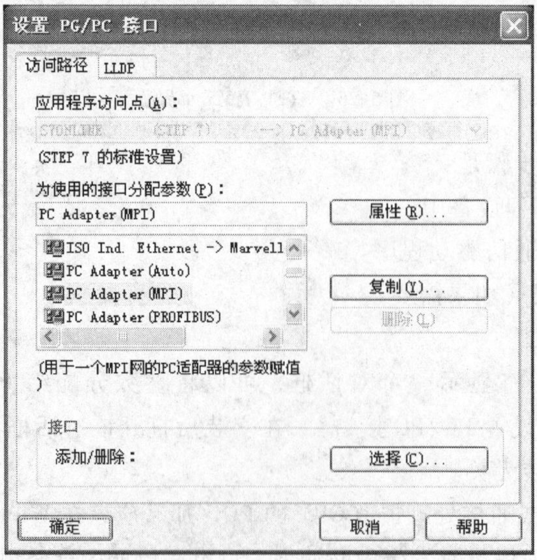

图 5-27　设置 PG/PC 接口

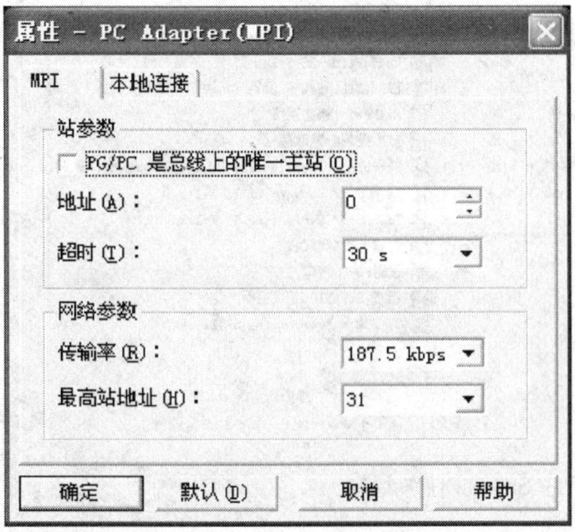

图5-28 设置MPI属性

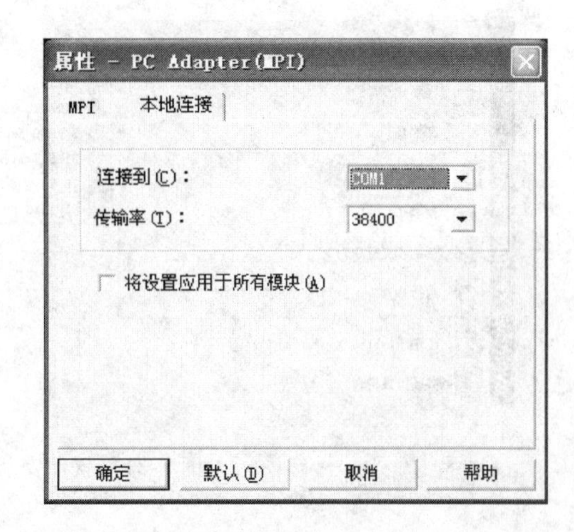

图5-29 设置本地连接属性

如果选择具有自动识别总线参数功能的接口（例如CP 5611（自动）），那么可以将编程设备或PC连接到MPI或PROFIBUS，而无需设置总线参数。如果传输率小于187.5kbit/s，那么读取总线参数时，可能产生高达1min的延迟。

对于PG/PC接口如果发生变更时，可以进行如图5-30所示的“安装/删除接口”操作。

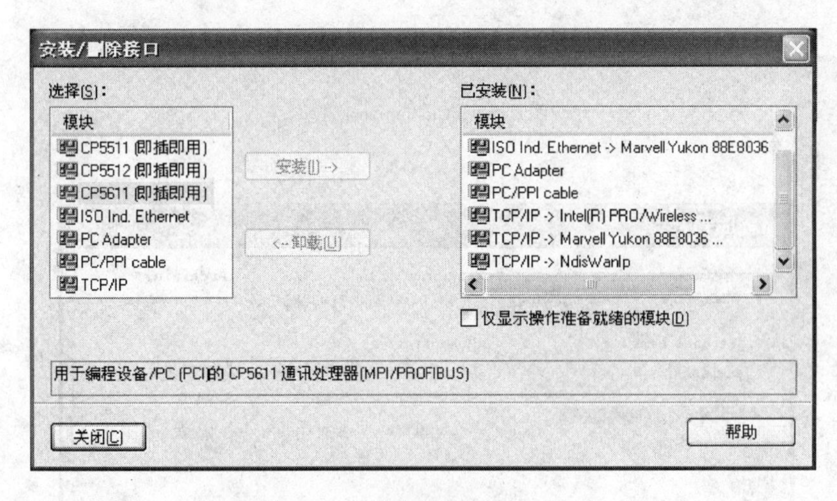

图5-30 “安装/删除接口”操作

3. 软件安装过程

在安装STEP 7后将出现如图5-31所示的Simatic任务栏，它将西门子公司所有的软件（包括S7-200 PLC和S7-300/400 PLC）都归为同一个任务栏。

由于STEP 7安装后为英语菜单，为了使用上的方便需要改成中文，Customize选择如图5-32所示，选择SIMATIC管理器中的菜单“Options”→“Customize…”，然后在图5-33所示的Customize窗口中选择Language为“中文（简体）”，然后退出STEP 7软件，重新启动后就会看到中文界面（见图5-34）。

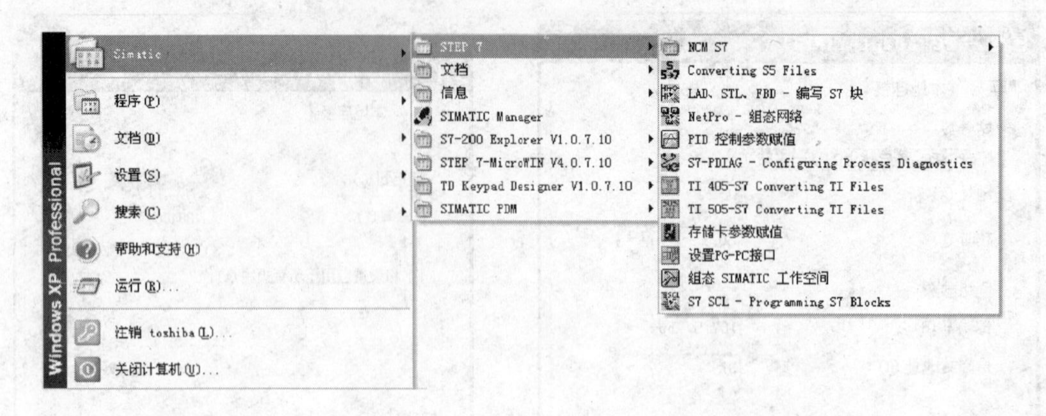

图 5-31　软件安装后的 Simatic 任务栏

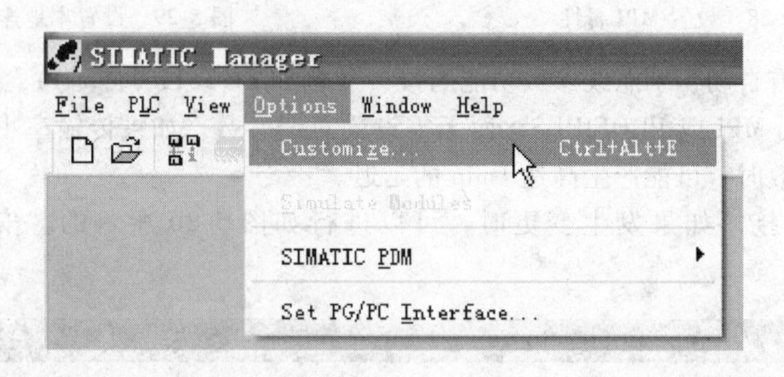

图 5-32　Customize 选择

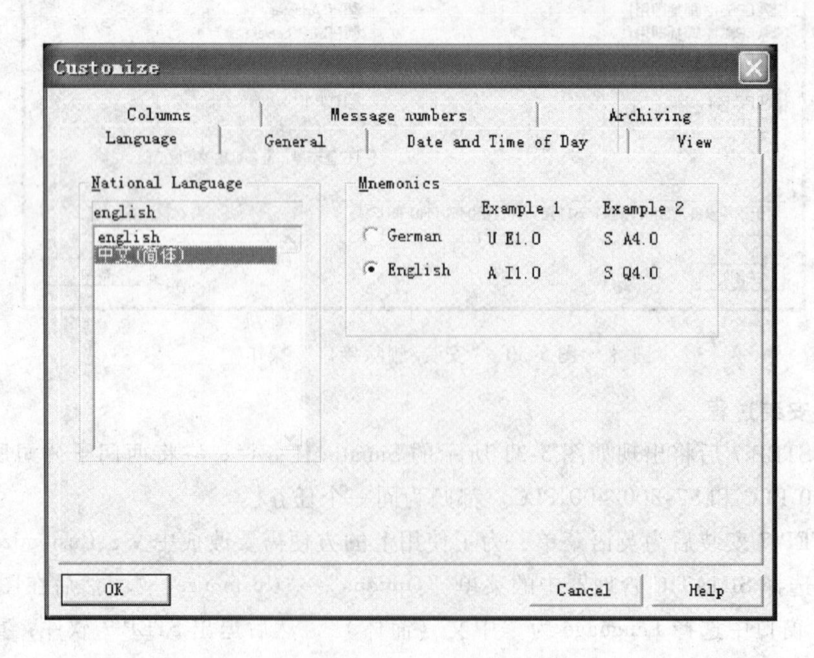

图 5-33　语言选择

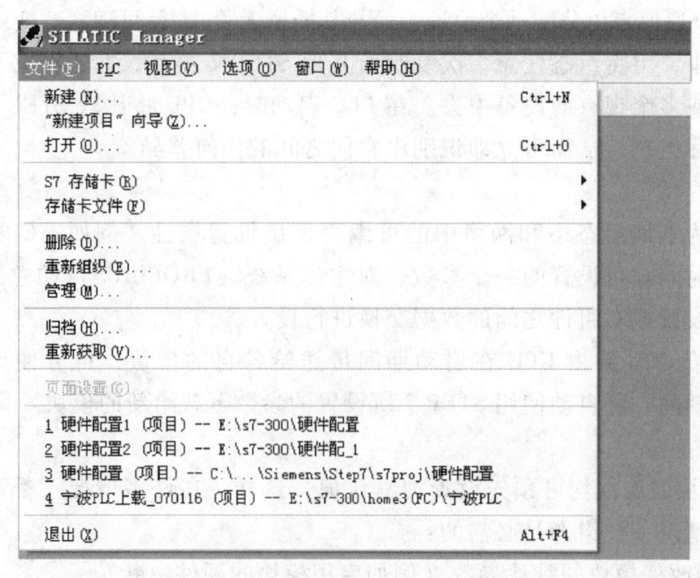

图 5-34 中文界面

5.2.4 STEP 7 的其他编程语言

在实际工程中，STEP 7 还会用到以下编程语言：

（1）顺序功能图（SFC） 即 STEP 7 中的 S7 Graph。

（2）结构文本（ST） 即 STEP 7 的 S7 SCL（结构化控制语言），它符合 EN61131-3 标准。SCL 适合于复杂的公式计算、复杂的计算任务和最优化算法，或管理大量的数据等。

（3）S7 HiGraph 编程语言 图形编程语言 S7 HiGraph 属于可选软件包，它用状态图（State Graphs）来描述异步、非顺序过程的编程语言。

（4）S7 CFC 编程语言 可选软件包连续功能图（Continuous Function Chart，CFC）用图形方式连接程序库中以块的形式提供的各种功能。S7 CFC 编程语言适合于熟悉高级编程语言（例如 PASCAL 或 C 语言）的人使用。

其中，S7 Graph、HiGraph 和 CFC 可供有技术背景，但是没有 PLC 编程经验的用户使用。S7 Graph 对顺序控制过程的编程非常方便，HiGraph 适合于异步非顺序过程的编程，CFC 适合于连续过程控制的编程。

5.3 硬件配置与组态

5.3.1 STEP 7 硬件配置介绍

1. 组态

组态是制作自动化项目不可缺少的一个环节，它是在 STEP 7 软件窗口中对机架、模块、分布式 I/O（DP）机架以及接口子模块等进行排列。使用组态表表示机架，就像实际的机架一样，可在其中插入特定数目的模块。

在组态表中，STEP 7 自动给每个模块分配一个地址。如果站中的 CPU 可自由寻址（意思是可为模块的每个通道自由分配一个地址，而与其插槽无关)，就可随意改变站中模块的地址。

在实际操作中，可将组态任意多次复制给其他 STEP 7 项目，并进行必要的修改，然后将其下载到一个或多个现有的设备中去。在 PLC 启动时，CPU 将比较 STEP 7 中创建的预置组态与设备的实际组态，从而可立即识别出它们之间的任何差异。

2. 分配参数

分配参数即为本地组态中和网络中的可编程模块设置属性。例如：CPU 是一个可编程模块。其监视狗时间是可设置的一个参数。对主站系统（PROFIBUS）的总线参数、主站与从站参数等进行设置或对组件之间的数据交换进行设置。

参数将下载给 CPU 并由 CPU 在启动期间传送给各自的模块，可方便地对模块进行替换，因为在启动期间，将自动使用 STEP 7 所设置的参数下载给新的模块。

3. 硬件组态

S7 PLC 和模块的属性均可预先设置为默认值，这样，在许多情况下都不需要对其进行组态。而在下列情况下，组态是必需的：

1）如果希望改变模块的默认参数（例如启用模块的硬件中断）。

2）如果希望组态通信连接。

3）对于具有分布式 I/O 的站（PROFIBUS-DP 或 PROFINET IO）。

4）对于具有多个 CPU（多值计算）或扩展机架的 S7-400 站。

5）对于容错（H）型可编程控制系统。

4. S7-300 PLC 硬件组态实例

图 5-35 所示为 S7-300 PLC 典型的硬件示意。使用编程设备（PG）对 S7-300 PLC 编程，并使用 PG 电缆将 PG 和 CPU 互连在一起。如要对带有 PROFINET 接口的 CPU 进行调试或编程，还要使用以太网电缆将 PG 和 CPU 的 PROFINET 连接器互连在一起。多个 S7-300 CPU

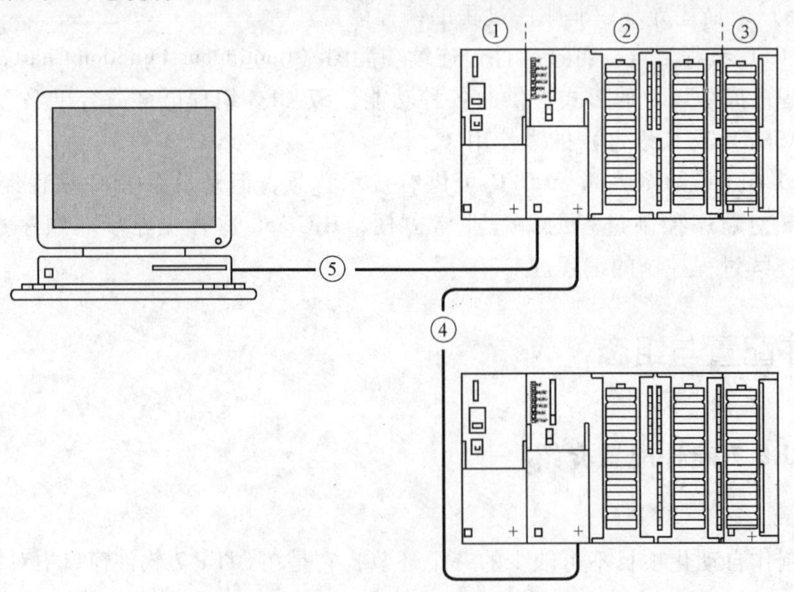

图 5-35　S7-300 PLC 硬件示意

①—电源（PS）模块　②—中央处理单元（CPU），图中的实例显示了一个带有集成 I/O 的 CPU 31xC
③—信号模块（SM）　④—PROFIBUS 总线电缆　⑤—连接编程设备（PG）的电缆

通过 PROFIBUS 电缆彼此之间通信及与其他 SIMATIC S7 PLC 通信。

图 5-36 所示为 S7-300 PLC 典型的硬件组态示意。

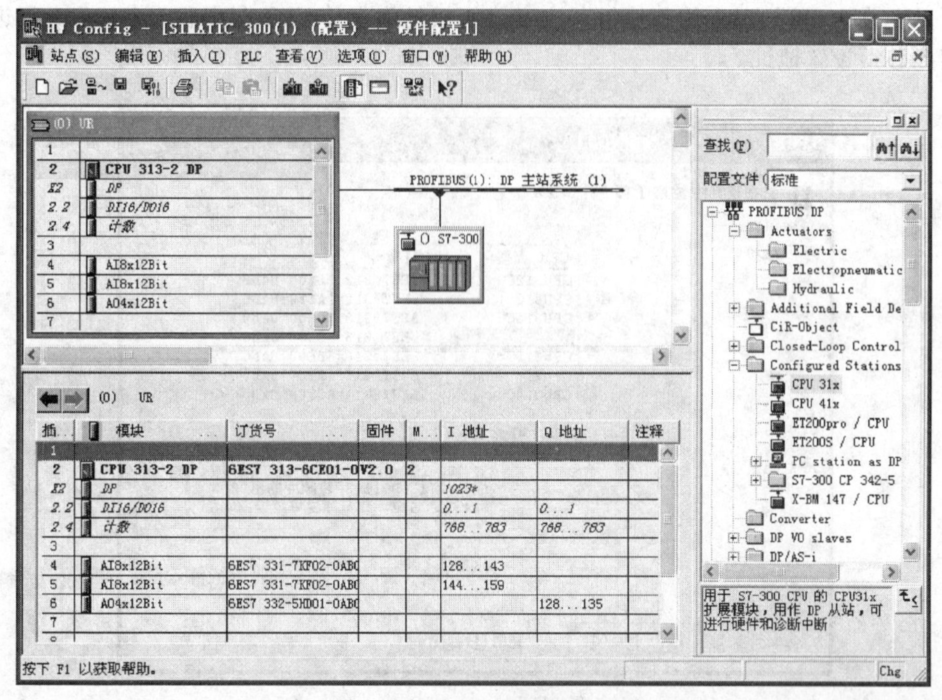

图 5-36　S7-300 PLC 典型硬件组态示意

以下是具体的硬件组态步骤：

1）双击 Windows 桌面上的 SIMATIC 管理器图标，打开 STEP 7 软件，默认自动启动向导（见图 5-37）。如果向导没有启动，可以选择菜单“文件”下的“新建项目向导”。单击“预览”，可以看到将要建立的项目结构的视图。

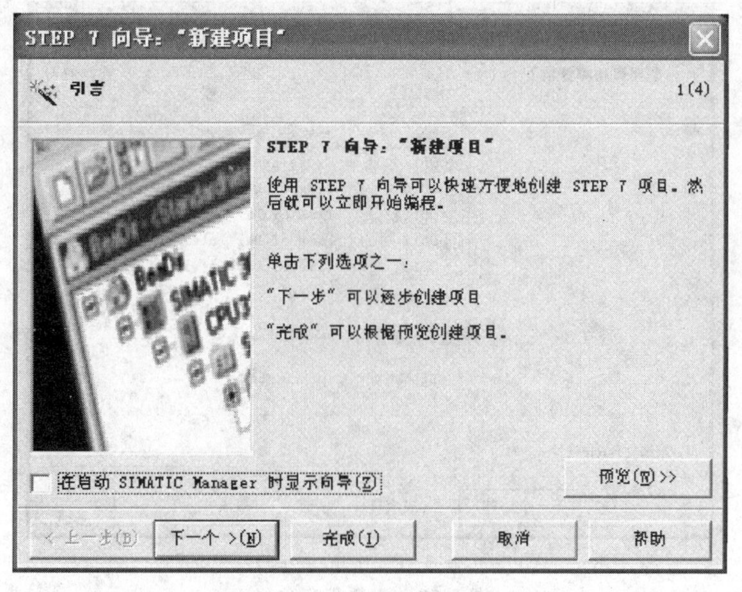

图 5-37　STEP 7 向导

2）单击“下一个”按钮，进入选择 CPU 的界面（见图 5-38），在此可以选择跟用户硬件相对应的 CPU 类型。在本案例中，选择 CPU313C-2 DP，MPI 地址默认为 2，当然 MPI 地址也可以更改为“2”以上的其他值，注意该值只是为了使 CPU 与编程设备 PC 之间进行通信，因此必须设置地址。

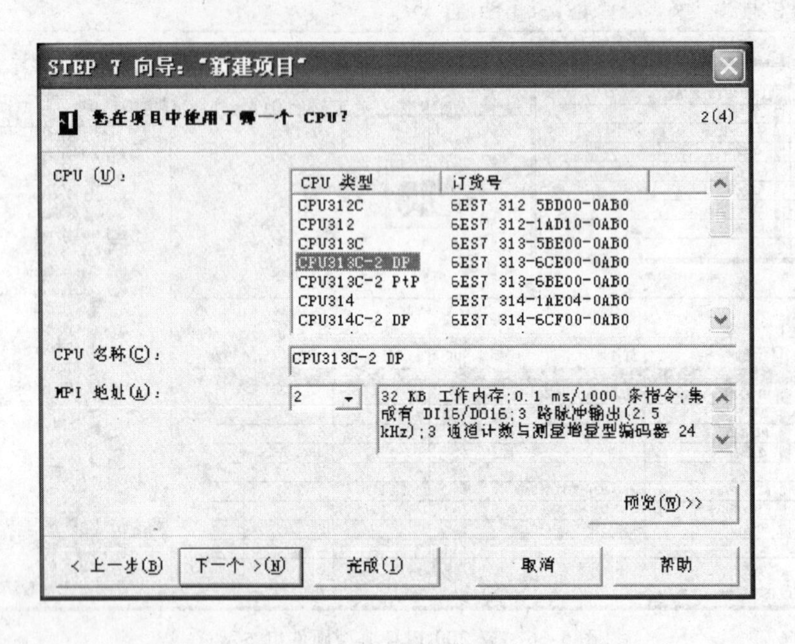

图 5-38　选择 CPU 类型

3）单击“下一个”按钮，进入用户程序选择界面（见图 5-39）。用户程序必须选择 OB1，可以选择指令表（STL）、梯形图（LAD）或功能块图（FBD）任何一种合适的编程语言。

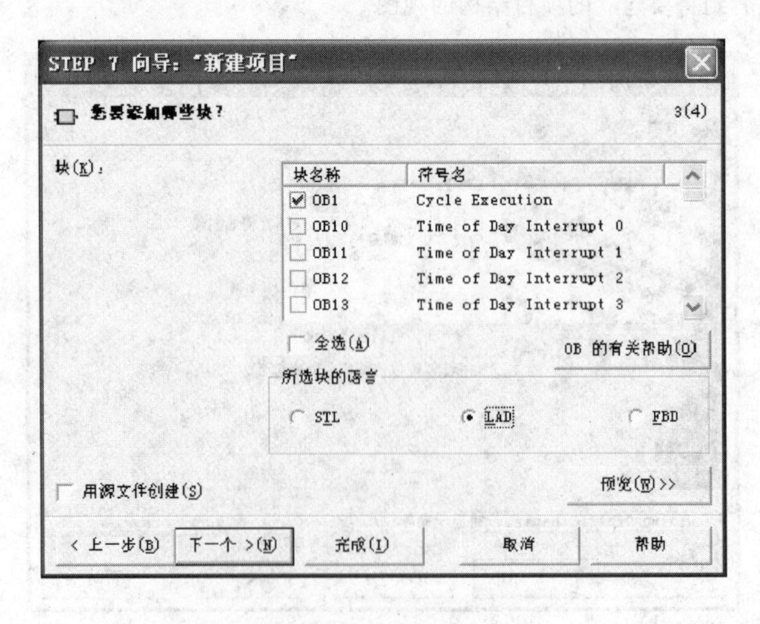

图 5-39　用户程序选择

4）单击“下一个”按钮，进入项目名称命名界面（见图5-40）。在项目名称中可以输入用户想要设置的名称，在此输入“硬件配置1”，最后单击完成，系统将按照刚才的设置生成项目，如图5-41所示。

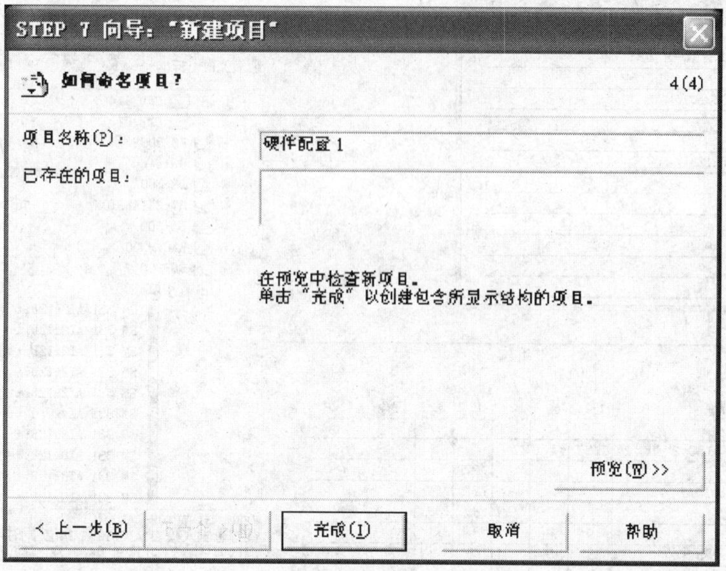

图5-40　项目名称命名

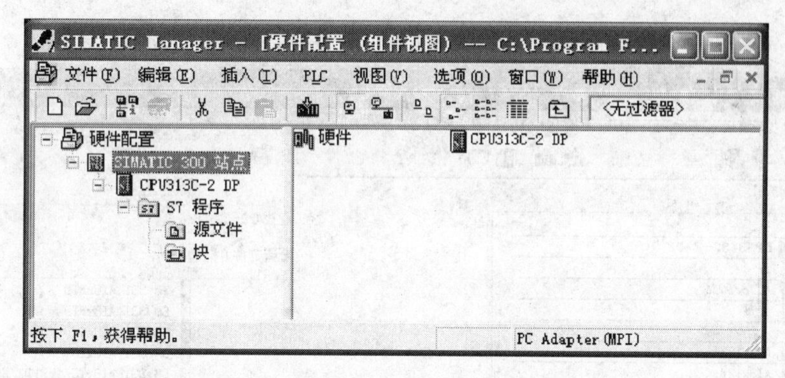

图5-41　自动生成项目

5）在图5-41中，双击“硬件”，弹出配置的画面（见图5-42）。其中，机架（UR）已经自动配置，如果没有机架，可以单击硬件目录中的“SIMATIC 300”→“RACK-300”双击，并将其“拖”至机架位置区，默认的机架为（0）UR。

在机架UR的第一格中，放入的是电源PS，也可以不选择。本案例选择的CPU313C-2 DP放在第2格，包含了内置DP口、DI16/DO16和计数模块。第3格是为了扩展机架而设计的，如不扩展机架，置空即可。从第4格开始即为SM模块，如本案例中的AI和AO等，单击“SM-300”将会出现模拟量模块、数字量模块和其他信号模块，根据型号将其放入适当的槽号中，如果选中某个模块，并且这个模块和相应的槽号对应，也就是说可以插入这个槽号，那么这个槽号将显示“绿色”，下面与机架相对应的信息表也会显示为“绿色”（见图5-43）。

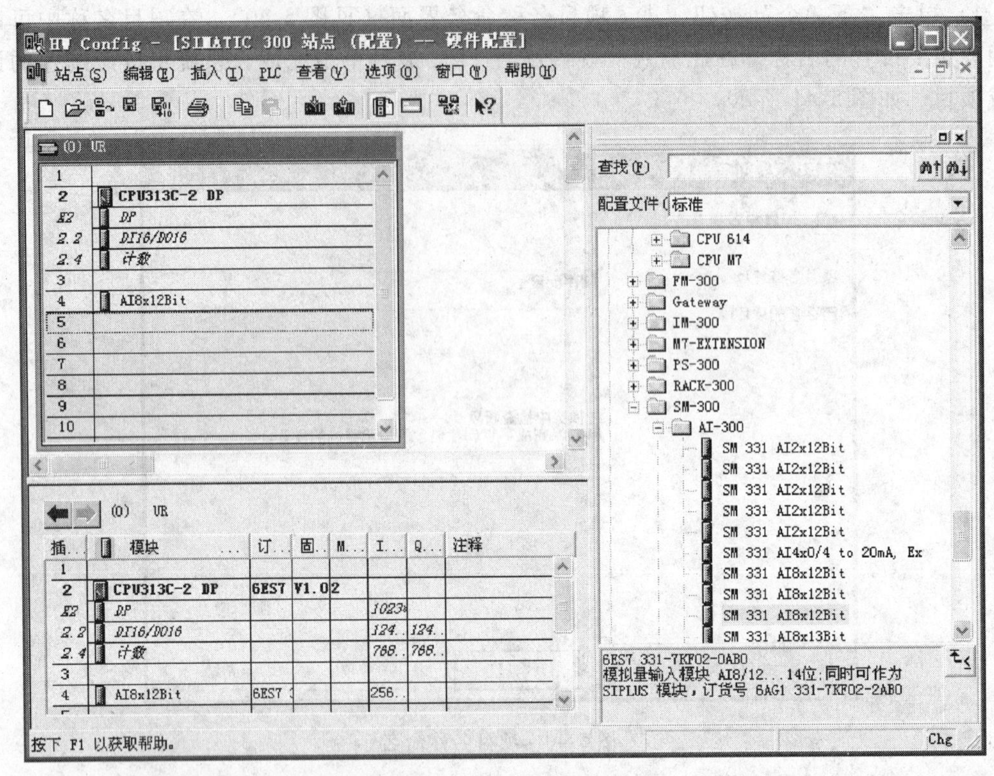

图 5-42 插入 SM 模块一

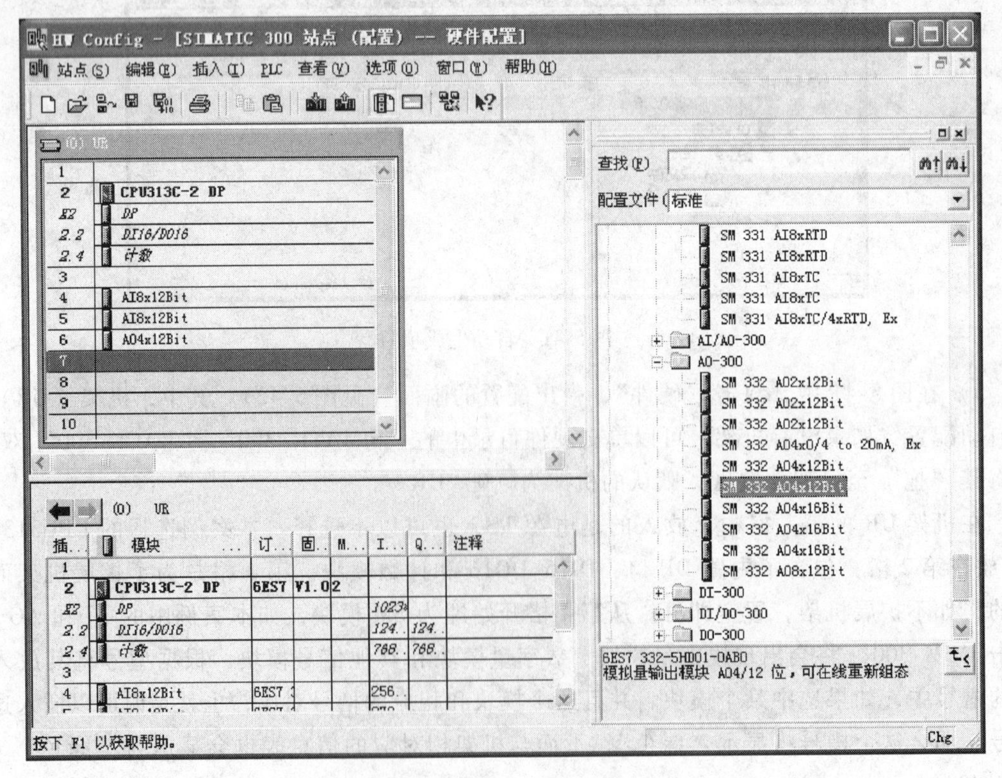

图 5-43 插入 SM 模块二

6）操作完毕之后，可以通过菜单命令进行保存和编译，同时会在管理画面的“块”文件夹中出现系统数据的符号。

7）至于 PROFIBUS 主站与从站的设置可以参考本书第 7 讲。

5.3.2　模块的寻址

1. 模块的插槽特定寻址

如果组态数据尚未载入 CPU 中，使用插槽特定寻址，即每个插槽号被分配一个模块起始地址。根据模块的类型，它可以是数字量地址，也可以是模拟量地址。图 5-44 所示为 S7-300 PLC 的插槽及相应的模块起始地址。起始地址 I/O 模块的输入和输出地址从相同的模块起始地址开始。

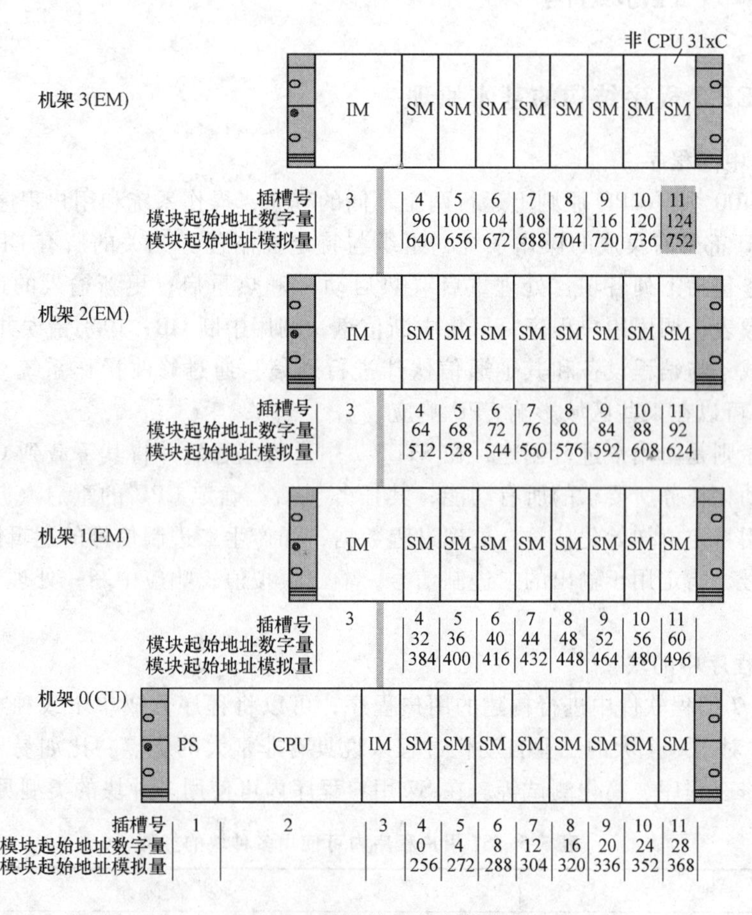

图 5-44　S7-300 PLC 的插槽及相应的模块起始地址

（1）中央机架（CR）和扩展机架（ER）　S7-300 PLC 由一个中央单元（CU）和一个或多个扩展模块组成。包含 CPU 的机架是 CU，配有模块并连接到 CU 的机架形成了系统的扩展模块（EM）。

（2）扩展模块的使用　对于用户的工程应用，CU 如果已经用完了所有插槽，则可以使用 EM。使用 EM 时，除额外的机架和接口模块（IM）之外，可能还需要更多的电源模块。使用接口模块时，必须确保与其他机架相兼容。

需要说明的是：在 CPU 31xC 系统上，不能将任何模块插入机架 3 插槽 11 中。该地址范围为集成 I/O 保留。

2. 模块的用户指定寻址

用户指定寻址的含义是可以将所选的一个地址分配给任何一个模块（SM/FM/CP）。地址将在 STEP 7 中进行分配。在 STEP 7 中，用户可指定形成模块的所有其他地址的基础的模块起始地址。

用户指定寻址的优点是优化可用地址空间，使模块之间不存在“地址间隙”；同时在标准的软件组态中，用户可以定义独立于相关 S7-300/400 PLC 组态的地址。

5.4 STEP 7 程序结构

5.4.1 STEP 7 程序结构的基本原理

1. CPU 中的程序

S7-300/400 系列 CPU 原则上运行两个不同的程序：操作系统和用户程序。

每个 CPU 都带有集成的操作系统，组织与特定控制任务无关的所有 CPU 功能和顺序。操作系统任务包括下列各项：处理重启（热启动）和热重启；更新输入的过程映像表，并输出过程映像表；调用用户程序；采集中断信息，调用中断 OB；识别错误并进行错误处理；管理内存区域；与编程设备和其他通信伙伴进行通信；通过修改操作系统参数（操作系统默认设置），可以在某些区域影响 CPU 响应。

用户程序则是由用户进行创建，在 STEP 7 中进行编程后并将其下载到 CPU 中。它包含处理特定自动化任务所要求的所有功能，其任务包括：确定 CPU 的重启（热启动）和热重启条件，如用特定值初始化信号；处理过程数据，如产生二进制信号的逻辑链接，获取并评估模拟量信号，指定用于输出的二进制信号，输出模拟值；响应中断；处理正常程序周期中的干扰。

2. 用户程序中的块

在 STEP 7 编程软件中进行构建的用户程序，可以将程序分成单个或独立的程序段，称为“块”。这对于一个大的工业自动化过程来说具有非常大的优点，比如易于理解、可以标准化、方便修改程序、简化测试等。在 S7 用户程序内可使用多种块的类型见表 5-5。

表 5-5 S7 用户程序内可使用多种块的类型

块	功能简介
组织块(OB)	OB 确定用户程序的结构
系统功能块(SFB)和系统功能(SFC)	SFB 和 SFC 集成在 S7 CPU 中,可以用来访问一些重要的系统功能
功能块(FB)	FB 是带有用户可自行编程的“存储器”的块
功能(FC)	FC 包含频繁使用功能的例行程序
实例数据块（实例 DB)	调用 FB/SFB 时,实例 DB 与块关联。它们在编译期间自动创建
数据块（DB)	DB 是用于存储用户数据的数据区。除分配给功能块的数据外,共享数据块也可由任何一个块来定义和使用

OB、FB、SFB、FC和SFC包含程序段，因此也称为逻辑块。每种块类型许可的块数目和块长度由CPU决定。

5.4.2　组织块

组织块（OB）表示操作系统和用户程序之间的接口，它由操作系统调用，控制循环中断驱动的程序执行、PLC启动特性和错误处理。用户可以在STEP 7中对组织块进行编程来确定CPU特性。

1. 常见的组织块

常见的组织块主要包括以下部分（见图5-45）：

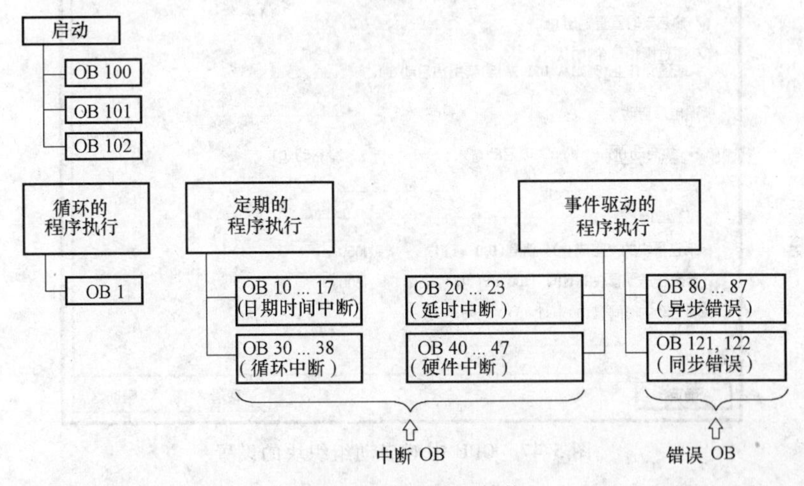

图5-45　常见的组织块

（1）启动　启动组织块工作原理如图5-46所示，当CPU上电后或操作模式改变为运行

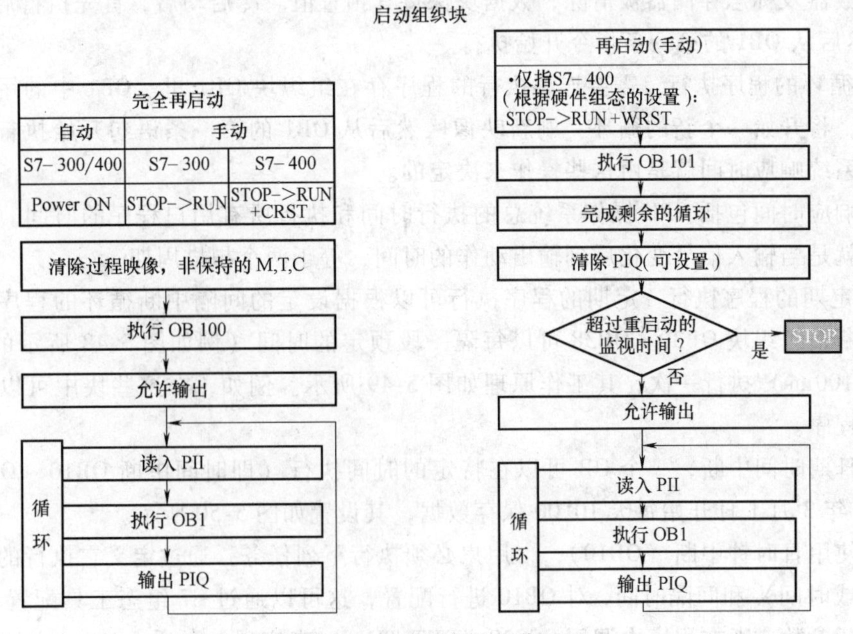

图5-46　启动组织块工作原理

状态（通过 CPU 上的模式选择开关或利用 PG），在循环程序 OB1 执行之前，要执行启动程序。OB 100（暖启动）、OB101（热启动）和 OB102（冷启动）就是用于启动程序的组织块，用户在这些块里可以预置通信连接。

启动组织块的设置可以在硬件组态中对 CPU 属性进行操作设定，如图 5-47 所示对 CPU 414-2 DP 的启动设置为热启动 OB101。

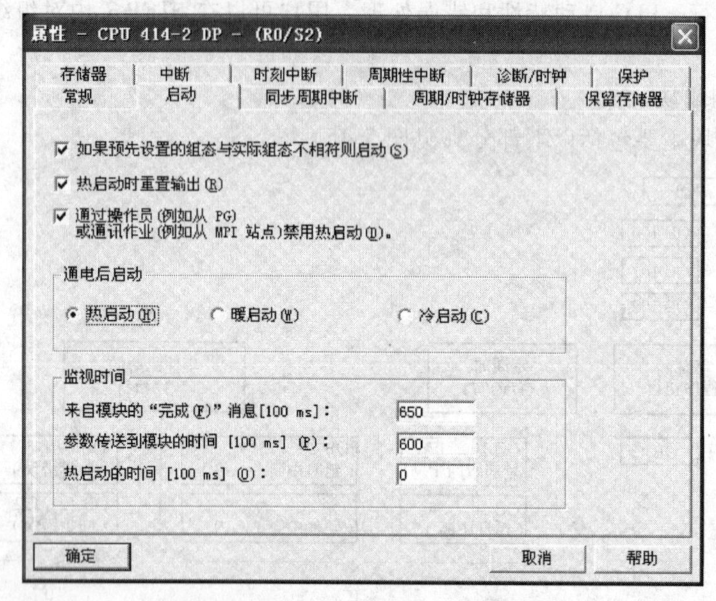

图 5-47　CPU 中对启动组织块的设置

CPU 318-2 和 CPU 417-4 CPU 还具有冷启动型的启动方式，针对电源故障可以定义这种附加的启动方式。它是通过硬件组态时的 CPU 参数来设置。冷启动时，所有过程映像和定时器、计数器及标志存储器被清除，数据块保持其预置值。冷启动后，首先执行启动组织块 OB102，然后从 OB1 的第一条指令开始执行。

（2）循环的程序执行　需要连续执行的程序存在组织块 OB1 里。OB1 中的用户程序执行完毕后，将开始一个新的循环：刷新映像区然后从 OB1 的第一条语句开始执行。循环扫描时间和系统响应时间就是由这些操作来决定的。

系统响应时间包括 CPU 操作系统总的执行时间和执行所有用户程序的时间。系统响应时间，也就是当输入信号变化后到输出动作的时间，等于两个扫描周期。

（3）定期的程序执行　定期的程序执行可以根据设定的间隔中断循环的程序执行。通过循环中断，组织块 OB30 ~ OB38 可以每隔一段预定的时间（例如图 5-48 所示的 OB35 可以设置为 100ms）执行一次，其工作原理如图 5-49 所示。例如，在这些块中可以调用循环采样控制程序。

通过日期时间中断，一个 OB 可以在特定的时间执行（即时间中断 OB10 ~ OB17），例如从 2010 年 3 月 1 日开始每天 10:00 保存数据，其设置如图 5-50 所示。

为了使用日时钟中断（OB10），　用户必须执行下列任务：通过定义它执行的起始时刻（日期和/或时间）和间隔时间，对 OB10 进行配置，这可以通过 S7 组态工具配置 CPU 的日时钟的中断参数或者在程序中调用 SFC28（SET_TINT）来实现；激活 OB10，这可以通过 S7

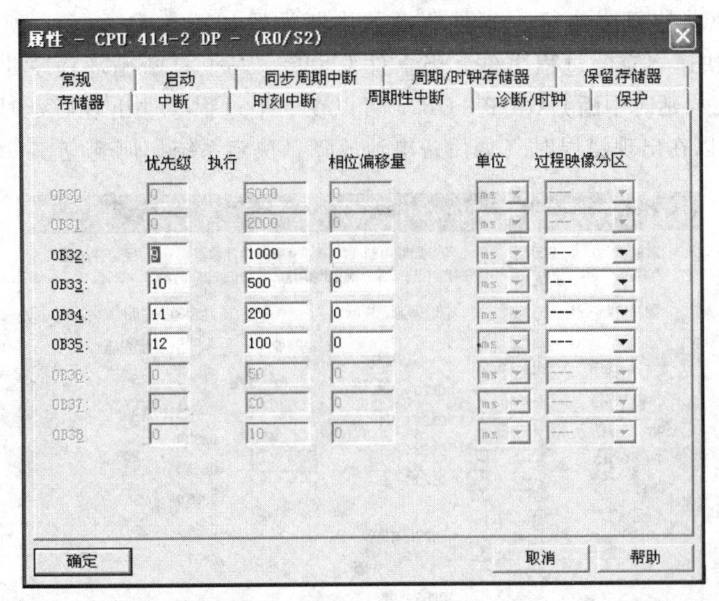

图5-48　周期性中断

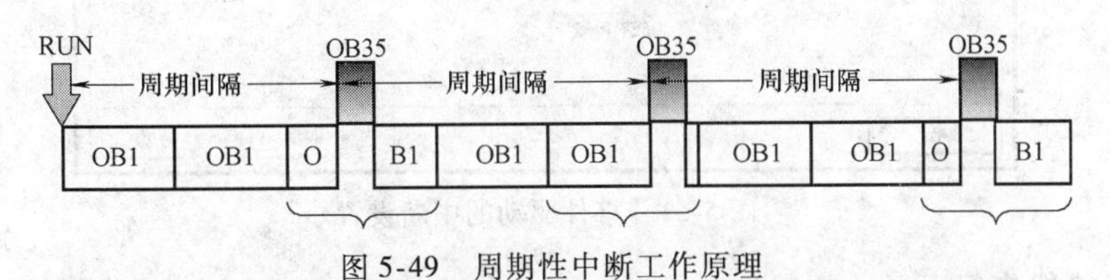

图5-49　周期性中断工作原理

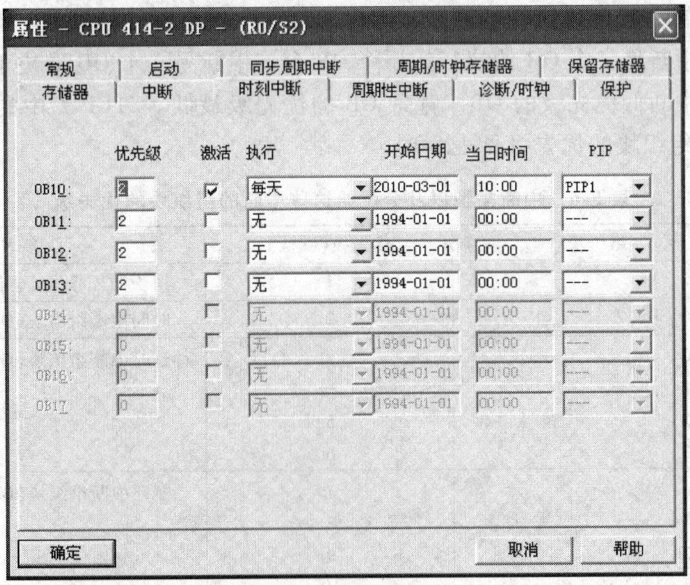

属性 - CPU 414-2 DP - (R0/S2)

常规 | 启动 | 同步周期中断 | 周期/时钟存储器 | 保留存储器
存储器 | 中断 | 时刻中断 | 周期性中断 | 诊断/时钟 | 保护

	优先级	激活	执行	开始日期	当日时间	PIP
OB10:	2	☑	每天	2010-03-01	10:00	PIP1
OB11:	2	☐	无	1994-01-01	00:00	---
OB12:	2	☐	无	1994-01-01	00:00	---
OB13:	2	☐	无	1994-01-01	00:00	---
OB14:	0	☐	无	1994-01-01	00:00	---
OB15:	0	☐	无	1994-01-01	00:00	---
OB16:	0	☐	无	1994-01-01	00:00	---
OB17:	0	☐	无	1994-01-01	00:00	---

确定　取消　帮助

图5-50　时刻中断设置

组态工具在CPU的日时钟中断参数块中选择激活项，或者在程序中调用SFC30（ACT_TINT）来实现；在OB10中编辑想执行的日时钟中断程序，并将OB装载到CPU中作为用户程序的一部分。

（4）事件驱动的程序执行　事件驱动的中断设置如图 5-51 所示。硬件中断 OB40～OB47 可以用于快速响应的过程事件，当事件发生后，马上打断循环程序并执行中断程序。时间延迟中断（或延时中断）OB20～OB23 可以在一个过程事件出现后延时一段时间响应。通过错误 OB 可以在出现错误时（如后备电池故障）决定系统如何响应。

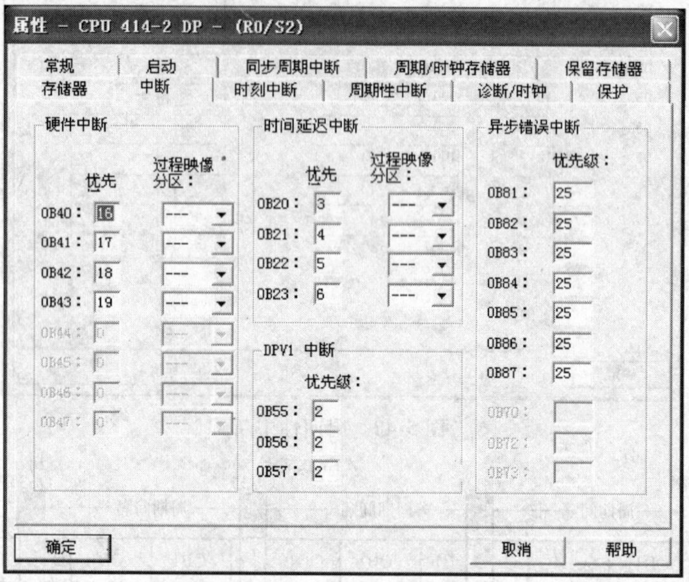

图 5-51　事件驱动的中断设置

2. 组织块优先级

组织块确定单个程序段执行的顺序，即启动事件。启动事件触发 OB 调用称为中断，一个 OB 调用可以中断另一个 OB 的执行，哪个 OB 允许中断另一个 OB 取决于其优先级，高优先级的 OB 可以中断低优先级的 OB，背景 OB 的优先级最低。STEP 7 中的中断类型以及分配给这些中断的组织块的优先级见表 5-6。

表 5-6　中断类型以及分配给这些中断的组织块的优先级

中断类型	组织块	优先级(默认)	参　见
主程序扫描	OB1	1	用于循环程序处理的组织块(OB1)
时间中断	OB10～OB17	2	时间中断组织块(OB10～OB17)
延时中断	OB20	3	延时中断组织块(OB20～OB23)
	OB21	4	
	OB22	5	
	OB23	6	
循环中断	OB30	7	循环中断组织块(OB30～OB38)
	OB31	8	
	OB32	9	
	OB33	10	
	OB34	11	
	OB35	12	
	OB36	13	
	OB37	14	
	OB38	15	

（续）

中断类型	组织块	优先级（默认）	参 见
硬件中断	OB40 OB41 OB42 OB43 OB44 OB45 OB46 OB47	16 17 18 19 20 21 22 23	硬件中断组织块（OB40 ~ OB47）
DPV1 中断	OB55 ~ OB57	2	编程 DPV1 设备
多值计算中断	OB60 多值计算	25	多值计算 -多个 CPU 同步运行
同步循环中断	OB61 ~ OB64	25	在 PROFIBUS-DP 上组态短的等长度过程响应时间
冗余错误	OB70 I/O 冗余错误 OB72 CPU 冗余错误	25 28	错误处理组织块（OB70 ~ OB87/OB121 ~ OB122）
异步错误	OB80 时间错误 OB81 电源错误 OB82 诊断错误 OB83 插入/删除模块中断 OB84 CPU 硬件故障 OB85 程序周期错误 OB86 机架故障 OB87 通信错误	25（如果在启动程序中出现异步错误 OB，那么为 28）	错误处理组织块（OB70 ~ OB87/OB121 ~ OB122）
背景周期	OB90	29	背景组织块（OB90）
启动	OB100 重启动（热重启动） OB101 热重启动 OB102 冷重启动	27	启动组织块（OB100/OB101/OB102）
异步错误	OB121 编程错误 OB122 访问错误	引起错误的 OB 的优先级	错误处理组织块（OB70 ~ OB87/OB121 ~ OB122）

可以通过 STEP 7 给中断分配参数，如通过参数分配，可以取消选定参数块中的中断 OB 或优先级：日历中断、延时中断、循环中断和硬件中断（见图 5-52）。

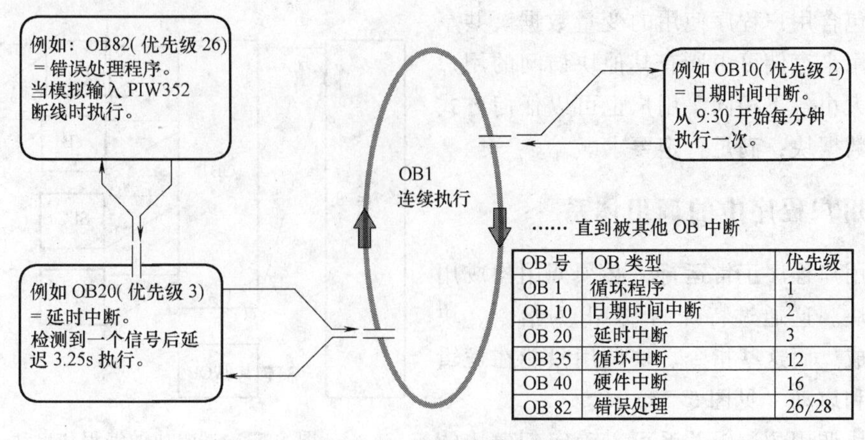

OB 号	OB 类型	优先级
OB 1	循环程序	1
OB 10	日期时间中断	2
OB 20	延时中断	3
OB 35	循环中断	12
OB 40	硬件中断	16
OB 82	错误处理	26/28

图 5-52 组织块优先级

必须说明的是：S7-300 CPU 上的组织块优先级固定，但是对于 S7-400 CPU（和 CPU 318），可以通过 STEP 7 修改 OB10 ~ OB47 组织块的优先级或者可以将相同优先级分配给多个 OB。具有相同优先级的 OB 按照其启动事件发生的先后次序进行处理。

5.4.3 功能块、功能和数据块

1. 功能块和系统功能块

功能块（FB）是属于用户自己编程的块，需要分配数据块（DB）作为其内存（实例数据块），因此传送到 FB 的参数和静态变量保存在实例 DB 中，而临时变量则保存在本地数据堆栈中。执行完 FB 时，不会丢失实例 DB 中保存的数据。但执行完 FB 时，会丢失保存在本地数据堆栈中的数据。

系统功能块（SFB）是集成在 S7 CPU 中的功能块，SFB 是操作系统的一部分，不作为程序的一部分而被加载。同 FB 一样，必须给 SFB 创建实例数据块，然后将它们作为程序的一部分下载到 CPU 中。

2. 功能和系统功能

功能（FC）也是属于用户自己编程的块，是一种“不带内存”的逻辑块。属于 FC 的临时变量保存在本地数据堆栈中，执行 FC 时，该数据将丢失，为永久保存该数据，功能也可使用共享数据块。由于 FC 本身没有内存，因此，必须始终给它指定实际参数。不能给 FC 的本地数据分配初始值。

FC 和 FB 输出参数之间的重要区别在于后者使用实例 DB。在 FB 中，访问参数时，使用实例 DB 中的实际参数副本。如果调用 FB 时，没有传送输入参数或没有写访问输出参数，那么将使用原先保存在实例 DB（实例 DB = FB 内存）中的值。但 FC 没有内存。因此，与 FB 相反，将形式参数分配给这些 FC 不是可选，而是必需的。通过地址（指针跨过区域边界指向目标）访问 FC 参数。当数据区（数据块）地址或调用块的局部变量用作实际参数时，实际参数的副本将临时保存到用于传送参数的调用块的本地数据区中。

系统功能（SFC）是集成在 S7 CPU 中的预编程功能，可以在程序中调用 SFC。SFC 属于操作系统，不能作为程序的一部分而被加载。同 FC 一样，SFC 也是“不具内存”的块。

3. 数据块

与逻辑块（如 FB、OB 等）相反，数据块不包含 STEP 7 指令，它们用来存储用户数据，即数据块包含用户程序使用的变量数据。共享数据块则用来存储可由所有其他块访问的用户数据，其大小各不相同。用户也可以任何方式构造共享数据块，满足特定要求。

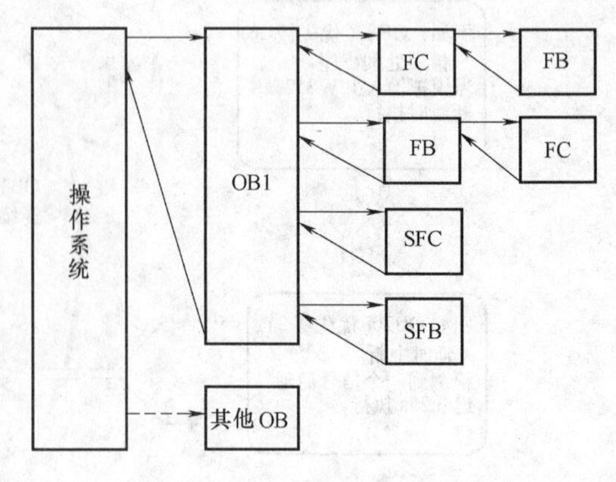

图 5-53 逻辑块的编程和启动

5.4.4 用户程序中的调用体系

要使用户程序正常运行，必须调用构成用户程序的块。这通过特殊的 STEP 7 指令、块调用来完成，而这些指令、块调用只能在逻辑块中编程和启动（见图 5-53）。

根据块调用的逻辑关系可以确定创建块的

固定次序，即从上到下创建块，因此可以从块的顶行开始，调用的每个块必须已经存在，即在一行块内，创建块的次序为从右到左，最后要创建的块是 OB1。

思考与练习

习题 5.1　选择题

(1) S7-300/400 PLC 的电源模块为背板总线提供的电压是（　　）。

A. DC5V　B. DC12V　C. －DC12V　D. DC24V

(2) 按组成结构形式、容量和功能分，S7-300 PLC 属于（　　）。

A. 小型中档整体式　B. 小型高档模块式

C. 大/中型高档整体式　D. 大/中型高档模块式

(3) 输入采样阶段，PLC 的 CPU 对各输入端子进行扫描，将输入信号送入（　　）。

A. 外部 I 存储器（PI）　B. 累加器（ACCU）

C. 输入映像寄存器（PⅡ）　D. 数据块（DB/DI）

(4) 每一个 PLC 控制系统必须有一台（　　），才能正常工作。

A. CPU 模块　B. 扩展模块　C. 通信处理器　D. 编程器

(5) S7-300 PLC 通电后，CPU 面板上“BATF”指示灯亮，表示（　　）。

A. 程序出错　B. 电压低　C. 输入模块故障　D. 输出模块故障

(6) S7-300 PLC 可以扩展多达（　　）个机架，（　　）个模块。

A. 1，7　B. 4，32　C. 4，44　D. 21，300

(7) 接口模块 IM360 只能放在 S7-300 PLC 的（　　）。

A. 0 号机架的 3 号槽　B. 任意机架的 3 号槽

C. 0 号机架的 1 号槽　D. 任意机架的 1 号槽

(8) S7-300 PLC 每个机架最多只能安装（　　）个信号模块、功能模块或通信处理模块。

A. 4　B. 8　C. 11　D. 32

(9) 在 STEP7 中，初始化组织块是（　　）。

A. OB1　B. OB10　C. OB35　D. OB100

(10) 在 STEP7 中，循环中断组织块是（　　）。

A. OB1　B. OB10　C. OB35　D. OB100

(11) S7-300 PLC 电源模块、CPU 模块和接口模块的安装插槽号顺序是（　　）。

A. 1、2、3　B. 3、2、1　C. 1、3、2　D. 2、3、1

习题 5.2　简述 PLC 模板上的 SF、FRCE、RUN、STOP 指示灯的含义。

习题 5.3　S7-300 PLC 是模块化的组合结构，根据应用对象的不同，可选用不同型号和不同数量的模块。请描述 S7-300 PLC 的硬件组态的步骤。

习题 5.4　S7-300 PLC 的结构特点是什么？

第6讲　S7-300/400 PLC指令

【内容提要】

西门子 PLC 在实际工程应用中，大量应用到了梯形图（LAD）、语句表（STL）和功能块（FBD）等编程方法。LAD/FBD/STL 基本指令包括位逻辑运算指令、定时器指令、计数器指令、位测试指令、数据指令等。STL 编程常见指令则包括装入指令、传送指令、比较指令、程序控制指令等。本讲通过列举案例，并详细地介绍了语句指令编程、梯形图指令编程，对读者掌握相关指令和梯形图有很大的帮助。

应知

※了解 LAD/FBD/STL 基本的编程方式
※熟悉位逻辑运算、定时器等常见的指令
※掌握装入、传送、比较等常见的 STL 指令
※掌握基本的编程思路

☆能用 LAD 进行 STEP 7 编程
☆能用 FBD 进行 STEP 7 编程
☆能用 STL 进行 STEP 7 编程
☆能进行三种编程方式的转换

6.1　LAD/FBD/STL 基本指令

6.1.1　STEP 7 位逻辑指令

针对 S7-300/400 PLC 的开关量控制，需要重点掌握 STEP7 的位逻辑指令。

STEP 7 位逻辑指令可以分为位逻辑运算指令、定时器指令、计数器指令、位测试指令。

1. 位逻辑运算指令

位逻辑运算指令是对“0”和“1”的布尔操作数进行扫描，经过相应的位逻辑运算，将逻辑运算结果“0”和“1”送到状态字的 RLO 位。

如图 6-1 所示为 AND 与 OR 的工作原理（LAD、STL 与 FBD 的工作原理），与 S7-200 PLC 基本类似。

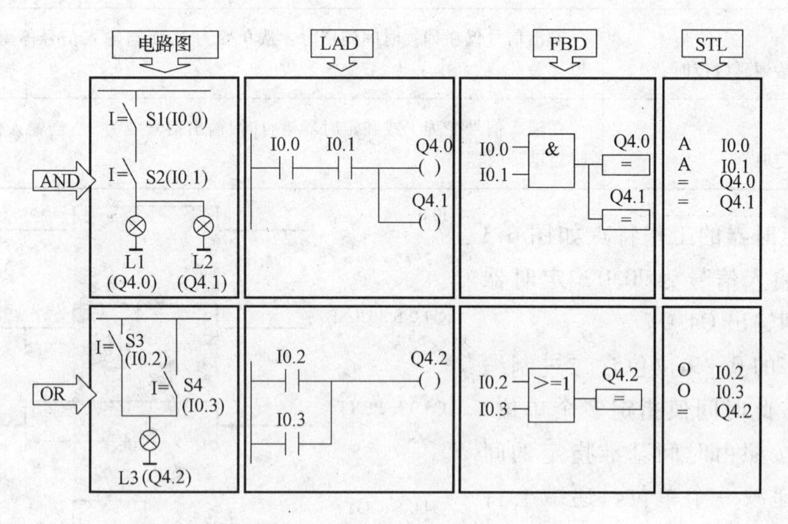

图 6-1　AND 与 OR 的工作原理

如图 6-2 所示为 XOR 的工作原理，当两个信号中仅有一个满足时，输出信号状态才是“1”，其余全部为“0”。

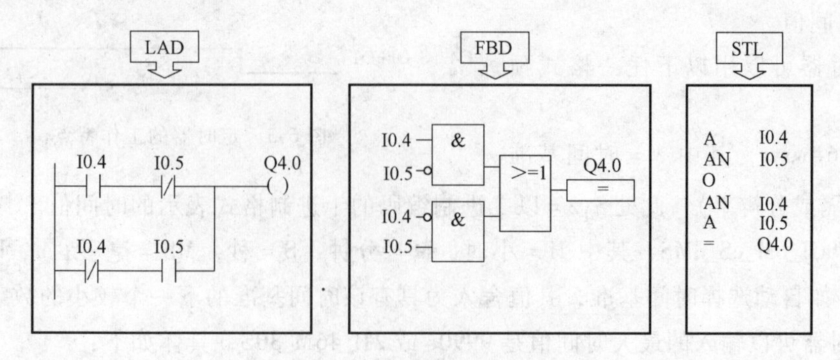

图 6-2　XOR 的工作原理

其余置位和复位指令、上升沿与下降沿、取反等与 S7-200 PLC 等小 PLC 相同，不再一一列出。

2. 定时器指令

定时器可以提供等待时间控制，还可产生一定宽度的脉冲，也可以测量时间。它是一种由位和字组成的复合单元，定时器的触点由位表示，其定时时间值存储在字存储器中。STEP 7 定时器可分为以下 5 种，S7 定时器类型见表 6-1。

表 6-1　S7 定时器类型

序号	定　时　器	描　　述
1	S_PULSE 脉冲定时器	输出信号保持在 1 的最长时间与编程时间值 *t* 相同。如果输入信号变为 0，则输出信号停留在 1 的时间会很短
2	S_PEXT 扩展脉冲定时器	输出信号在编程时间长度内始终保持在 1，而与输入信号停留在 1 的时间长短无关
3	S_ODT 接通延时定时器	仅在编程时间到期，且输入信号仍为 1 时，输出信号变为 1
4	S_ODTS 带保持的接通延时定时器	输出信号仅在编程时间到期时才从 0 变为 1，而与输入信号停留在 1 的时间长短无关
5	S_OFFDT 断开延时定时器	在输入信号变为 1 或在定时器运行时，输出信号变为 1。当输入信号从 1 变为 0 时启动计时器

这 5 种定时器的工作特点如图 6-3 所示，其中输入信号为 I0.0，定时器触点信号接到输出 Q4.0。

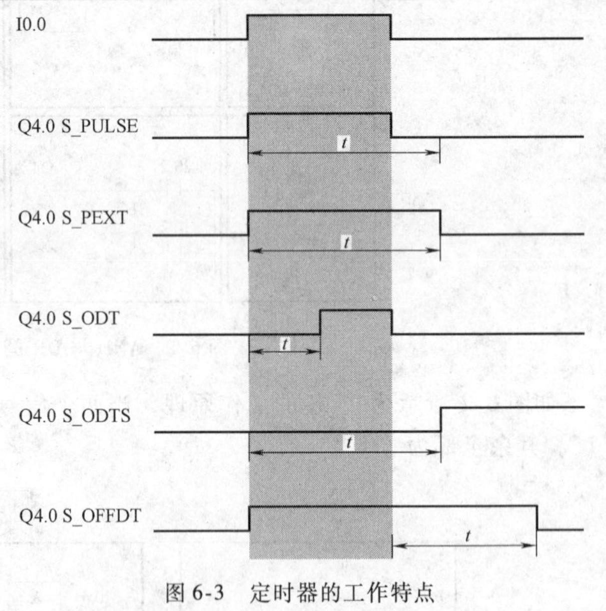

图 6-3　定时器的工作特点

定时器字的 0～9 位包含二进制编码的时间值。此时间值指定多个单位。时间更新可按照由时间基准指定的间隔将时间值递减一个单位。递减会持续进行，直至时间值等于零为止。可以在累加器 1 的低字中以二进制、十六进制或二进制编码的十进制（BCD）格式装入时间值。

S7 定时器可以用以下任一格式预装入时间值：

◆W#16#wxyz，其中 w = 时间基准（即时间间隔或分辨率）；此处 xyz = 以二进制编码的十进制格式表示的时间值。

◆S5T#aH_bM_cS_dMS，其中 H = 小时，M = 分钟，S = 秒，MS = 毫秒；a、b、c、d 由用户定义。如自动选择时间基准，其值舍入为具有该时间基准的下一个较小的数字。

S7 定时器可以输入的最大时间值是 9990s 或 2H_46M_30S，具体如下：

S5TIME#4S = 4 秒

s5t#2h_15m = 2 小时 15 分钟

S5T#1H_12M_18S = 1 小时 12 分钟 18 秒

3. 计数器指令

S7 计数器用于对 RLO 正跳沿计数，计数器字中的 0 ~ 11 位包含二进制代码形式的计数值，当设置某个计数器时，计数值移至计数器字，计数值的范围为 0 ~ 999，计数器的组成如图 6-4 所示。

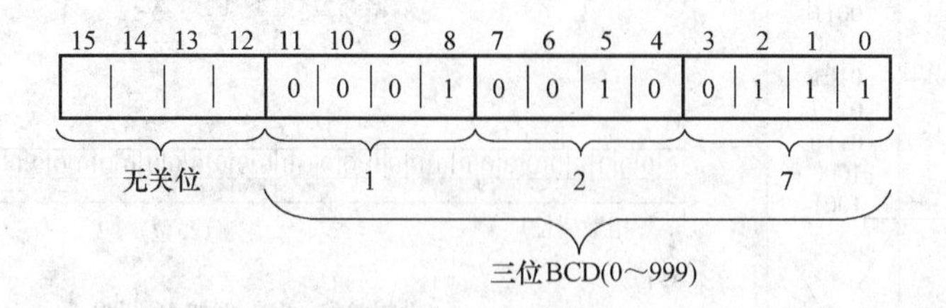

图 6-4　计数器的组成

可使用三种计数器指令在此范围内改变计数值：S_CUD 为双向计数器；S_CD 为降值计数器；S_CU 为升值计数器。

6.1.2　STEP 7 数据指令

对于复杂的开关量控制，尤其是点数多、过程复杂的项目，还必须了解 STEP 7 数据指令。如图 6-5 所示的万能转换开关，其位置多达 12 档，如果纯粹用位来表示就会非常复杂，而采用数据变量就很简单，如 MW = 0 ~ 11 就可以表示各档位置。

图 6-5　万能转换开关

STEP 7 位数据指令可以分为装载与传送指令、比较指令、算术运算指令、数据逻辑运算指令、移位和循环移位指令、数据块指令。

1. 数据格式

常见的数据包括：

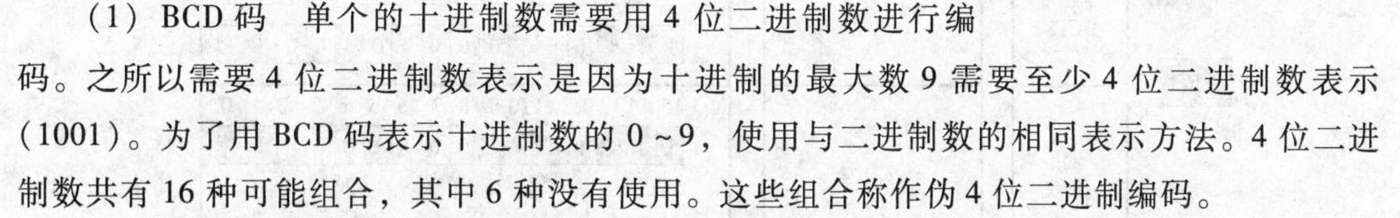

（1）BCD 码　单个的十进制数需要用 4 位二进制数进行编码。之所以需要 4 位二进制数表示是因为十进制的最大数 9 需要至少 4 位二进制数表示（1001）。为了用 BCD 码表示十进制数的 0 ~ 9，使用与二进制数的相同表示方法。4 位二进制数共有 16 种可能组合，其中 6 种没有使用。这些组合称作伪 4 位二进制编码。

（2）整数　数据类型 INT 是整数（16 位）。符号位（第 15 位）表示所处理的是正数还是负数（“0” = 正数，“1” = 负数）。整数的表示范围是 −32 768 ~ +32 767。整数占用存储器的一个字。用二进制表示，一个整数的负数用其正数的补码表示。所有的位取反加“1”可以得到正数的补码。

（3）实数　实数（也称浮点数）是用十进制数（例如 0.339 或 −11.32）表示的正数或负数。为了表示 10 的乘方次数，可以用幂的形式表示实数。例如：1024 可以表示为 1.024E3。实数占用存储器的两个字，最高位是符号位。其余的位代表指数和尾数。实数的表示范围是 -3.402823×10^{38} ~ 3.402823×10^{38}。

图 6-6 所示为整数 205 与实数 45.6789 的数据保存格式。

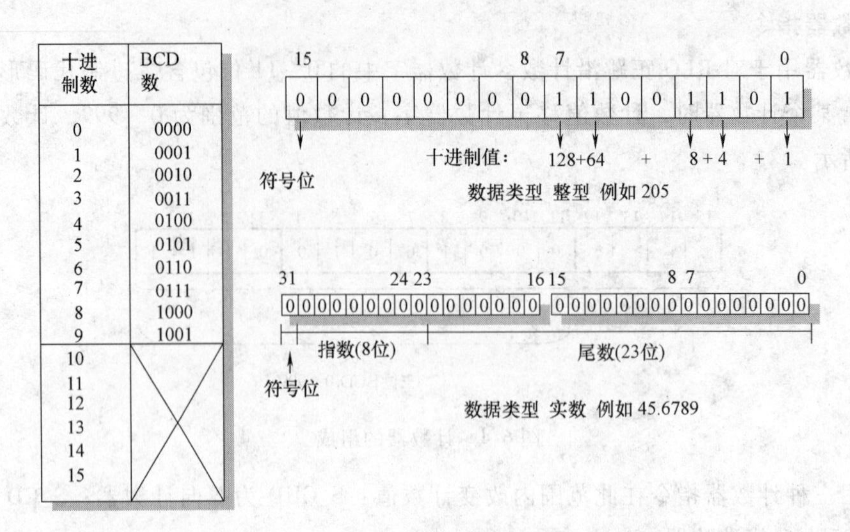

图 6-6 整数与实数的数据保存格式

以 16 位为例，图 6-7 所示为 PG 编程器内的数据下载到 PLC 后的数据变化。

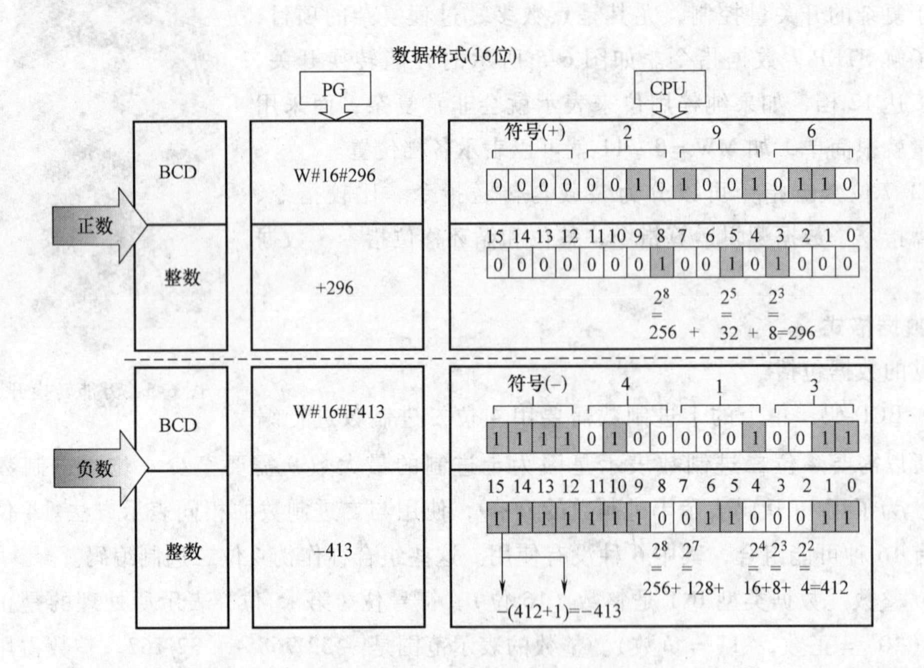

图 6-7 PG 编程器内的数据下载到 PLC 后的数据变化

2. 数据装载与传送指令

图 6-8 所示为数据装载与传送指令的三种方式，需要注意的是，在字或双字指令中，高位赋值给低字节，而低位赋值给高字节。

3. 数据比较指令

图 6-9 所示为数据比较指令，用于比较累加器 2 与累加器 1 中的数据大小，比较时应确保两个数的类型相同。数据类型可以是整数、实数和长整数等。

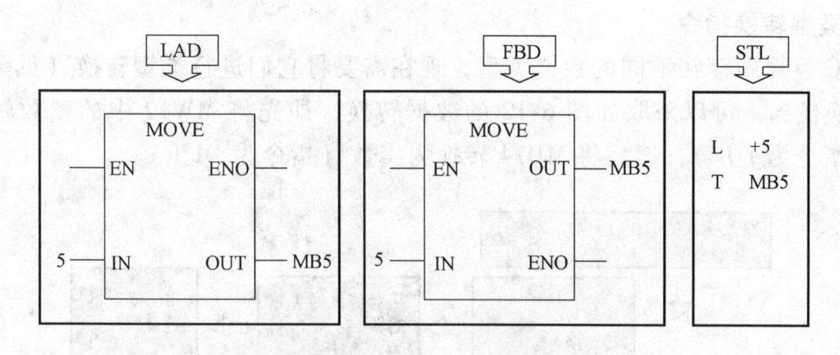

图 6-8 数据装载与传送指令的三种方式

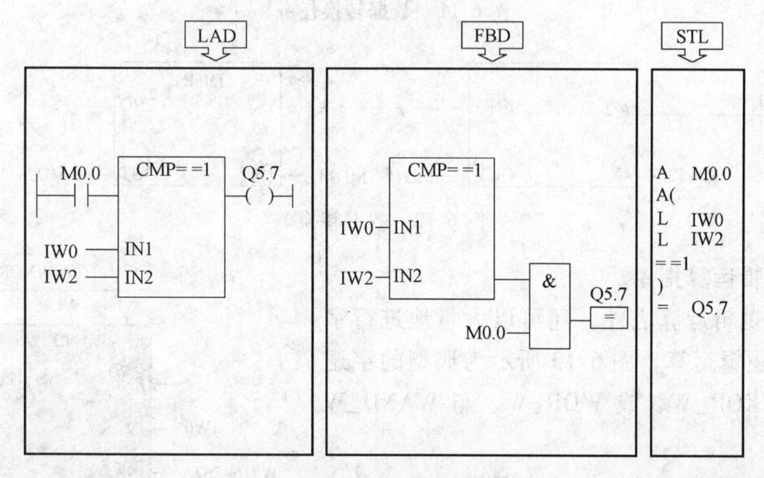

图 6-9 数据比较指令

4. 算术运算指令

图 6-10 所示为基本数学运算指令，除此之外还可以有高级数学运算指令，如浮点数运算和三角函数计算等。

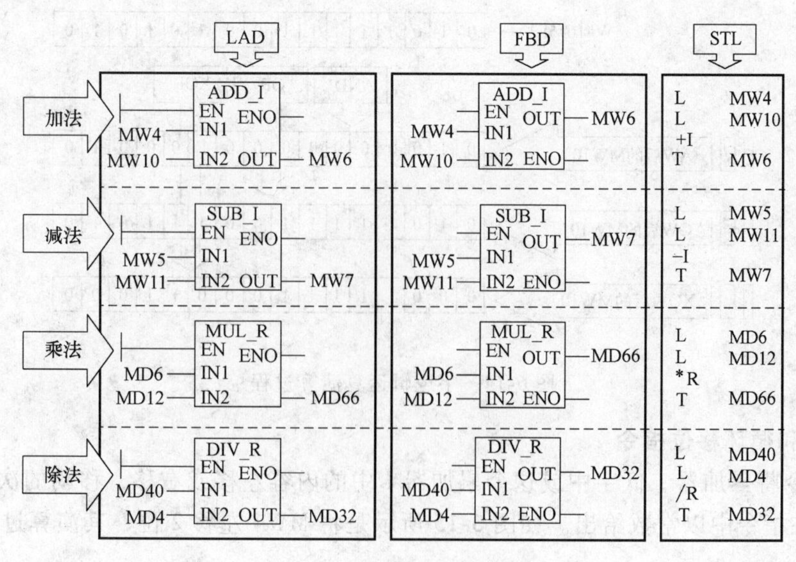

图 6-10 基本数学运算指令

5. 数据类型转换指令

由于PLC运算中存在不同的数据类型，现在需要将它们进行类型转换（见图6-11）。对于该数据转换任务，可以采取如图6-12的数据转换，即先将MW12中的整数转换为MD14的双整数（指令为I_DI），然后将MD14转换为实数（指令为DI_R）。

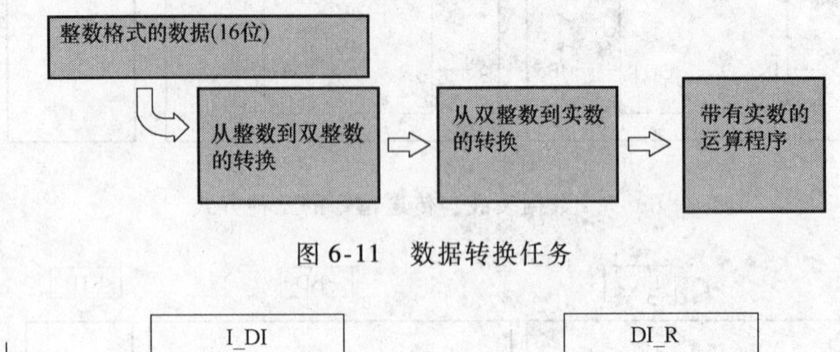

图6-11　数据转换任务

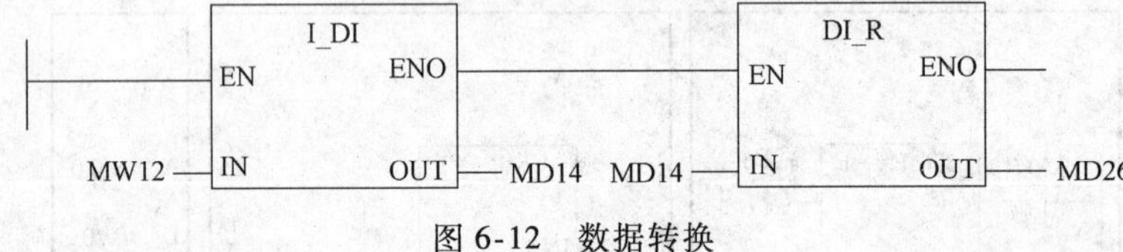

图6-12　数据转换

6. 数据逻辑运算指令

S7除了位逻辑运算之外，还可以大量地进行字或双字的数据逻辑运算，图6-13所示为典型的字逻辑运算异或WXOR_W、或WOR_W、与WAND_W指令。

数据逻辑运算遵循每一位的位逻辑原理，具体演算过程如图6-14所示。

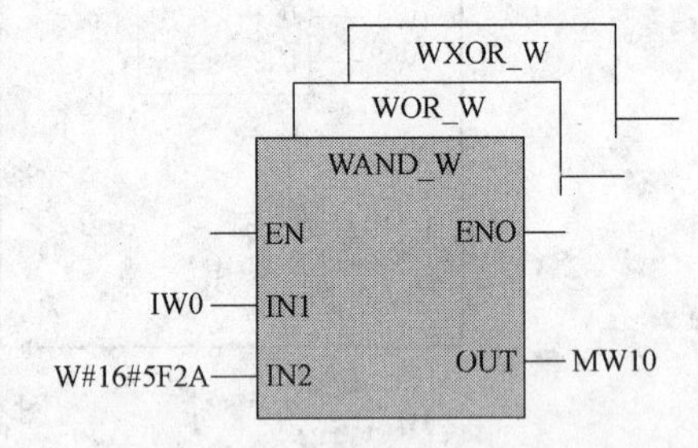

图6-13　字逻辑运算LAD指令

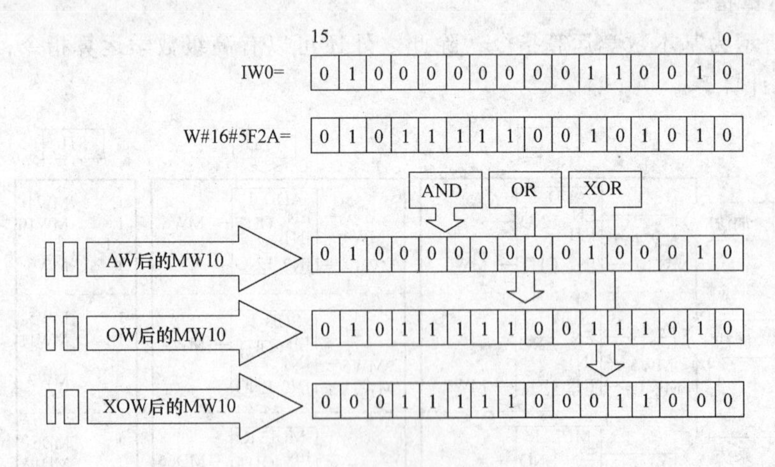

图6-14　字逻辑运算演算过程

7. 移位和循环移位指令

移位指令将累加器1低字中或这个累加器1中的内容左移或右移，移动的次数在累加器2中或直接在指令中以常数给出。如图6-15所示是将MW4左移2位，其演算过程如图6-16所示。

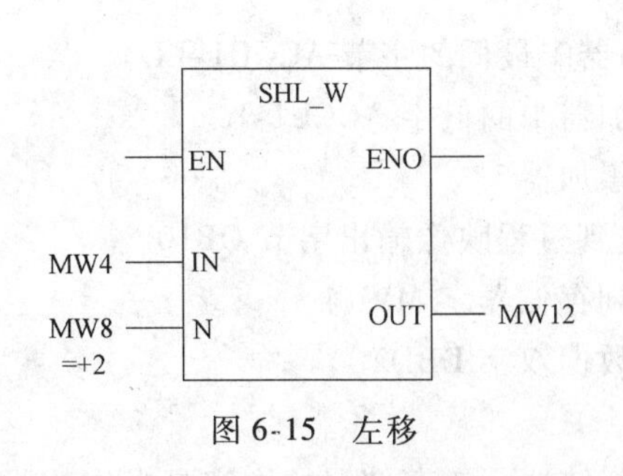

图 6-15 左移

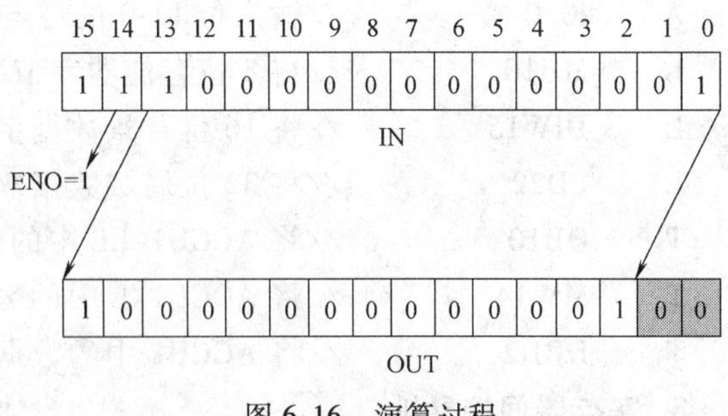

图 6-16 演算过程

6.2 STL 编程常见指令

6.2.1 装入指令、传送指令在寻址中的编程

装入（Load，L）指令将源操作数装入累加器 1，而累加器 1 原有的数据移入累加器 2。装入指令可以对字节（8 位）、字（16 位）、双字（32 位）数据进行操作。

传送（Transfer，T）指令将累加器 1 中的内容写入目的存储区中，累加器 1 的内容不变。

1. 立即寻址的装入与传送指令

立即寻址的操作数直接在指令中。

【实例】使用立即寻址的例子：

```
L  -35                       //将16位十进制常数-35装入累加器1的低字ACCU1-L
L  L#5                       //将32位常数5装入累加器1
L  B#16#5A                   //将8位十六进制常数装入累加器1最低字节ACCU1-LL
L  W#16#3E4F                 //将16位十六进制常数装入累加器1的低字ACCU1-L
L  DW#16#567A3DC8            //将32位十六进制常数装入累加器1
L  2#0001_ 1001_ 1110_ 0010  //将16位二进制常数装入累加器1的低字ACCU1-L
L  25.38                     //将32位浮点数常数（25.38）装入累加器1
L  'ABCD'                    //将4个字符装入累加器1
L  TOD#12：30：3.0           //将32位实时时间常数装入累加器1
L  D#2004-2-3                //将16位日期常数装入累加器1的低字ACCU1-L
L  C#50                      //将16位计数器常数装入累加器1的低字ACCU1-L
L  T#1M20S                   //将16位定时器常数装入累加器1的低字ACCU1-L
L  S5T#2S                    //将16位定时器常数装入累加器1的低字ACCU1-L
L  P#M5.6                    //将指向M5.6的指针装入累加器1
L  B#（100，12，50，8）       //装入4字节无符号常数
```

2. 直接寻址的装入与传送指令

直接寻址在指令中直接给出存储器或寄存器的区域、长度和位置，例如用 MW200 指定位存储区中的字，地址为 200。

【实例】直接寻址的程序例子：

```
A    I0.0       //输入位 I0.0 的"与"(AND)操作
L    MB10       //将 8 位存储器字节装入累加器 1 最低的字节 ACCU1-LL
L    DIW15      //将 16 位背景数据字装入累加器 1 的低字 ACCU1-L
L    LD22       //将 32 位局域数据双字装入累加器 1
T    QB10       //将 ACCU1-LL 中的数据传送到过程映像输出字节 QB10
T    MW14       //将 ACCU1-L 中的数据传送到存储器字 MW14
T    DBD2       //将 ACCU1 中的数据传送到数据双字 DBD2
```

3. 寄存器间接寻址

在存储器间接寻址指令中，给出一个作地址指针的存储器，该存储器的内容是操作数所在存储单元的地址。在循环程序中经常使用存储器间接寻址。

地址指针可以是字或双字，定时器（T）、计数器（C）、数据块（DB）、功能块（FB）和功能（FC）的编号范围小于65535，使用字指针就够了。

其他地址则要使用双字指针，如果要用双字格式的指针访问一个字、字节或双字存储器，必须保证指针的位编号为0，例如 P#Q20.0。

```
L  QB[DBD 10]     //将输出字节装入累加器 1，输出字节的地址指针在数据双字
                  //DBD10 中；如果 DBD10 的值为 2#0000 0000 0000 0000 0000
                  //0000 0010 0000，装入的是 QB4
A  M[LD 4]        //对存储器位作"与"运算，地址指针在数据双字 LD4 中。如果
                  //LD4 的值为 2#0000 0000 0000 0000 0000 0000 0010 0011，
                  //则是对 M4.3 进行操作
```

存储器间接寻址的双字指针格式如图 6-17 所示，共有两种。

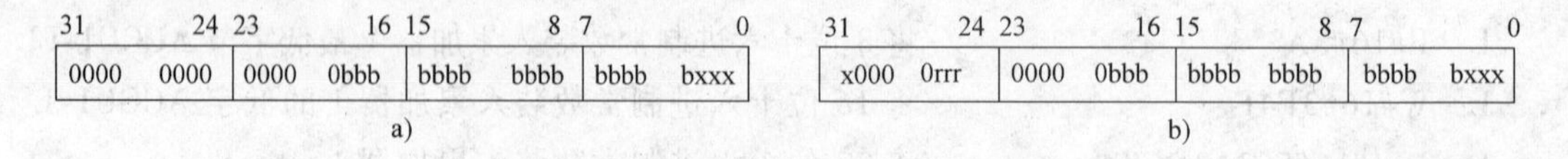

图 6-17 存储器间接寻址的双字指针格式

其中，第 0 ~2 位（xxx）为被寻址地址中位的编号（0 ~7），第 3 ~18 位为被寻址地址的字节的编号（0 ~65535）。第 24 ~26 位（rrr）为被寻址地址的区域标识号，第 31 位 x =0 为区域内的间接寻址，第 31 位 x =1 为区域间的间接寻址。

第一种地址指针格式存储区的类型在指令中给出，例如 L DBB[AR1, P#6.0]。在某一存储区内寻址，第 24 ~26 位（rrr）应为 0。

第二种地址指针格式的第 24 ~26 位还包含存储区域标识符 rrr，为区域间寄存器间接寻址。寄存器间接寻址的区域标识位见表 6-2。

表 6-2 寄存器间接寻址的区域标识位

区域标识符	存储区	位 26 ~24	区域标识符	存储区	位 26 ~24
P	外设输入/输出	000	DBX	共享数据块	100
I	输入过程映像	001	DIX	背景数据块	101
Q	输出过程映像	010			
M	位存储区	011	L	块的局域数据	111

如果要用寄存器指针访问一个字节、字或双字，必须保证指针中的位地址编号为0。

指针常数#P5.0对应的二进制数为2#0000 0000 0000 0000 0000 0000 0010 1000。

【实例】区内间接寻址的例子：

```
L  P#5.0                //将间接寻址的指针装入累加器1
LAR1                    //将累加器1中的内容送到地址寄存器1
A  M[AR1, P#2.3]        //AR1中的P#5.0加偏移量P#2.3，实际上是对M7.3进行操作
=  Q[AR1, P#0.2]        //逻辑运算的结果送Q5.2
L  DBW[AR1, P#18.0]     //将DBW23装入累加器1
```

【实例】区域间间接寻址的例子：

```
L  P#M6.0               //将存储器位M6.0的双字指针装入累加器1
LAR1                    //将累加器1中的内容送到地址寄存器1
T  W[AR1, P#50.0]       //将累加器1的内容传送到存储器字MW56
```

P#M6.0对应的二进制数为2#1000 0011 0000 0000 0000 0000 0011 0000。因为地址指针P#M6.0中已经包含有区域信息，使用间接寻址的指令T　W[AR1, P#50]中没有必要再用地址标识符M。

4. 地址寄存器的装入与传送指令

可以不经过累加器1，与地址寄存器AR1和AR2交换数据。

【实例】应用地址寄存器AR1和AR2的例子：

```
LAR1  DBD20         //将数据双字DBD20中的指针装入AR1
LAR2  LD180         //将局域数据双字LD180中的指针装入AR2
LAR1  P#M10.2       //将带存储区标识符的32位指针常数装入AR1
LAR2  P#24.0        //将不带存储区标识符的32位指针常数装入AR2
TAR1  DBD20         //AR1中的内容传送到数据双字DBD20
TAR2  MD24          //AR2中的内容传送到存储器双字MD24
```

6.2.2　比较指令

比较指令的STL表达方式见表6-3，表中"?"可以是"= =","〈〉","〉","〈""〉=","〈="。

表6-3　比较指令的STL表达方式

语句表指令	说　明
? I	比较累加器2和累加器1低字中的整数，如果条件满足，RLO=1
? D	比较累加器2和累加器1中的双整数，如果条件满足，RLO=1
? R	比较累加器2和累加器1中的浮点数，如果条件满足，RLO=1

用于比较累加器1与累加器2中的数据大小，被比较的两个数的数据类型应该相同。如果比较的条件满足，则RLO为1，否则为0。状态字中的CC0和CC1位用来表示两个数的大于、小于和等于关系（见表6-4）。

表 6-4 指令执行后的 CC1 和 CC0

CC1	CC0	比较指令	移位和循环移位指令	字逻辑指令
0	0	累加器 2 = 累加器 1	移出位为 0	结果为 0
0	1	累加器 2 < 累加器 1	—	—
1	0	累加器 2 > 累加器 1	—	结果不为 0
1	1	非法的浮点数	移出位为 1	—

【实例】比较两个浮点数的例子：

```
L    MD4           //MD4 中的浮点数装入累加器 1
L    2.345E+02     //浮点数常数装入累加器 1，MD4 装入累加器 2
>R                 //比较累加器 1 和累加器 2 的值
=     Q4.2         //如果 MD4 >2.345E+02，则 Q4.2 为 1
```

6.2.3 数据转换指令

数据转换指令见表 6-5，其中 3 位 BCD 码和 7 位 BCD 码的格式如图 6-18 所示。

表 6-5 数据转换指令

语句表	说　明	语句表	说　明
BTI	将累加器 1 中的 3 位 BCD 码转换成整数	RND	将浮点数转换为四舍五入的双整数
ITB	将累加器 1 中的整数转换成 3 位 BCD 码	RND +	将浮点数转换为大于等于它的最小双整数
BTD	将累加器 1 中的 7 位 BCD 码转换成双整数	RND −	将浮点数转换为小于等于它的最大双整数
DTB	将累加器 1 中的双整数转换成 7 位 BCD 码	TRUNC	将浮点数转换为截位取整的双整数
DTR	将累加器 1 中的双整数转换成浮点数	CAW	交换累加器 1 低字中两个字节的位置
ITD	将累加器 1 中的整数转换成双整数	CAD	交换累加器 1 中 4 个字节的顺序

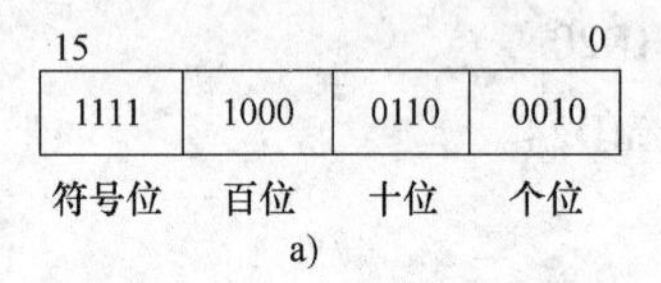

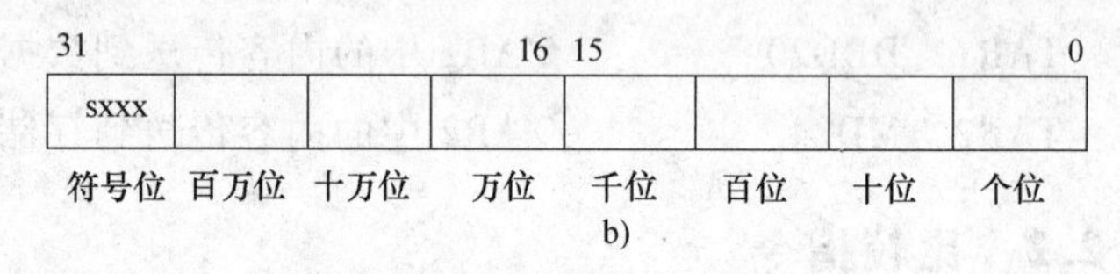

图 6-18 BCD 码格式
a) 3 位 BCD 码的格式 b) 7 位 BCD 码的格式

【实例】双整数转换为 BCD 码的例子：

```
A   I0.2          //如果 I0.2 为 1
L   MD10          //将 MD10 中的双整数装入累加器 1
DTB               //将累加器 1 中的数据转换为 BCD 码，结果仍在累加器 1 中
JO   OVER         //运算结果超出允许范围（OV=1）则跳转到标号 OVER 处
T   MD20          //将转换结果传送到 MD20
A   M4.0
R   M4.0          //复位溢出标志
JU   NEXT         //无条件跳转到标号 NEXT 处
OVER：AN   M4.0
```

```
    S  M4.0   //置位溢出标志
NEXT：……
```

【实例】将101英寸转换为以厘米为单位的整数，送到MW0中：

```
L     101        //将16位常数101（65H）装入累加器1
ITD              //转换为32位双整数
DTR              //转换为浮点数101.0
L     2.54       //浮点数常数2.54装入累加器1，累加器1的内容装入累加器2
*R               //101.0乘以2.54，转换为256.54厘米
RND              //四舍五入转换为整数257（101H）
T     MW30
```

6.2.4 取反与求补指令

取反与求补指令的STL表达方式见表6-6。

表6-6 取反与求补指令的STL表达方式

语句表指令	说　明
INVI	求累加器1低字中的16位整数的反码
INVD	求累加器1中双整数的反码
NEGI	求累加器1低字中的16位整数的补码
NEGD	求累加器1中双整数的补码
NEGR	将累加器1中的浮点数的符号位取反

【实例】求补应用例子：

```
L     MD20      //将32位双整数装入累加器1
NEGD            //求补
T     MD30      //运算结果传送到MD30
```

6.2.5 数学运算指令

整数数学运算指令的STL表达式见表6-7，浮点数数学运算的STL表达式见表6-8。图6-19所示为数学运算的累加器变化。需要注意的是，语句表中“*I”指令的运算结果为32位整数，梯形图中MUL_I指令的运算结果为16位整数。

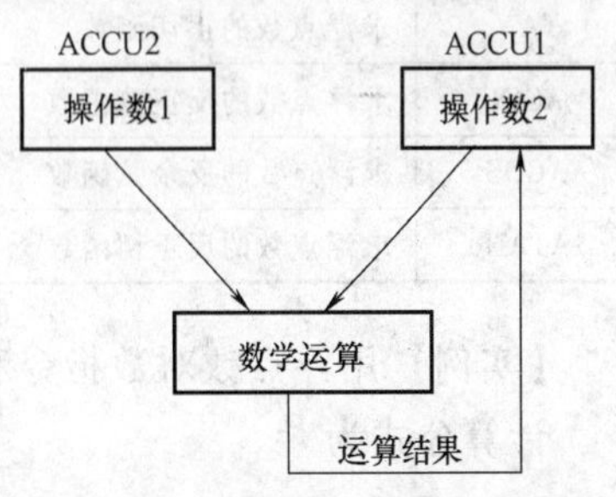

图6-19 数学运算的累加器变化

表6-7 整数数学运算指令的STL表达式

语句表	描　述
+I	将累加器1、2低字中的整数相加，运算结果在累加器1的低字中
-I	累加器2中的整数减去累加器1中的整数，运算结果在累加器1的低字
*I	将累加器1、2低字中的整数相乘，32位双整数运算结果在累加器1中
/I	累加器2的整数除以累加器1的整数，商在累加器1的低字，余数在累加器1的高字
+	累加器的内容与16位或32位常数相加，运算结果在累加器1中

（续）

语句表	描　述
+D	将累加器 1、2 中的双整数相加，双整数运算结果在累加器 1 中
-D	累加器 2 中的双整数减去累加器 1 中的双整数运算结果在累加器 1 中
*D	将累加器 1、2 中的双整数相乘，32 位双整数运算结果在累加器 1 中
/D	累加器 2 中的双整数除以累加器 1 中的双整数，32 位商在累加器 1 中
MOD	累加器 2 中的双整数除以累加器 1 中的双整数，32 位余数在累加器 1 中

表 6-8　浮点数数学指令的 STL 表达式

语句表	描　述
+R	将累加器 1、2 中的浮点数相加，浮点数运算结果在累加器 1 中
-R	累加器 2 中的浮点数减去累加器 1 中的浮点数，运算结果在累加器 1 中
*R	将累加器 1、2 中的浮点数相乘，浮点数乘积在累加器 1 中
/R	累加器 2 中的浮点数除以累加器 1 中的浮点数，商在累加器 1，余数丢掉
ABS	取累加器 1 中的浮点数的绝对值
SQR	求浮点数的平方
SQRT	求浮点数的平方根
EXP	求浮点数的自然指数
LN	求浮点数的自然对数
SIN	求浮点数的正弦函数
COS	求浮点数的余弦函数
TAN	求浮点数的正切函数
ASIN	求浮点数的反正弦函数
ACOS	求浮点数的反余弦函数
ATAN	求浮点数的反正切函数

【实例】用浮点数对数指令和指数指令求 5 的立方：

计算公式为　　　　　　$5^3 = EXP(3 * LN(5)) = 125$

```
L    L#5
DTR
LN
L    3.0
 *R
EXP
RND
T    MW40
```

6.2.6　移位与循环移位指令

移位指令见表 6-9，它对累加器 1 中的数操作，结果在累加器 1 中。需要注意的是，用指令中的参数<number>来指定移位位数，16位移位指令为0～15，32位移位指令为0～32。如果<number>等于0，移位指令被当做NOP（空操作）指令来处理；如果指令没有参数<number>，移位位数放在累加器2的最低字节中（0～255），而如果移位位数等于0，移位指令被当做NOP（空操作）指令来处理。一旦有符号字的移位位数大于16时，移位后被移位的数的各位全部变成了符号位。

表6-9　移位指令

名　称	语句表	描　述
有符号整数右移	SSI	整数逐位右移,空出的位添上符号位
有符号双整数右移	SSD	双整数逐位右移,空出的位添上符号位
16位字左移	SLW	字逐位左移,空出的位添0
16位字右移	SRW	字逐位右移,空出的位添0
16位双字左移	SLD	双字逐位左移,空出的位添0
16位双字右移	SRD	双字逐位右移,空出的位添0
双字循环左移	RLD	双字循环左移
双字循环右移	RRD	双字循环右移
双字+CC1循环左移	RLDA	双字通过CC1(一共33位)循环左移
双字+CC1循环右移	RRDA	双字通过CC1(一共33位)循环右移

【实例】整数移位应用（结果见表6-10）：

```
L      MW4       //将MW4的内容装入累加器1的低字
SSI    6         //累加器1低字中的有符号数右移6位，结果仍在累加器1的低字
                 //中
T      MW8       //累加器1低字中的运算结果传送到MW8中
```

表6-10　整数右移6位前后的数据

内容	累加器1的高字				累加器1的低字			
移位前	0101	1111	0110	0100	1001	1101	0011	1011
右移6位后	0101	1111	0110	0100	1111	1110	0111	0100

6.2.7　字逻辑运算指令

字逻辑运算指令的STL表达方式见表6-11。表6-12给出了累加器1和累加器2进行字逻辑运算后的结果。

表6-11　字逻辑运算指令的STL表达方式

语句表	描　述	语句表	描　述
AW	字与	AD	双字与
OW	字或	OD	双字或
XOW	字异或	XOD	双字异或

表 6-12 字逻辑运算的结果

位	第 0 位,第 1 位…第 15 位
逻辑运算前累加器 1 的低字	0101 1001 0011 1011
逻辑运算前累加器 2 的低字或常数	1111 0110 1011 0101
“与”运算后累加器 1 的低字	0101 0000 0011 0001
“或”运算后累加器 1 的低字	1111 1111 1011 1111
“异或”运算后累加器 1 的低字	1010 1111 1000 1110

【实例】字或运算应用：

```
L   QW10          //QW10 的内容装入累加器 1 的低字
L   W#16#000F     //累加器 1 的内容装入累加器 2，W#16#000F 装入累加器 1 的低字
OW                //累加器 1 低字与 W#16#000F 逐位相或，结果在累加器 1 的低字中
T   QW10          //累加器 1 低字中的运算结果传送到 QW10 中
```

6.2.8 累加器指令

累加器指令见表 6-13，也是在 STL 编程中应用最为广泛的一个指令之一，其中图 6-20 所示演示了入栈和出栈执行前后的变化。

表 6-13 累加器指令

语句表	描　述	语句表	描　述
TAK	交换累加器 1、2 的内容	DEC	累加器 1 最低字节减去 8 位常数
PUSH	入栈	+ AR1	AR1 的内容加上地址偏移量
POP	出栈	+ AR2	AR2 的内容加上地址偏移量
ENT	进入 ACCU 堆栈	BLD	程序显示指令(空指令)
LEAVE	离开 ACCU 堆栈	NOP 0	空操作指令
INC	累加器 1 最低字节加上 8 位常数	NOP 1	空操作指令

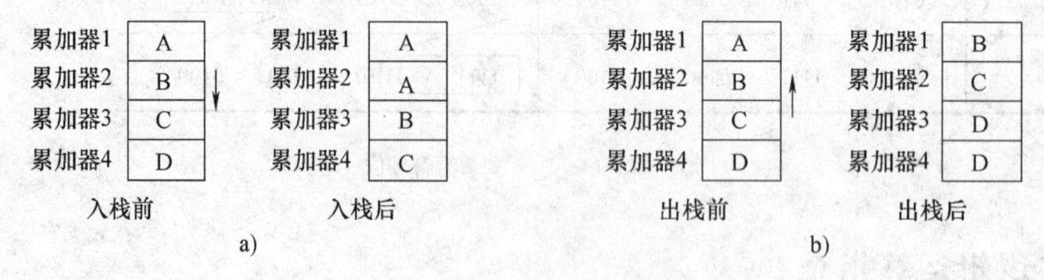

图 6-20 入栈和出栈执行前后的变化
a) 入栈指令执行前后 b) 出栈指令执行前后

【实例】用语句表程序实现浮点数运算(DBD0 + DBD4)/(DBD8 - DBD12)：

```
L   DBD0       //DBD0 中的浮点数装入累加器 1
L   DBD4       //累加器 1 的内容装入累加器 2，DBD4 中的浮点数装入累加器 1
 +R            //累加器 1、2 中的浮点数相加，结果保存在累加器 1 中
L   DBD8       //累加器 1 的内容装入累加器 2，DBD8 中的浮点数装入累加器 1
ENT            //累加器 3 的内容装入累加器 4，累加器 2 的中间结果装入累加器 3
```

```
L  DBD12    //累加器1的内容装入累加器2，DBD12中的浮点数装入累加器1
-R          //累加器2的内容减去累加器1的内容，结果保存在累加器1中
LEAVE       //累加器3的内容装入累加器2，累加器4的中间结果装入累加器3
/R          //累加器2的（DBD0+DBD4）除以累加器1的（DBD8-DBD12）
T  DBD16    //累加器1中的运算结果传送到DBD16
```

6.2.9 逻辑控制指令

逻辑控制指令见表6-14，很多逻辑控制指令在LAD梯形图中不一定会有，这一点需要读者注意。逻辑控制跳转中，只能在同一逻辑块内跳转；同一个跳转目的地址只能出现一次；跳转或循环指令的操作数为地址标号，标号由最多4个字符组成，第一个字符必须是字母，其余的可以是字母或数字。

表6-14 逻辑控制指令

语句表中的逻辑控制指令	说明	语句表中的逻辑控制指令	说明
JU	无条件跳转	JOS	OS=1时跳转
JL	多分支跳转	JZ	运算结果为0时跳转
JC	RLO=1时跳转	JN	运算结果非0时跳转
JCN	RLO=0时跳转	JP	运算结果为正时跳转
JCB	RLO=1且BR=1时跳转	JM	运算结果为负时跳转
JNB	RLO=0且BR=1时跳转	JPZ	运算结果大于等于0时跳转
JBI	BR=1时跳转	JMZ	运算结果小于等于0时跳转
JNBI	BR=0时跳转	JUO	指令出错时跳转
JO	OV=1时跳转	LOOP	循环指令

这里对LOOP特别说明如下：循环指令LOOP <jump label>用ACCU 1-L作循环计数器，每次执行LOOP指令时ACCU 1-L的值减1，若减1后ACCU 1-L非0，将跳转到<jump label>指定的标号处。

【实例】IW8与MW12的异或结果如果为0，将M4.0复位，非0则将M4.0置位：

```
L     IW8    //IW8的内容装入累加器1的低字
L     MW12   //累加器1的内容装入累加器2，MW12的内容装入累加器1
XOW          //累加器1、2低字的内容逐位异或
JN    NOZE   //如果累加器1的内容非0，则跳转到标号NOZE处
R     M4.0
JU    NEXT
NOZE:AN   M4.0
     S    M4.0
NEXT:NOP  0
```

【实例】用循环指令求5！（5的阶乘）：

```
L     L#1        //32位整数常数装入累加器1，置阶乘的初值
T     MD20       //累加器1的内容传送到MD20，保存阶乘的初值
```

```
L        5          //循环次数装入累加器的低字
BACK：   T   MW10   //累加器 1 低字的内容保存到循环计数器 MW10
L        MD20       //取阶乘值
*D                  //MD20 与 MW10 的内容相乘
T        MD20       //乘积送 MD20
L        MW10       //循环计数器内容装入累加器 1
LOOP     BACK       //累加器 1 低字的内容减 1，减 1 后非 0，跳到标号 BACK
         ……         //循环结束后，恢复线性扫描
```

6.2.10 程序控制指令（见表 6-15）

表 6-15　程序控制指令

语句表指令	描　述	语句表指令	描　述
BE	块结束	CC FCn 或 SFCn	RLO=1 时条件调用
BEU	块无条件结束	UC FCn 或 SFCn	无条件调用
BEC	块条件结束	RET	条件返回
CALL FCn	调用功能	MCRA	启动主控继电器功能
CALL SFCn	调用系统功能	MCRD	取消主控继电器功能
CALL FBn1,DBn2	调用功能块	MCR(	打开主控继电器区
CALL SFBn1,DBn2	调用系统功能块	)MCR	关闭主控继电器区

6.2.11 数据块指令（见表 6-16）

表 6-16　数据块指令

指　令	描　述	指　令	描　述
OPN	打开数据块	L DBNO	共享数据块的编号装入累加器 1
CDB	交换共享数据块和背景数据	L DILG	背景数据块的长度装入累加器 1
L DBLG	共享数据块的长度装入累加器 1	L DINO	背景数据块的编号装入累加器 1

【实例】数据块指令应用：

```
OPN   DB10    //打开数据块 DB10 作为共享数据块
L     DBW35   //将打开的 DB10 中的数据字 DBW35 装入累加器 1 的低字
T     MW12    //累加器 1 低字的内容装入 MW12
OPN   DI20    //打开作为背景数据块的数据块 DB20
L     DIB35   //DB20. DIB35 装入累加器 1 的最低字节
T     DBB27   //累加器 1 最低字节传送到 DB10. DBB27
```

6.3 LAD/STL 编程举例

6.3.1 传送带控制

1. 案例介绍

图 6-21 所示为一个能够电气起动的传送带。在传送带的起点有两个按钮：用于 START 的 S1 和用于 STOP 的 S2。在传送带的尾端也有两个按钮：用于 START 的 S3 和用于 STOP 的

S4。可以从任一端起动或停止传送带。另外，当传送带上的物件到达末端时，传感器 S5 使传送带停机。

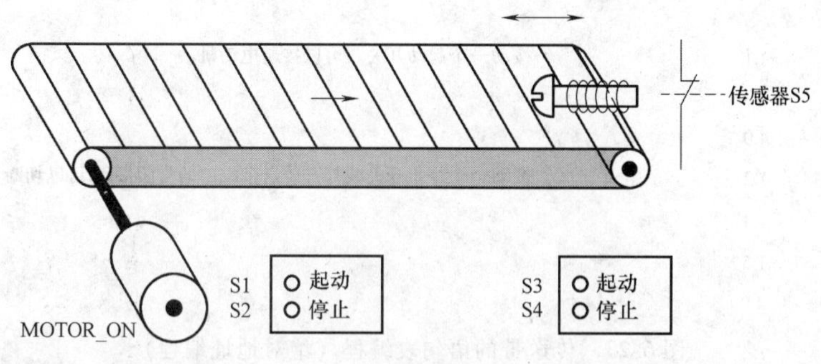

图 6-21　传送带控制

2. 输入/输出符号与符号表

用户可以使用代表传送带系统不同部件的绝对值或符号编写传送带控制程序。同时需要作一个符号表，使选择的符号与绝对地址相对应（见表 6-17）。

表 6-17　输入/输出符号与符号表

系统部件	绝对地址	符　号	符 号 表
起动按钮	I 1.1	S1	I 1.1 S1
停止按钮	I 1.2	S2	I 1.2 S2
起动按钮	I 1.3	S3	I 1.3 S3
停止按钮	I 1.4	S4	I 1.4 S4
传感器	I 1.5	S5	I 1.5 S5
电动机	Q 4.0	MOTOR_ON	Q 4.0 MOTOR_ON

3. 梯形图 LAD 编程

图 6-22 所示为传送带的梯形图编程。

程序段1：按动一个起动开关，可以接通电动机。

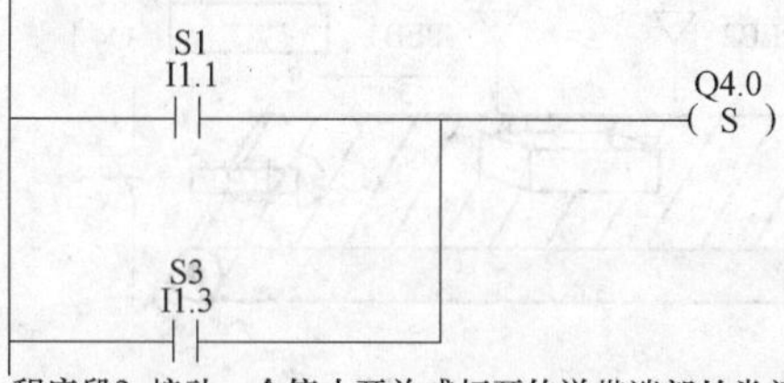

程序段2：按动一个停止开关或打开传送带端部的常闭接点，可以切断电动机。

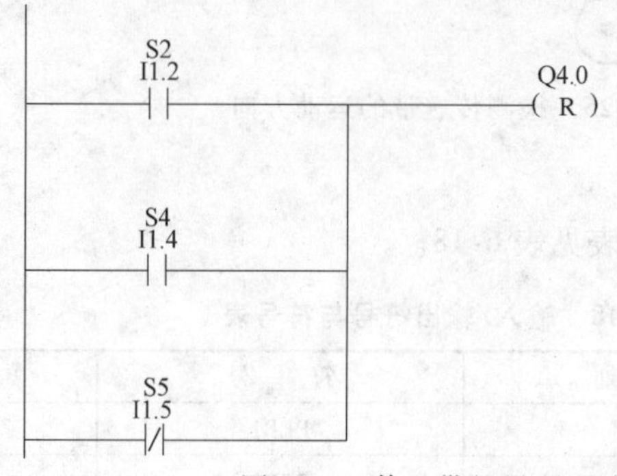

图 6-22　传送带的梯形图编程

4. 语句表 STL 编程

如图 6-23 所示为绝对地址编程，图 6-24 为符号地址编程。

```
O    I    1.1        // 按动一个起动开关，可以接通电动机。
O    I    1.3
S    Q    4.0
O    I    1.2        // 按动一个停止开关或打开传送带端部的常闭接点,可以切断电动机。
O    I    1.4
ON   I    1.5
R    Q    4.0
```

图 6-23　传送带的语句表编程（绝对地址编程）

```
O     S1
O     S3
S     MOTOR_ON
O     S2
O     S4
ON    S5
R     MOTOR_ON
```

图 6-24　传送带的语句表编程（符号地址编程）

6.3.2　检测传送带的运动方向

1. 案例介绍

图 6-25 所示为一个装配有两个光电传感器（PEB1 和 PEB2）的传送带，设计用于检测包裹在传送带上的移动方向。每一个光电传感器都可像常开接点一样使用。

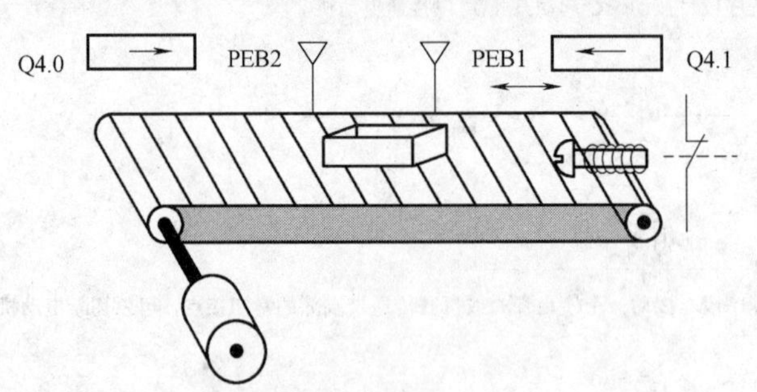

图 6-25　检测传送带的运动方向

2. 输入/输出符号与符号表

本案例的输入/输出符号与符号表见表 6-18。

表 6-18　输入/输出符号与符号表

系统部件	绝对地址	符　　号	符 号 表
光电传感器 1	I0. 0	PEB1	I0. 0　PEB1
光电传感器 2	I0. 1	PEB2	I0. 1　PEB2

（续）

系统部件	绝对地址	符　　号	符 号 表
向右运动显示	Q4. 0	RIGHT	Q4. 0　RIGHT
向左运动显示	Q4. 1	LEFT	Q4. 1　LEFT
脉冲存储位 1	M0. 0	PMB1	M0. 0　PMB1
脉冲存储位 2	M0. 1	PMB2	M0. 1　PMB2

3. 梯形图 LAD 编程

图 6-26 所示为检测传送带运动方向案例的梯形图编程。

程序段1：如果在输入I0.0上出现信号状态从“0”变为“1”(上升沿)，同时输入I0.1的信号状态为“0”，则传送带上的包裹向左移动。

PEB1 I0.0 —| |— PMB1 M0.0 —(P)— PEB2 I0.1 —|/|— Q4.1 —(S)

程序段2：如果在输入I0.1上出现信号状态从“0”变为“1”(上升沿)，同时输入I0.0的信号状态为“0”，则传送带上的包裹向右移动。如果有一个光电传感器被遮挡，这就意味着在光电传感器间有一个包裹。

PEB2 I0.1 —| |— PMB2 M0.1 —(P)— PEB1 I0.0 —|/|— Q4.0 —(S)

程序段3：如果没有一个光电传感器被遮挡，则在光电传感器之间没有包裹。方向指示灯熄灭。

PEB1 I0.0 —|/|— PEB2 I0.1 —|/|— Q4.0 —(R)

Q4.1 —(R)

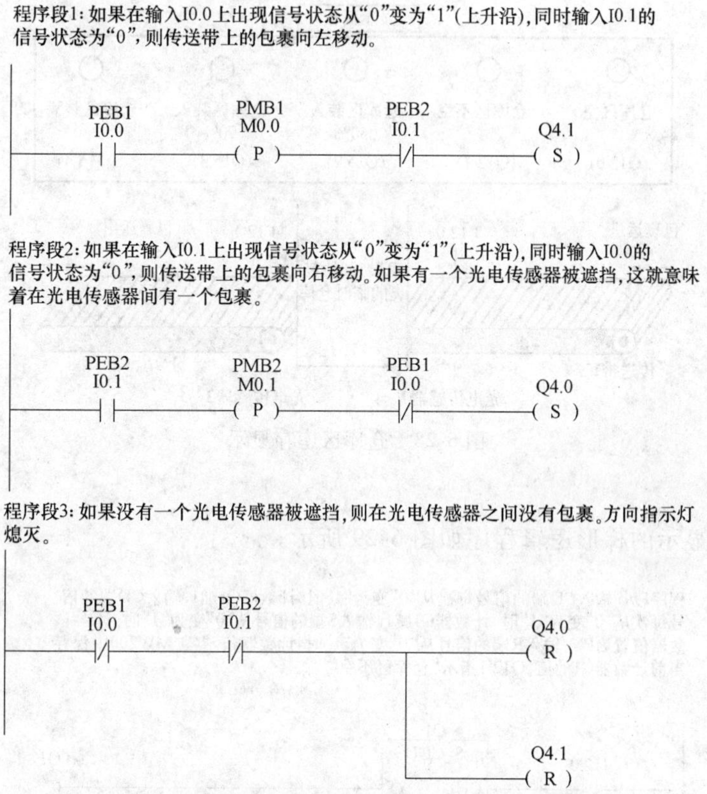

图 6-26　检测传送带运动方向案例的梯形图编程

4. 语句表 STL 编程（见图 6-27）

```
A   I   0.0    // 如果在输入I0.0上出现信号状态从“0”变为“1”(上升沿)，同时输入I0.1
FP  M   0.0       的信号状态为“0”，则传送带上的包裹向左移动。
AN  I   0.1
S   Q   4.1
A   I   0.1    // 如果在输入I0.1上出现信号状态从“0”变为“1”(上升沿)，同时输入I0.0
FP  M   0.1       的信号状态为“0”，则传送带上的包裹向右移动。如果有一个光电传感器被遮
AN  I   0.0       挡，这就意味着在光电传感器间有一个包裹。
S   Q   4.0
AN  I   0.0    // 如果没有一个光电传感器被遮挡，则在光电传感器之间没有包裹。方向指示灯
AN  I   0.1       熄灭。
R   Q   4.0
R   Q   4.1
```

图 6-27　语句表 STL 编程

6.3.3 仓库区库存显示

1. 案例介绍

图 6-28 所示为包括两台传送带的系统，在两台传送带之间有一个临时仓库区。传送带 1 将包裹运送至仓库区。传送带 1 靠近仓库区一端安装的光电传感器确定已有多少包裹运送至仓库区。传送带 2 将临时库区中的包裹运送至装货场，在这里货物由卡车运送至顾客。传送带 2 靠近仓库区一端安装的光电传感器确定已有多少包裹从仓库区运送至装货场。含 5 个指示灯的显示面板表示临时仓库区的占用程度。

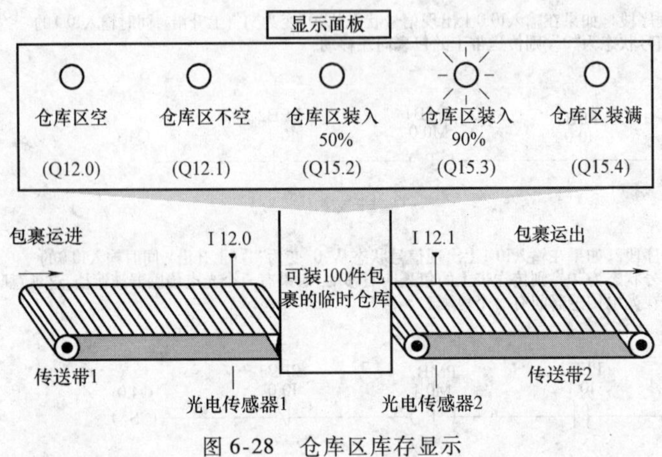

图 6-28　仓库区库存显示

2. 梯形图

仓库区库存显示的梯形逻辑程序如图 6-29 所示。

程序段1: 输入CU端的信号每次从"0"变为"1"时，计数器C1加1，输入CD端的信号每次从"0"变为"1"时，计数器C1减1。输入S端的信号从"0"变为"1"时，计数器值置为PV。输入R端的信号从"0"变为"1"时，计数器值清零。MW200中保存当前计数器C1的值。Q12.1指示"仓库区不空"。

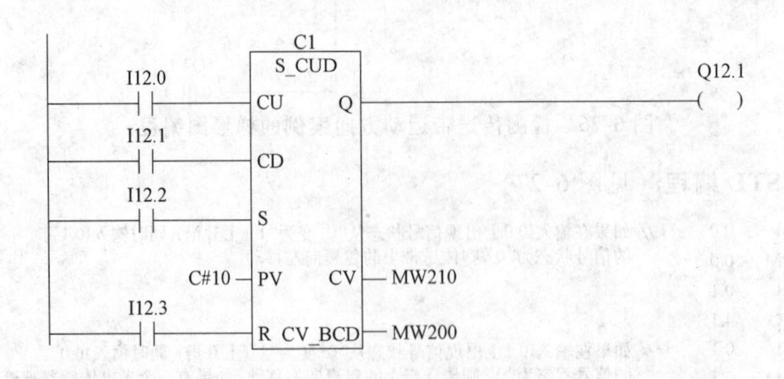

程序段2: Q12.0指示"仓库区空"。

图 6-29　仓库区库存显示的梯形逻辑程序

程序段3：如果50小于等于计数器值(即如果计数器值大于等于50)，"仓库区装入50%"指示灯亮。

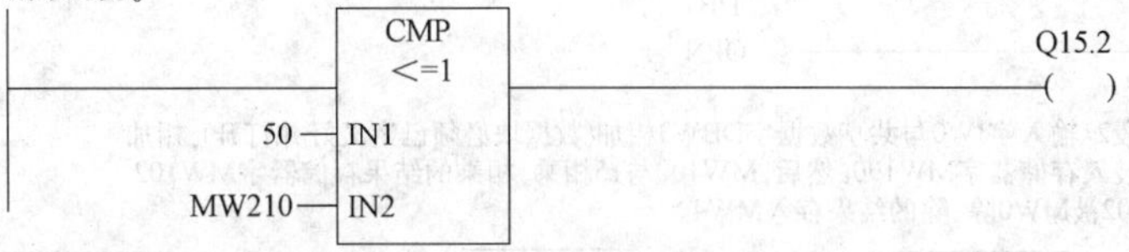

```
CMP
<=I                 Q15.2
                    (   )
50     — IN1
MW210  — IN2
```

程序段4：如果计数器值大于等于90，"仓库区装入90%"指示灯亮。

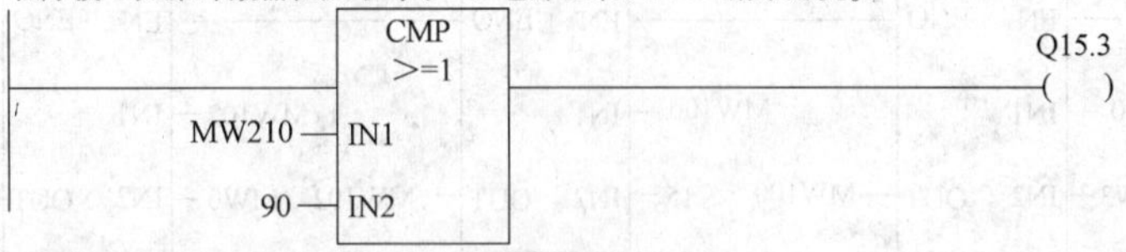

```
CMP
>=I                 Q15.3
                    (   )
MW210  — IN1
90     — IN2
```

程序段5：如果计数器值大于等于100，"仓库区装满"指示灯亮。

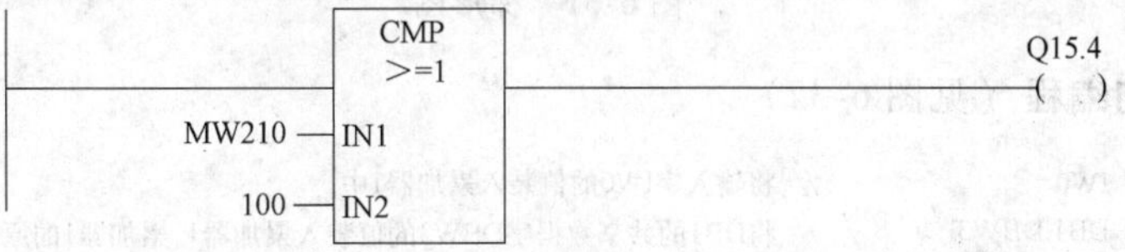

```
CMP
>=I                 Q15.4
                    (   )
MW210  — IN1
100    — IN2
```

图 6-29 仓库区库存显示的梯形逻辑程序（续）

3. 语句表 STL 编程（见图 6-30）

```
A    I   12.0      // 由光电传感器1产生的每个脉冲
CU   C1            // 都可使计数器C1的计数值加"1"，用以计算放入仓储区内的包裹数。
                   //
A    I   12.1      // 由光电传感器2产生的每个脉冲
CD   C1            // 都可使计数器C1的计数值减"1"，用以计算离开仓储区内的包裹数。
                   //
AN   C1            // 如果计数数值为"0"，
=    Q   12.0      // 则"仓储区空"指示灯亮。
                   //
A    C1            // 如果计数数值不为"0"，
=    Q   12.1      // 则"仓储区不空"指示灯亮。
                   //
L    50
L    C1
<=I                // 如果计数数值大于或等于50，
=    Q   15.2      // 则"仓储区装满50%"指示灯亮。
                   //
L    90
>=I                // 如果计数数值大于或等于90，
=    Q   15.3      // 则"仓储区装满90%"指示灯亮。
                   //
L    Z1
L    100
>=I                // 如果计数数值大于或等于100，
=    Q   15.4      // 则"仓储区满"指示灯亮。
```

图 6-30 仓库区库存显示的 STL 编程

6.3.4 解决算术问题 MW4 = ((IW0 + DBW3) ×15) /MW0

1. 梯形图（见图 6-31）

程序段1：打开数据块DB1。

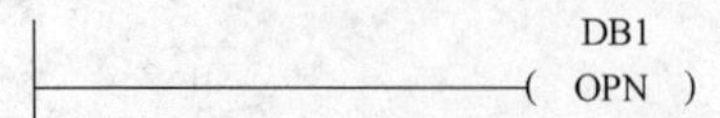

程序段2：输入字IW0与共享数据字DBW3相加(数据块必须已定义好并打开)，相加之和装入存储器字MW100。然后，MW100与15相乘，相乘的结果存储器字MW102。MW102被MW0除，除的结果存入MW4。

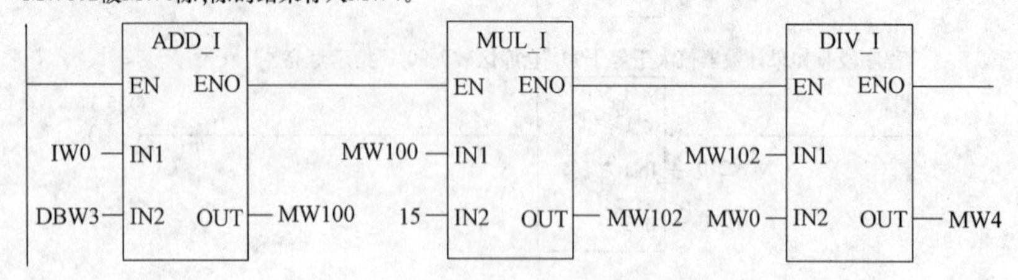

图 6-31　梯形图

2. STL 语句编程（见图 6-32）

```
L    IW0          // 将输入字IW0的值装入累加器1中。
L    DB1.DBW3     // 将DB1的共享数据字DBW3的值装入累加器1。累加器1的原有内
                     容移入累加器2。
+I                // 将累加器1和累加器2低字中的内容相加。结果保存在累加器1的
                     低字中。累加器2和累加器1的高字内容保持不变。
L    +15          // 将常数数值+15装入累加器1。累加器1的原有内容移入累加器2。
*I                // 将累加器2低字中的内容和累加器1低字中的内容相乘。结果保存在
                     累加器1中。累加器2的内容保持不变。
L    MW2          // 将存储字MW2的数值装入累加器1。累加器1的原有内容移入累加
                     器2。
/I                // 将累加器2低字中的内容除以累加器1低字中的内容相乘。结果保存
                     在累加器1中。累加器2的内容保持不变。
T    MD4          // 将最终结果传送到存储双字MD4。两个累加器的内容保持不变。
```

图 6-32　STL 语句编程

6.3.5　加热炉控制

1. 案例介绍

操作员按启动按钮开启加热炉。操作员能够使用如图 6-33 所示的拨码开关设定加热时间。操作员设定的值以二-十进制（BCD）格式用［秒］为单位显示。

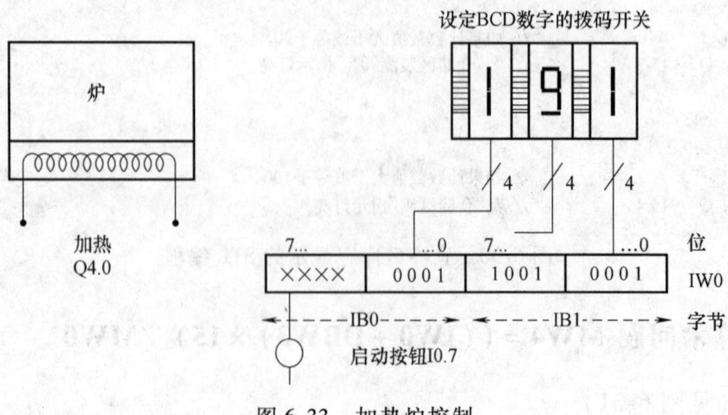

图 6-33　加热炉控制

2. 输入/输出符号与符号表

本案例的输入/输出符号与符号表见表 6-19。

表 6-19　输入/输出符号与符号表

系统部件	绝对地址	系统部件	绝对地址
启动按钮	I0.7	百位数拨码开关	I0.0 ~ I0.3
个位数拨码开关	I1.0 ~ I1.3		
十位数拨码开关	I1.4 ~ I1.7	开始加热	Q4.0

3. 梯形图（见图 6-34）

程序段1: 如果定时器运行, 则接通加热器。

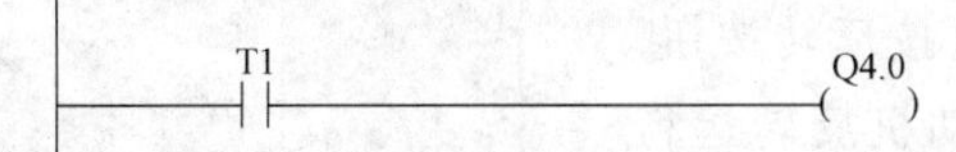

程序段2: 如果定时器运行, 则Return指令结束在此的处理。

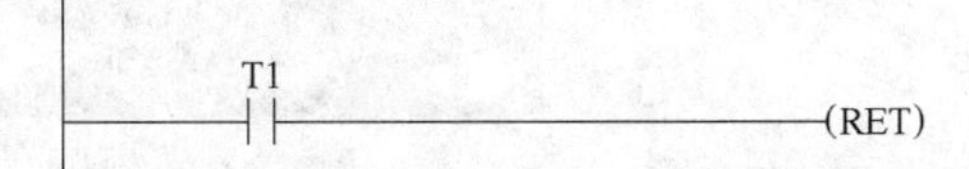

程序段3: 屏蔽输入位I0.4～I0.7(即将其复位为“0”)。不使用拨码开关输入这些位。按照字和字相“与”指令, 将拨码开关输入的16位与W#16#0FFF相结合。其结果装入存储器字MW1中。为了设定以[秒]为单位的时基, 按照字和字相“或”指令将预置值和W#16#2000相结合, 将位13置为“1”, 位12复位为“0”。

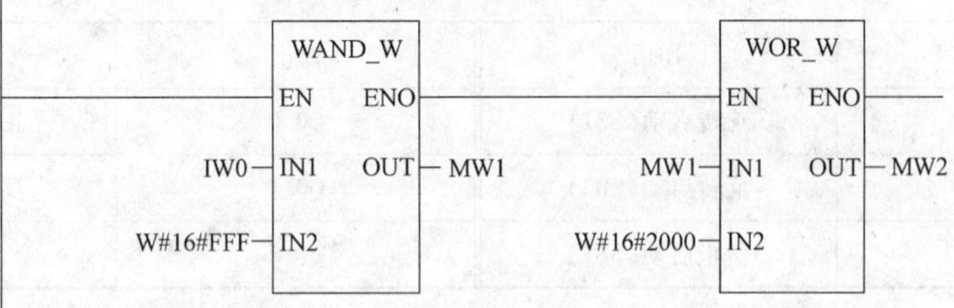

程序段4: 如果按动启动按钮, 则启动定时器T1为扩展脉冲定时器, 以存储器字MW2装入(取自上述逻辑)预置时间值。

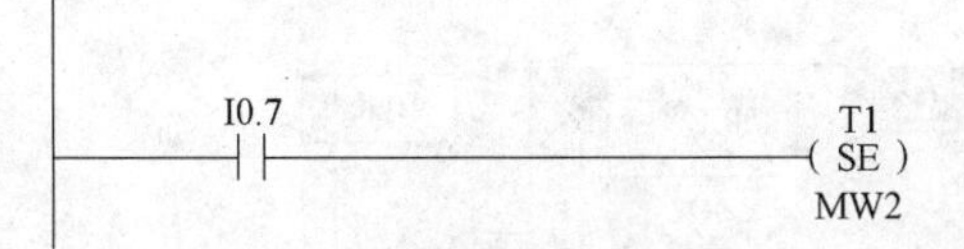

图 6-34　加热炉控制的 LAD 编程

4. STL 语句编程（见图 6-35）

```
A    T1             // 如果定时器在计时，
=    Q    4.0       // 则打开加热装置。
BEC                 // 如果定时器在计时，则停止进一步处理。以防止定时器 T1 被按钮再次启动。
L    IW0
AW   W#16#0FFF      // 屏蔽输入位 I0.4 ～ I0.7（即将其复位为“0”）。
                       时间值（单位[秒]）以 BCD 码格式保存在累加器 1 低字。
OW   W#16#2000         将时基（单位[秒]）写入累加器 1 低字的位 12 和位 13。
A    I    0.7
SE   T1             // 如果按钮被按下，以延时脉冲定时器方式启动定时器 T1。
```

图 6-35　加热炉控制的 STL 编程

6.4 送料机的 PLC 控制案例

6.4.1 控制要求

某送料机的控制由一台电动机驱动（见图 6-36），其往复运动采用电动机正转和反转来完成。正转完成送料，反转完成取料，由操作台控制。

电动机在正转运行时，按反转启动按钮，电动机不能反转，只有按停止按钮后，再按反转按钮，电动机才能反转运行。同理，在电动机反转运行时，也不能直接进入正转运行。

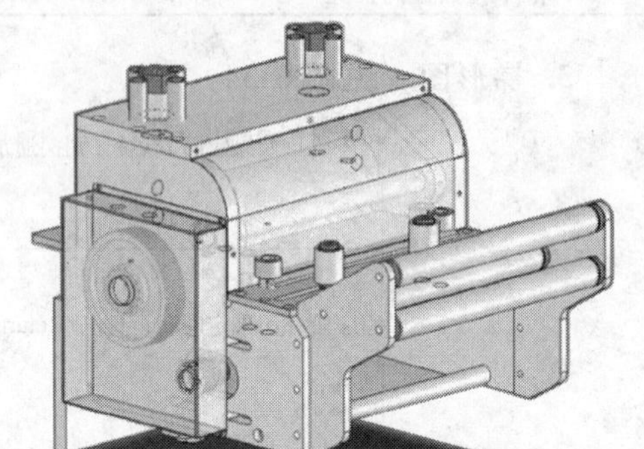

图 6-36　送料机外观

6.4.2 硬件设计

本案例采用 S7-300 PLC 进行控制，跟 S7-200 PLC 相同，它的输入和输出资源分配见表 6-20。

表 6-20　送料机的 PLC 控制

输入	作用	输出	作用
I0.0	正转启动(SB1)	Q0.0	正转控制(KM1)
I0.1	反转启动(SB2)	Q0.1	反转控制(KM2)
I0.2	停止启动(SB3)		

根据送料机的实际要求，本方案采用 S7-300 PLC 进行控制，CPU 选型为 CPU 313C-2DP，它集成了 DI16/DO16（见图 6-37），具体电气接线如图 6-38 所示。

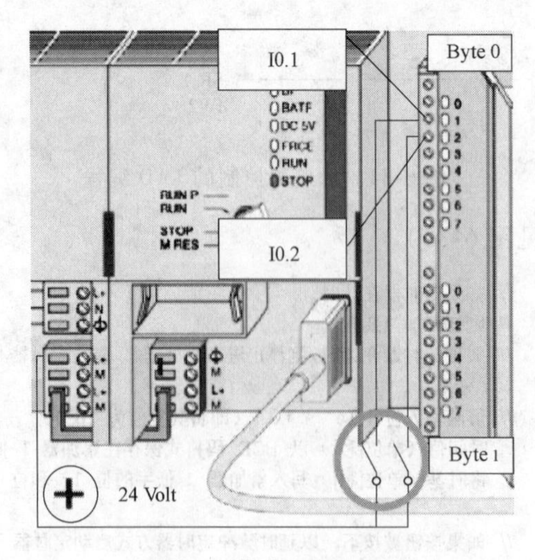

图 6-37　集成 DI16/DO16

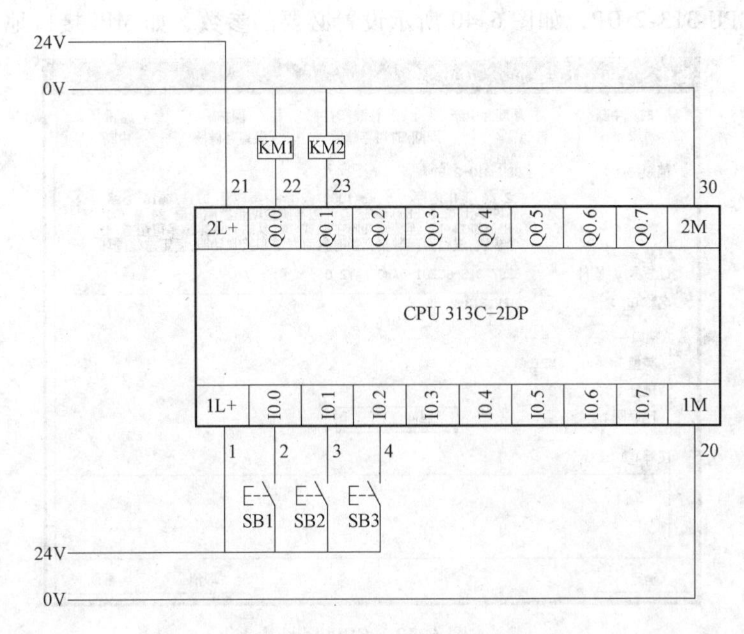

图 6-38 送料机 PLC 电气接线

6.4.3 硬件配置

1）如图 6-39 所示为硬件配置，从“配置文件”中找到送料机 PLC 所需要的 RACK-300（机架）、PS-300（电源）和 CPU-300（CPU），依次进行添加。

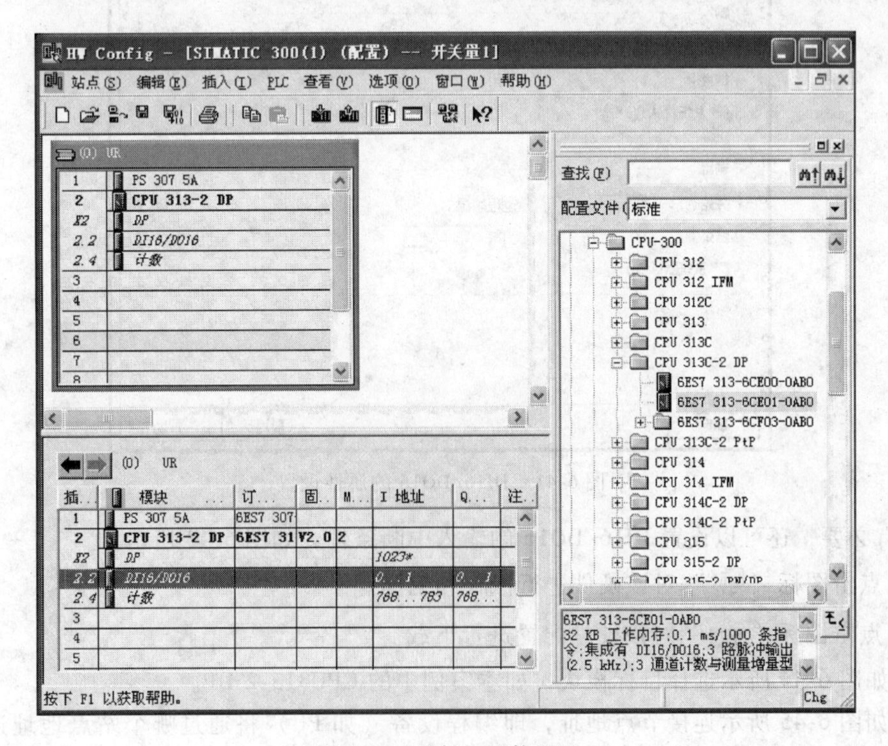

图 6-39 送料机硬件配置

2）点击 CPU 313-2 DP，如图 6-40 所示设置必要的参数，如 MPI 接口地址等。

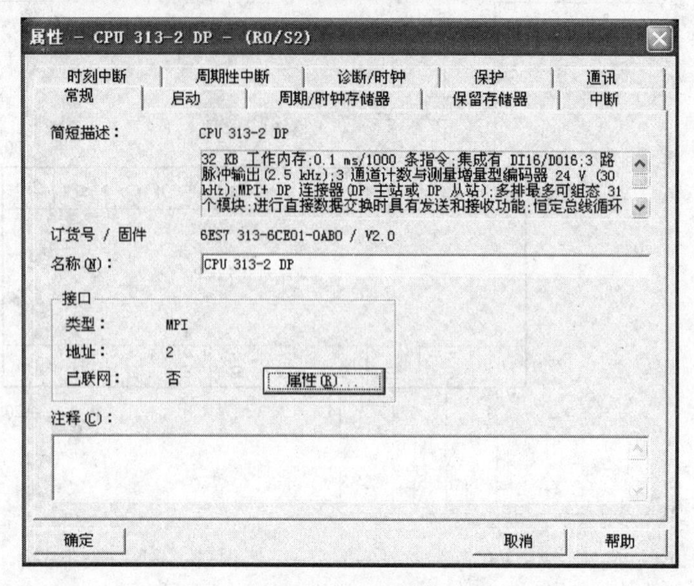

图 6-40　CPU 属性

3）点击 CPU 313-2 DP 的 DI16/DO16，如图 6-41 所示设置输入开始地址和输出开始地址（可以随意设置）。如果选择系统默认，则为 124 开始的地址，如图 6-42 所示。

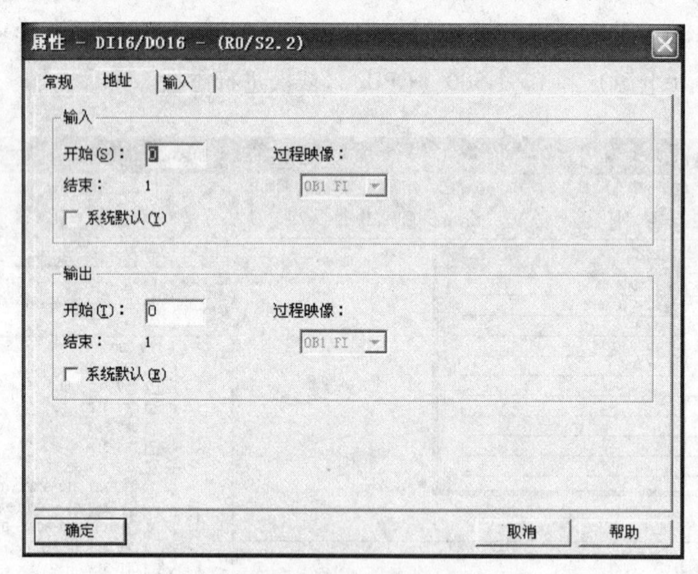

图 6-41　DI16/DO16 的属性设置

如有必要，还可以设置 DI16/DO16 的输入中断条件，如图 6-43 所示。

4）点击图标“ ”对该硬件进行保存和编译。

5）点击图标“ ”对该硬件配置进行下载。

① 如图 6-44 所示选择目标模块，如本案例中的 CPU313-2 DP。

② 如图 6-45 所示连接节点地址，即编程设备（如 PC）将通过哪个站点地址连接到模块 CPU313-2 DP 中，本案例选择 MPI 地址 =2 的站点进行连接。

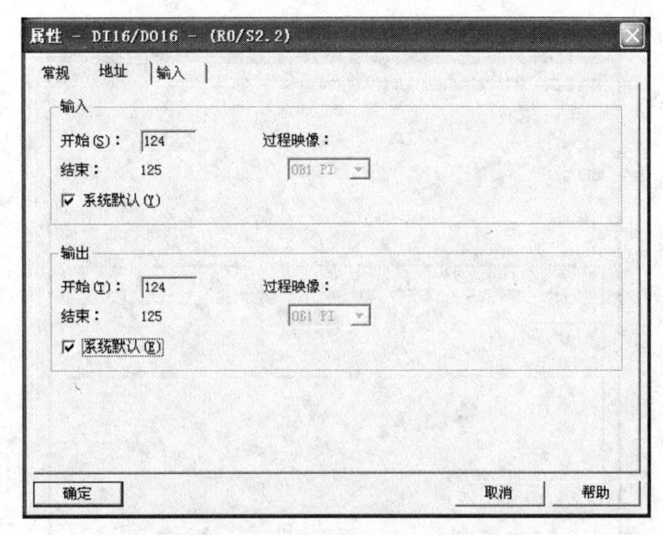

图 6-42　DI16/DO16 的默认地址设置

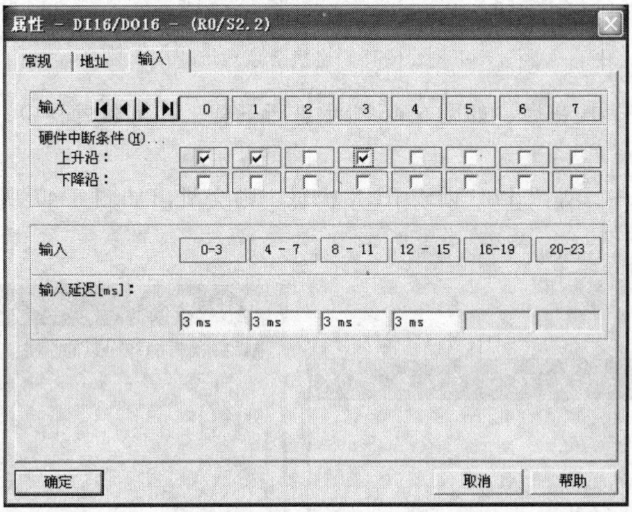

图 6-43　DI16/DO16 的输入中断条件

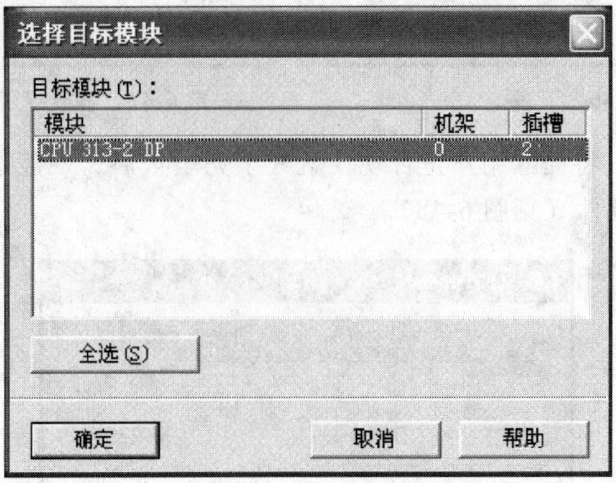

图 6-44　选择目标模块

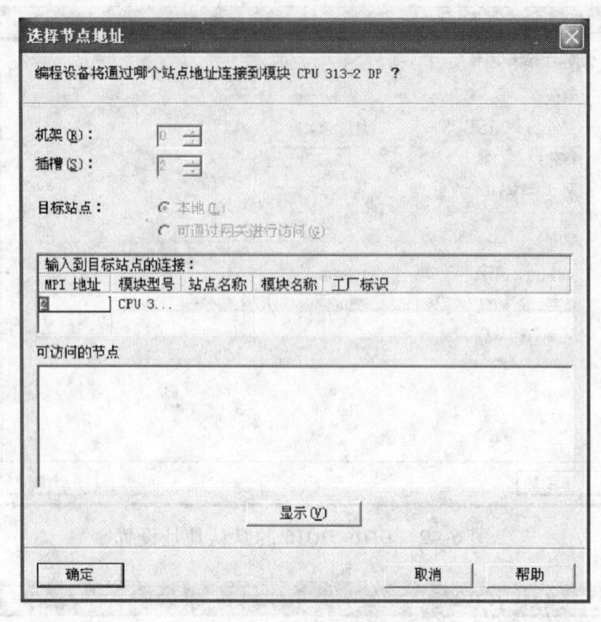

图 6-45　连接节点地址

③ 点击“确定”按钮后，如图 6-46 所示进行下载，在下载过程中，将把所配置的模块一一下载进去。

④ 在下载过程中，如果 PLC 处于 RUN 状态，则会跳出如图 6-47 所示的提示“停止目标模块”。

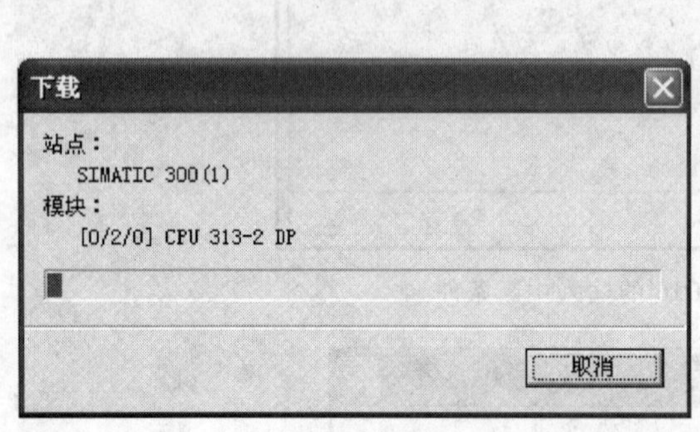

图 6-46　下载

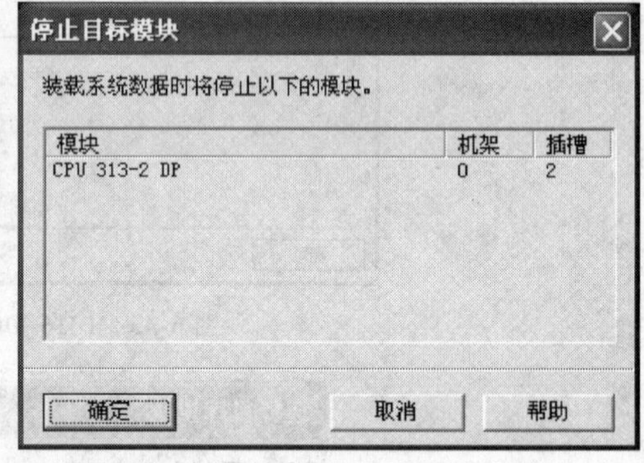

图 6-47　下载提示“停止目标模块”

⑤ 在下载完毕后，将提醒用户是否现在就处于完全重启，一般选择“是”即可确保配置文件完全进入 PLC 硬件（见图 6-48）。

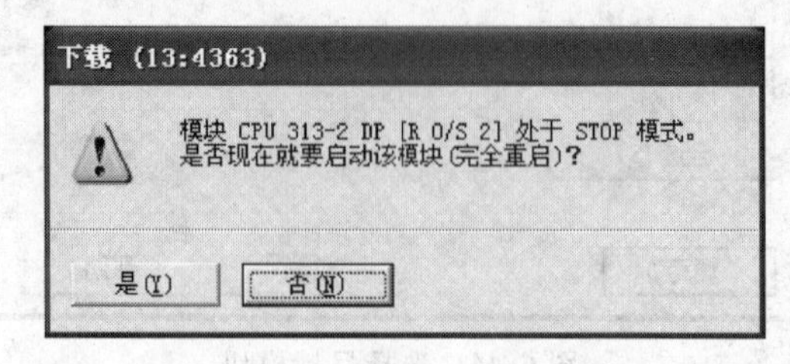

图 6-48　下载提示“完全重启”

6.4.4 软件编程

1）打开“程序元素”窗口中的“位逻辑”指令树，如图 6-49 所示。

新建程序段
位逻辑
--| |--
--|/|--
--|NOT|--
--( )
--(#)--
--(R)
--(S)
RS
SR
--(N)--
--(P)--
--(SAVE)
NEG
POS

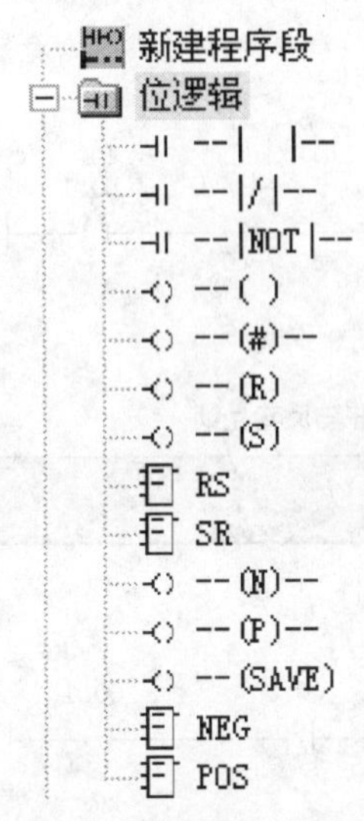

图 6-49　位逻辑指令树

2）在硬件配置结束后，即可点击 OB1 进行编程。完整的送料机电动机正反转控制程序如图 6-50 所示。

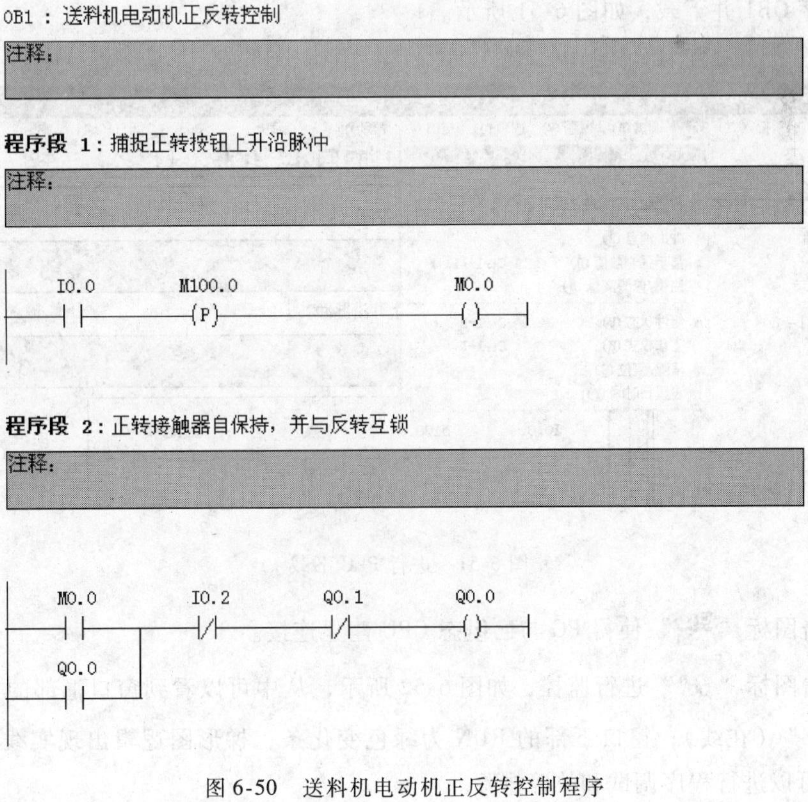

OB1 : 送料机电动机正反转控制
注释:
程序段 1 : 捕捉正转按钮上升沿脉冲
注释:
I0.0
M100.0
P
M0.0
程序段 2 : 正转接触器自保持，并与反转互锁
注释:
M0.0
I0.2
Q0.1
Q0.0
Q0.0

图 6-50　送料机电动机正反转控制程序

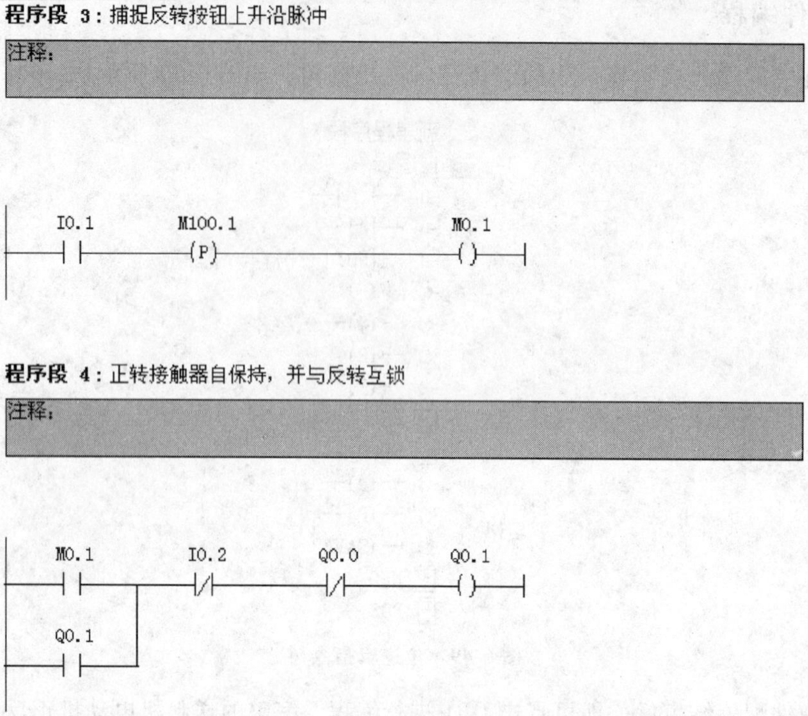

程序段 3：捕捉反转按钮上升沿脉冲

注释：

I0.1　M100.1　M0.1

(P)　( )

程序段 4：正转接触器自保持，并与反转互锁

注释：

M0.1　I0.2　Q0.0　Q0.1

( )

Q0.1

图 6-50　送料机电动机正反转控制程序（续）

3）保存 OB1 并下载，如图 6-51 所示。

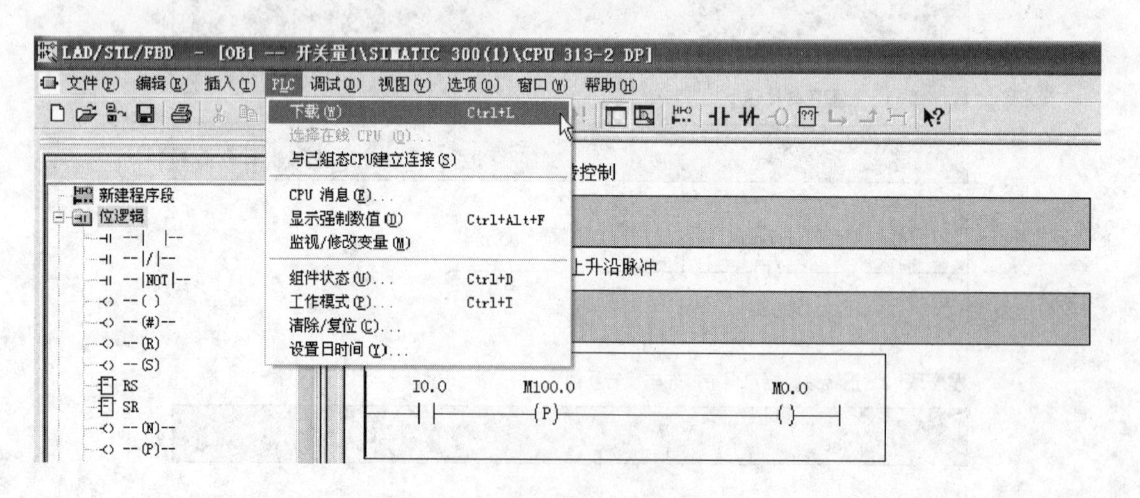

图 6-51　进行 PLC 下载

4）点击图标“ ”使得 PC 与已组态 CPU 建立连接。

5）点击图标“  ”进行监控，如图 6-52 所示，从中可以看到窗口上部的文件名变成了“ONLINE”（在线）；窗口下部的 RUN 为绿色变化条；梯形图逻辑出现实线 ON 和虚线 OFF。由此可以进行程序调试和故障排除。

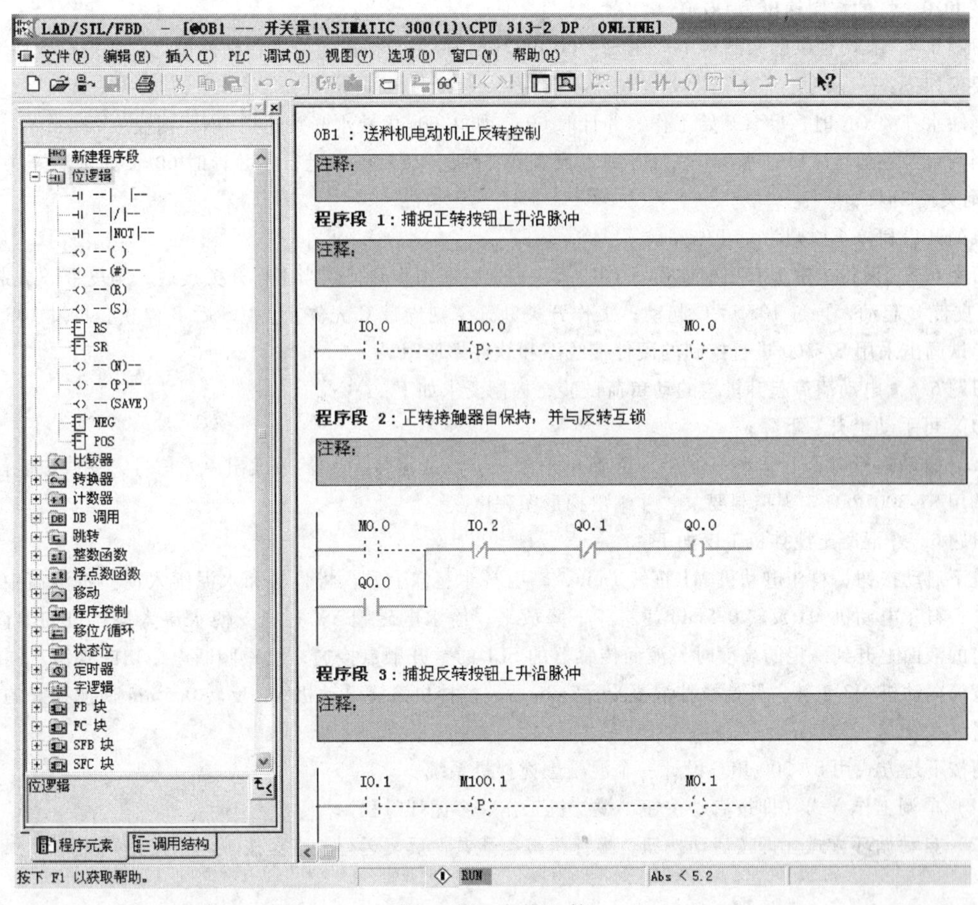

图 6-52 在线监控

思考与练习

习题 6.1 选择题

(1) S7-300 PLC 中央机架的 4 号槽的 16 点数字量输出模块占用的字节地址为（　　）。

A. IB0 和 IB1　　B. IW0　　C. QB0 和 QB1　　D. QW0

(2) MW0 是位存储器中的第 1 个字，MW4 是位存储器中的第（　　）个字。

A. 1　　B. 2　　C. 3　　D. 4

(3) WORD（字）是 16 位（　　）符号数，INT（整数）是 16 位（　　）符号数。

A. 无，无　　B. 无，有　C. 有，无　　D. 有，有

(4) 通电延时定时器的 SD 线圈（　　）时开始定时，定时时间到，当前时间值为（　　）。

A. 通电，0　　B. 通电，预设值 TV

C. 断电，0　　D. 断电，预设值 TV

习题 6.2 试用 STEP7 的定时器（SD）完成以下控制（用 LAD 编写程序）：I0.0（外接常开点）一旦闭合，定时器开始计时并延时 1min 30s 输出 Q12.0；I0.1（外接常闭点）一旦断开，Q12.0 断电停止输出，同时定时器复位。

习题 6.3 设计一个电路，使用一个按钮控制一盏灯，实现奇数次按下灯亮，偶数次按下灯灭。按钮

输出是 I0.0，灯的控制输出为 Q0.0。

习题 6.4 某两台泵的泵站组中采用 S7-300 PLC 进行控制与操作，请进行硬件设计，并进行软件编程，控制要求如下：

当缺水开关 ON 时，1#泵开始工作，并计时 60s，如在 60s 内缺水开关还是 ON，则投入 2#泵；

当两台泵在运行中时，水满开关 ON 时，则关掉 1#泵，2#泵仍旧运行，并计时 60s，如水满开关仍旧 ON，则关掉 2#泵；

泵的开启和停止原则为先开先停。

习题 6.5 设传送带上有三根皮带 A、B、C，另设有一工作开关。当工作开关接通，则皮带 A 先起动，10S 后皮带 B 起动，再过 10S 后 C 起动；工作开关断开，则皮带 C 先停止，10S 后 B 停止，再过 10S 后 A 停止。试画出采用 S7-300 进行控制的硬件接线图和软件梯形图。

习题 6.6 电动葫芦起升机构的动负荷试验，控制要求如下：

（1）可手动上升、下降；

（2）自动运行时，上升 6s—停 9s—下降 6s—停 9s，反复运行 1h，然后发出声光信号，并停止运行。

试用 S7-300 PLC 实现控制要求，并编出梯形图程序。

习题 6.7 混凝土搅拌机工序如下：

按下启动按钮，料斗电动机 M1 正转 1min，牵引料斗起仰上升，将骨料和水泥倾入搅拌机滚筒中；装料完毕，料斗电动机 M1 反转 0.5min 使料斗下降放平；给水电磁阀 YV 通电，使水流入搅拌机的滚筒中，当滚筒的液面上升到一定的高度时，液面传感器的 SL1 的常开触点接通，电磁阀断电，切断水源。同时搅拌机滚筒电动机 M2 正转，开始搅拌混凝土；5min 后，搅拌机滚筒电动机 M2 反转 0.5min 使搅拌好的混凝土出料。

请按下述方式用 S7-300 PLC 设计一个混凝土搅拌机系统：

（1）单调工作方式（即按启动按钮，搅拌机工作一个循环过程）；

（2）自动循环方式（即按启动按钮，搅拌机按上述共性反复运行，直至按下停止按钮）。

第7讲　S7-300/400 PLC 的调试与仿真

【内容提要】

S7-300/400 PLC 在硬件组态、编程和下载过程中，经常会出现“莫名其妙”的故障，因此如何“调试与仿真”就成为了非常关键的一步。本讲从 S7-300 PLC 的故障在线诊断出发，详细介绍了如何从模块信息获得故障原因、如何清除故障等；举例描述了 PLCSIM V5.4 仿真软件的安装与案例，并以开关量为例进行了详细阐述；以两个 S7-400 PLC 之间基于 TCP/IP 的 S7 通信进行了实例阐述。

应知

※了解 STEP 7 的调试步骤及要点

※熟悉仿真软件的功能与特点

※掌握 S7 PLC 远程维护的要点

※掌握 S7-400 PLC 的 S7 通信仿真

☆能对 S7-300CPU 进行复位

☆能对 S7-300 PLC 的故障进行在线诊断

☆能安装 STEP 7 PLCSIM 仿真软件

☆能用 STEP 7 仿真软件进行程序和通信仿真

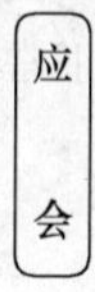

应会

7.1 S7-300/400 PLC 的复位与在线诊断

7.1.1 S7-300 CPU 复位的基本方法

1. 基本方法

1）将操作模式开关转换从 STOP 位置到 MRES 位置并保持至少 3s，直到红色的“STOP”发光二极管开始慢闪为止。

2）释放开关，并且最多在 3s 内将开关再次转到 MRES 位置。当“STOP”LED 快闪时，CPU 已经被复位。

3）如果“STOP”发光二极管没有开始快闪，请重复执行此过程。

2. 复位存储器 MMC 的方法

将操作模式开关转换从 STOP 位置到 MRES 位置，STOP LED 熄灭 1s，亮 1s，再熄灭 1s 后保持亮。放开开关，使它回到 STOP 位置，3s 内把开关又转换回到 MRES 位置，STOP LED 以 2Hz 的频率至少闪动 3s，表示正在复位，最后 STOP LED 一直亮，可以松动模式开关，完成。

7.1.2 S7-300 PLC 的故障在线诊断

状态显示

图 7-1 所示为某 S7-300 PLC 在下载程序后与 PC 相连出现的情况，显然，该 PLC 未能处于正常“RUN”状态。

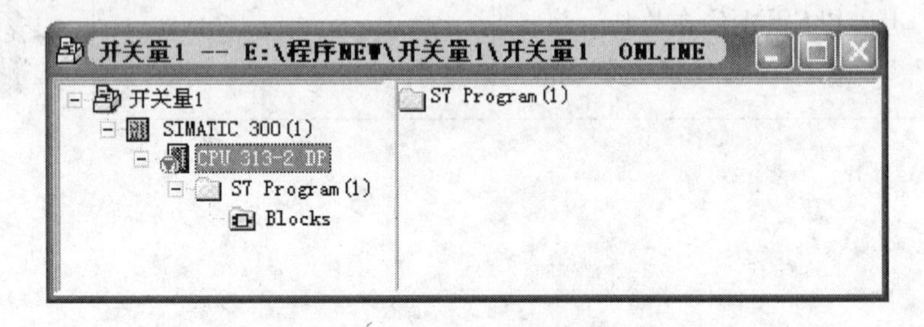

图 7-1 S7-300 的状态显示

为了详细了解 SIMATIC 300（1）PLC 此时的状态，按右键，如图 7-2 所示，选择“PLC”→“模块信息”。

图 7-3 所示为 CPU313-2DP 的模块信息，从中可以看出，该模块“可用且正常，但是出错指示灯 LED（SF）亮”，这与实际看到的 PLC 情况相符。此时，CPU 的工作模式为“停止（STOP）”。

如图 7-4 所示，选择模块信息窗口中的“诊断缓冲区”菜单，可以明确得出该事件为“由 I/O 访问错误引起的 STOP 模式（OB 没有装载或不能装载）……”。

为了更加清晰地了解该事件的原因和处理措施，可以选择“事件帮助”，如图 7-5 所示。

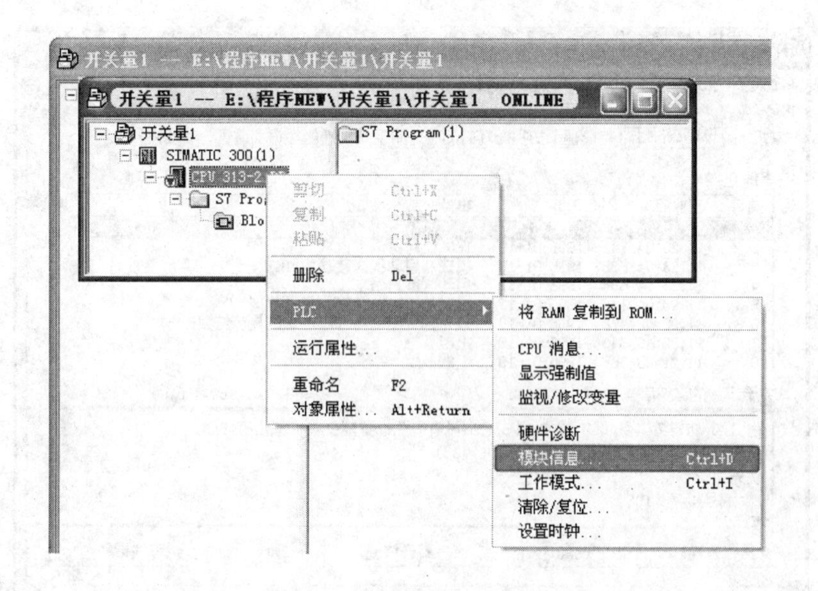

图 7-2 选择“模块信息”

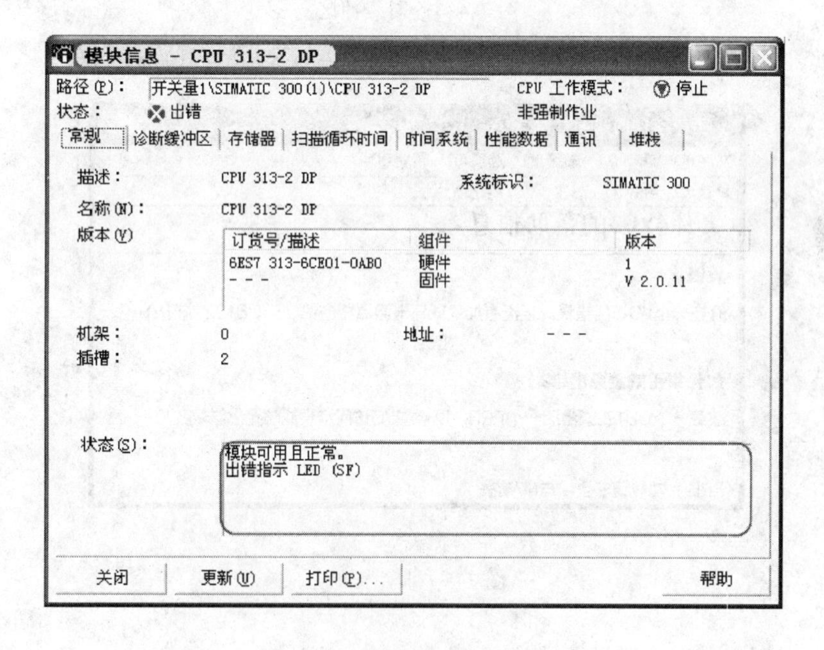

图 7-3 模块信息显示

为了将该 PLC 的故障进行清除或复位，可以选择如图 7-6 所示的“诊断/设置”→“清除/复位”选项。

在执行“清除/复位”选项前，会跳出图 7-7 所示的提示窗口，如本案例的“所有用户数据（包括硬件组态）将被删除，所有与模块的现有连接将被断开”等。

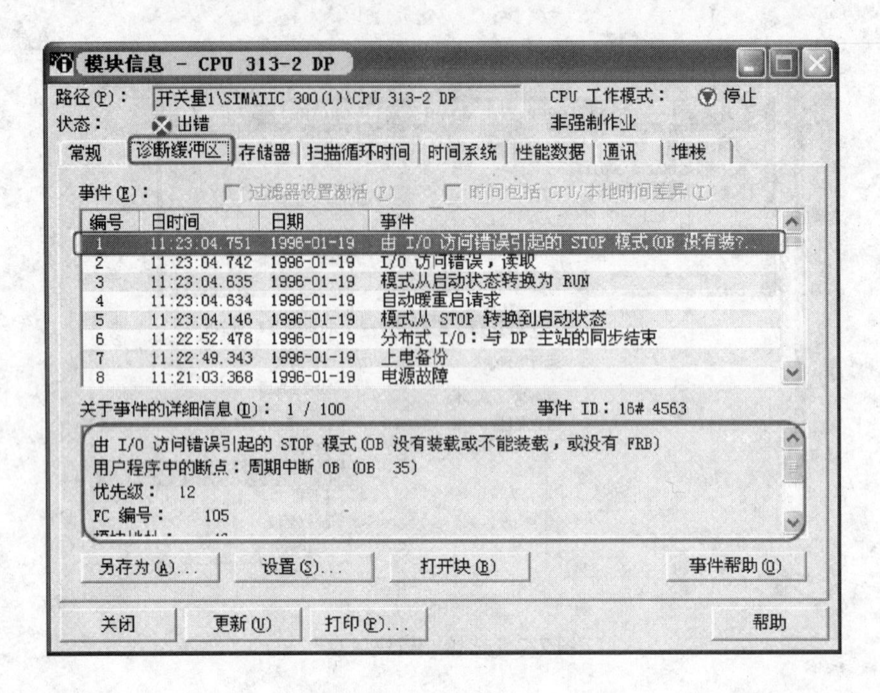

图 7-4　诊断缓冲区

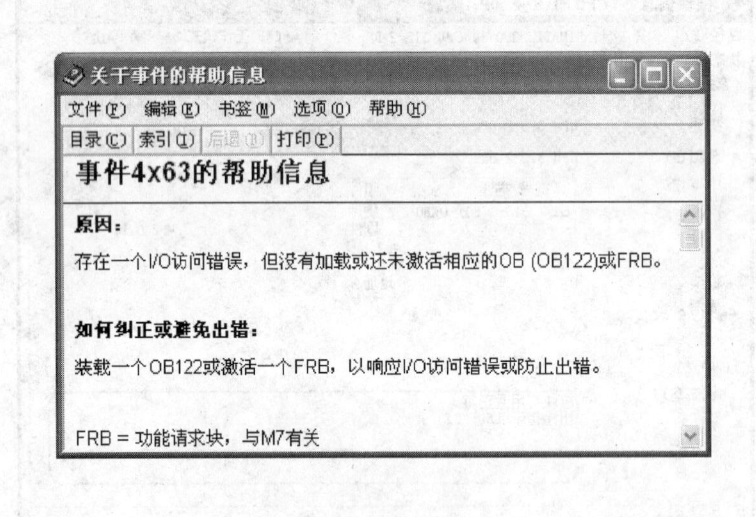

图 7-5　事件帮助

当然，用户也可以直接在线删除任意选中的块，如图 7-8 所示。在线删除之前，也会跳出图 7-9 所示的提示窗口。

当对该 PLC 进行清除/复位之后，PLC 就可以处于正常状态，只要用户程序和硬件组态确保无误，即可正常运行。

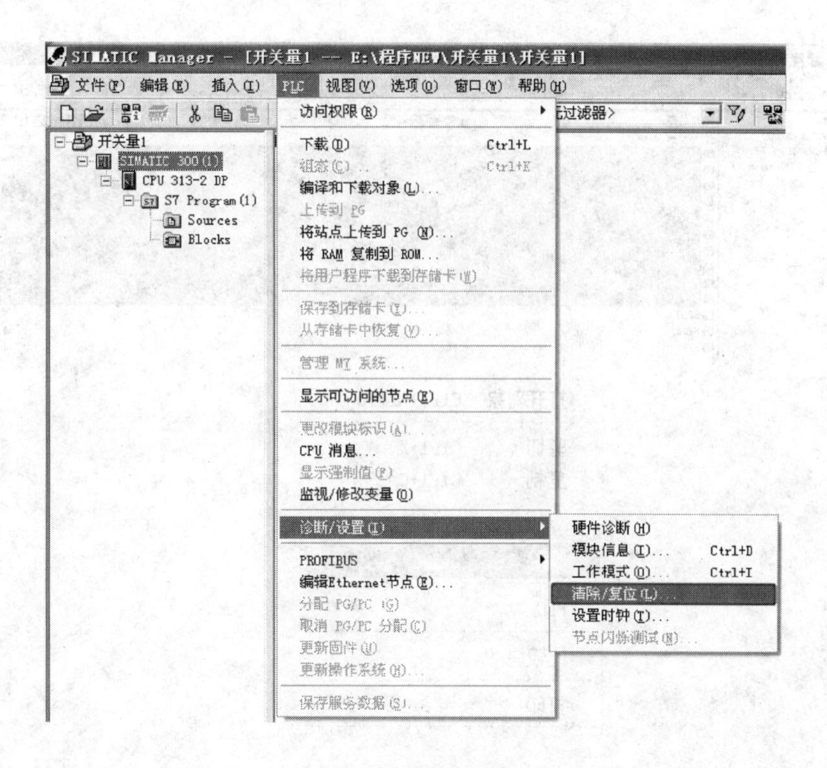

图7-6 清除/复位选项

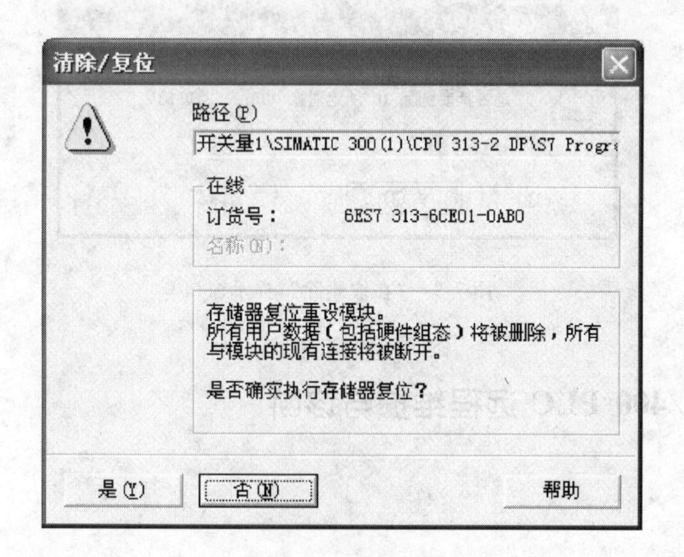

图7-7 “清除/复位”提示窗口

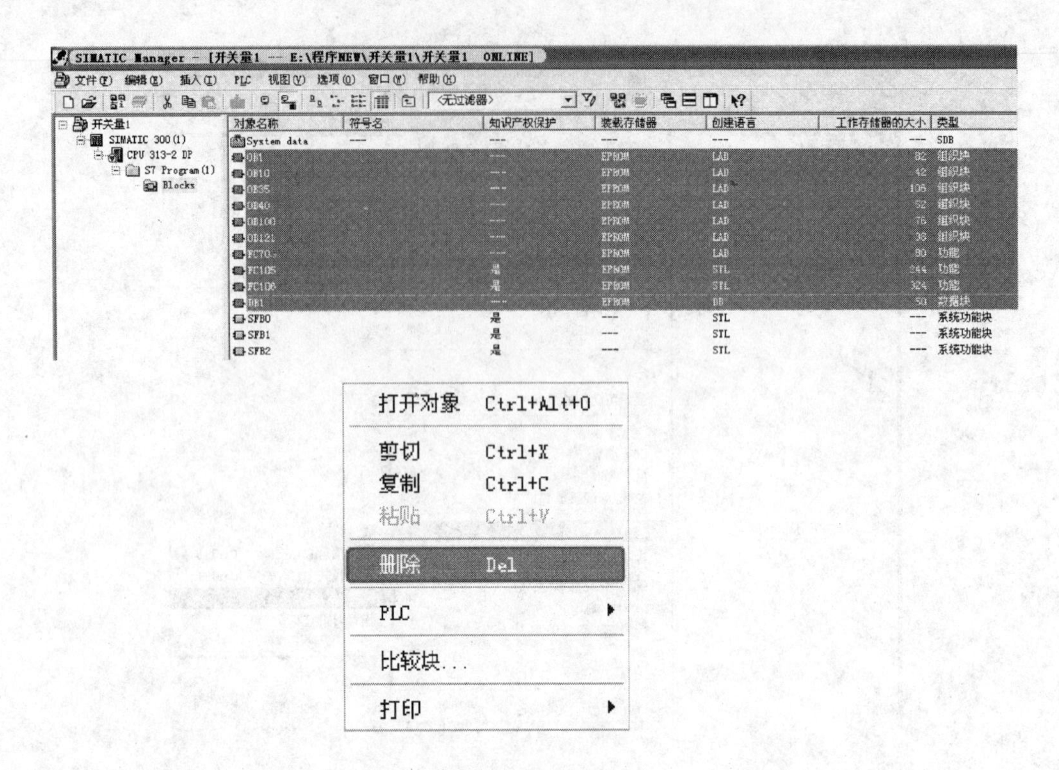

图 7-8 在线删除

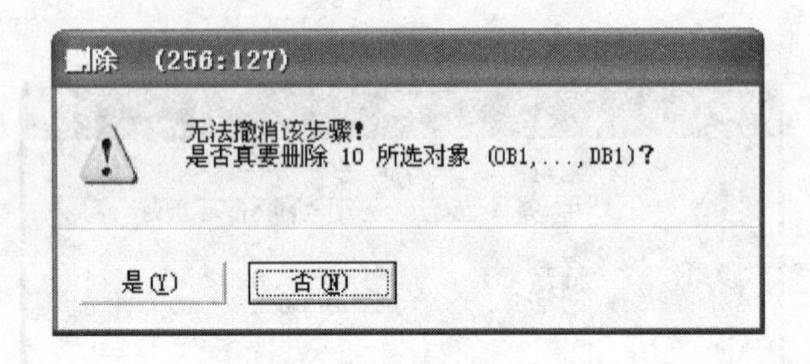

图 7-9 “在线删除”提示窗口

7.2 S7-300/400 PLC 远程维护与诊断

7.2.1 概述

对生产设备的远程诊断和远程维护已经成为当前自动化技术中的一部分。尤其对于那些错误容易诊断且容易排除的情况，派一个服务工程师到现场解决，既增加工程师的工作负荷，又花费时间，而且相应的费用也增加。为了缩短故障的诊断与恢复时间，提高有经验的高级工程师的工作效率，那么远程诊断与编程就是必备的部分。

通过下面的方法，可以在移动的情况下对PLC站进行编程与调试，其系统结构如图7-10所示。

图7-10 系统结构

本案例的硬件需求如下：

1）PC/PG 编程器；

2）3G Modem（沃3G、天翼3G、移动3G都可以，且通过USB接口连接到编程器）；

3）Linksys 路由器；

4）ADSL 宽带 Modem（调制解调器）；

5）CPU317-2PN/DP（6ES7317-2EJ10-0AB0）。

7.2.2 组态

要对PLC进行远程诊断与调试，在PLC端的ADSL路由器必须上网获得公网固定IP地址。在编程器安装3G上网卡的拨号上网软件（本例以天翼3G上网卡为例介绍），且同时安装好USB网卡的驱动程序。

1. 在本地组态 CPU 317-2 PN/DP

在PC编程器桌面上双击SIMATIC Manager图标，打开SIMATIC Manager后新建项目，项目名为Remote_ program。创建项目后，在该项目中插入一个S7-300 PLC的站，然后在此站中插入S7-300 PLC的机架及CPU，插入后如图7-11。

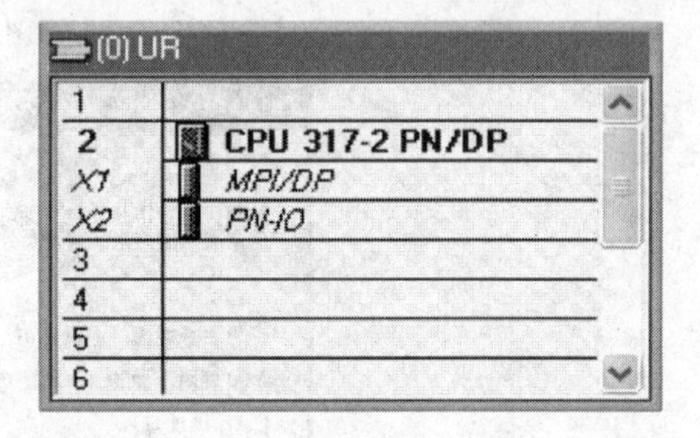

图7-11 S7-300 PLC站的硬件配置

对S7-300 PLC进行硬件组态后，设置PLC以太网接口的IP地址，因为路由器的IP地址为192.168.101.254，而PLC为路由器上内网的一台设备，所以其IP地址可以为192.168.101.1～192.168.101.253中的一个，这里设置为192.168.101.25；子网掩码为255.255.255.0；网关为192.168.101.254（网关地址为路由器的IP地址，在此必须设置网关地址）。通过远程的编程器对PLC编程，需要路由器的处理，所以网关的地址必须设置。图7-12所示为PLC的以太网接口参数的设置。

设置完以太网的接口参数后，点击保存编译按钮，在程序块中添加OB1，打开OB1编写程序如图7-13所示。

保存上面的程序，先把编程器PC的IP地址设置为192.168.101.1，子网掩码为255.255.255.0，如图7-14所示。

如图7-15所示打开控制面板，然后双击“设置PG/PC接口”，选择编程接口如图7-16所示。

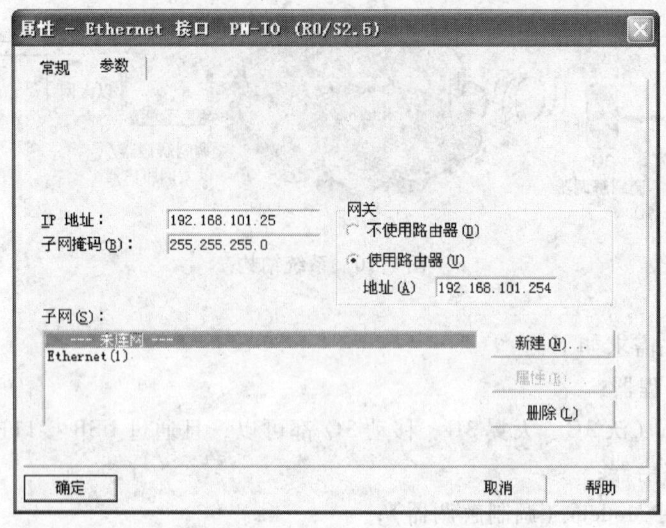

图 7-12 PLC 的以太网接口参数的设置

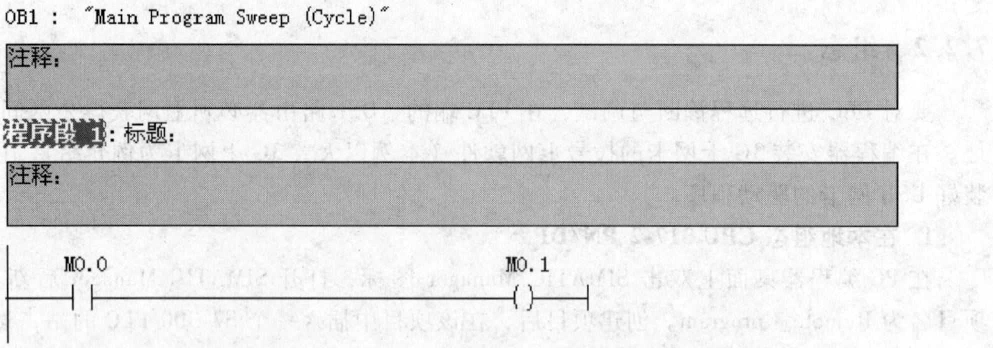

OB1 : "Main Program Sweep (Cycle)"

注释：

程序段 1：标题：

注释：

M0.0　　　　　　　　　　　　　　M0.1

--| |------------------------------( )--

图 7-13 程序

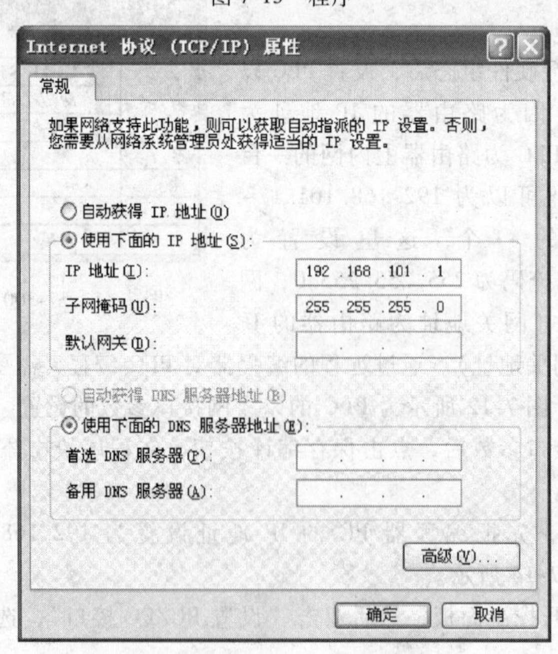

图 7-14 PC 的 TCP/IP 属性

图 7-15　控制面板

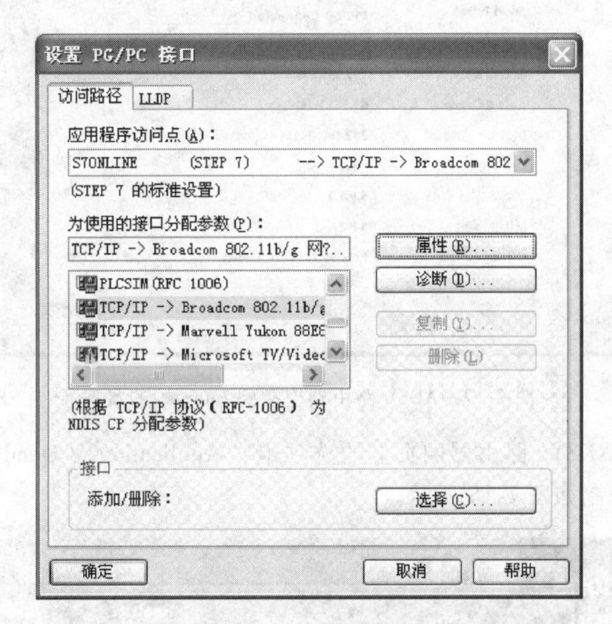

图 7-16　设置 PG/PC 接口

点击图 7-16 中的“确定”按钮，关闭此窗口后，回到“SIMATIC Manager”硬件配置界面，然后用以太网线连接计算机与 PLC。连接后，点击下载按钮，下载硬件配置到 PLC，下载完硬件配置后，下载程序块到 PLC 中。

到此就完成了对 PLC 的配置。

2. 配置 ADSL 路由器

配置 ADSL 路由器，配置步骤如下：

1）断开 PLC 与计算机的以太网线，再连接以太网线从计算机到路由器，打开 IE 浏览器，在 IE 浏览器的地址栏中输入路由器的 IP 地址（192.168.101.254）。进入到路由器的配置页面，设置路由器拨号上网的参数，设置好后，路由器接入到 Internet 后获得公网的固定 IP 地址，如图 7-17 所示。

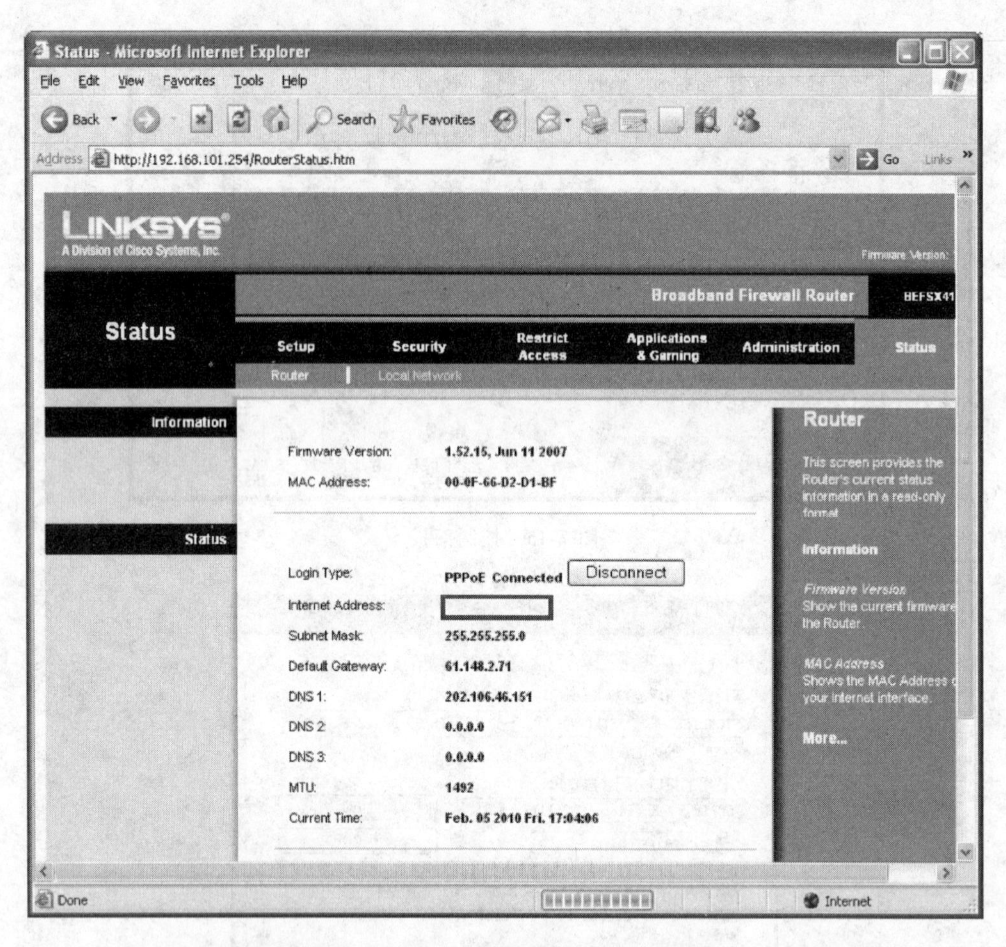

图 7-17 ADSL 路由器连接到 Internet 的状态

2）然后点击 LINKSYS 路由器网页上的选项卡“Application & Gaming”，进入此选项卡后，设置端口转发机制如图 7-18 所示。

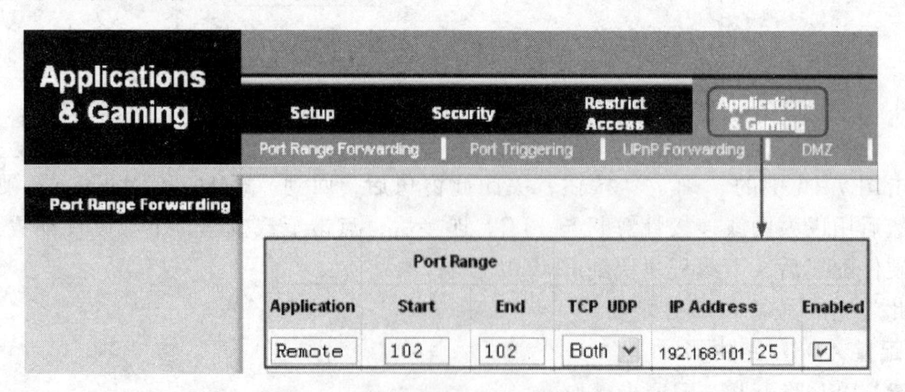

图 7-18 ADSL 路由器端口转发机制

需要注意的是，图 7-18 中的“Application”中填写容易记的名字，这里用的是“Remote”；在“Start”和“End”中填写“102”，“102”为 S7 协议的端口号；在“TCP UDP”中选择“Both”；转发的目的 IP 地址为 192.168.101.25，此 IP 地址为 PLC 的 IP 地址。即把发送到路由器上端口号为102端口的数据包转发到内网192.168.101.25的设备上。

到此就完成对路由器的配置，然后断开路由器与计算机的以太网连接，再用以太网线连接路由器与PLC。

3. 远程下载和在线监控程序

1）把3G上网卡插入计算机USB口。双击桌面上的“ChinaNet”图标，双击后会弹出图7-19所示的3G上网程序。

选择3G的网络进行连接，连接后如图7-20所示为“连接到天翼3G网络”。

图7-19 3G上网程序

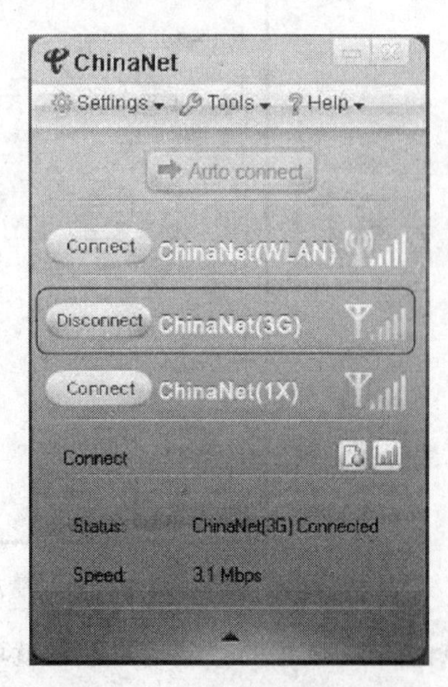

图7-20 连接到天翼3G网络

这样就完成了计算机通过天翼3G网络连接到Internet。

2）连接Internet对PLC进行远程下载。因为使用的是端口转发机制（即外网设备如何访问内网的设备）技术，所以远程在线监控程序与远程下载程序的操作是不一样的，对于远程下载程序来说下载的目的IP地址不能填写PLC的IP地址，因为PLC的IP地址是内网IP地址（私有地址），所以对于Internet的连接来说，无法直接访问此类地址的设备，所以下载时指定的IP地址是公网的地址（即路由器上获得的IP地址，上文中的路由器的公网IP地址：222.128.29.196），当数据包发到路由器时，路由器发现接收到的数据是102端口的数据，于是根据转发规则，把数据包转发到PLC上。而对于远程在线监控程序来说，需要在线的设备的IP地址不能为内网IP地址而必须是公网IP地址。

打开前面组态好的Step7的项目，确保PLC的编程接口如图7-21所示。

图7-21 设置PG/PC接口

在图 7-22 中，选择 IP 地址 192.168.101.25 修改为 222.128.29.196 后，按键盘回车键后，会找到远程 PLC 的型号。

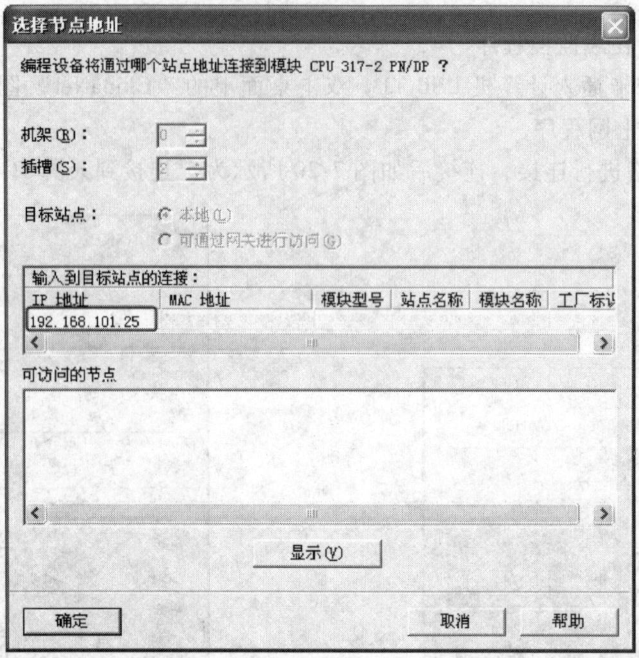

图 7-22　选择下载地址

点击图 7-22 中的“确定”按钮就可以把整个项目下载到 PLC 中。

3）远程在线监控程序。远程在线监控程序时，也需要把 PLC 硬件的 IP 地址修改为公网 IP 地址 222.128.29.196 后保存编译项目，如图 7-23 所示。

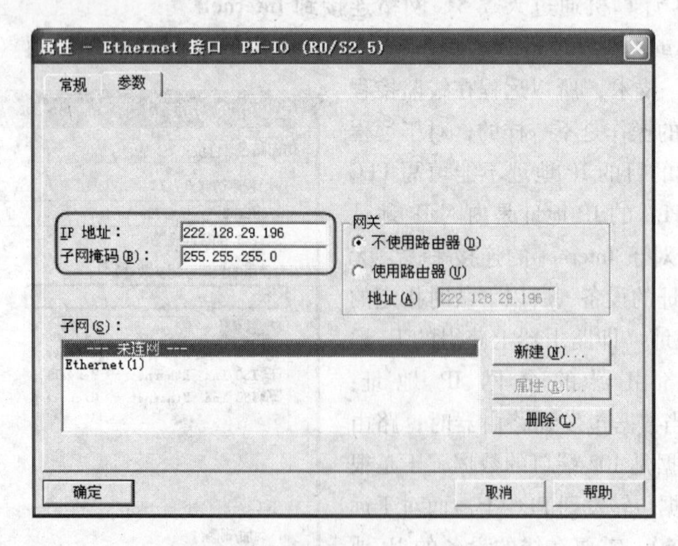

图 7-23　修改 PLC 的 IP 地址

然后，打开 OB1 程序块，点击在线按钮，如图 7-24 所示。

到此，就实现了 PLC 的远程监控。

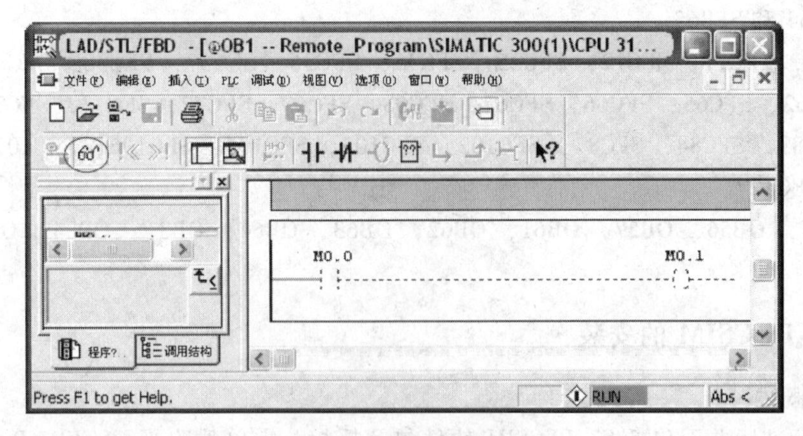

图 7-24 在线监控程序

7.3 仿真软件 S7-PLCSIM 的使用

7.3.1 S7-PLCSIM 仿真软件概述

S7-PLCSIM Simulating Modules（以下简称 S7-PLCSIM）是由西门子公司推出并可以替代西门子硬件 PLC 的仿真软件，当用户设计好控制程序后，无须 PLC 硬件支持，就可以直接调用仿真软件来验证。

S7-PLCSIM 具有以下优点：在 PG/PC 上进行不依赖于硬件的 S7 程序测试；在程序开发早期消除错误；降低开发成本，加速开发进程，提高程序质量；适用于 LAD、FBD、STL、S7-GRAPH、S7-HiGraph、S7-SCL、CFC、S7-PDIAG、WinCC（本地安装）。

S7-PLCSIM 并不能完全代替真实的 PLC，它与真实的硬件 PLC 有着如下差别：

1）当对 S7-PLCSIM 进行“STOP”操作后，程序再开始时，从中断处开始执行；同时当对 S7-PLCSIM 进行“STOP”操作时，不影响输出状态。

2）当在子窗口修改变量时，其修改立刻有效，而不会等到下个周期；同时对过程映像区的修改立刻生效。

3）用户可以手动修改或复位定时器的值，可以实现单周期操作模式，可以触发中断 OB。

4）不支持所有的诊断信息，例如 EEPROM 错误；不支持多 CPU 模式、FM 功能模块；一般情况下不支持通信功能。

5）S7-PLCSIM 提供高档 CPU 才拥有的系统资源（例如定时器范围为 T0 ~ T2047，M 范围为 16KB），所以当使用 S7-PLCSIM 模拟通过的程序（假设使用了定时器 T2000），可能会无法下载到低档 CPU 上运行（例如 CPU315-2AG10-0AB0 定时器范围为 T0 ~ T255）。

6）S7-PLCSIM 类似于 S7-400 PLC 有 4 个累加器，所以不同于仅有两个累加器的 S7-300 CPU。

7）对于调用以下块，S7-PLCSIM 执行空操作：

• SFB12，SFB13，SFB14，SFB15，SFB16，SFB19，SFB20，SFB21，SFB22，SFB23，SFB41，SFB42，SFB43，SFB44，SFB46，SFB47，SFB48，SFB49，SFB60，SFB61，SFB62，

SFB63，SFB64 和 SFB65。

• SFC7，SFC11，SFC12，SFC25，SFC35，SFC36，SFC37，SFC38，SFC48，SFC60，SFC61，SFC62，SFC65，SFC66，SFC67，SFC68，SFC69，SFC72，SFC73，SFC74，SFC81，SFC82，SFC83，SFC84，SFC87，SFC102，SFC103，SFC105，SFC106，SFC107，SFC108，SFC126 和 SFC127。

• OB55，OB56，OB57，OB61，OB62，OB63，OB64，OB81，OB84，OB87，OB88 和 OB90。

7.3.2 S7-PLCSIM 的安装

1. 安装概述

STEP7 标准版并不包括 S7-PLCSIM 软件包及授权，需单独购买，STEP7 Professional 版（即专业版）包括了 S7-PLCSIIM 的软件包及授权，安装即可。如图 7-25 所示，在菜单选项（Options）中，可以选择“模块仿真”来激活 S7-PLCSIM，此时再进行上传/下载/监控等操作就是针对 S7-PLCSIM 了，而不会对真实 PLC 进行操作（不论 PLC 是否联机）。

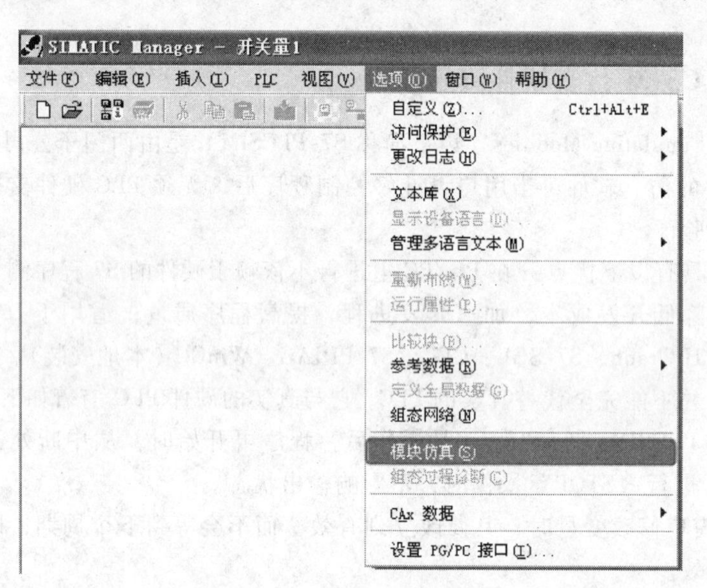

图 7-25 选择“模块仿真”

2. S7-PLCSIM V5.4 的安装过程

目前 S7-PLCSIM 主要都为英文版，当然可以进行汉化或者采用最新的 TIA 博途 V11 中的仿真程序，这里以 S7-PLCSIM V5.4 为例进行安装过程的介绍。

1）从西门子官方网站下载 S7-PLCSIM V5.4，并购买授权号。

2）点击“setup.exe”文件，进行安装，如图 7-26 所示为选择安装语言，这里选择“英语（美国）”。

图 7-26 选择安装语言

3）点击“OK”按键后，将会

出现如图7-27所示的S7-PLCSIM软件安装向导。

4）在安装向导指示期间，将会出现图7-28所示的提示信息1：欢迎画面、图7-29所示的提示信息2：产品信息文档、图7-30所示的提示信息3：版权确认、图7-31所示的提示信息4：用户信息填写、图7-32所示的提示信息5：安装软件类型和图7-33所示的提示信息6：产品界面语言。

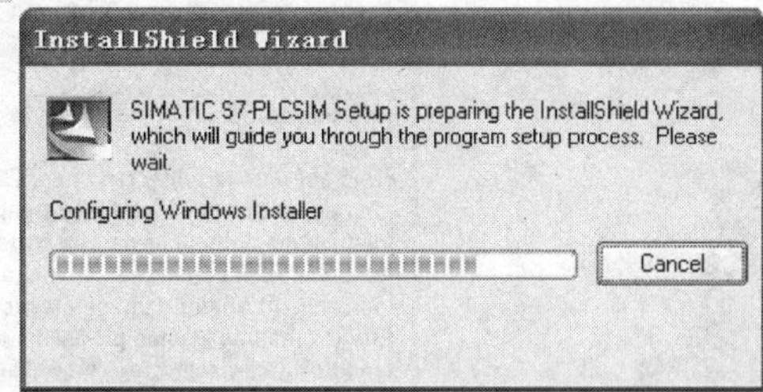

图7-27 S7-PLCSIM软件安装向导

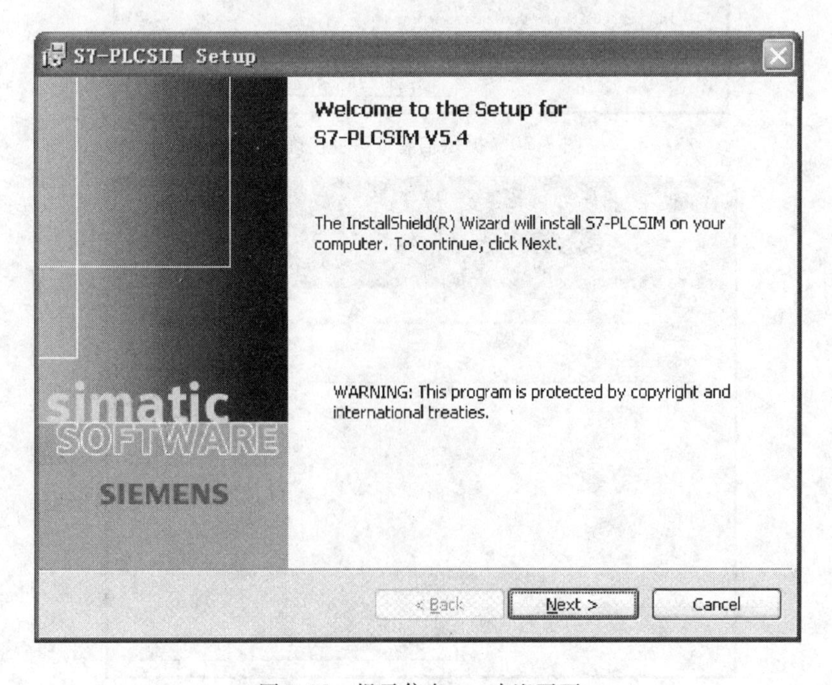

图7-28 提示信息1：欢迎画面

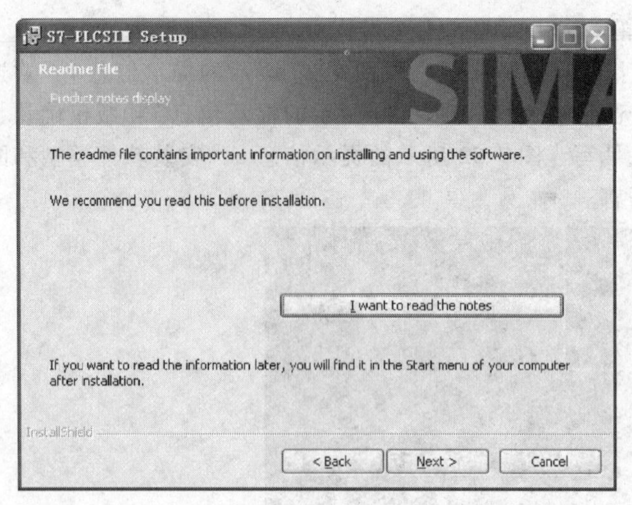

图 7-29 提示信息 2：产品信息文档

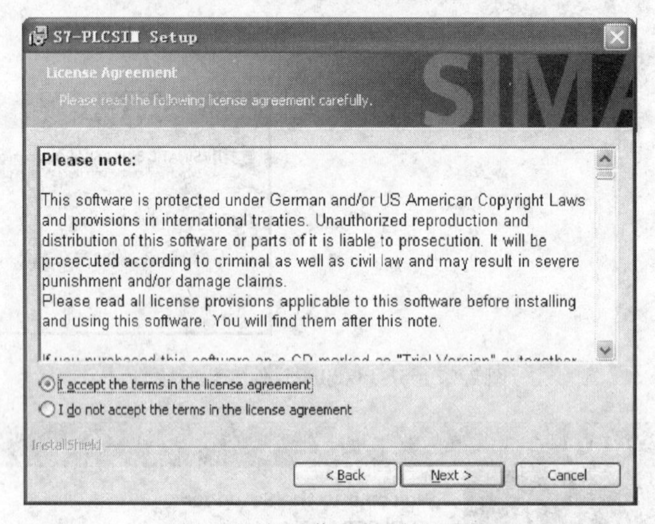

图 7-30 提示信息 3：版权确认

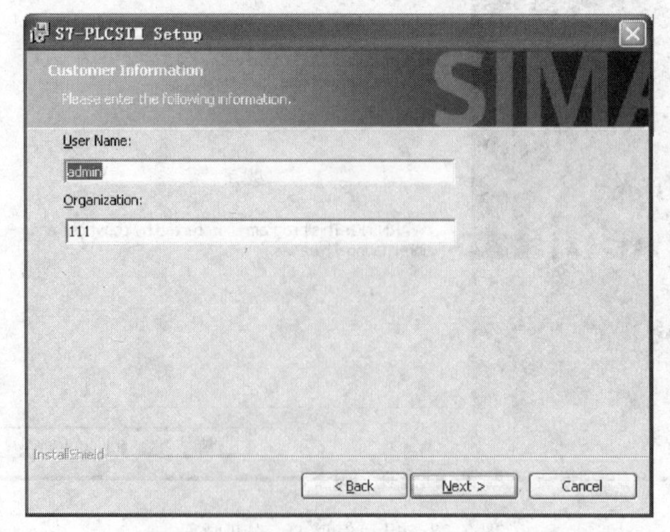

图 7-31 提示信息 4：用户信息填写

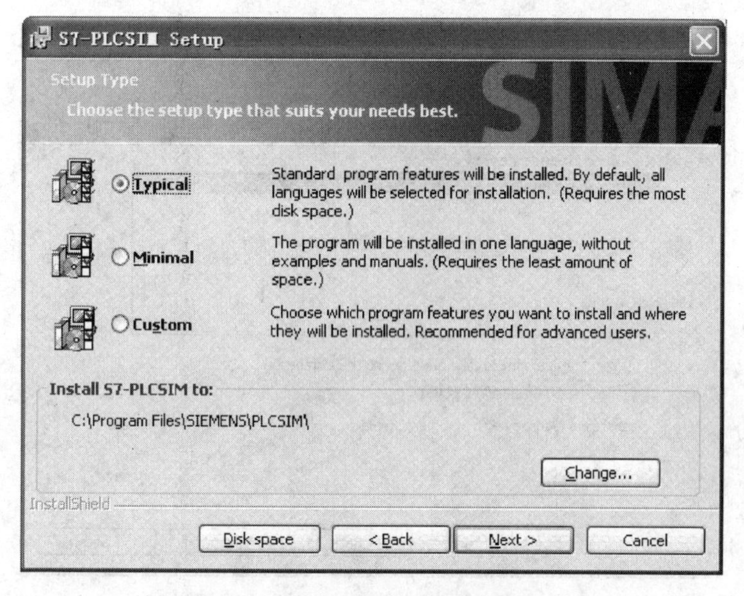

图7-32 提示信息5：安装软件类型

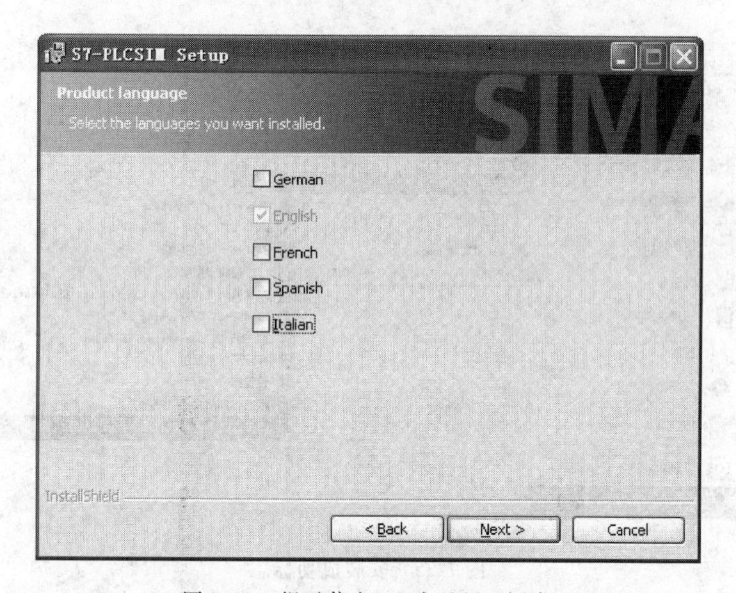

图7-33 提示信息6：产品界面语言

5）在S7-PLCSIM安装接近尾声时，会提醒该软件的授权安装。如果当时没有授权请跳过（见图7-34），直接进行重启后，通过“授权管理器”软件进行再次安装即可。

6）S7-PLCSIM成功安装后，不仅可以在用户电脑的“SIMATIC→STEP 7”选项中找到S7-PLCSIM Simulating Modules（见图7-35），还可以在STEP 7软件启动后找到图标。

7.3.3 S7-PLCSIM的菜单介绍

由于S7-PLCSIM为英文界面（见图7-36），现对各个菜单进行简单解释。

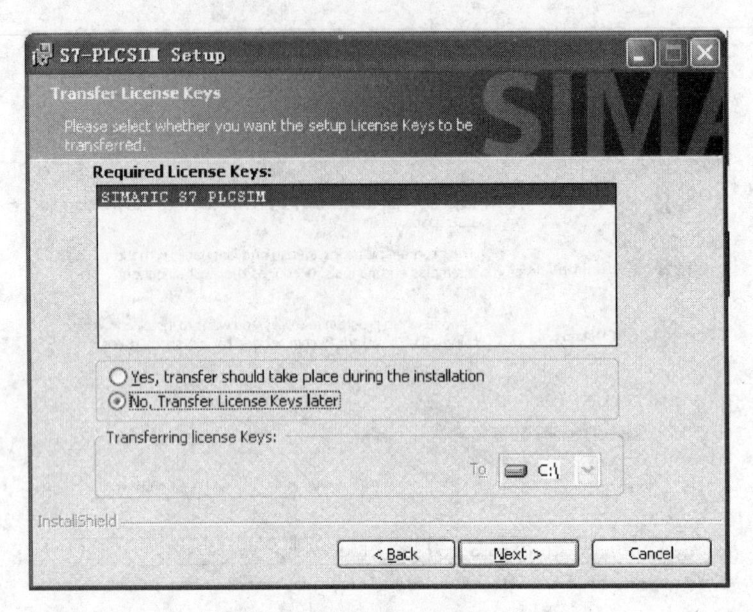

图 7-34 授权安装 YES 或 NO

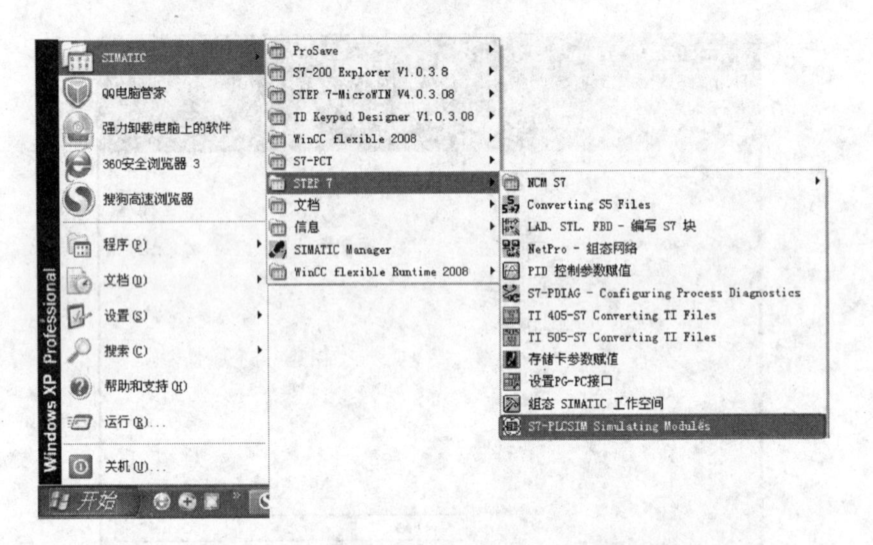

图 7-35 安装成功标志

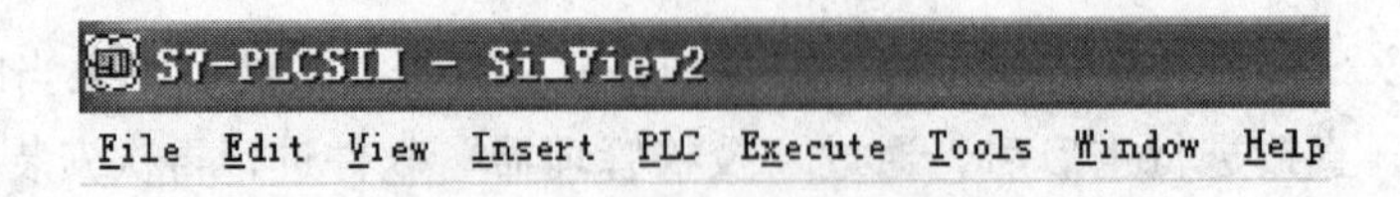

图 7-36 S7-PLCSIM 英文界面

1. File 菜单

用户可以通过 S7-PLCSIM 菜单 File →Save PLC As，将当前模拟的 PLC 存储为一个文件，下次使用时可以通过 File →Open PLC 直接打开此文件，而不需要下载过程，方便调试。对于 S7-PLCSIM V5.4 版本，可以在此设置多种下载方式，例如 MPI、DP、Ethernet 等。

2. View 菜单

用户可以通过 View →Accumulators/Block Registers/Stacks 来查看 PLC 内部的累加器/地址寄存器/状态字/堆栈资源。

3. Insert 菜单

用户可以通过 Insert →Input Variable 插入变量（输入/ 输出/中间寄存器/定时器/计数器/数据块）方式来模拟各种工况。

4. PLC 菜单

用户可以通过 PLC 菜单模拟真实 PLC 的上电/断电，内存复位操作，以及修改 PLC 的 MPI 地址（S7-PLCSIM V5.4 版本以下）。

5. Execute 菜单（仅对部分内容作解释）

• Key Switch Position：RUN 与 RUN-P 的区别，在 RUN 情况下，用户无法下载程序及修改 S7-PLCSIM 内部存储区；RUN-P 情况下，用户可以下载程序及修改 S7-PLCSIM 内部存储区，在两者中的任何一种情况下，用户程序都可以正常运行。

• Startup Switch Position：用户可以选择当 S7-PLCSIM 由 STOP 模式转换到 RUN 模式时，执行的启动类型：Cold Start，操作系统将调用 OB102，用户程序从开始位置执行，存储在非保持区的用户数据被删除；Hot Start，操作系统将调用 OB101，并且用户程序从中断位置继续执行；Warm Start，操作系统将调用 OB100。

• Scan Mode：Single Scan S7-PLCSIM 特有的扫描模式，程序仅执行一个周期，当用户通过 Next Scan 操作时，S7-PLCSIM 执行下一个扫描周期；Continuous Scan S7-PLCSIM 按照普通模式仿真真实 PLC 扫描模式。

• Next Scan：用户可以使能 S7-PLCSIM 执行下一个扫描周期。

• Pause：在不影响输出的情况下，中断当前仿真的程序，注意在暂停的情况下，可能会导致其他应用程序与 S7-PLCSIM 的超时或连接中断。

• Automatic Timers：定时器自动运行。

• Manual Timers：可以通过插入定时器窗口，手动设置定时器的值及时基。

• Reset Timers：用户可以复位所有/部分的定时器。

• Scan Cycle Monitoring：用户可以在此设置允许的最大程序执行时间，如果程序执行超过此时间，S7-PLCSIM 将进入停止状态。

6. Tools 菜单

• Record/Playback S7-PLCSIM 主要用于模拟工况，而即使一个简单的工况也可能是由一定时间段内的各种触发事件组成的。如果重复调试某个工况，而完全依赖于手工操作模拟，是比较困难的。S7-PLCSIM 可以解决这个难题，编程人员可以将手工模拟过程录制成一个事件文件，针对不同的工况，可以录制不同的事件文件。选择不同的事件文件，即可模拟不同的工况，而不必一次又一次地去手动输入。

1）录制事件：此时操作者的每一步操作都会被记录下来。

2）回放事件：此时操作者的每一步操作会依次被重现。

• Options 在此菜单下 S7-PLCSIM 可以先使用 Attach Symbols，导入 step7 项目的符号表，然后在监控的情况下使用。

7.3.4 S7-PLCSIM 使用举例

1. S7-PLCSIM 特性

S7-PLCSIM 可以模拟一个 S7 控制器，并且具备以下资源：

（1）模拟 PLC 的寄存器　可以模拟 512 个计时器（T0 ~ T511）；可以模拟 131072 位（二进制）M 寄存器；可以模拟 131072 位 I/O 寄存器；可以模拟 4095 个数据块；2048 个功能块（FBs）和功能（FCs）；本地数据堆栈 64K 字节；66 个系统功能块（SFB0 ~ SFB65）；128 个系统功能（SFC0 ~ SFB127）；123 个组织块（OB0 ~ OB122）。

（2）对硬件进行诊断　对于 CPU，还可以显示其操作方式，其中 SF（System Fault）表示系统报警；DP（Distributed Peripherals，or remote I/O）表示总线或远程模块报警；DC（Power Supply）表示 CPU 有直流 24V 供给；RUN 表示系统在运行状态；STOP 表示系统在停止状态。

（3）对变量进行监控　用菜单命令 Insert →input variable 监控输入变量；Insert →output variable 监控输出变量，Insert →memory variable 监控内部变量；Insert →timer variable 监控定时器变量；Insert →counter variable 监控计数器变量。这些变量可以用二进制、十进制、十六进制来访问，但是必须注意输出变量 QB 一般不强制修改。

2. 用 S7-PLCSIM 仿真“送料机正反转控制”案例

1）如图 7-37 所示，打开第 6 讲 6.4 节中关于“送料机正反转控制”的案例程序“开关量 1”，并选择命令“选项→模块仿真”，进入图 7-38 所示的“S7-PLCSIM 软件打开一个项目”窗口。

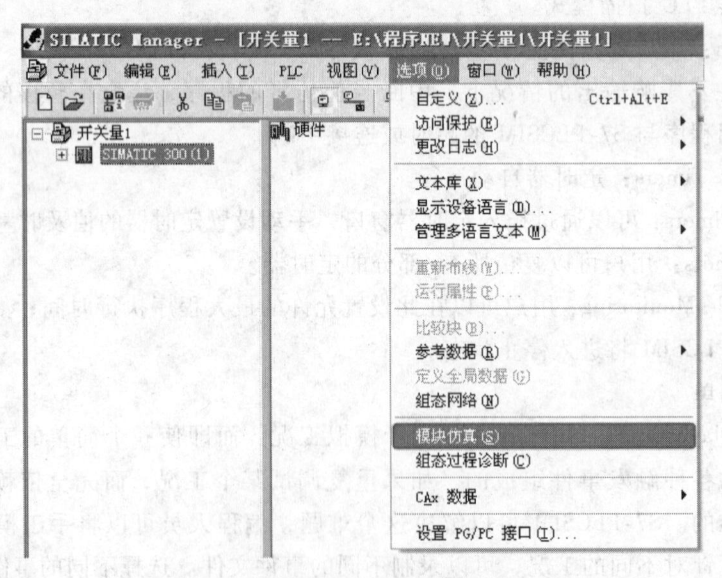

图 7-37　打开“送料机正反转控制”的案例程序

2）如图 7-39 所示为 S7-PLCSIM CPU 选择路径节点的窗口，这里可以显示在 SIMATIC 项目管理器中的硬件配置，选择通信接口，并点击确定。

3）如图 7-40 所示为 S7-PLCSIM 仿真界面。此时仿真 PLC 的工作方式为 STOP 状态；选择菜单命令“EXECUTE →Scan mode →Scan continous”表示连续扫描方式。

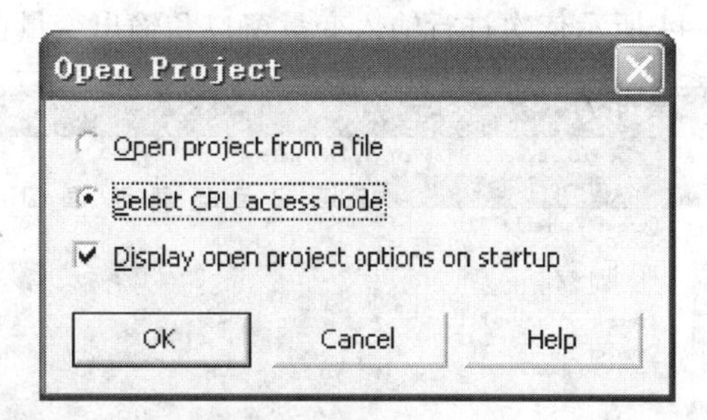

图 7-38　S7-PLCSIM 软件打开一个项目

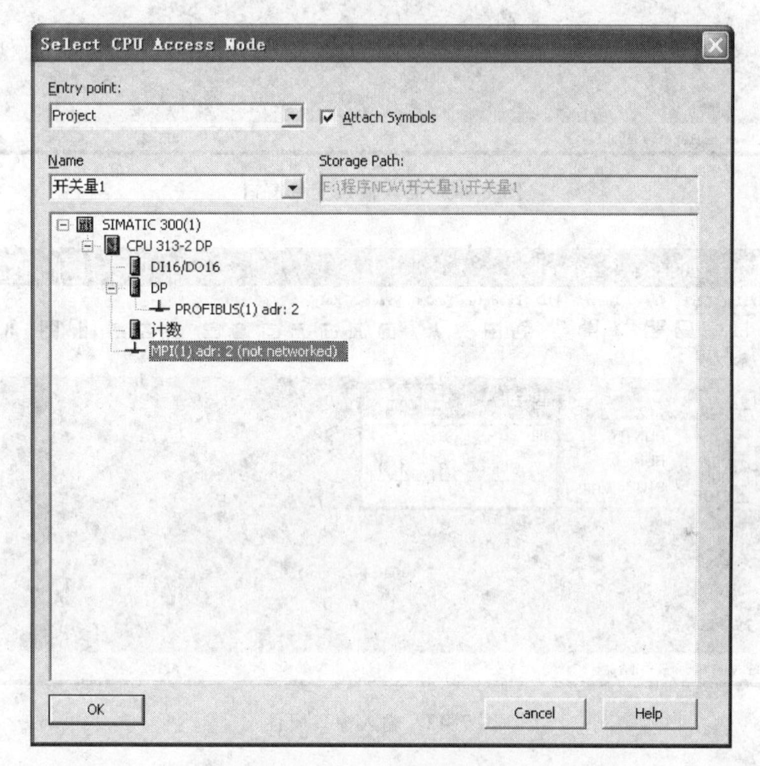

图 7-39　选择 CPU 路径节点

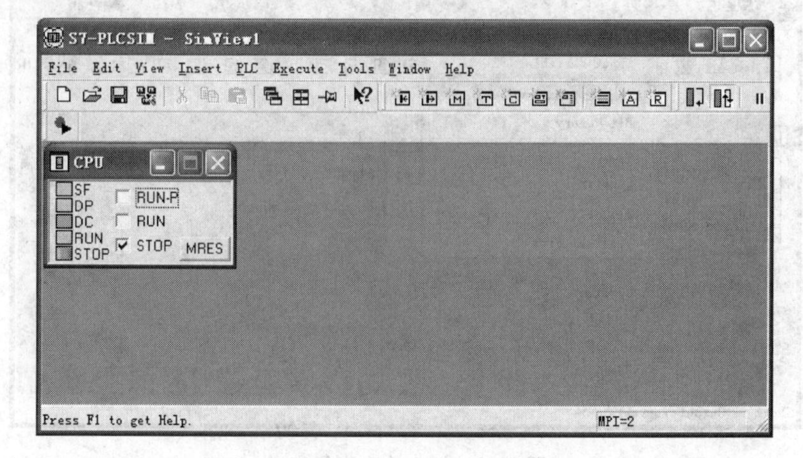

图 7-40　S7-PLCSIM 仿真界面

4）如图 7-41 ~ 图 7-44 所示依次进行输入变量窗口和输出变量窗口的添加和属性修改。

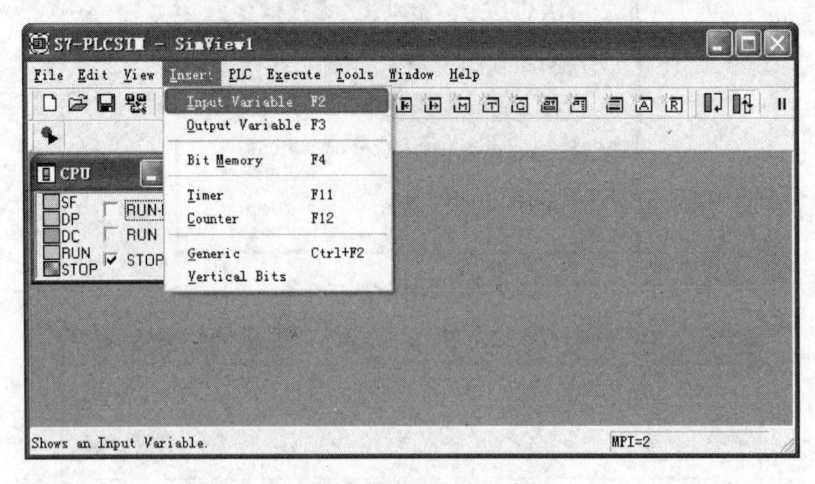

图 7-41 插入输入变量窗口

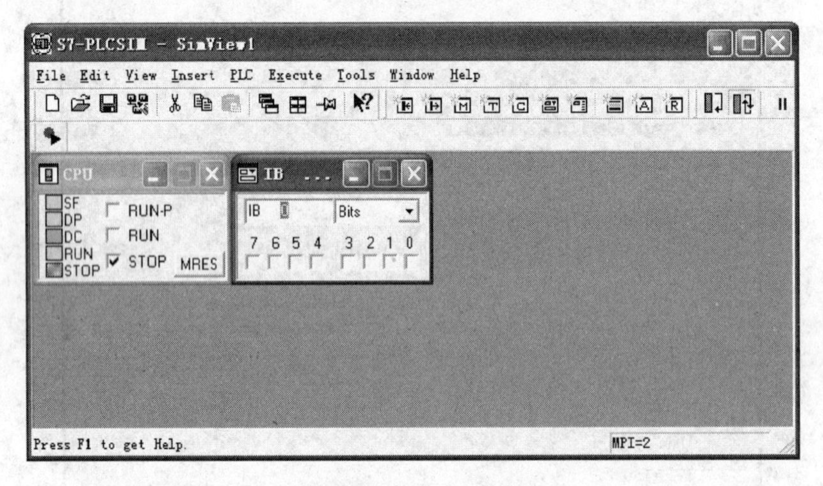

图 7-42 输入窗口属性

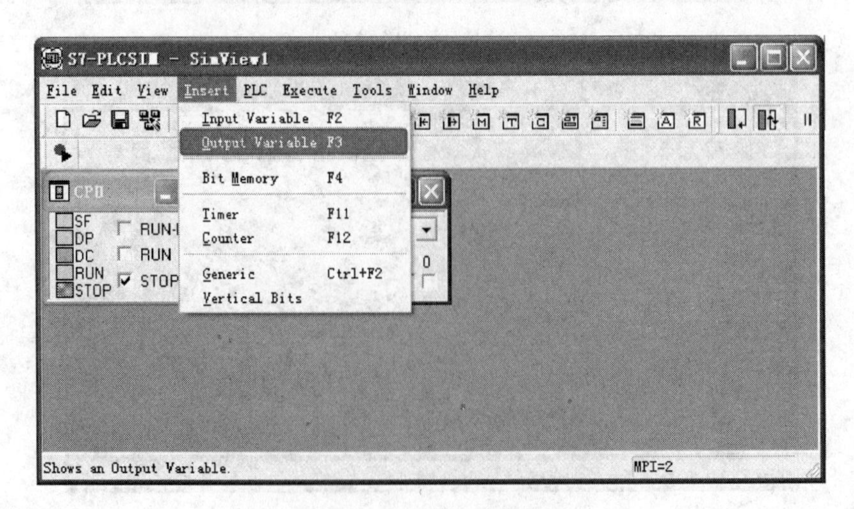

图 7-43 插入输出变量窗口

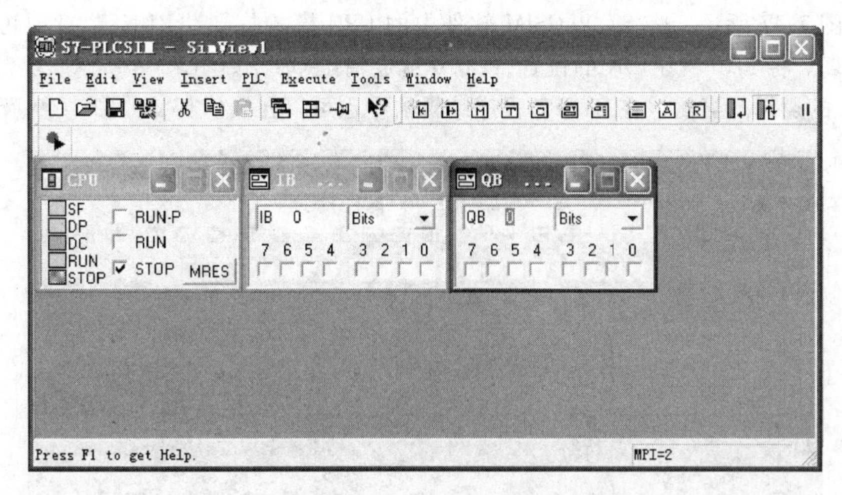

图 7-44　输出窗口属性

5）用 STEP7 软件 SIMITIC 管理器菜单命令“PLC→下载”，把程序下载到仿真 PLC 中（见图 7-45）。

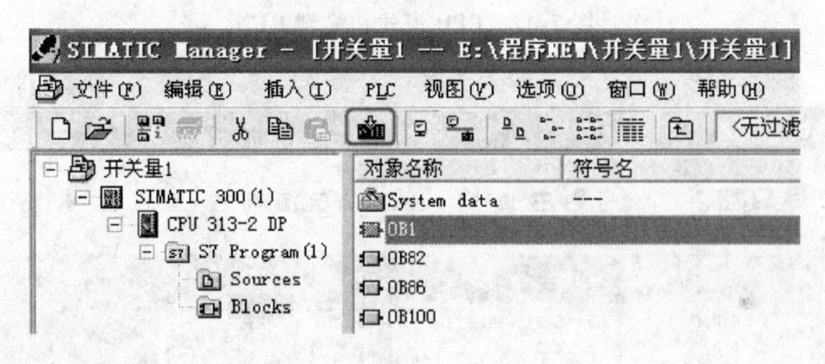

图 7-45　PLC 下载

6）打开 STEP7 程序编辑器（见图 7-46），进行在线监控，会发现此时 CPU 处于 STOP 模式。

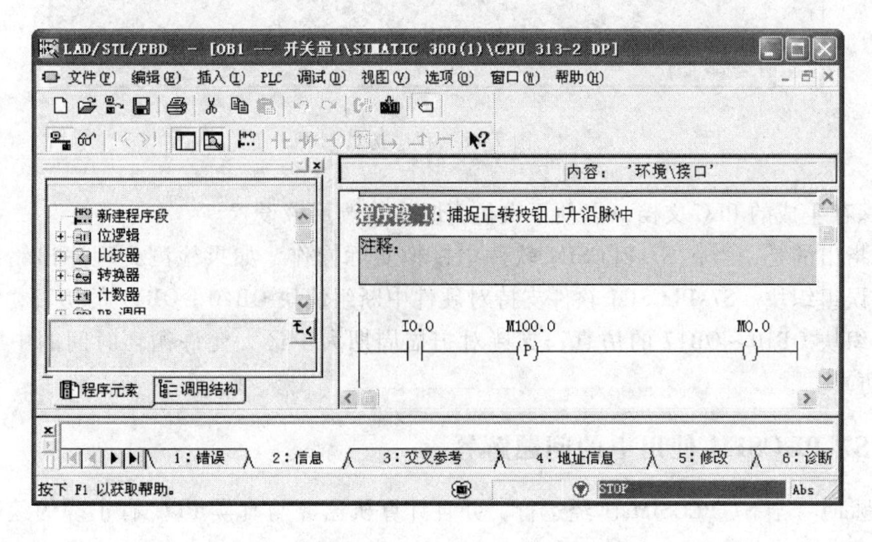

图 7-46　打开程序编辑器

7）如图 7-47 所示，将 S7-PLCSIM 软件中的 CPU 模式打到“RUN”，此时可以进行输入/输出仿真。将 I0.0 置于 ON 的位置，Q0.0 就会输出 ON，如图 7-48 所示。经测试完全符合程序原来的逻辑。当然，在 STEP7 程序编辑器中也可以在线仿真，如图 7-49 所示。

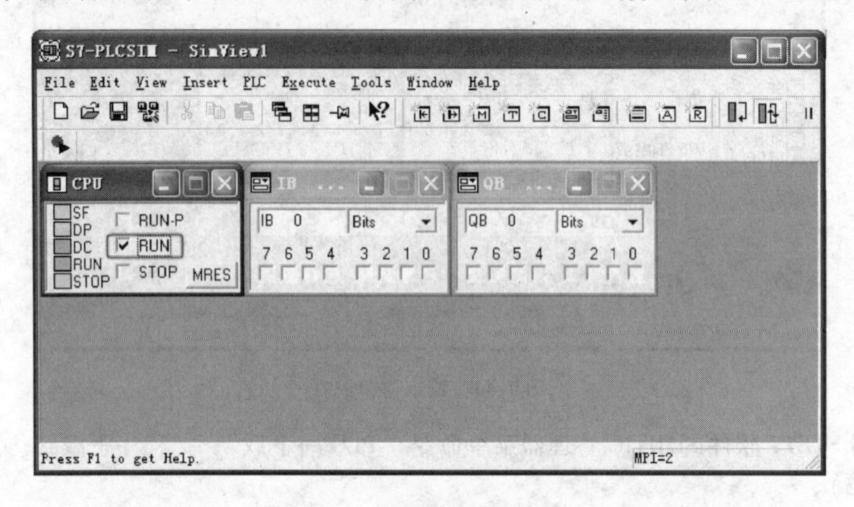

图 7-47　CPU 模式切换到 RUN

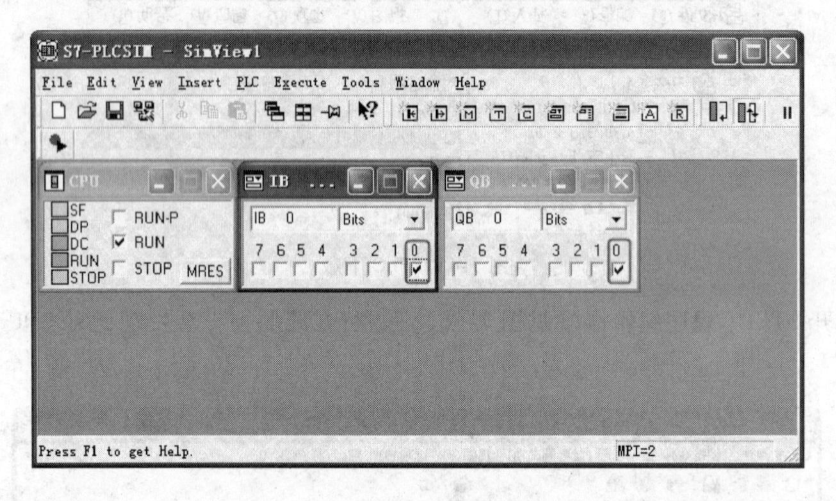

图 7-48　程序仿真

8）保存生成的 PLC 文档，以便下次仿真时直接调用该设置。

需要指出的是，当在 S7-PLCSIM 软件中模拟实际操作，如果检测到程序出错，会调用相应的错误组织块。S7-PLCSIM 软件支持对硬件中断组织块 OB40 ~ OB47 的仿真；支持对时钟中断组织块 OB10 ~ OB17 的仿真；支持对扫描周期大于最大允许循环时间的中断组织块 OB80 的仿真。

7.3.5　S7-PLCSIM 使用中的问题解答

【问题 1】　当 S7-PLCSIM 已经运行，并且计算机已经与真实 PLC 有正确的编程连接方式，此时点击在线监控或者下载程序，STEP7 所访问的节点是 S7-PLCSIM 还是真实 PLC 呢？

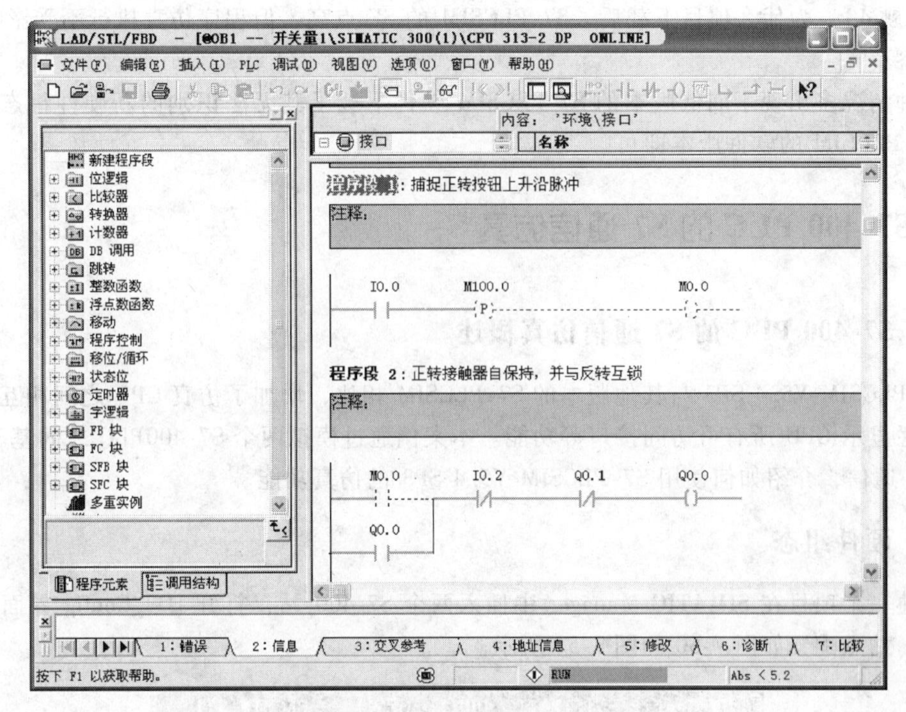

图7-49　程序在线仿真

解答：

S7-PLCSIM的优先级要高于真实PLC在线连接的优先级。也就是说，在S7-PLCSIM软件运行的情况下，所有的下载/上传/监控操作，都是针对S7-PLCSIM进行的，与真实PLC无关。有时计算机与真实PLC无法建立连接可能就是因为S7-PLCSIM正在运行，此时关闭S7-PLCSIM即可。

【问题2】　为什么在S7-PLCSIM菜单中无法触发OB40？

解答：

S7-PLCSIM仿真真实的PLC，由于OB40与硬件组态关系密切，所以只有在下载了硬件组态后（或者Block文件夹下的SDB文件），在S7-PLCSIM菜单中才可以触发OB40。

【问题3】　S7-PLCSIM是否可以仿真定时器或定时中断功能？

解答：

S7-PLCSIM的本质是一个在Windows环境下运行的应用程序，所以其执行状态与计算机的性能及系统资源使用状态都有着密切的联系。其仿真程序的扫描周期也实时受计算机负荷的影响，程序扫描周期可能会延长到几十毫秒或者几百毫秒。因此，当S7项目中的定时器时基定义非常小（例如10ms）时，或者定时中断周期非常小（例如几毫秒）时，S7-PLCSIM（受Windows运行机制及计算机性能影响）是无法在这么短的时间内完成应有相应的功能的。

对于真实的PLC，由于其实时功能是由硬件来保证的，所以不存在上述问题（如果程序量比较大，程序扫描周期大于定时器的预设时间，这种情况下应当使用定时中断功能代替定时器的使用）。所以对于时序逻辑要求不严格的程序逻辑，可以使用S7-PLCSIM仿真；对于时序逻辑要求严格的程序逻辑，使用S7-PLCSIM仿真是不可靠的。

【问题 4】 为什么项目下载后，S7-PLCSIM 的 SF 点亮，但程序仿真执行不受影响？

解答：

这种情况多出现于向低版本的 S7-PLCSIM 软件下载了其无法识别的新硬件组态。用户升级 S7-PLCSIM 的软件版本即可。

7.4 S7-400 PLC 的 S7 通信仿真

7.4.1 S7-400 PLC 的 S7 通信仿真概述

S7-PLCSIM V5.4 SP3 与其他版本的 S7-PLCSIM 相比，增加了仿真 CPU 之间相互通信及在状态栏显示 CPU 所有可访问接口等功能。本案例通过模拟两个 S7-400PLC 之间基于 TCP/IP 的 S7 通信，介绍如何使用 S7-PLCSIM V5.4 SP3 的仿真功能。

7.4.2 硬件组态

新建一个项目在 SIMATIC Manager 中插入两个 S7-400 站，打开 HW Config 界面进行硬件组态，站点配置如图 7-50 和图 7-51 所示。

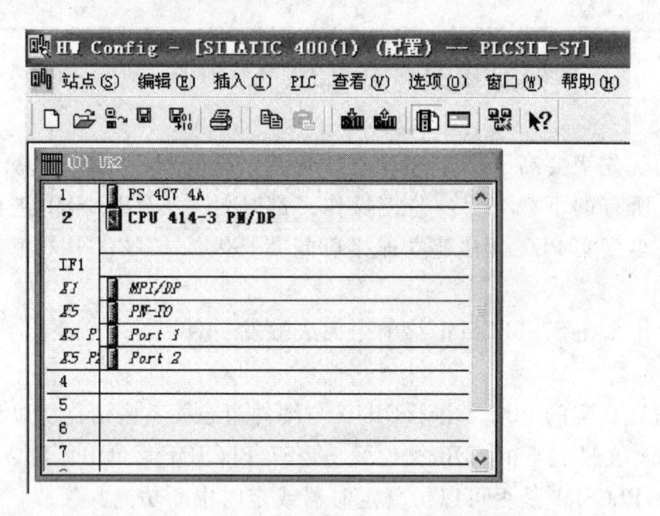

图 7-50 1#站点 SIMATIC 400（1）硬件组态

(0) UR2

插...	模块	订货号	固...	MPI 地址	I ...	Q 地址	注释
1	PS 407 4A	6ES7 407-0DA02-0AA0					
2	CPU 414-3 PN/DP	6ES7 414-3EM05-0AB0	V5.1	2			
IF1							
X1	MPI/DP			2	8191*		
X5	PN-IO				8190*		
X5	Port 1				8189*		
X5	Port 2				8188*		

图 7-51 详细硬件组态

图 7-51 所示为 1#站点的详细硬件组态，包含电源和 CPU 414-3PN/DP，IP 地址 192.168.0.1（见图 7-52）。

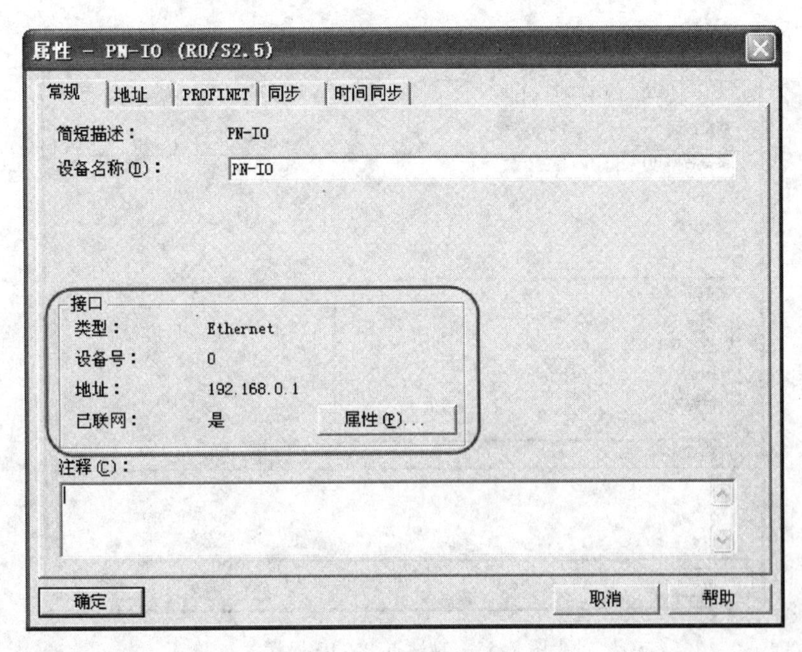

图 7-52　1#站点的 PN-IO 属性

图 7-53 ~ 图 7-55 所示表示 2#站点的硬件组态，包括电源、CPU412-2DP 以及 CP443-1 通信模块，IP 地址 192. 168. 0. 2。

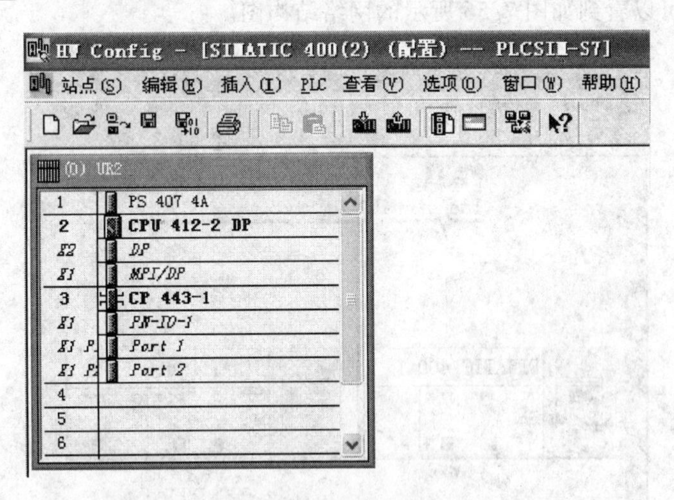

图 7-53　2#站点 SIMATIC 400（2）硬件组态

(0)　UR2

插...	模块	订货号	固件	MPI 地址	I 地址	Q 地址	注释
1	PS 407 4A	6ES7 407-0DA02-0AA0					
2	CPU 412-2 DP	6ES7 412-2XJ05-0AB0	V5.1	2			
X2	DP				4095*		
X1	MPI/DP			2	4094*		
3	CP 443-1	6GK7 443-1EX20-0XE0	V1.0		4093*		
X1	PN-IO-1				4092*		
X1	Port 1				4091*		
X1	Port 2				4090*		

图 7-54　硬件组态

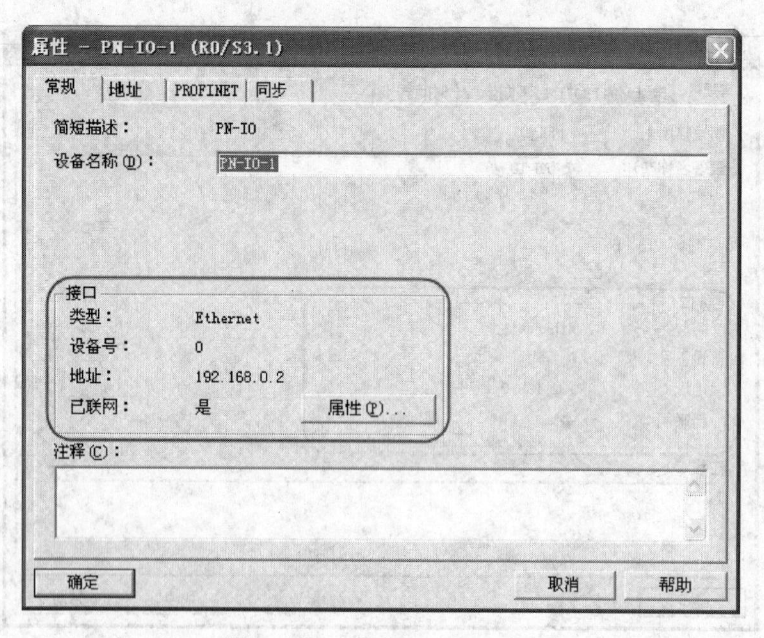

图 7-55　2#站点 PN-IO 属性

7.4.3　网络组态

打开 Netpro 可以看到如图 7-56 所示的网络结构图。

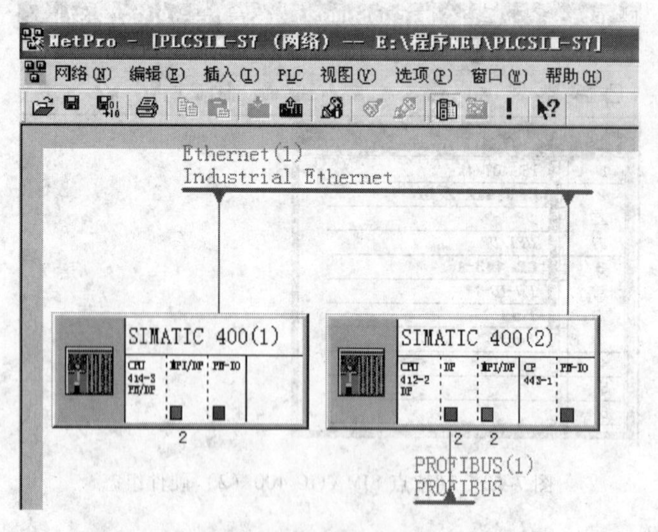

图 7-56　网络结构图

建立两个站点之间的 S7 连接，单击 CPU414-3PN/DP，单击鼠标右键，选择“插入新连接（Insert New Connection)”，如图 7-57 所示。

在“插入新连接（Insert New Connection)”对话框选择通信方 CPU，这里为 SIMATIC 400（2)，选择连接类型“S7 连接”（默认选择)，如图 7-58 所示。

点击“确定”按钮进入“S7 连接”属性对话框设置（见图 7-59)，在“连接路径（Connection Path)”中可以看到通信双方 CPU 及通信接口地址。

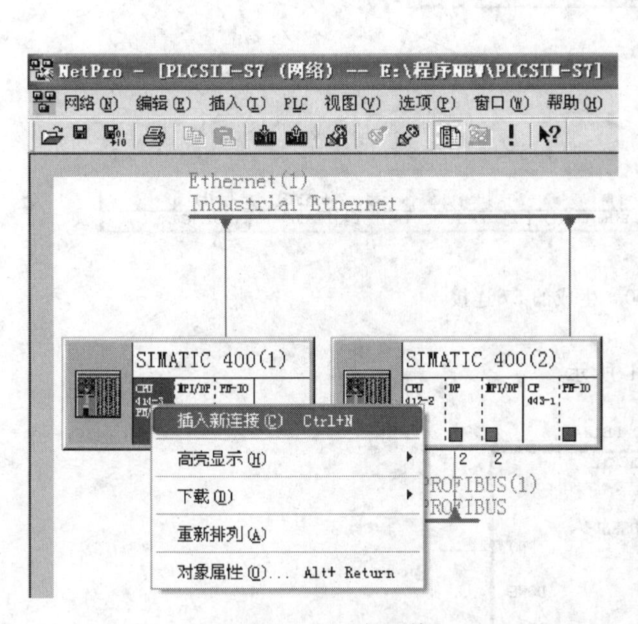

图7-57 插入新连接

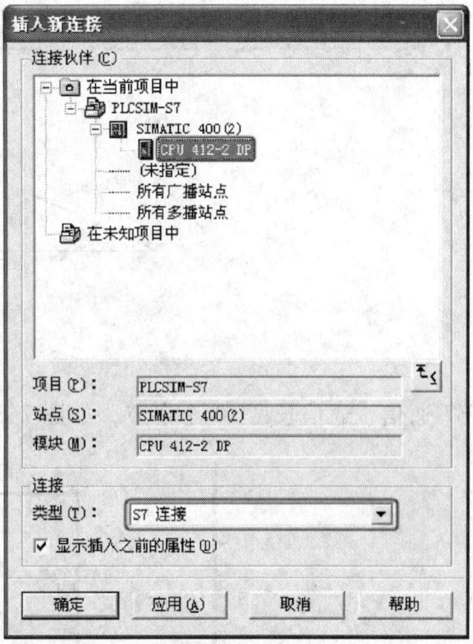

图7-58 设置连接类型及通信对象

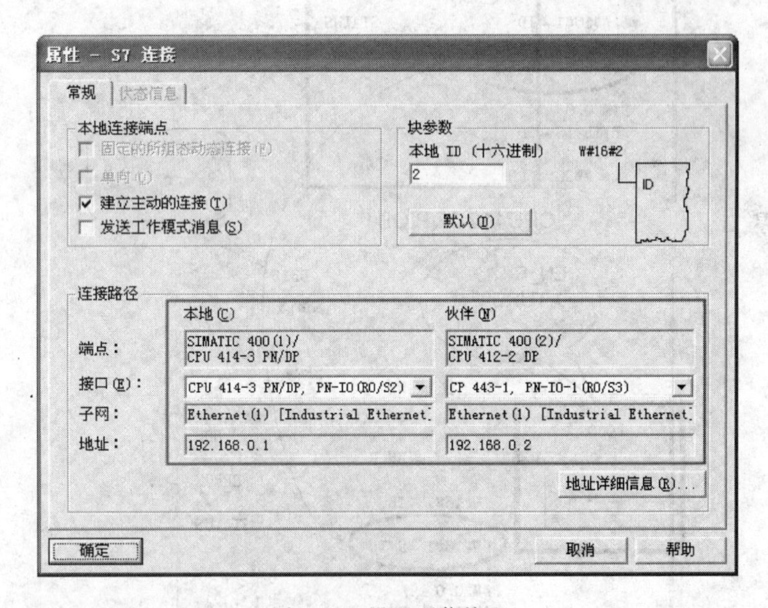

图7-59 设置通信接口

点击“确定”按钮，在网络结构图下方列表中生成S7连接如图7-60所示，编译保存完成网络组态。

7.4.4 编程

S7-400 PLC使用标准库系统功能块中的SFB8/9/12/13/14/15。本案例是在CPU 414-3PN/DP的OB1中调用SFB12，在CPU 412-2DP的OB1中调用SFB13实现两个PLC之间的

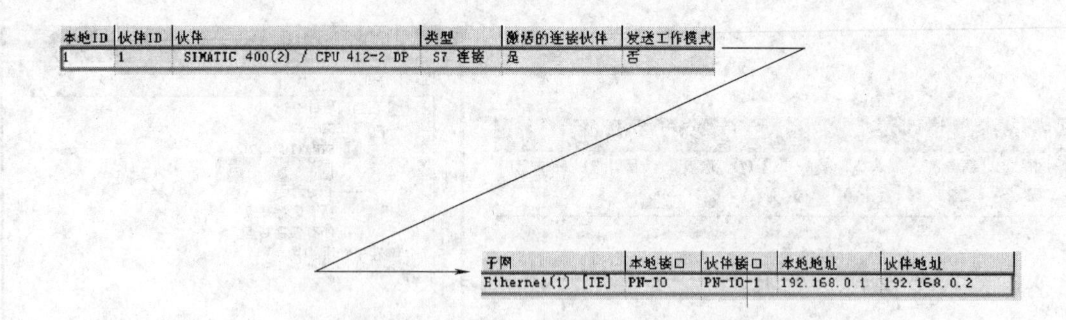

本地ID	伙伴ID	伙伴	类型	激活的连接伙伴	发送工作模式
1	1	SIMATIC 400(2) / CPU 412-2 DP	S7 连接	是	否

子网	本地接口	伙伴接口	本地地址	伙伴地址
Ethernet(1) [IE]	PN-IO	PN-IO-1	192.168.0.1	192.168.0.2

图 7-60 生成的 S7 连接

S7 通信，通信长度 10 个字节，如图 7-61 所示。

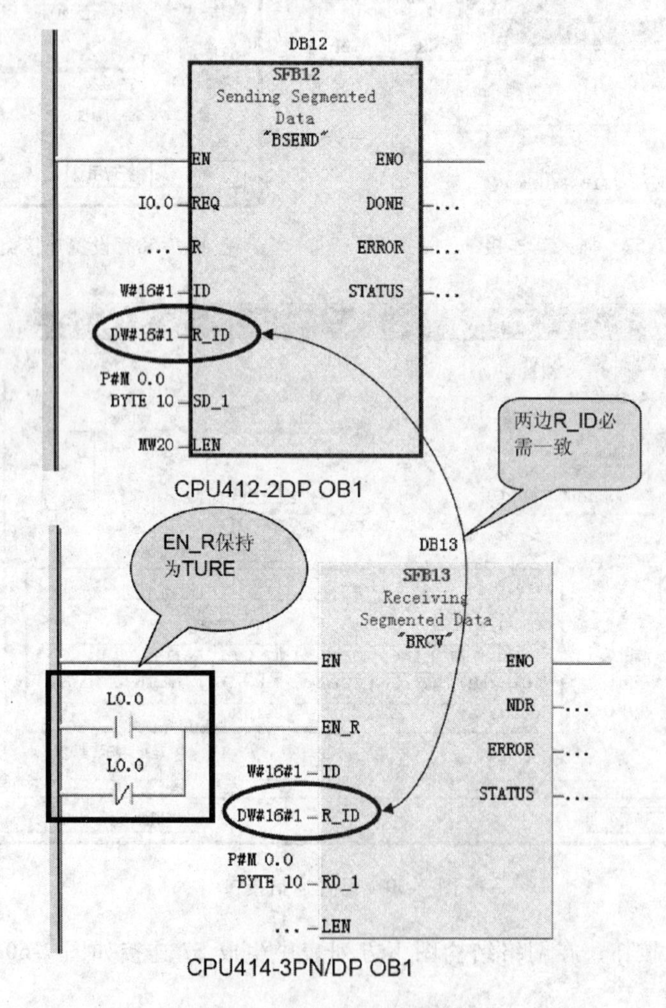

图 7-61 调用 S7 通信功能块

7.4.5 PLCSIM 仿真调试

1）启动仿真。在 STEP7 中启动 PLCSIM 进入仿真模式。

2）启动后显示 CPU 仿真界面 S7-PLCSIM1，如图 7-62 所示。

3）选择通信接口。下载项目前先选择正确的 PG/PC 接口，本例程仿真基于 TCP/IP 的 S7 通信，所以选择 PLCSIM（TCP/IP），如图 7-63 所示。

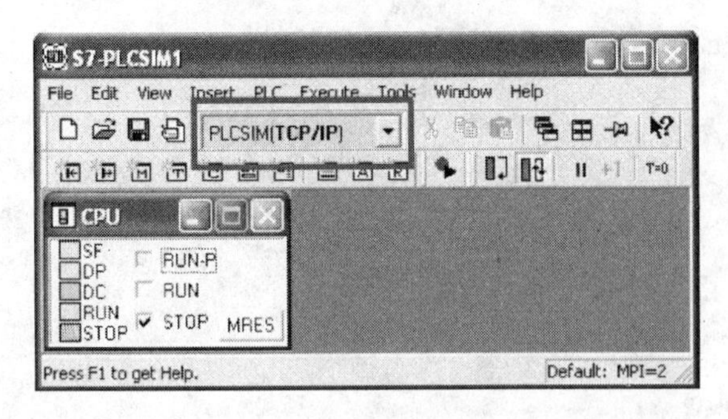

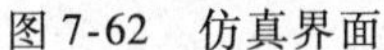

图 7-62　仿真界面　　图 7-63　选择设置 PG/PC

4）下载 1#站点。选择下载 1#站点选择下载 1#站点“块”到 PLCSIM1 中如图 7-64 所示。下载完成后如图 7-64 所示在标题栏显示当前模拟的 1#站点 CPU414-3PN/DP，状态栏显示 CPU 可用的接口类型及地址。

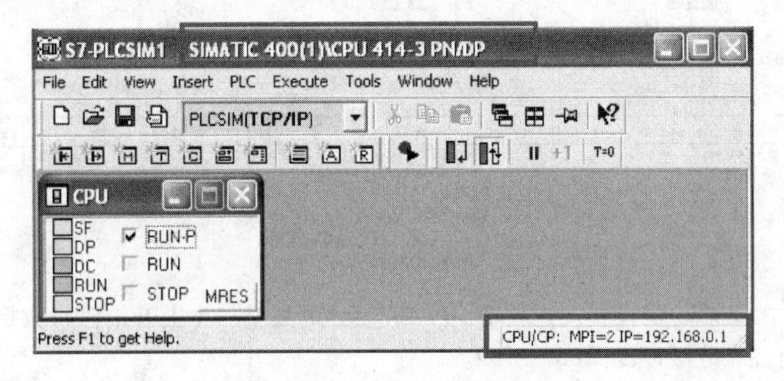

图 7-64　下载 1#站点

5）下载 2#站点。在下载 2#站点到 PLCSIM 前，需要再打开一个新的 PLCSIM2 进程如图 7-65 所示。然后重复下载 1#站点的操作步骤，下载 2#站点到 PLCSIM2，如图 7-66 所示。

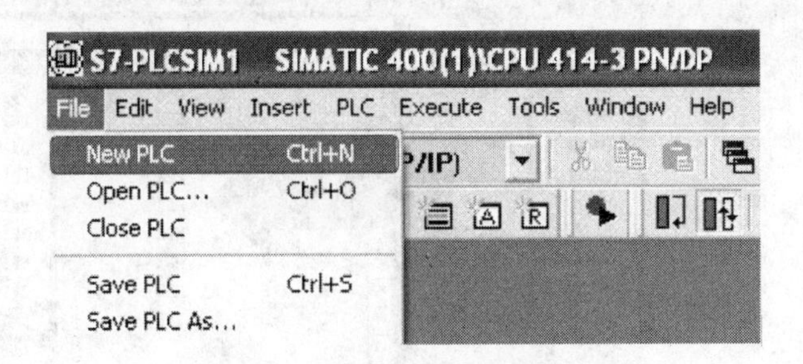

图 7-65　新建“PLCSIM”

6）通信调试。将两个下载到 PLCSIM 中的站点 CPU 切换到 RUN-P 模式，打开 Netpro 查看激活的连接状态，可以看到连接已经建立成功，如图 7-67 所示。

7）如图 7-68 所示，在两个站点 BLOCK 中各建一个变量表，1#站点监控发送缓冲区

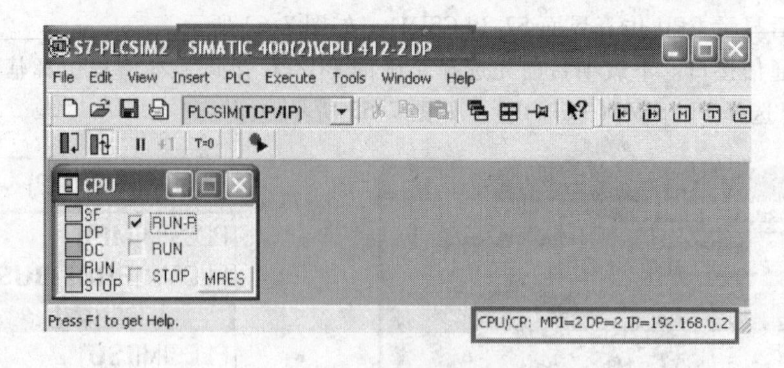

图 7-66 PLCSIM2 界面

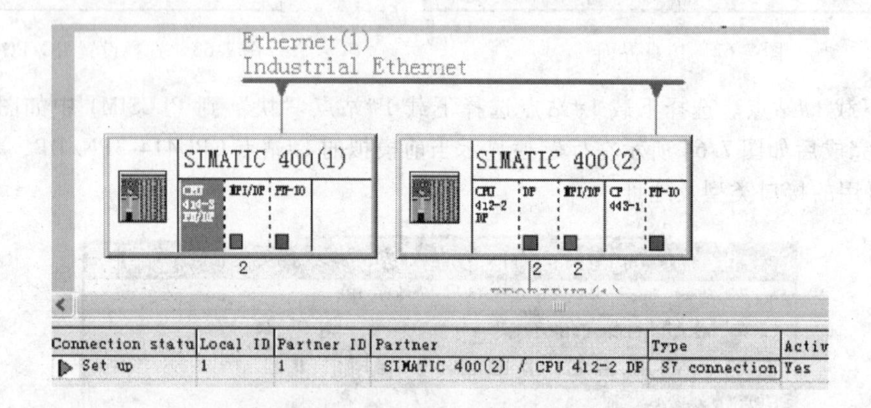

图 7-67 激活的连接状态

MB0～MB9，在 MW20 中设置发送长度 10，I0.0 由 0 变 1 产生上升沿时将数据发送给 2#站点；2#站点监控接收缓冲区 MB0～MB9。

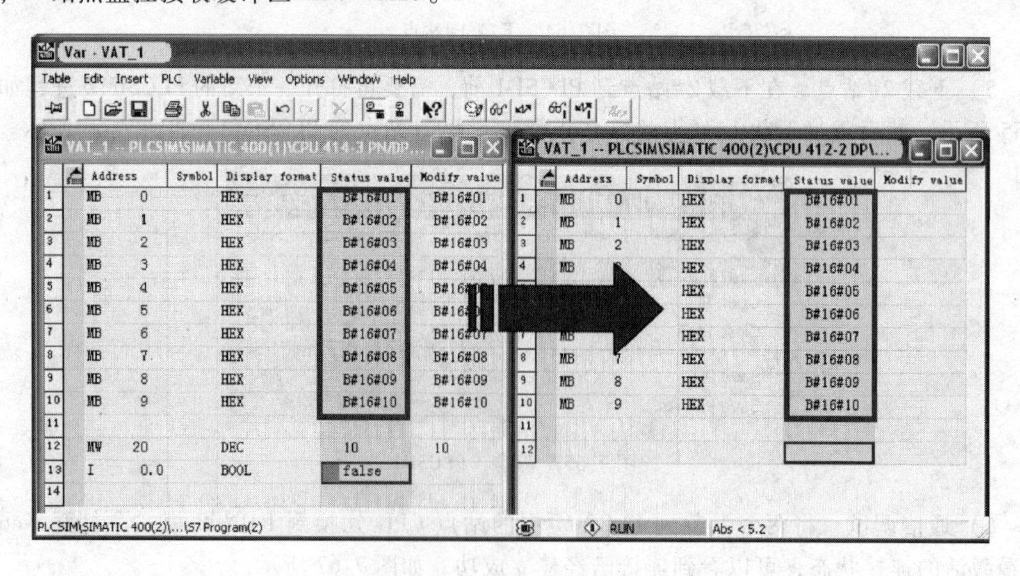

图 7-68 变量表监控

思考与练习

习题 7.1　请简述 S7-300 CPU 复位的方法。

习题 7.2　PLC 程序怎样下载到 PLCSIM 中去？

习题 7.3　为什么项目下载后，S7-PLCSIM 的 SF 点亮，但程序仿真执行不受影响？

习题 7.4　为什么在 S7-PLCSIM 菜单中无法触发 OB40？

习题 7.5　木材加工系统中，使用 PLC 对电锯、风扇和润滑泵进行控制。系统运行过程中要求风扇启动 5s 后电锯和润滑泵启动，按下停止按钮后电锯停止，风扇继续运行 5s 吹走木屑，润滑泵继续运行 10s。请用 STEP 7 进行编程，并用 PLCSIM 软件进行仿真。

第 8 讲　S7-300/400 PLC 模拟量与 PID 控制

【内容提要】

在生产过程中，存在大量的物理量，如压力、温度、速度、旋转速度、pH 值、黏度等。为了实现自动控制，这些模拟信号都需要被大中型 PLC 来处理，而且模拟量数量可以远远超过小型 PLC 的数量。从结构方面来看，大中型 PLC 与小型 PLC 的模拟量输入/输出模块不太一致，前者更复杂、灵活性更强。本讲在阐述西门子 S7-300/400 PLC 模拟量模块基本概况、硬件配置和软件编程的基础上，还以恒液位 PID 控制详细介绍了模拟量控制的参数设置、曲线设置和编程技巧。

应知

※了解大中型 PLC 的模拟量模块结构

※熟悉西门子 S7-300 PLC 常见的模拟量输入/输出模块

※掌握 STEP 7 软件对模拟量的编程要点

※掌握 STEP 7 软件对 PID 编程的要点

☆能对 S7-300/400 PLC 模拟量模块进行选择

☆能对不同的模拟量模块进行硬件配置

☆能调用 FC 块进行模拟量编程

☆能调用 SFC 块对 PID 进行编程

应会

8.1 模拟量输入与输出基础

8.1.1 概况

1. 大中型 PLC 的模拟量模块结构

大中型 PLC 系统在要求高密度、更快、更精确的测量，并且能灵活连接各种温度、压力和流量变送器的过程控制场合时使用模拟量输入/输出模块。从结构方面来看，大中型 PLC 与小型 PLC 的模拟量输入/输出模块不太一致，前者更复杂、灵活性更强，主要表现在以下几点：

1）用户可选的输入/输出模块允许用户配置每个通道，以连接来自工业现场的各类电压或电流信号；

2）高分辨率的输出模块有助于实现高精度的控制；

3）模块上的输入滤波功能有效防止电磁干扰的影响；

4）背板隔离保证了输入信号干扰不会对背板产生影响；

5）通过更多的故障状态信息编程（如开路、超量程等），使得用户可以及时了解现场情况而有效减少故障恢复时间。

2. 大中型 PLC 处理模拟量的过程

在生产过程中，存在大量的物理量，如压力、温度、速度、旋转速度、pH 值、粘性等。为了实现自动控制，这些模拟信号都需要被大中型 PLC 来处理，而且模拟量数量可以远远超过小型 PLC 的数量。图 8-1 所示为大中型 PLC 处理模拟量的过程。

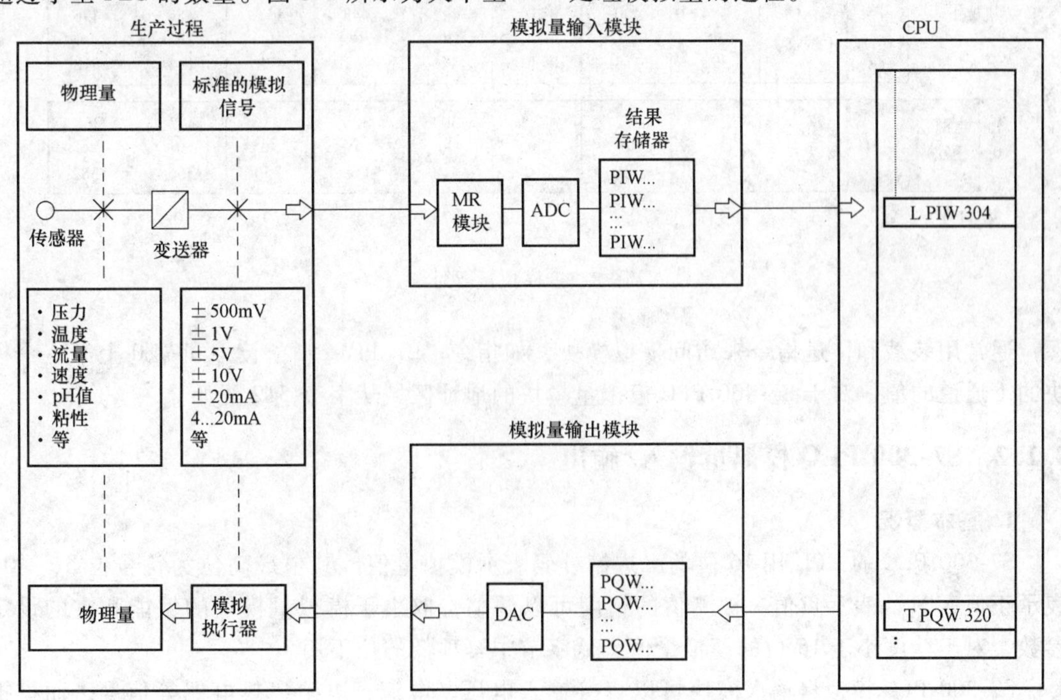

图 8-1 大中型 PLC 处理模拟量的过程

图 8-1 中，测量传感器利用线性膨胀、角度扭转或电导率变化等原理来测量物理量的变化。测量变送器将传感器检测到的变化量转换为标准的模拟信号，如 ±500mV，±10V，±20mA，4～20mA，这些标准的模拟信号将接到模拟输入模块上。

由于 PLC 的 CPU 智能处理数字量信号，因此模拟输入模块中的 ADC（模数转换器）就是用来实现转换功能。模数转换是顺序执行的，也就是说每个模拟通道上的输入信号是轮流被转换的。模数转换的结果存在结果存储器中，并一直保持到被一个新的转换值所覆盖，在 STEP 7 中可用“L　PIW…”指令来访问模数转换的结果。

如果要进行模拟量输出，则可以使用传递指令“T　PQW...”，该指令就是用来向模拟输出模块中写模拟量的数值（由用户程序计算所得），该数值由模块中的 DAC（数模转换器）变换为标准的模拟信号。采用标准模拟输入信号的模拟执行器可以直接连接到模拟输出模块上。

3. 模拟量的寻址

S7-300 PLC 为模拟量输入和输出保留了特定的地址区域，以便与数字模块的输入、输出映像区的地址（PII/PIQ）区分开。其地址范围从字节 256～767，每个模拟量通道占 2 字节，模拟量寻址如图 8-2 所示。

机架 3	电源模块		IM（接收）	640 to 654	656 to 670	672 to 686	688 to 702	704 to 718	720 to 734	736 to 750	752 to 766
机架 2	电源模块		IM（接收）	512 to 526	528 to 542	544 to 558	560 to 574	576 to 590	592 to 606	608 to 622	624 to 638
机架 1	电源模块		IM（接收）	384 to 398	400 to 414	416 to 430	432 to 446	448 to 462	464 to 478	480 to 494	496 to 510
R 0	电源模块	CPU	IM（发送）	256 to 270	272 to 286	288 to 302	304 to 318	320 to 334	336 to 350	352 to 366	368 to 382
槽口号		2	3	4	5	6	7	8	9	10	11

图 8-2　模拟量寻址

通常用装载和传送指令来访问模拟模块，如指令“L　PIW256”读取机架 0 上第一个模块的 1 通道的值。对于 S7-400 PLC 模拟量模块的地址区域从字节 512 开始。

8.1.2　S7-300 PLC 模拟量输入/输出

1. 基本概况

S7-300 PLC 的 CPU 用 16 位的二进制补码表示模拟量值。其中最高位为符号位 S，“0”表示正值，“1”表示负值，被测值的精度可以调整，取决于模拟量模块的性能和它的设定参数，对于精度小于 15 位的模拟量值，低字节中幂项低的位不用。

S7-300 PLC 模拟量输入模块可以直接输入电压、电流、电阻、热电偶等信号，而模拟量输出模块可以输出 0～10V、1～5V、－10V～10V、0～20mA、4～20mA 等模拟信号。

2. 模拟量输入模块SM331

模拟量输入（简称模入（AI））模块SM331目前有三种规格型号，即8AI×12位模块、2AI×12位模块和8AI×16位模块。

SM331主要由A/D转换部件、模拟切换开关、补偿电路、恒流源、光电隔离部件、逻辑电路等组成。A/D转换部件是模块的核心，其转换原理采用积分方法，被测模拟量的精度是所设定的积分时间的正函数，也即积分时间越长，被测值的精度越高。SM331可选四档积分时间：2.5ms、16.7ms、20ms和100ms，相对应的以位表示的精度为8、12、12和14。

输入模块与电压型传感器的连接，如图8-3所示。

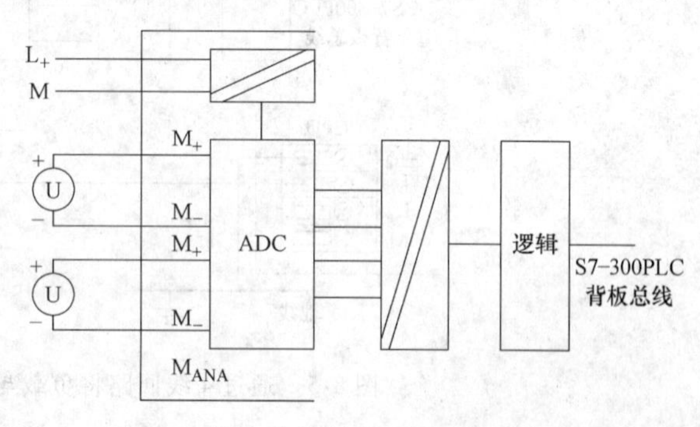

图8-3 输入模块与电压型传感器的连接

SM331与2线电流变送器的连接如图8-4a所示，与4线电流变送器的连接如图8-4b所示。4线电流变送器应有单独的电源。

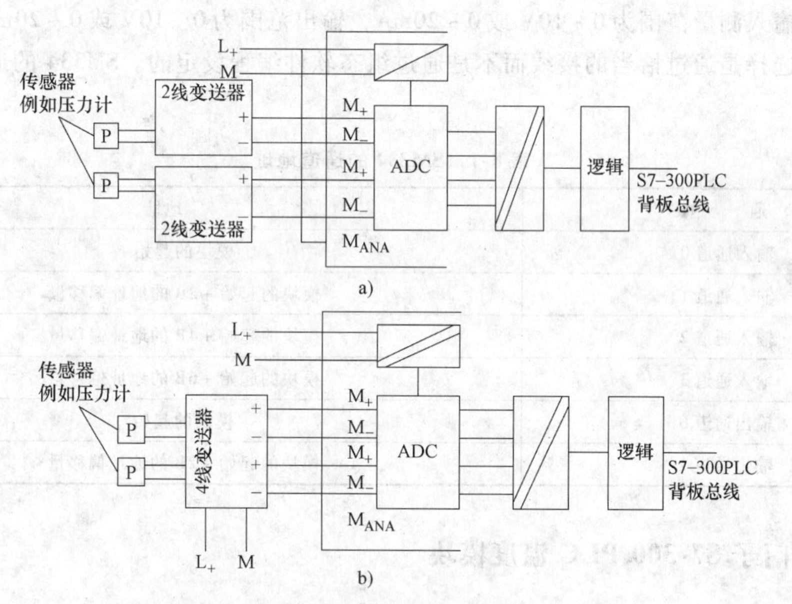

图8-4 输入模块与2/4线电流变送器的连接

3. 模拟量输出模块SM332

模拟量输出（简称模出（AO））模块SM332目前有三种规格型号，即4AO×12位模块、2AO×12位模块和4AO×16位模块，分别为4通道的12位模拟量输出模块、2通道的12位模拟量输出模块、4通道的16位模拟量输出模块。

SM332可以输出电压，也可以输出电流。在输出电压时，可以采用2线回路和4线回路两种方式与负载相连。采用4线回路能获得比较高的输出精度。通过4线回路将负载与隔离的模出模块相连如图8-5所示。

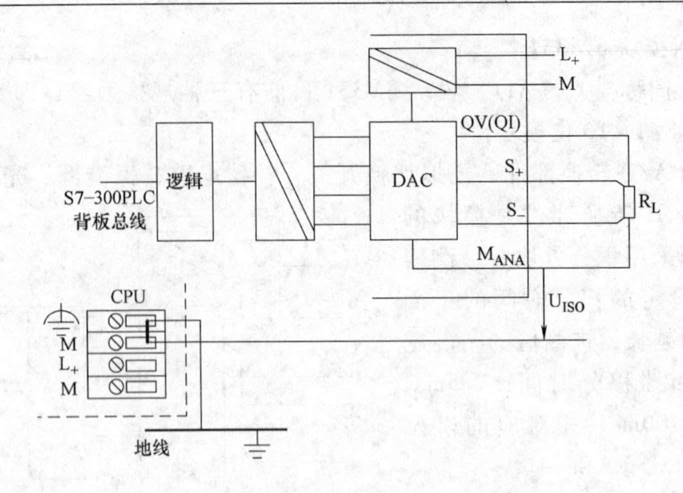

图 8-5　通过 4 线回路将负载与隔离的模出模块相连

4. 模拟量 I/O 模块 SM334

模拟量 I/O 模块 SM334 有两种规格，一种是有 4 模入/2 模出的模拟量模块，其输入、输出精度为 8 位，另一种也是有 4 模入/2 模出的模拟量模块，其输入、输出精度为 12 位。SM334 模块输入测量范围为 0 ~ 10V 或 0 ~ 20mA，输出范围为 0 ~ 10V 或 0 ~ 20mA。它的 I/O 测量范围的选择是通过恰当的接线而不是通过组态软件编程设定的。SM334 的通道地址见表 8-1。

表 8-1　SM334 的通道地址

通　　道	地址
输入通道 0	模块的起始
输入通道 1	模块的起始 +2B 的地址偏移量
输入通道 2	模块的起始 +4B 的地址偏移量
输入通道 3	模块的起始 +6B 的地址偏移量
输出通道 0	模块的起始
输出通道 1	模块的起始 +2B 的地址偏移量

8.1.3　西门子 S7-300 PLC 温度模块

大中型 PLC 的温度模块大大增强了系统用于温度测量和控制的能力，对于有温度测控要求的场合，无需昂贵的热电偶和热电阻变送器，用户通过配置温度模块就可以完成复杂的控制过程。

1. SM331 热电阻模块

图 8-6 所示是热电阻（如 Pt100）与输入模块的 4 线连接回路示意图。通过端 IC + 和 IC - 将恒定电流送到电阻型温度计或电阻，通过 M + 和 M - 端子测得在电阻型温度计或电阻上产生的电压，4 线回路可以获得很高的测量精度。如果接成 2 线或 3 线回路，则必须在 M + 和 IC + 之间以及在 M - 和 IC - 之间插入跨接线，不过这将降低测量结果的精度。

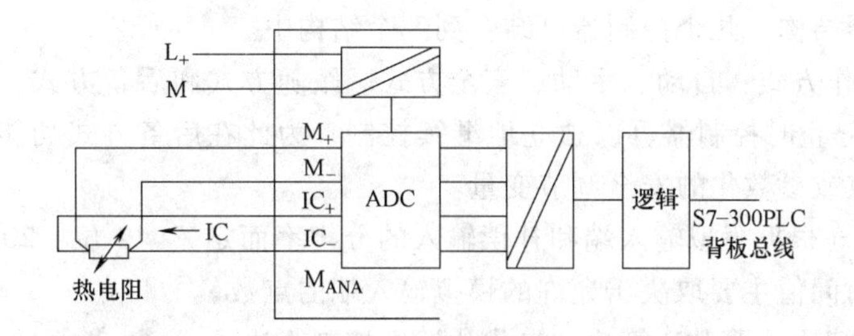

图8-6　热电阻（如Pt100）与输入模块的4线连接回路示意图

2. SM331热电偶模块

图8-7所示是热电偶接线示意，共可以接8路，包括B、E、J、K、L、N、R、S、T、U等，可以对特性曲线线性化进行参数设置。热电偶的温度补偿有四种方式：可设置参数；用补偿盒进行外部温度补偿；用Pt100进行外部温度补偿；进行内部温度补偿。

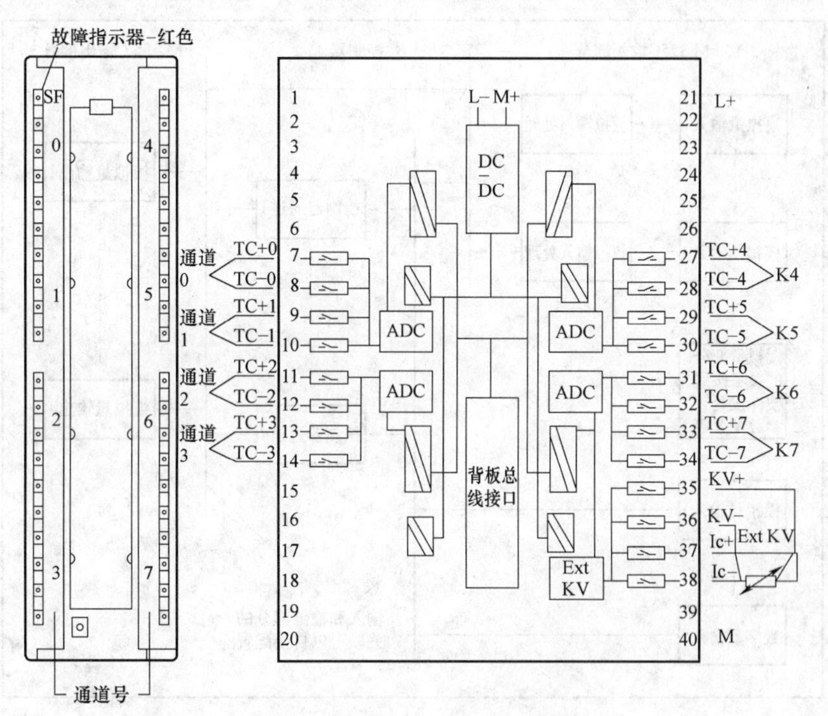

图8-7　热电偶接线

8.1.4　西门子S7-300 PLC闭环控制模块FM355

FM355为四通道闭环控制模块，可以满足通用的闭环控制任务，比如温度、压力、流量、物位等。它是一种硬件控制器，包含两种控制算法的预编程结构，因此即使在CPU停机或故障后仍能进行控制任务。

FM355模块根据输出可以分为FM355C连续动作控制器和FM355S步进或脉冲控制器。

FM355闭环控制模块具有下列性能：

1）工厂预制的控制器结构用于固定设定点控制、串联控制、比例控制、三分量控制；

根据所选的控制器结构，几个控制器可结合到一个结构中。

2）不同的操作方式：自动、手动、安全方式、跟随方式和后备方式。而后备方式用于 CPU 故障或 CPU 停止时控制器可以独立地继续控制，为此在后备方式功能中，设定了可参数化的安全设定点或参数化的安全调节变量。

3）采样时间（根据模拟输入端和补偿输入的分辨率而定）。12 位：20～100ms；14 位：100～500ms。该时间值主要取决于允许的模拟输入端的点数。

4）两种控制算法，即 PID 算法和自优化温度控制算法。

5）前馈控制。模拟输入端不仅用于采集实际值，而且可用于前馈控制。

FM355 闭环控制模块的工作原理如图 8-8 所示。在处理模拟量输入过程中，其按照通道 1 到通道 4 依次处理的顺序进行。由于模拟量输入的类型可以自由配置，因此数据处理的速度并不一致，一般来说处理温度传感器的时间大概在 100ms，而普通电流或电压信号则在 20ms 及以下（数据位为 12 位时）。

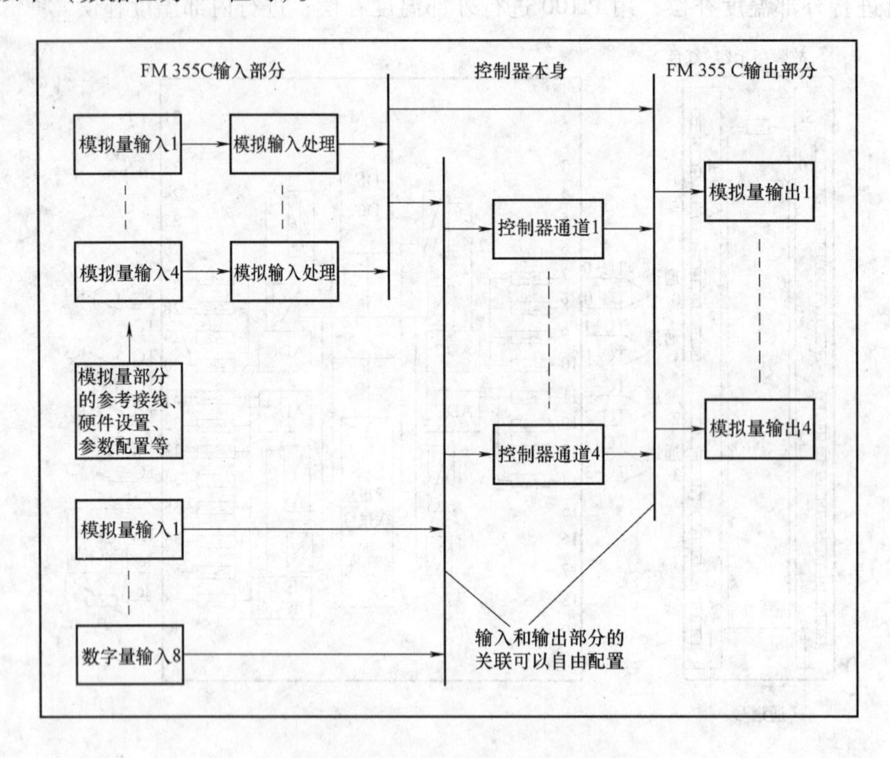

图 8-8 闭环控制模块的工作原理

FM355 闭环控制模块的接线如图 8-9 所示。

8.1.5 FM355-2 闭环温度控制模块

FM355-2 特别适合温度控制需要的四通道稳定闭环控制模块，方便用户在线自适应进行温控，同时实现加热、冷却以及组合控制。它具有 FM355 模块所具有的大部分功能，在接线等方面具有共通点。

图 8-10 所示是 PC、S7-300 CPU 和 FM355-2 模块之间的关系结构。

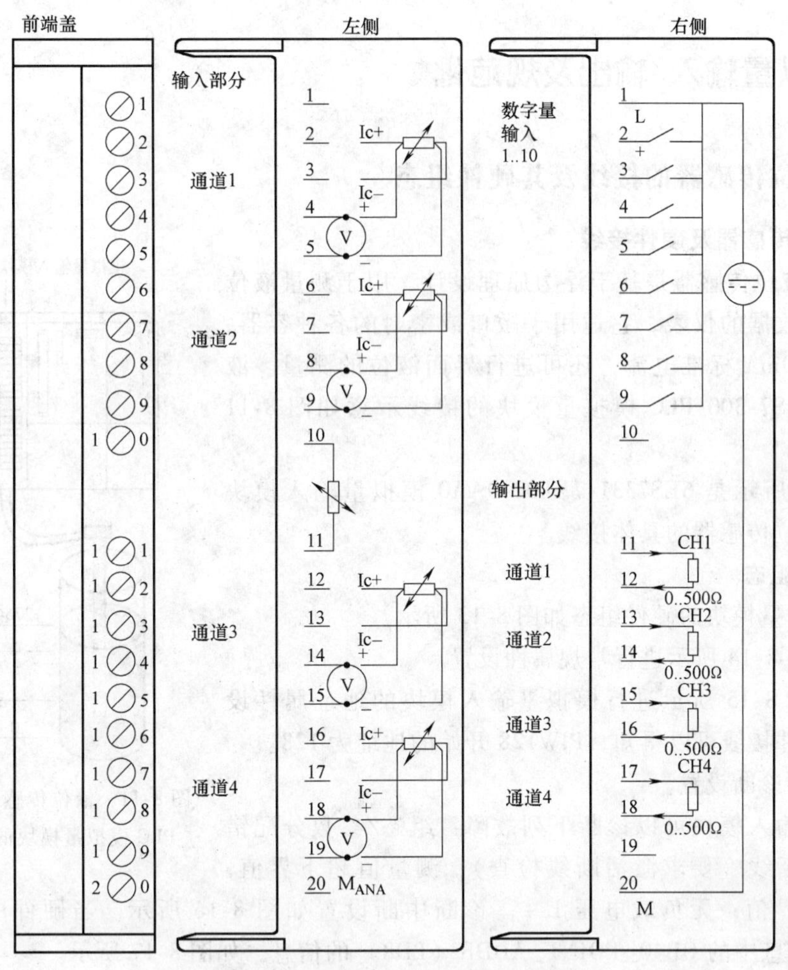

图 8-9　FM355 闭环控制模块的接线

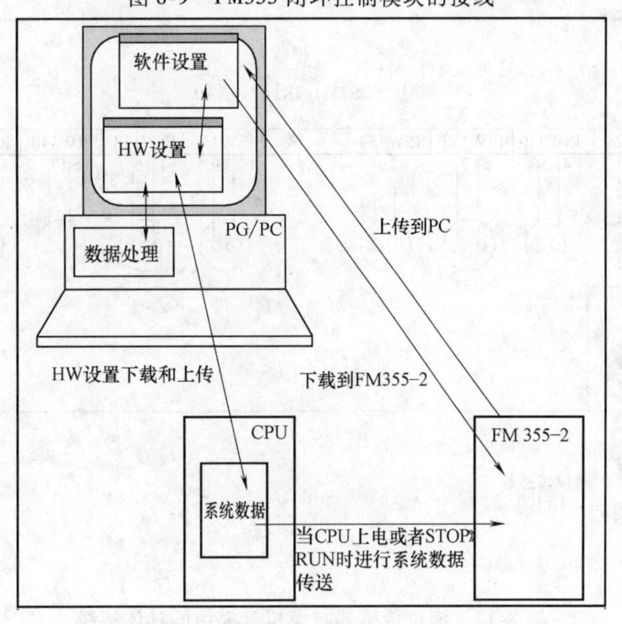

图 8-10　PC、S7-300 CPU 和 FM355-2 模块之间的关系结构

8.2 模拟量输入/输出及规范化

8.2.1 液位传感器的接线及其硬件组态

1. 液位传感器及硬件接线

LT100 液位传感器是基于浮力原理设计，用于测量液位并传送测量数据的仪表，它适用于敞口或密封的各种容器，可输出 4~20mA 标准电流，还可进行界面液位的测量。液位传感器与 S7-300 PLC 模拟量模块的接线示意如图 8-11 所示。

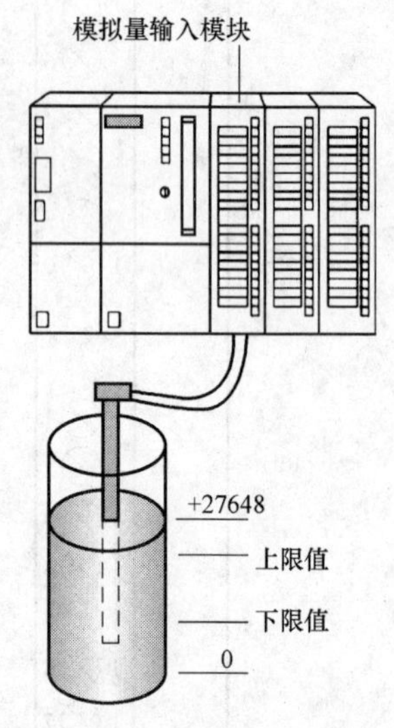

图 8-11 液位传感器与 S7-300 PLC 模拟量模块的接线示意

图 8-12 所示是 6ES7331-7KF02-0AA0 模拟量输入模块与 LT100 液位传感器的具体接线。

2. 硬件组态

1）模拟量模块的硬件组态如图 8-13 所示。

2）如图 8-14 所示进行常规属性设置。

3）如图 8-15 所示进行模拟量输入模块的地址属性设置。根据硬件接线可以得知，PIW128 开始的地址为 128。

4）故障诊断设置。

模拟量输入模块可以诊断下列故障：组态/参数分配错误；错误；断线（要求激活断线检查）；测量值超下界值；测量值超上界值；无负载电压 L+。诊断中断设置如图 8-16 所示。当硬件中断触发时，OB40 启动信息中的 OB40_POINT_ADDR（LD8）的信息，如图 8-17 所示。

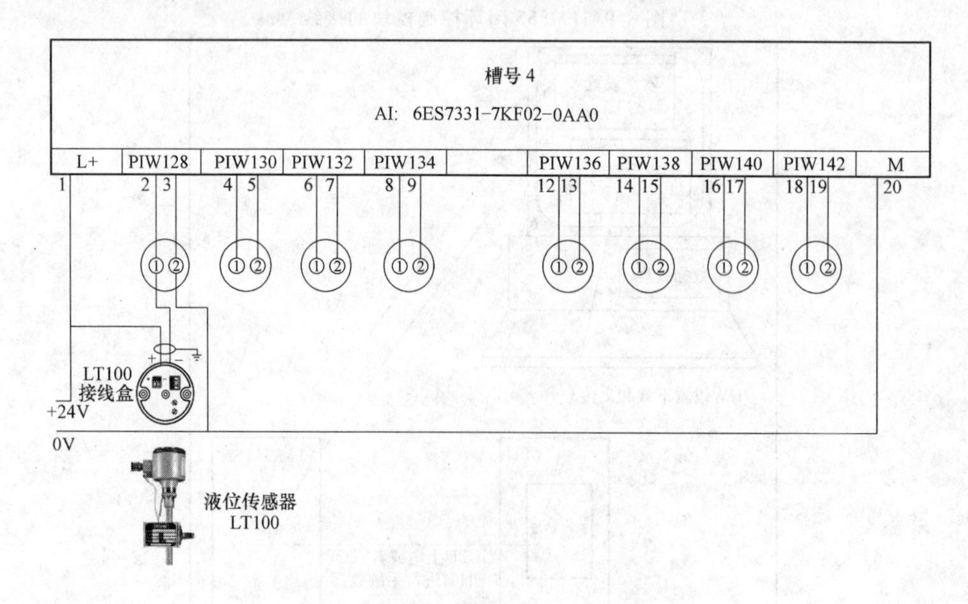

图 8-12 液位传感器与模拟量模块的具体接线

(0) UR
1
2 CPU 313-2 DP
X2 DP
2.2 DI16/DO16
2.4 计数
3
4 AI8x12Bit
5
6
7
8

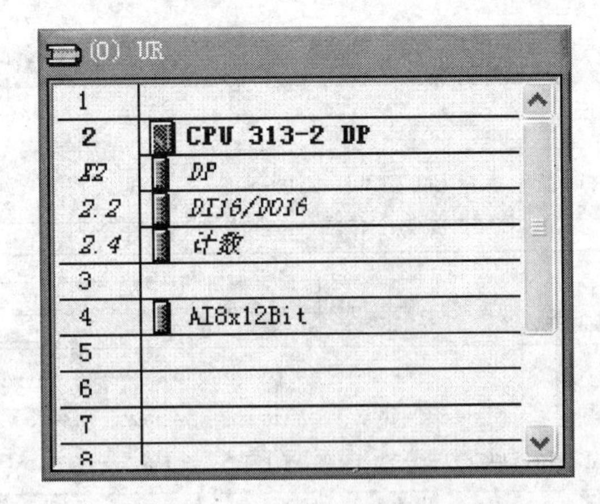

图 8-13　模拟量模块硬件组态

属性 - AI8x12Bit - (R0/S4)
常规
地址
输入
简短描述：
AI8x12Bit
模拟量输入模块 AI8/12...14位;同时可作为 SIPLUS 模块，订货号 6AG1 331-7KF02-2AB0
订货号：
6ES7 331-7KF02-0AB0
名称(N)：
AI8x12Bit
注释(C)：
确定
取消
帮助

图 8-14　常规属性设置

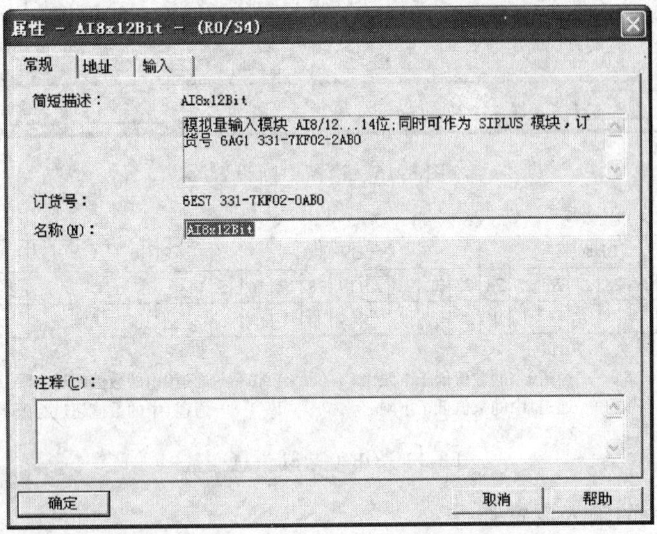

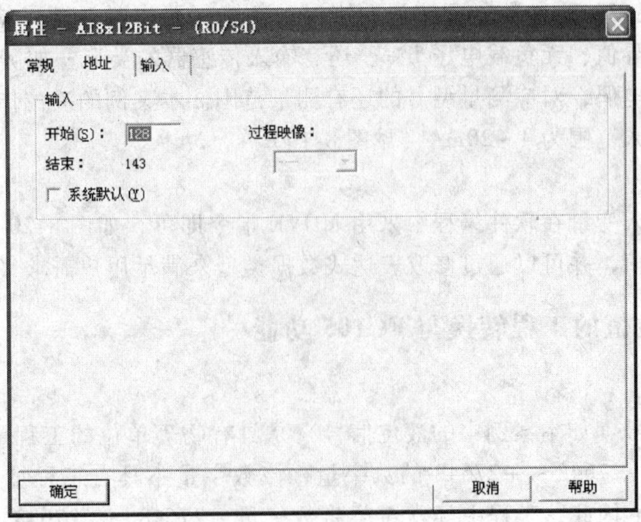

属性 - AI8x12Bit - (R0/S4)
常规
地址
输入
输入
开始(S)：
128
过程映像：
结束：
143
系统默认(Y)
确定
取消
帮助

图 8-15　地址属性设置

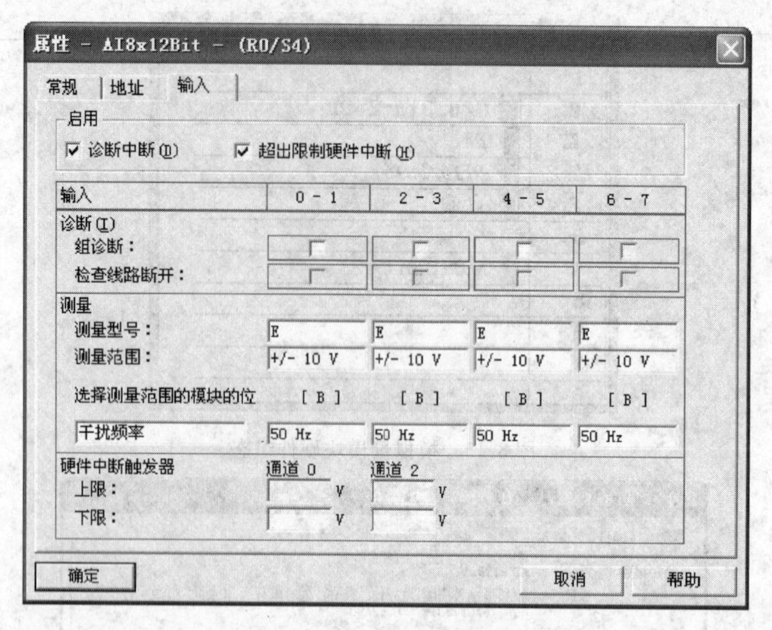

图 8-16　诊断中断设置

LB8								LB9										LB10	LB11		
31	30	29	28	27	26	25	24	23	22	21	20	19	18	17	16	15	14		2	1	0
						1	1							1	1						

L8.0——通道0中的数值低于下限　　L9.0——通道0中的数值超过上限

L8.1——通道1中的数值低于下限　　L9.1——通道1中的数值超过上限

图 8-17　OB40 启动信息变量

5）模拟量模块的输入设置。

模拟量模块的输入设置如图 8-18 所示。其包含的信息非常丰富，比如模拟量输入模块可以诊断下列故障：组态/参数分配错误；错误；断线（要求激活断线检查）；测量值超下界值；测量值超上界值；无负载电压 L+。还有输入传感器的类型，如测量型号是电压、电流、热电阻还是热电偶，对应测量型号的还有测量范围。本案例的液位传感器设置为 2 线制电流传感器，其输入范围为 4～20mA（见图 8-19）。

3. 软件编程

读取模拟量输入变量在软件编程中采用 MOVE 指令即可，如图 8-20 所示，并采用在线监控即可获得实际值，并可以通过修改表达式数据类型来满足用户需求（见图 8-21）。

8.2.2　实际液位值的工程转换与 FC105 功能

1. 规范化

现场的过程信号（如本案例中的液位信号）是具有物理单位的工程量值，模/数转化后输入通道得到的是 -27648 ~ +27648 的数字量，该数字量不具有工程量值的单位，在程序处理时带来了不便。因此，工程中经常希望将数字量 -27648 ~ +27648 直接转化为实际工程量值，这一过程称为“模拟量的规范化”。

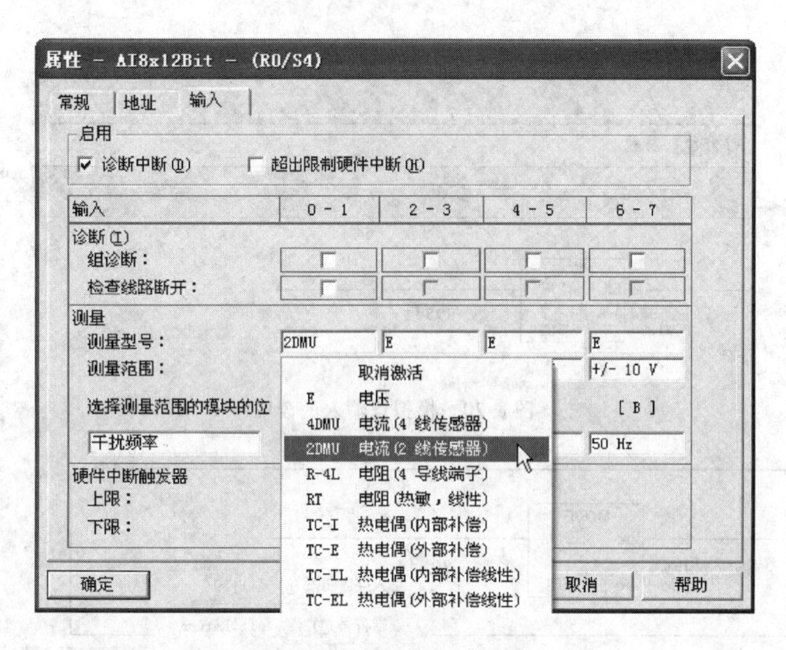

图 8-18　模拟量模块输入设置

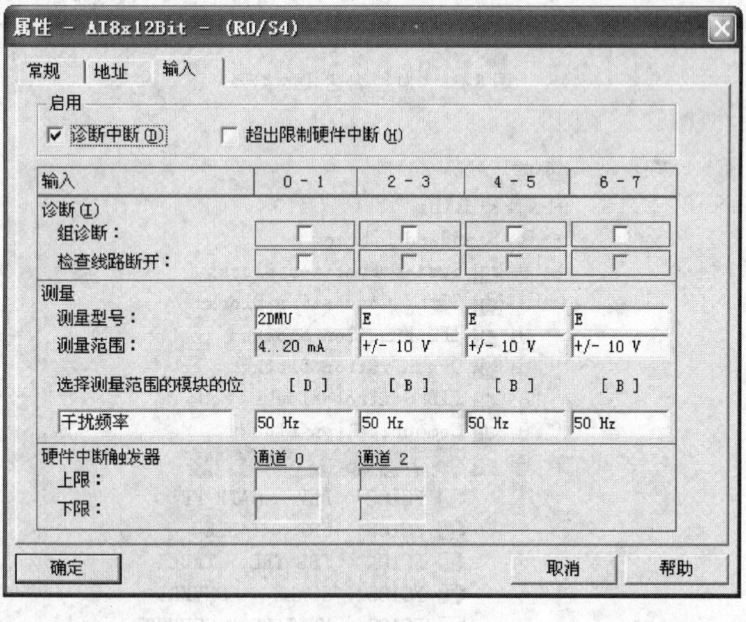

图 8-19　液位传感器输入设置

本案例中，当液位为 0m 时，传感器输出信号为 4mA，对应的模拟量输入通道转换值为 0；液位为 0.5m（具体参考传感器具体规格，这里只是举例）时，传感器输出信号为 20mA，对应的模拟量输入通道转换值为 27648。假如程序中读取到的数值为 10000 时，那么实际液位到底是多少米呢？为了解决这个问题，在这里引入了 FC105 功能。

FC105 调用路径如图 8-22 所示。

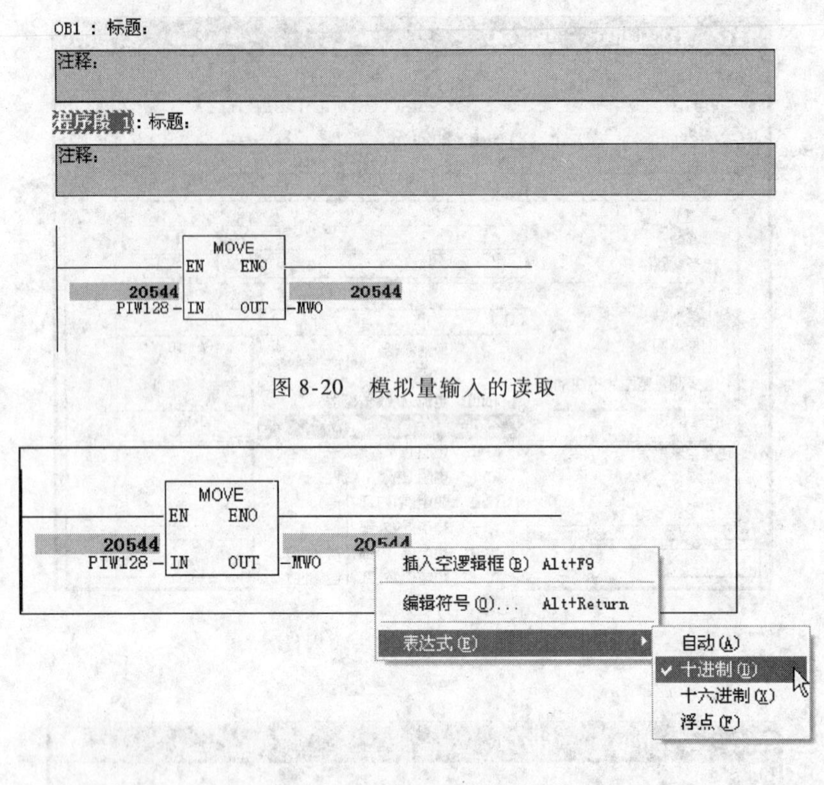

图 8-20 模拟量输入的读取

图 8-21 监控表达式的类型

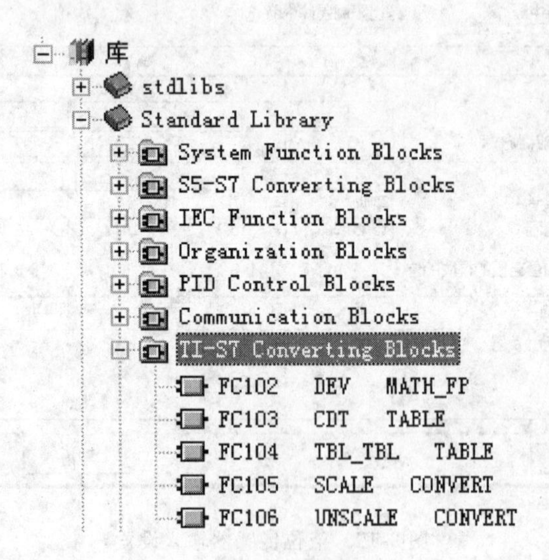

图 8-22 FC105 调用路径

2. FC105 功能的输入/输出定义

图 8-23 所示为 FC105（即 SCALE 功能）的 LAD 调用框图，它接受一个整型值（IN），并将其转换为以工程单位表示的介于下限和上限（LO_LIM 和 HI_LIM）之间的实型值，并将结果写入 OUT。

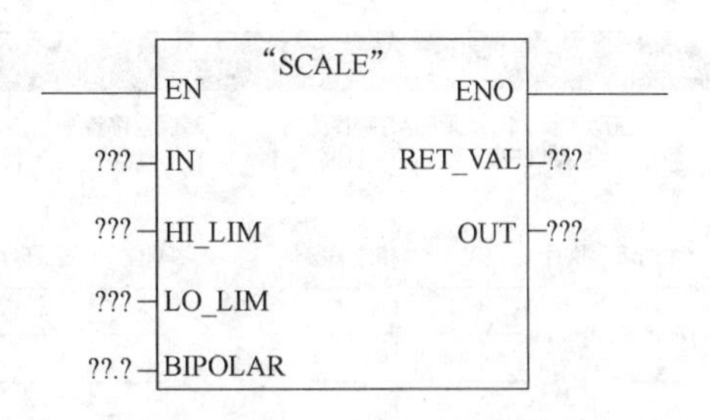

图 8-23 FC105 的 LAD 调用框图

FC105 参数输入/输出含义见表 8-2。

表 8-2 FC105 参数输入/输出含义

参数	说明	数据类型	存储区	描述
EN	输入	BOOL	I、Q、M、D、L	使能输入端，信号状态为 1 时激活该功能
ENO	输出	BOOL	I、Q、M、D、L	如果该功能的执行无错误，该使能输出端信号状态为 1
IN	输入	INT	I、Q、M、D、L、P、常数	欲转换为以工程单位表示的实型值的输入值
HI_LIM	输入	REAL	I、Q、M、D、L、P、常数	以工程单位表示的上限值
LO_LIM	输入	REAL	I、Q、M、D、L、P、常数	以工程单位表示的下限值
BIPOLAR	输入	BOOL	I、Q、M、D、L	信号状态为 1 表示输入值为双极性。信号状态为 0 表示输入值为单极性
OUT	输出	REAL	I、Q、M、D、L、P	转换的结果
RET_VAL	输出	WORD	I、Q、M、D、L、P	如果该指令的执行没有错误，将返回值 W#16#0000

SCALE 功能使用以下等式：

OUT = [((FLOAT(IN) - K1)/(K2 - 1)) *(HI_LIM - LO_LIM)] + LO_ LIM

式中常数 K1 和 K2 根据输入值是 BIPOLAR 还是 UNIPOLAR 来进行设置。在 BIPOLAR 情况下，假定输入整型值介于 7648 ~ 27648 之间，因此 K1 = -7648.0，K2 = +27648.0；在 UNIPOLAR 情况下，假定输入整型值介于 0 ~ 27648 之间，因此 K1 = 0.0，K2 = +27648.0。

如果输入整型值大于 K2，输出（OUT）将钳位于 HI_LIM，并返回一个错误。如果输入整型值小于 K1，输出将钳位于 LO_LIM，并返回一个错误。另外，通过设置 LO_LIM → HI_LIM可获得反向标定。使用反向转换时，输出值将随输入值的增加而减小。

3. 调用 FC105 实例

在一般情况下，调用 FC105 功能可以在 OB35 等周期性中断中进行编程，这样就能确保模拟量输入信号被定时转换。如图 8-24 所示为 OB35 的属性设置。

以液位传感器为例，如果输入 20mA 信号表示 500mm 液位，4mA 信号表示 0mm 液位，则执行 SCALE 功能后的程序如图 8-25 所示。如果 FC105 功能的执行没有错误，ENO 的信号状态将设置为 1，RET_ VAL 等于 W#16#0000，OUT 输出为实际液位值，这也就回答了“假如程序中读取到的数值为 10000 时，那么实际液位到底是多少米呢”的问题，即 180.845mm 液位。

当 M0.0 信号 =0 时，按照图 8-26 所示进行变换；当 M0.0 信号 =1 时，按照图 8-27 所示进行变换。

属性 - CPU 313-2 DP - (R0/S2)

常规 | 启动 | 周期/时钟存储器 | 保留存储器 | 中断
时刻中断 | 周期性中断 | 诊断/时钟 | 保护 | 通讯

	优先级	执行	相位偏移量	单位	过程映像分区
OB30:	7	5000	0	ms	---
OB31:	8	2000	0	ms	---
OB32:	9	1000	0	ms	---
OB33:	10	500	0	ms	---
OB34:	11	200	0	ms	---
OB35:	12	100	0	ms	---
OB36:	13	50	0	ms	---
OB37:	14	20	0	ms	---
OB38:	15	10	0	ms	---

确定 取消 帮助

图 8-24 OB35 的属性设置

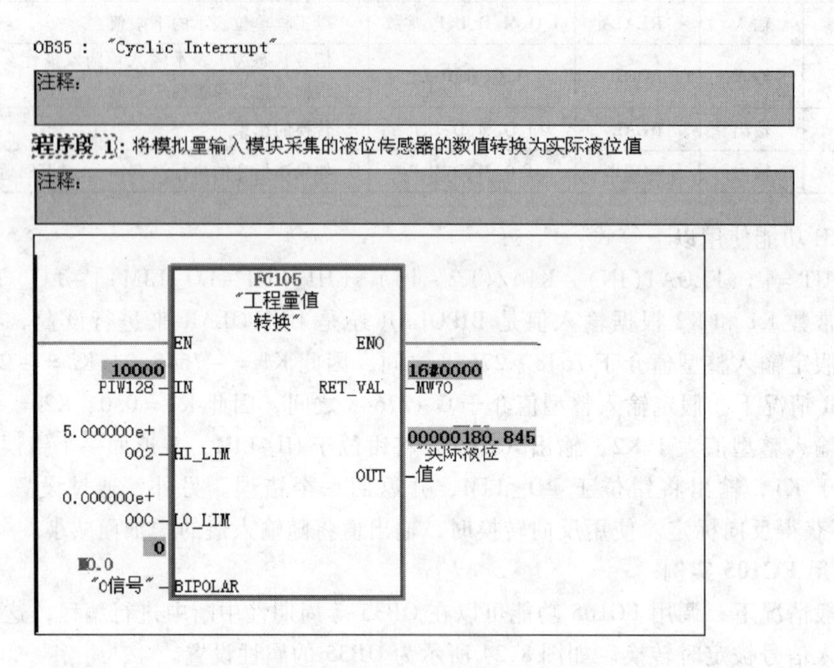

图 8-25 FC105 调用实例

8.2.3 模拟量输出转换的数字表达方式

1. 数字量与模拟量输出信号之间的关系

与模拟量输入相同，西门子模拟量输出的电压/电流 ±10V 或 ±20mA 信号所对应的数值范围为 -27648 ~ +27648；而对于不对称的电压或电流的额定范围如 0 ~ 10V、1 ~ 5V、0 ~ 20mA、4 ~ 20mA 则对应为 0 ~ +27648。如果被转换的数值超限，模拟输出模块被禁止

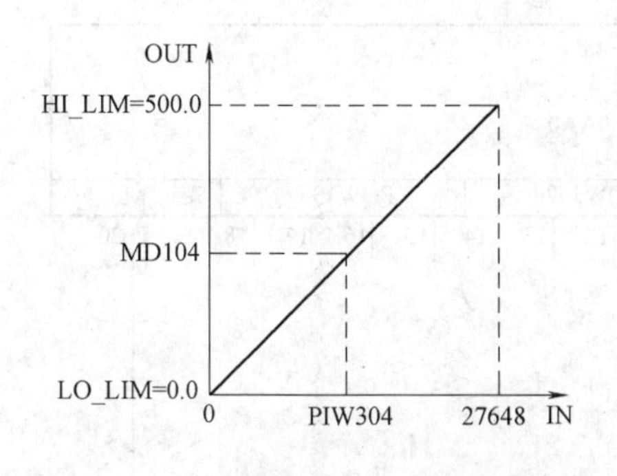

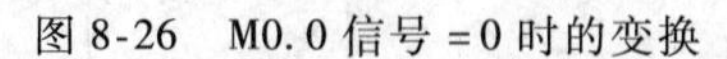
图 8-26　M0.0 信号 =0 时的变换

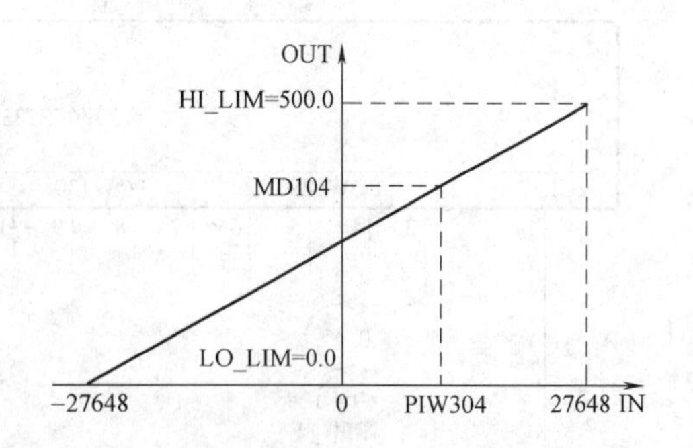

图 8-27　M0.0 信号 =1 时的变换

(即 0V 或 0mA)。数字量与模拟量输出信号之间的关系见表 8-3。

表 8-3　数字量与模拟量输出信号之间的关系

范围	单位	电压 输出范围: 0~10V	电压 输出范围: 1~5V	电压 输出范围: ±10V	电流 输出范围: 0~20mA	电流 输出范围: 4~20mA	电流 输出范围: ±20mA
超上限	>=32767	0	0	0	0	0	0
超上界	32511 : 27649	11.7589 : 10.0004	5.8794 : 5.0002	11.7589 : 10.0004	23.515 : 20.0007	22.81 : 20.005	23.515 : 20.0007
额定范围	27648 : 0	10.0000 : 0	5.0000 : 1.0000	10.0000 : 0	20.000 : 0	20.000 : 4.000	20.000 : 0
	: -6912	0	0.9999 0	:	0	3.9995 0	:
	-6913 : : -27648		0	: -10.0000		0	: -20.000
超下界	-27649 : -32512			-10.0004 : -11.7589			-20.007 : -23.515
超下限	<=-32513			0			0

2. 调节阀模拟量输出案例

(1) 控制要求　图 8-28 所示为调节阀外观，该调节阀能够接收 0~10V 信号来进行开度调节，其中 10V 代表 100% 开度，0V 表示 0% 开度。请设计从 PLC 输入开度信号进行调节阀控制。

(2) 电气接线图　如图 8-29 所示为调节阀模拟量输出接线图，其中模拟量模块选用 6ES7332-5HD01-0AA0，槽号为 5。

(3) 硬件配置

1) 在 S7-300 PLC 中的槽 5 插入 AO 模块，并进行硬件添加，如图 8-30所示。

2) 设置模拟量模块的常规属性，如图 8-31 所示。

3) 设置模拟量模块的地址属性，如图 8-32 所示。

图 8-28　调节阀

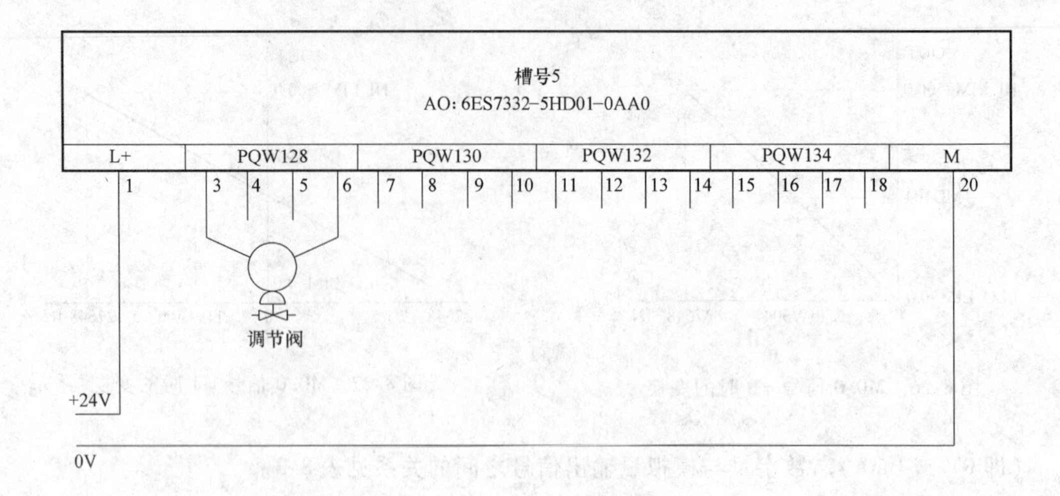

图 8-29　调节阀模拟量输出接线图

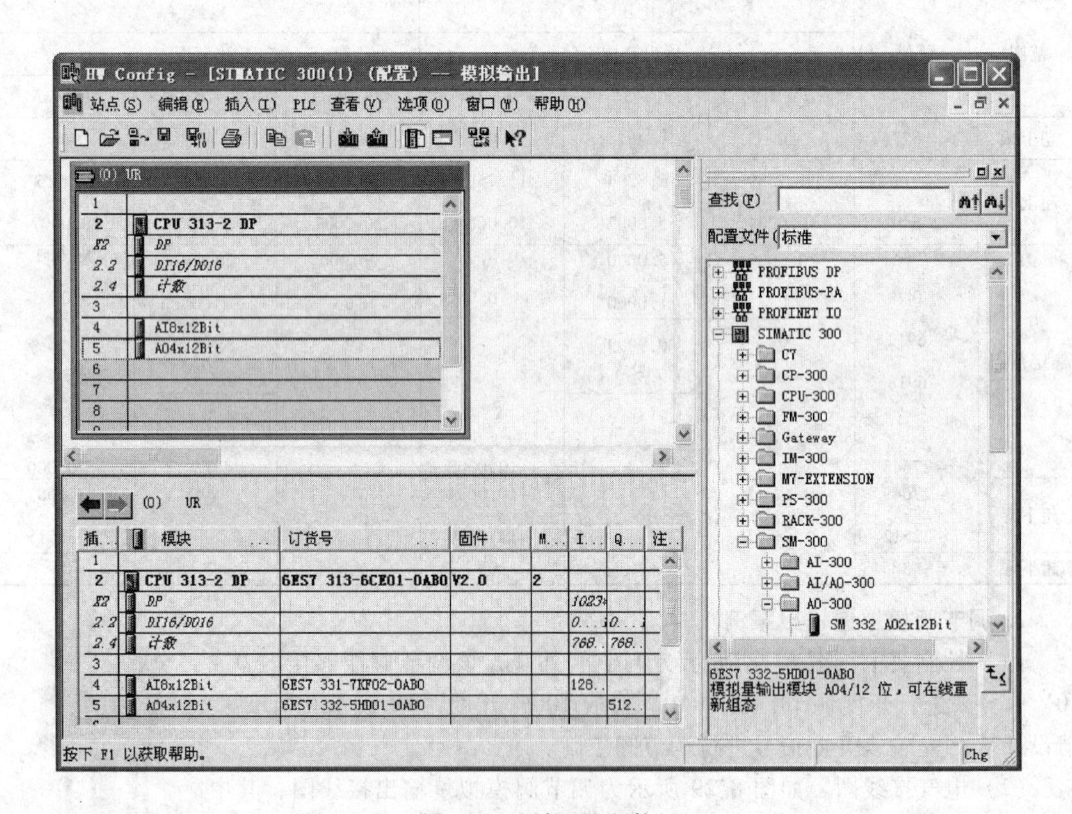

图 8-30　添加 AO 硬件

4）设置模拟量模块的输出属性，如图 8-33 和图 8-34 所示，这里采用电压输出。

模拟量输出模块可以诊断下列故障：组态/参数分配错误；接地短路（仅对于电压输出）；断线（仅对于电流输出）；无负载电压 L+。

5）保存硬件配置并下载，通过“在线”命令可以读出该模块的信息，包括故障信息，如图 8-35 所示为模块型号配置出错信息。通过型号重新设置后即可正常运行。

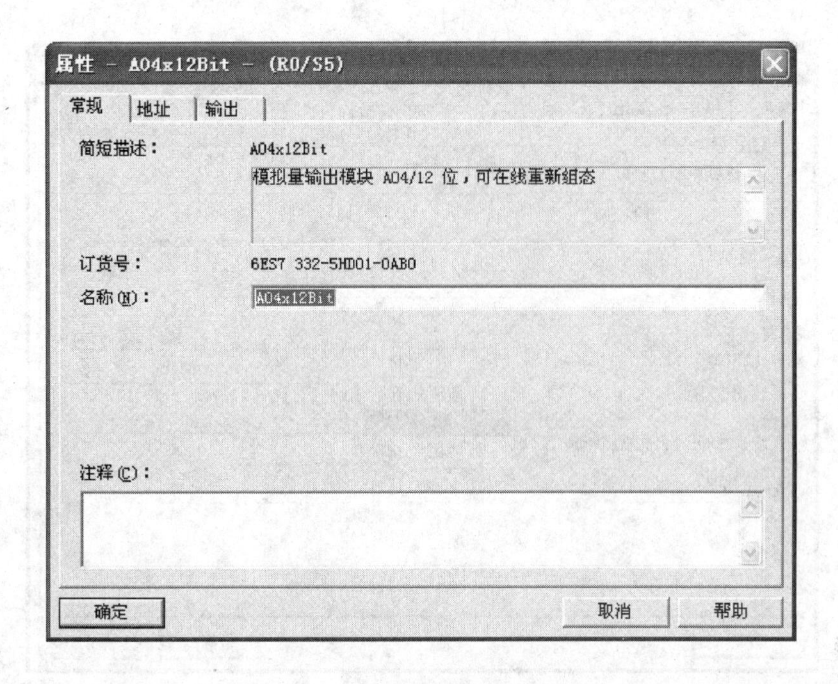

图 8-31　设置模拟量模块的常规属性

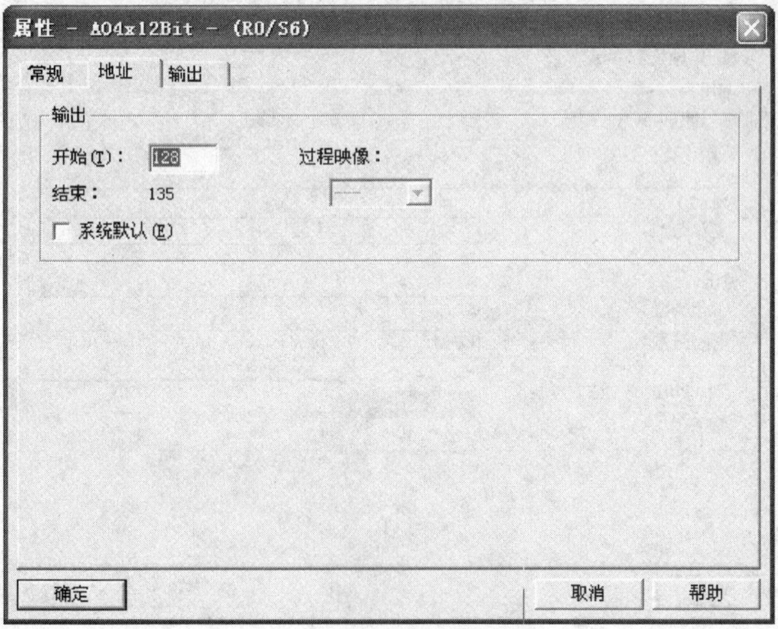

图 8-32　地址属性设置

（4）软件编程　跟模拟量输入编程一样，模拟量输出也可以采用 MOVE 指令来进行，如图 8-36 所示将数值 10000 送入 PQW128，这时候可以测得该通道的模拟量输出电压为 3.62V。

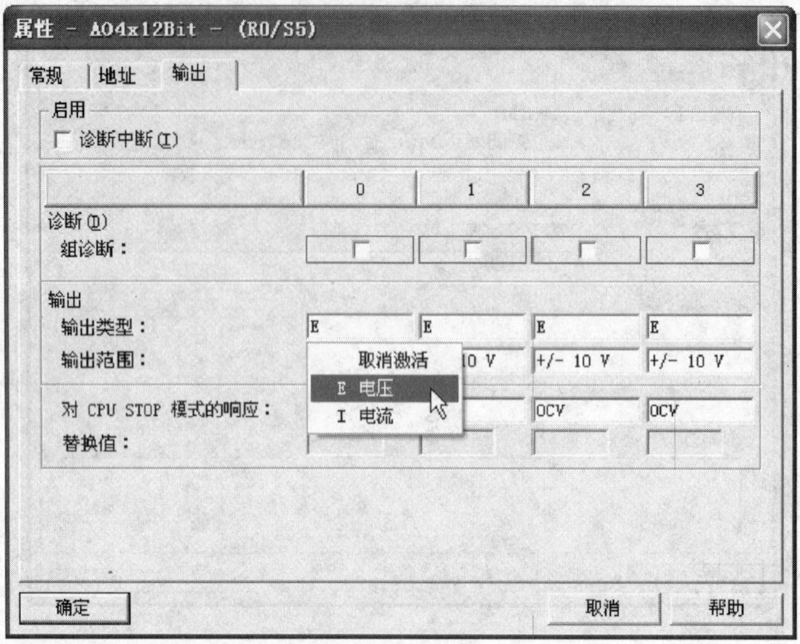

图 8-33 输出属性（输出类型）设置

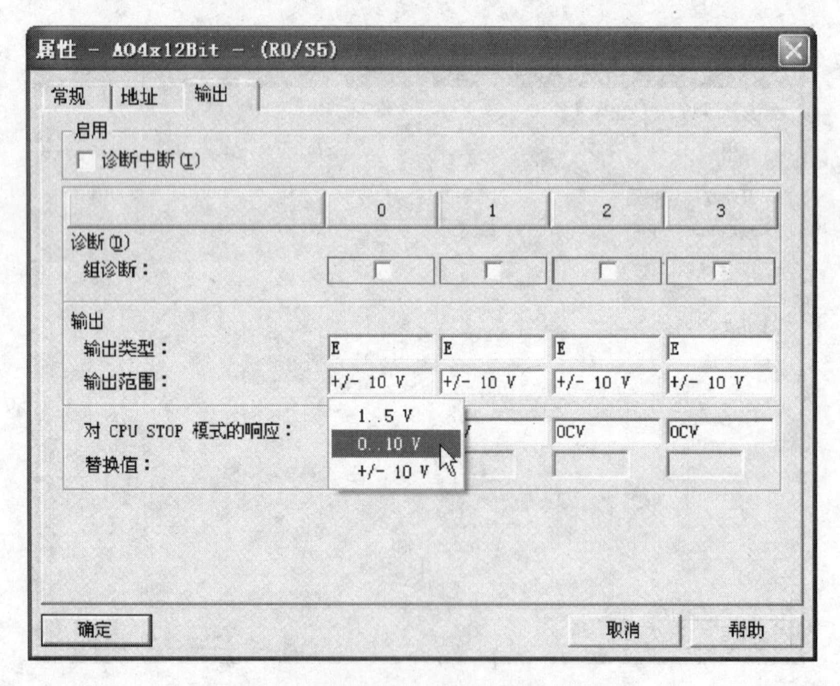

图 8-34 输出属性（输出范围）设置

8.2.4 FC106 程序块功能

1. FC106 参数

跟功能 FC105 的规范化功能相反，功能 FC106 能把实际的量转换为 PQW 要输出的量，

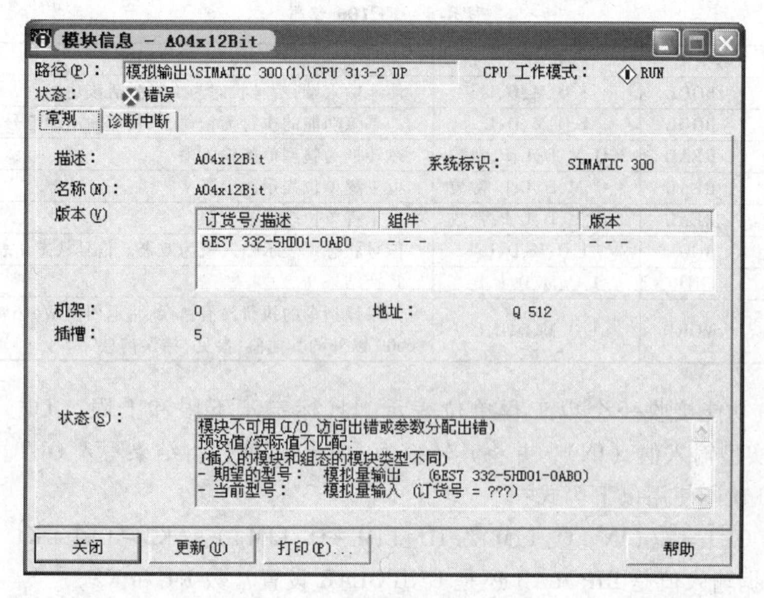

图 8-35　模块型号配置出错信息

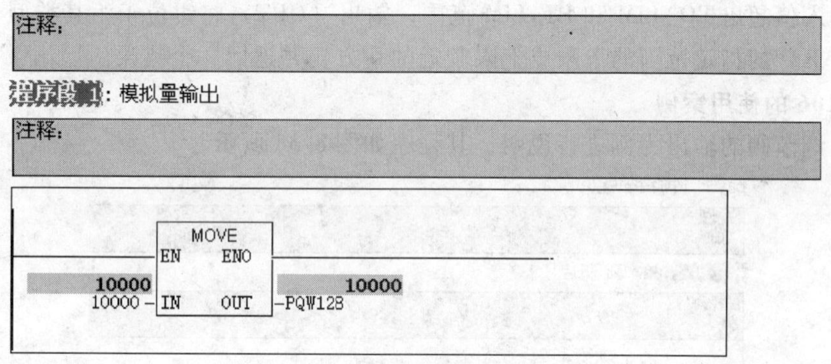

图 8-36　模拟量输出编程

如图 8-37 所示。

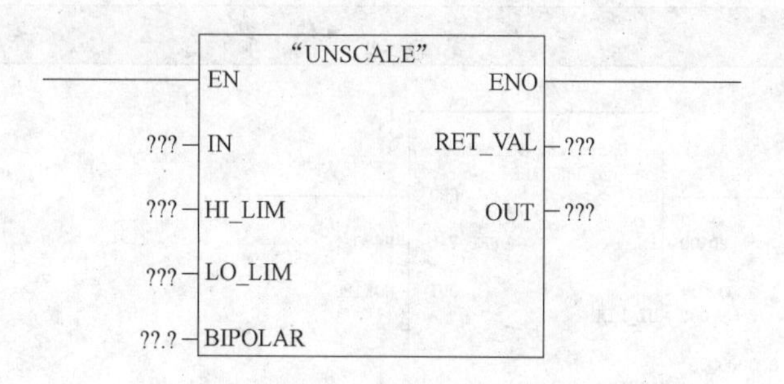

图 8-37　FC106 调用功能

其中 FC106 的参数见表 8-4。

表 8-4 FC106 参数

参数	说明	数据类型	存储区	描述
EN	输入	BOOL	I、Q、M、D、L	使能输入端,信号状态为 1 时激活该功能
ENO	输出	BOOL	I、Q、M、D、L	如果该功能的执行无错误,该使能输出端信号状态为 1
IN	输入	REAL	I、Q、M、D、L、P、常数	欲转换为整型值的输入值
HI_LIM	输入	REAL	I、Q、M、D、L、P、常数	以工程单位表示的上限
LO_LIM	输入	REAL	I、Q、M、D、L、P、常数	以工程单位表示的下限
BIPOLAR	输入	BOOL	I、Q、M、D、L	信号状态 1 表示输入值为双极。信号状态 0 表示输入值为单极
OUT	输出	INT	I、Q、M、D、L、P	转换结果
RET_VAL	输出	WORD	I、Q、M、D、L、P	如果该指令的执行没有错误,将返回值 W#16#0000。对于 W#16#0000 以外的其他值,参见"错误信息"

UNSCALE 功能接收一个以工程单位表示、且标定于下限和上限（LO_ LIM 和 HI_ LIM）之间的实型输入值（IN），并将其转换为一个整型值，将结果写入 OUT。

UNSCALE 功能使用以下等式：

$$OUT = [((IN - O\_LIM)/(HI\_LIM - O\_LIM)) * (K2 - 1)] + K1$$

该公式根据输入值是 BIPOLAR 还是 UNIPOLAR 设置常数 K1 和 K2。

BIPOLAR：假定输出整型值介于 -7648 ~ 27648 之间，因此，K1 = -7648.0，K2 = +27648.0；

UNIPOLAR：假定输出整型值介于 0 ~ 27648 之间，因此，K1 = 0.0，K2 = +27648.0。

如果输入值超出 LO_LIM 和 HI_LIM 范围，输出（OUT）将钳位于距其类型（BIPOLAR 或 UNIPOLAR）的指定范围的下限或上限较近的一方，并返回一个错误。

2. FC106 的使用案例

这里以调节阀的输出为例进行说明，其程序如图 8-38 所示。

OB1 : 循环扫描主程序

注释:

程序段 1: 输入阀门开度

注释:

MOVE
EN ENO
4.500000e+001 - IN OUT - MD100

程序段 2: 通过FC106，输出到PQW128

注释:

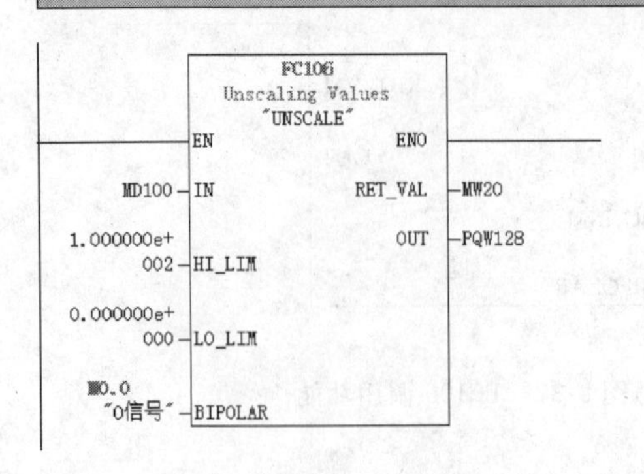

图 8-38 阀门开度转化为直接输出的程序

根据 M0.0 的变化可以观察到两条不同的转换曲线，具体如图 8-39 和图 8-40 所示。

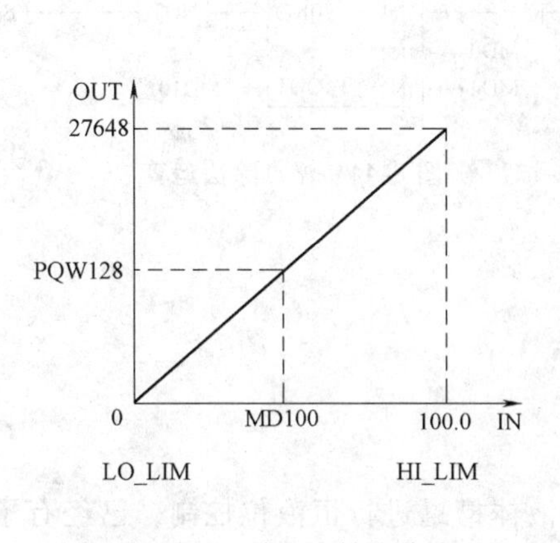

图 8-39　单极性转换曲线

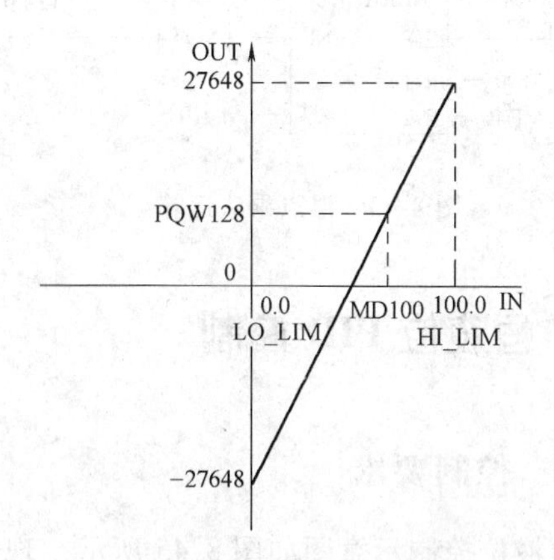

图 8-40　双极性转换曲线

8.2.5　模拟量控制中常用的浮点数运算指令介绍

IEEE 32 位浮点数属于称作实数（REAL）的数据类型。用户可使用浮点运算指令通过两个 32 位 IEEE 浮点数来执行下列数学运算指令：ADD_ R 实数加；SUB_ R 实数减；MUL_R实数乘；DIV_R 实数除。

利用浮点运算，还可用一个 32 位 IEEE 浮点数执行下列运算：求绝对值（ABS）；求平方（SQR）和平方根（SQRT）；求自然对数（LN）；求指数值（EXP）以 e（= 2，71828）为底；正弦（SIN）和反正弦（ASIN）；余弦（COS）和反余弦（ACOS）；正切（TAN）和反正切（ATAN）等。

下面举例说明：

1）如图 8-41 所示进行浮点加法运算。

由 I0.0 处的逻辑“1”激活 ADD_ R 框。MD0 + MD4 相加的结果输出到 MD10。如果结果超出了浮点数的允许范围，或者如果没有处理该程序语句（I0.0 = 0），则设置输出 Q4.0。

如图 8-42 所示进行浮点减法运算。

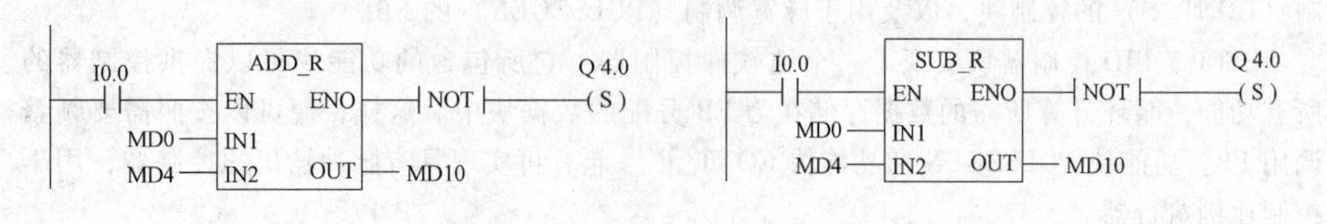

图 8-41　浮点加法运算　　　　图 8-42　浮点减法运算

2）如图 8-43 所示进行浮点乘法运算。

同样在 I0.0 处由逻辑“1”激活 MUL_ R 框。MD0 × MD4 相乘的结果输出到 MD0。如果乘法结果超出了浮点数的允许范围，或者如果没有处理该程序语句，则设置输出 Q4.0。相应的浮点除法运算如图 8-44 所示。

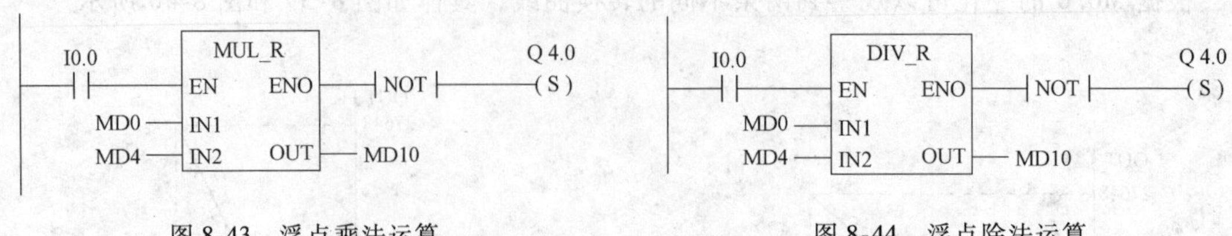

图 8-43 浮点乘法运算　　　　图 8-44 浮点除法运算

8.3 恒液位 PID 控制

8.3.1 控制要求

恒液位控制示意图如图 8-45 所示，现在要对某液体槽罐进行恒液位控制，已经有了液位传感器和调节阀，请设计合理的 PID 控制程序。其中传感器信号为 4～20mA 信号输出，调节阀能够接收 0～10V 信号来进行开度调节（即对应 0%～100% 开度）。由于槽罐中液体的排放具有不确定性，因此，液位传感器检测过来的信号始终处于变化中。现在要求能保证无论是怎样的扰动，液体槽罐的液位始终能保持一个恒定的位置，请设计相应的 PLC 控制回路并编程。

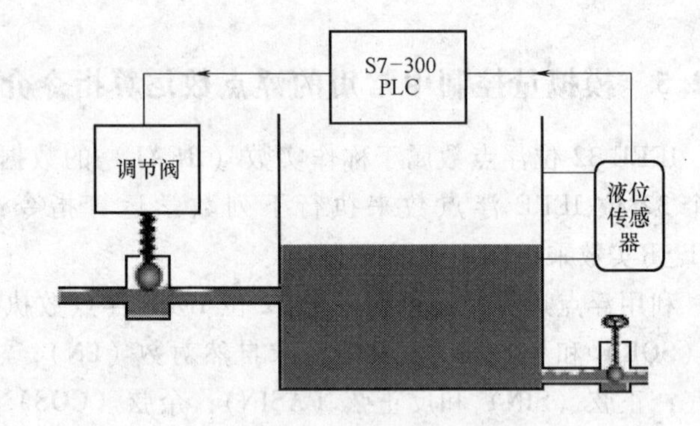

图 8-45 恒液位控制示意图

8.3.2 PID 控制

1. STEP 7 PID 控制包

PID 控制的概念已经在 S7-200 PLC 控制中阐述过了，对于 S7-300/400 PLC 来说，它有专用的 PID 控制包，即功能块（FB）。该控制包包括了用于连续控制（CONT_C）和步进控制（CONT_S）的控制块，以及用于脉宽调制（PULSEGEN）的 FB。

STEP 7 PID 控制器块实现了一个纯软件控制器，它所包含的功能块可以提供控制器的所有功能，循环计算所需的数据存储在为 FB 分配的数据块中。这样，便可以按照需要频繁调用 FB。功能块 PULSEGEN 和功能块 CONT_C 一起，可实现具有脉冲输出的控制器，用于控制比例执行器。

2. SFB41 功能块

SFB41 功能块，即“CONT_C”，可用于在 SIMATIC S7 PLC 上控制带有连续输入和输出变量的工艺过程。在参数分配期间，用户可以激活或取消激活 PID 控制器的子功能，以使控制器适合实际的工艺过程。

SFB41 模块可以按图 8-46 所示进行途径调用。

SFB41 功能块的输入和输出参数的含义见表 8-5 和表 8-6。

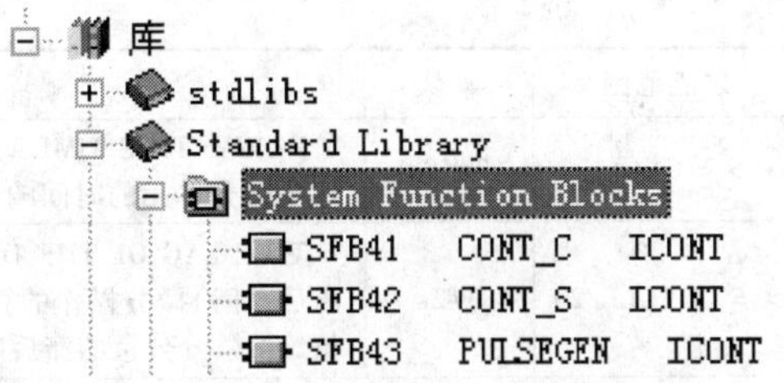

图 8-46 SFB41 调用途径

表 8-5 SFB41 功能块的输入参数含义

序号	参数	数据类型	数值范围	默认	说 明
1	COM_RST	BOOL		FALSE	COMPLETE RESTART（完全再起动）。该块有一个初始化程序，可以在输入参数 COM_RST 置位时运行
2	MAN_ON	BOOL		TRUE	MANUAL VALUE ON（手动数值接通）如果输入端“手动数值接通”被置位，那么闭环控制循环将中断。手动数值被设置为受控数值
3	PVPER_ON	BOOL		FALSE	PROCESS VARIABLE PERIPHERY ON/（过程变量外设接通）如果过程变量从 I/O 读取，输入“PV_PER ”必须连接到外围设备，并且输入“ PROCESS VARIABLE PERIPHERY ON ”必须置位
4	P_SEL	BOOL		TRUE	PROPORTIONAL ACTION ON（比例分量接通）PID 各分量在 PID 算法中可以分别激活或者取消。当输入端“比例分量接通”被置位时，P 分量被接通
5	I_SEL	BOOL		TRUE	INTEGRAL ACTION ON（ 积分分量接通）PID 各分量在 PID 算法中可以分别激活或者取消。当输入端“积分分量接通”被置位时，I 分量被接通
6	INT_HOLD	BOOL		FALSE	INTEGRAL ACTION HOLD（积分分量保持）积分器的输出被冻结。为此，必须置位输入“Integral Action Hold（积分操作保持）”
7	I_ITL_ON	BOOL		FALSE	INITIALIZATION OF THE INTEGRAL ACTION（ 积分分量初始化接通）积分器的输出可以被设置为输入“I_ITLVAL”。为此，必须置位输入“积分操作的初始化”
8	D_SEL	BOOL		FALSE	DERIVATIVE ACTION ON（微分分量接通）PID 各分量在 PID 算法中可以分别激活或者取消。当输入端“微分分量接通”被置位时，D 分量被接通
9	CYCLE	TIME	> =1ms	T#1s	SAMPLE TIME（采样时间）块调用之间的时间必须恒定。“ 采样时间”输入规定了块调用之间的时间，应该与 OB35 设定时间保持一致
10	SP_INT	REAL	-100.0 至 +100.0（%）或者物理值	0.0	INTERNALSETPOINT（内部设定点）“内部设定点”输入端用于确定设定值
11	PV_IN	REAL	-100.0 至 +100.0（%）或者物理值	0.0	PROCESSVARIABLE IN（过程变量输入）可以设置一个初始值到“过程变量输入”端或者连接一个浮点数格式的外部过程变量
12	PV_PER	WORD		W#16#0000	PROCESS VARIABLE PERIPHERY（过程变量外设）外围设备的实际数值，通过 I/O 格式的过程变量被连接到“过程变量外围设备”输入端，连接到控制器
13	MAN	REAL	-100.0 至 +100.0（%）或者物理值	0.0	MANUAL VALUE（手动数值）“手动数值”输入端可以用于通过操作者接口功能设置一个手动数值
14	GAIN	REAL		2.0	PROPORTIONAL GAIN（比例增益）“比例增益”输入端可以设置控制器的比例增益系数
15	TI	TIME	> =CYCLE	T#20s	RESET TIME（复位时间）“复位时间”输入端确定了积分器的时间响应

（续）

序号	参数	数据类型	数值范围	默认	说　明
16	TD	TIME	> = CYCLE	T#10s	DERIVATIVE TIME（微分时间）“微分时间”输入端确定了微分单元的时间响应
17	TM_LAG	TIME	> = (CYCLE/2)	T#2s	TIME LAG OF THE DERIVATIVE ACTION(微分分量的滞后时间)微分操作的算法包括一个时间滞后,可以被赋值给“ 微分分量的滞后时间”输入端
18	DEADB_W	REAL	> = 0.0(%) 或者物理值	0.0	DEAD BAND WIDTH（死区宽度）死区用于存储错误。“死区宽度”输入端确定了死区的容量大小
19	LMN_HLM	REAL	LMN_LLM 至 100.0(%) 或者物理值	100.0	MANIPULATED ALUE HIGH LIMIT(受控数值的上限)受控数值必须设定一个“上限”和一个“下限”。“受控数值上限”输入端确定了“上极限”
20	LMN_LLM	REAL	-100.0(%)至 LMN_HLM 或者物理值	0.0	MANIPULATED VALUE LOW LIMIT(受控数值的下限)受控数值必须设定一个“上限”和一个“下限”。“受控数值下限”输入端确定了“下极限”
21	PV_FAC	REAL		1.0	PROCESS VARIABLE FACTOR（过程变量系数）“过程变量系数”输入端用于和过程变量相乘。该输入端可以用于匹配过程变量范围
22	PV_OFF	REAL		0.0	PROCESSVARIABLE OFFSET(过程变量偏移量)“过程变量偏移”输入端可以添加到“过程变量”。该输入端可以用于匹配过程变量的范围
23	LMN_FAC	REAL		1.0	MANIPULATED VALUE FACTOR（受控数值系数）“受控数值系数”输入端用于与受控数值相乘。该输入端可以用于匹配受控数值的范围
24	LMN_OFF	REAL		0.0	MANIPULATED VALUE(受控数值的偏移量)“受控数值的偏移量”可以与受控数值相加。该输入端可以用于匹配受控数值的范围
25	I_ITLVAL	REAL	-100.0 至 +100.0(%) 或者物理值	0.0	INITIALIZATION VALUE OF THE INTEGRAL-ACTION（积分分量初始化值）积分器的输出可以用输入端“I_ITL_ON”设置。初始化数值可以设为“积分分量初始值”输入
26	DISV	REAL	-100.0 至 +100.0(%) 或者物理值	0.0	DISTURBANCE VARIABLE（干扰变量）对于前馈控制，干扰变量被连接到“干扰变量”输入端

表 8-6　SFB41 功能块的输出参数含义

序号	参数	数据类型	默认	说　明
1	LMN	REAL	0.0	MANIPULATED VALUE(受控数值)有效的受控数值被以浮点数格式输出在“受控数值”输出端上
2	LMN_PER	WORD	W#16#0000	MANIPULATEDVALUE PERIPHERY（受控数值外围设备）I/O 格式的受控数值被连接到“受控数值外围设备”输出端上的控制器
3	QLMN_HLM	BOOL]	FALSE	HIGH LIMIT OF MANIPULATED VALUE REACHED(达到受控数值上限)受控数值必须规定一个最大极限和一个最小极限。“达到受控数值上限”指示已超过最大极限
4	QLMN_LLM	BOOL	FALSE	LOW LIMIT OF MANIPULATED VALUE REACHED（达到受控数值下限)受控数值必须规定一个最大极限和一个最小极限。“达到受控数值下限”指示已超过最小极限
5	LMN_P	REAL	0.0	PROPORTIONALITY COMPONENT（比例分量）“比例分量”输出端输出受控数值的比例分量
6	LMN_I	REAL	0.0	INTEGRAL COMPONENT（积分分量）“积分分量”输出端输出受控数值的积分分量

（续）

序号	参数	数据类型	默认	说　明
7	LMN_D	REAL	0.0	DERIVATIVE COMPONENT（微分分量）“微分分量”输出端输出受控数值的微分分量
8	PV	REAL	0.0	PROCESS VARIABLE（过程变量）有效的过程变量在“过程变量”输出端上输出
9	ER	REAL		ERROR SIGNAL（误差信号）有效误差在“误差信号”输出端输出

8.3.3　软件编程

1. 恒液位控制程序

恒液位控制的软件编程应按表 8-7 进行。当然，OB35 的周期设置可以根据工艺实际要求而定。

表 8-7　PID 软件编程步骤

步骤	动　作	结　果
1	在 SIMATIC 管理器中，通过文件→新建...，创建一个项目	SIMATIC 管理器中出现项目窗口
2	插入一个 SIMATIC 300 或 400 站，以便符合硬件组态	
3	在 HW Config 中组态您的站，并将 OB35 的周期性中断优先级的周期设置为 20ms	
4	在 OB35 中调用 SFB41，并设置必要的参数	程序现在已准备就绪，可下载到 CPU
5	选择您的程序，然后通过 PLC→下载，将其复制到 CPU 中	

为了保证执行频率一致，块应当在循环中断 OB（例如 OB35）中调用。由于 OB1 不能保证不变的循环时间，所以不能为“CYCLE”提供明确的参数。一旦“CYCLE”参数不能和扫描时间保持一致，那么基于时间的控制参数（例如 TI、TD）会看起来很快或者很慢。

由于 SFB41 需要背景 DB，因此需要按照图 8-47 所示进行设置。

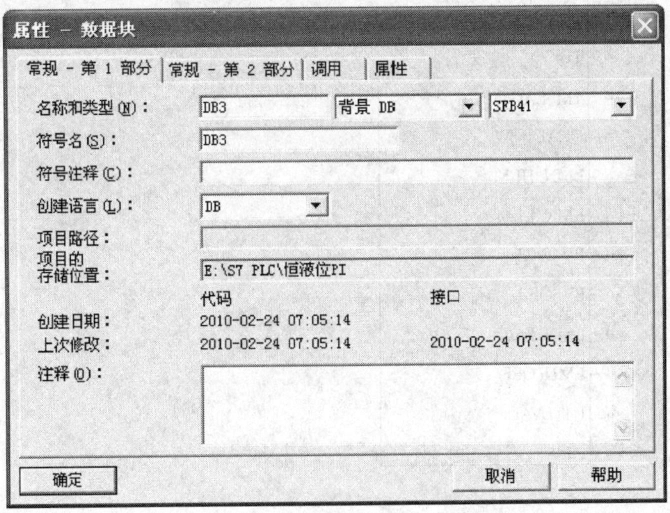

图 8-47　设置 SFB41 的背景 DB 为 DB3

具体的 PID 程序调用如图 8-48 所示。

OB35 : "Cyclic Interrupt"

注释:

程序段 1: 调用SFB41进行液位PID控制

I0.3为手动/自动切换；M0.0为PID系统ON；PIW128为反馈液位输入信号；PQW128为输出调节阀模拟量；SP_INT参数为设定值50%

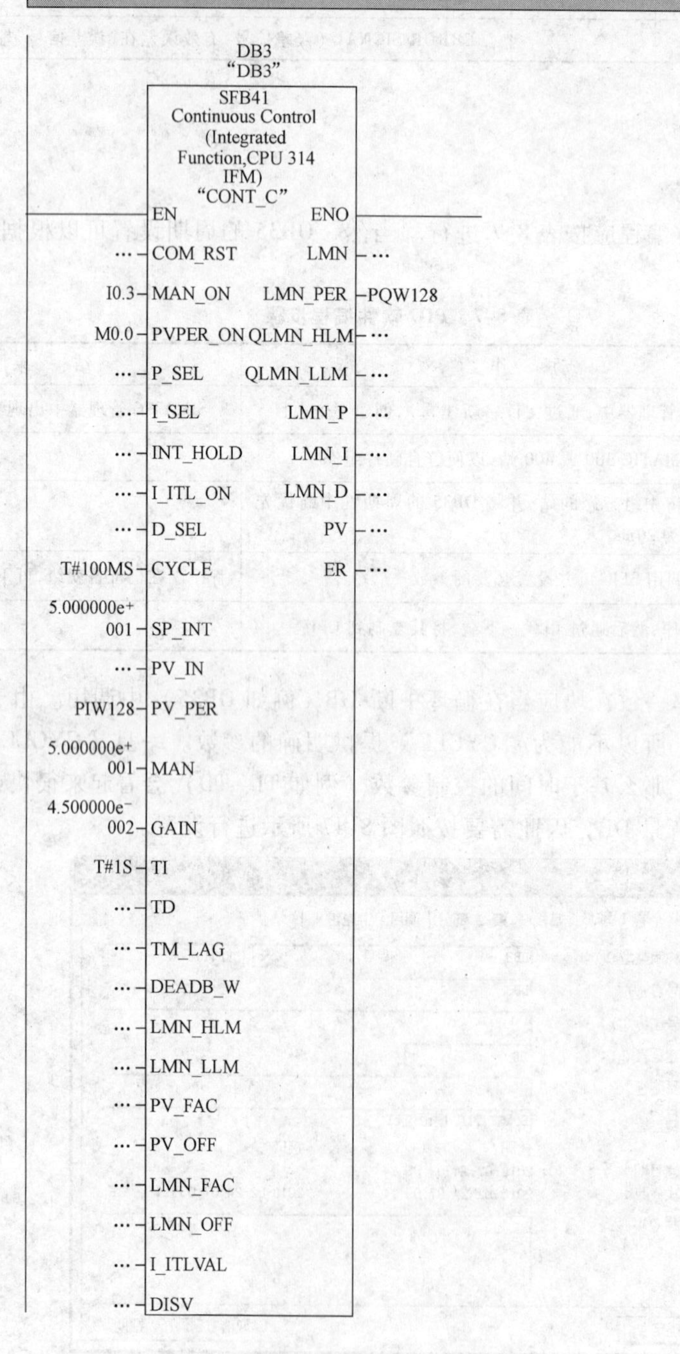

图 8-48 PID 程序调用

在 PID 程序调用中，“CYCLE” 参数对应的是扫描时间，必须将程序块调用的间隔时间赋值在这里（例如基于 OB35 的时间）。

默认状态下为手动模式（MAN_ ON = true）。当 I0. 3 = 1 时，自动回路被中断，在 MAN 参数下输出控制值，如本例中的 50%。为了确保手自动的无扰切换，在手动模式下至少保证两次块调用的输出时间。

2. PID 控制软件

PID 控制软件是配合 STEP 7 管理器使用的，在本案例中的操作使用步骤如下：

（1）新建或打开现有的数据块　可从 CPU 在线装载数据块或从 PG/PC 离线装载数据块，如图 8-49 所示。

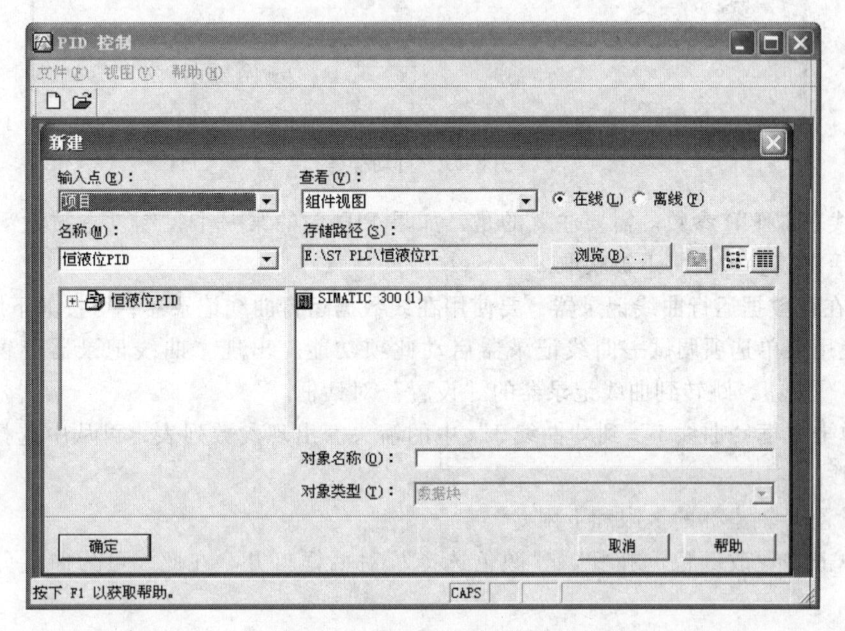

图 8-49　新建或打开现有的数据块

（2）在线获取 PID 参数　无论是手动模式（见图 8-50）还是自动模式（见图 8-51），

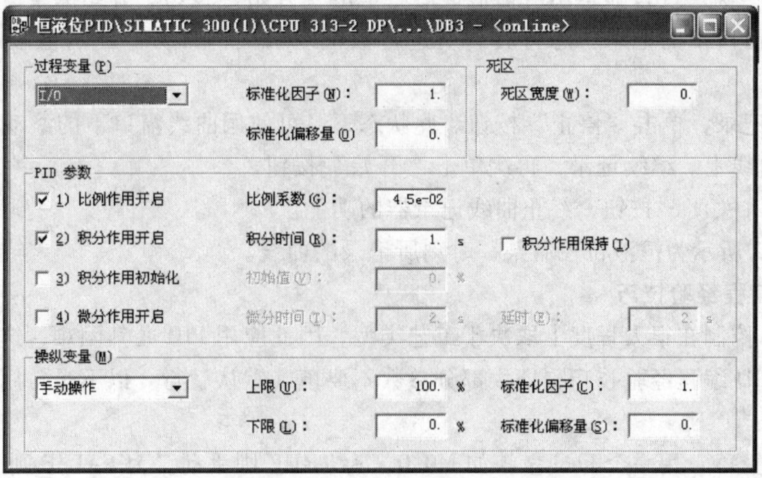

图 8-50　手动操作

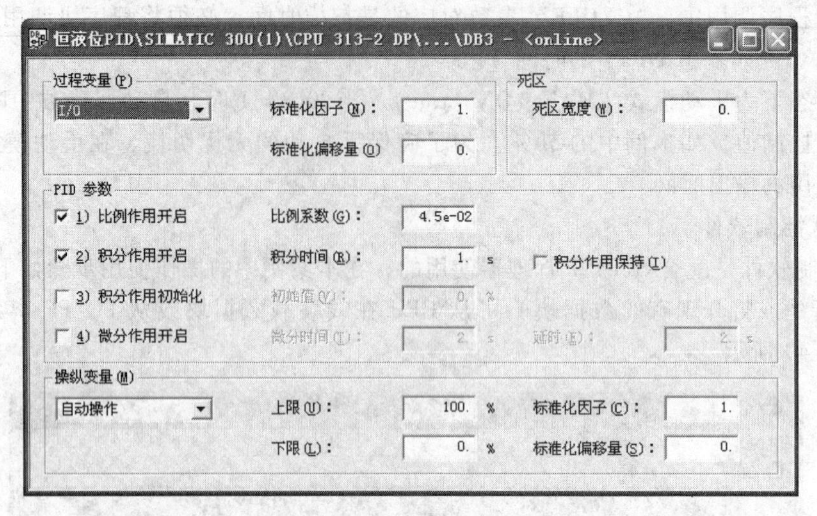

图8-51 自动操作

都可以在线获取PID参数。需要注意的是，如果PID中的某一个控制没有被激活，如D分量没有激活，其参数值将不被获取。

（3）在线数据运行曲线记录器 要使用在线数据运行曲线记录器，可按如下顺序操作：

1）使用菜单选项调试→曲线记录器启动此项功能。出现“曲线记录器”窗口。使用“设置...”按钮，跳转到曲线记录器的“设置”对话框。

2）单击方框“曲线1”到“曲线3”中的箭头。出现参数列表，可从中选择要分配给曲线的参数。

3）设置X轴坐标的上限和下限。

4）单击“更改颜色”按钮。“颜色选择”对话框打开。在此，可为曲线分配特定的颜色。

5）使用“时间分辨率”框中的箭头为过程动态选择合适的周期（100ms、200ms、...900ms、1s、2s、...9s、10s、20s、90s）来建立采集周期。

6）单击“确定”按钮退出对话框，然后单击“开始”按钮，开始测量值的采集。

7）监视窗口中的记录。您将看到所选参数记录的当前部分。当前值显示在窗口的右上部。

8）停止记录，单击“停止”按钮。此状态下，可使用曲线窗口下的滚动条将窗口移动到所记录的曲线上。继续记录，再次单击“开始”按钮。

9）单击“关闭”按钮，终止曲线记录器的功能。

如图8-52所示为恒液位控制某一时刻所记录的曲线。

3. PID编程经验技巧

由于PID控制在很大程度上取决于工艺类型，因此应用PID尤其困难，这时候可以采用这里所提的PID编程经验技巧，即大部分参数不要填，默认就行。以下是常用参数，用变量连接：

1）MAN_ON：用一个bool量，如M0.0，为TRUE则手动，为FALSE则自动；

2）CYCLE：如T#100MS，这个值与OB35默认的一致；

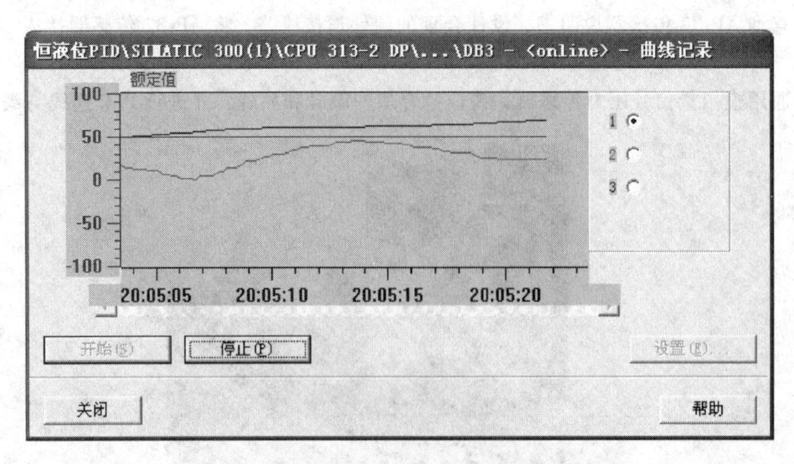

图 8-52　恒液位控制某一时刻所记录的曲线

3）SP_INT：如 MD2，是操作站发下来的设定值，0～100.0 的范围，REAL 型；

4）PV_IN：如 MD6，实际测量值，比如液位、压力，要从 PIW×××转换为 0～100.0 的量程；

5）MAN：如 MD10，OP 值，也就是手动状态下的阀门输出，REAL 型，0～100.0 的范围；

6）GAIN：如 MD14，PID 的 P 啊，系统默认是 2，调试的时候再改

7）TI：如 MW20，PID 的 I 啊，默认为 T#30S，调试的时候改；

8）DEAD_W：如 MD22，死区，就是 SP 和 PV 的偏差死区，0～100.0 的范围，默认 0，调试的时候改；

输出：

9）LMN：MD26，0～100.0，最终再用 FC106 转换为 WORD 型 MOVE 到 PQW×××。

4. 用 PLCSIM 模拟的经验技巧

对于没有控制器的编程者来说，用 PLCSIM 模拟的经验技巧如下：

（1）手动　Man_ON=TRUE，看输出是否等于手动。

（2）自动　Man_ON=FALSE，调整 PV 或者 SP，使得有偏差大于死区，看输出变化，这里的模拟只能说明 pid 工作了，不能测试实际调节效果。

（3）如果需要反作用，有三种方法

①PV 和 SP 颠倒输入；②P 值用负的；③输出用 100 减。

思考与练习

习题 8.1　简述 S7-300 PLC 模拟量模块的基本功能。

习题 8.2　以 SM334 模块为例，解释模拟量模块整定的要点。

习题 8.3　STEP 7 PID 控制的含义是什么？

习题 8.4　在 S7-300 PLC 中如何实现 PID 控制？

习题 8.5　如图 8-53 所示为某饮料灌装线进行气密性检测的设备，AP-32 为压力传感器，如果压力大于 0.2MPa，则认为饮料瓶无漏气，否则认为有问题。

（1）通过查询 AP-32 传感器说明书，设计合理的硬件连接线路，将 AP-32 传感器接入 S7-300 PLC 中，并编程。

（2）采用通用模拟量信号压力传感器，请选择合适的型号和品牌，并进行 PLC 连线与编程。

图 8-53　饮料灌装线进行气密性检测的设备

习题 8.6　某单泵供水系统中，需要通过出口调节阀来控制出水压力恒定在 0.3MPa，请设计合理的硬件接线图（PLC 采用 S7-300），并进行软件编程。

习题 8.7　在本讲的恒液位控制中，需要设定分时段的液位控制，比如一天分为 4 个时段，设置 4 个不同的液位值，请在线路不变的情况下，进行编程。

第9讲　S7系列PLC的PROFIBUS通信控制

【内容提要】

自动控制设备的主要功能是连接现场设备，例如分布式I/O、传感器、驱动器、执行机构和开关设备等，完成现场设备控制及设备间联锁控制。在这里可以PROFIBUS通信总线来进行控制。PROFIBUS是一种国际化、开放式、不依赖于设备生产商的现场总线标准，它广泛适用于制造业自动化、流程工业自动化和楼宇、交通电力等其他领域自动化。PROFIBUS已被纳入现场总线的国际标准IEC 61158和欧洲标准EN 50170，并于2001年被定为我国的国家标准JB/T 10308.3—2001。

应知

※熟悉PROFIBUS的协议结构
※熟悉以PROFIBUS为接入点的自动化系统结构
※掌握EM277的PROFIBUS通信方式
※掌握ET200分布式I/O的通信方式

☆能在STEP 7编程环境中对GSD文件进行添加
☆能进行EM277的PROFIBUS编程
☆能进行PROFIBUS-DP/PA的编程
☆能进行ET200的硬件配置与软件编程

应会

9.1　PROFIBUS 通信控制基础

9.1.1　工厂自动化网络结构

工厂自动化网络结构如图 9-1 所示，它主要包括现场设备层、车间监控层和工厂管理层 3 个层次的内容。

1. 现场设备层

主要功能是连接现场设备，例如分布式 I/O、传感器、驱动器、执行机构和开关设备等，完成现场设备控制及设备间联锁控制。在这里可以采用 AS-i 和 PROFIBUS 通信总线来进行控制。

图 9-1　工厂自动化网络结构

2. 车间监控层

车间监控层又称为单元层，用来完成车间主生产设备之间的连接，包括生产设备状态的在线监控、设备故障报警及维护等。还有生产统计、生产调度等功能。传输速度不是最重要的，但是应能传送大容量的信息。在这里主要采用 ProfiNET 通信总线来进行控制。

3. 工厂管理层

车间操作员工作站通过以太网集线器与车间办公管理网连接，将车间生产数据送到车间管理层。车间管理网作为工厂主网的一个子网，连接到厂区骨干网，将车间数据集成到工厂管理层。

9.1.2　PROFIBUS 通信概述

1. 概述

PROFIBUS 是一种国际化、开放式、不依赖于设备生产商的现场总线标准，它广泛适用于制造业自动化、流程工业自动化和楼宇、交通电力等其他领域自动化。PROFIBUS 已被纳入现场总线的国际标准 IEC 61158 和欧洲标准 EN 50170，并于 2001 年被定为我国的国家标准 JB/T 10308.3—2001。

PROFIBUS 由 3 个兼容部分组成，即 PROFIBUS-DP（Decentralized Periphery）、PROFIBUS-PA（Process Automation）和 PROFIBUS-FMS（Fieldbus Message Specification）。其中 PROFIBUS-DP 是一种高速低成本通信，用于设备级控制系统与分散式 I/O 的通信，使用 PROFIBUS-DP 可取代 DC24V 或 4～20mA 信号传输。而 PROFIBUS-PA 是专为过程自动化设计，可使传感器和执行机构联在一根总线上，并有本征安全规范。PROFIBUS-FMS 则用于车间级监控网络，是一个令牌结构、实时多主网络。

PROFIBUS 是一种用于工厂自动化车间级监控和现场设备层数据通信与控制的现场总线技术。可实现现场设备层到车间级监控的分散式数字控制和现场通信网络，从而为实现工厂综合自动化和现场设备智能化提供了可行的解决方案。

与其他现场总线系统相比，PROFIBUS 的最大优点在于具有稳定的国际标准 EN50170 作保证，并经实际应用验证具有普遍性。目前已应用的领域包括加工制造、过程控制和自动化等。PROFIBUS开放性和不依赖于厂商通信的设想，已在10多万成功应用中得以实现。市场调查确认，在德国和欧洲市场中PROFIBUS占开放性工业现场总线系统的市场超过40%。PROFIBUS有国际著名自动化技术装备的生产厂商支持，它们都具有各自的技术优势并能提供广泛的优质新产品和技术服务。

2. 可以连接到PROFIBUS-DP的设备

如图9-2所示，大多数设备可以作为DP主站或DP从站连接至PROFIBUS-DP，唯一的限制是它们的行为必须符合标准IEC 61784-1：2002 Ed1 CP 3/1。对于其他设备，可以使用以下产品系列的设备：SIMATIC S7/M7/C7、SIMATIC S5、SIMATIC PD/PC、SIMATIC HMI（操作面板（OP）、操作员站（OS）以及文本显示（TD）操作员控制和监视设备）、其他厂商的设备。

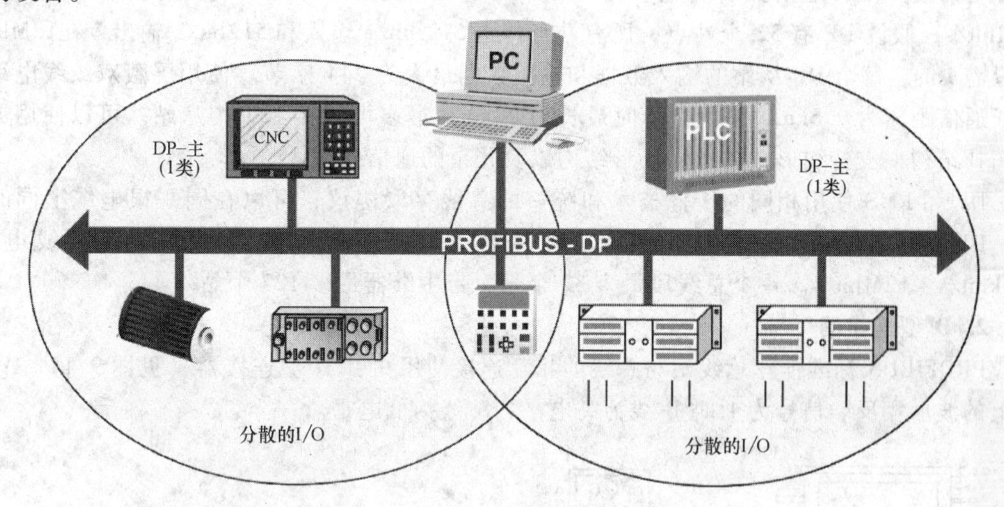

图9-2　可以连接到PROFIBUS-DP的设备

3. PROFIBUS协议结构

图9-3所示为PROFIBUS的协议结构，PROFIBUS采用主站（Master）之间的令牌（To-

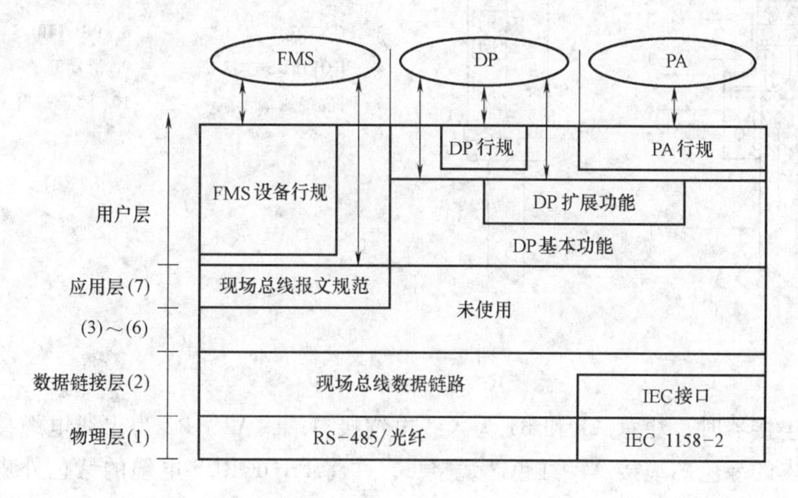

图9-3　PROFIBUS协议结构

ken）传递方式和主站与从站（Slave）之间的主-从方式。当某主站得到令牌报文后可以与所有主站和从站通信。

在总线初始化和启动阶段建立令牌环。在总线运行期间，从令牌环中去掉有故障的主动节点，将新上电的主动节点加入到令牌环中。监视传输介质和收发器是否有故障，检查站点地址是否出错，以及令牌是否丢失或有多个令牌。

DP 主站与 DP 从站间的通信基于主-从原理，DP 主站按轮询表依次访问 DP 从站。报文循环由 DP 主站发出的请求帧（轮询报文）和 DP 从站返回的响应帧组成。

9.1.3 PROFIBUS 硬件

1. PROFIBUS 的物理层

可以使用多种通信介质（电、光、红外、导轨以及混合方式）。传输速率 9.6kbit/s ~ 12Mbit/s，假设 DP 有 32 个站点，所有站点传送 512 bit/s 输入和 512bit/s 输出，在12Mbit/s 时只需 1ms。每个 DP 从站的输入数据和输出数据最大为 244 字节。使用屏蔽双绞线电缆时最长通信距离为 9.6km，使用光缆时最长为 90km，最多可以接 127 个从站。可以使用灵活的拓扑结构，支持线形、树形、环形结构以及冗余的通信模型。

DP 和 FMS 使用相同的传输技术和统一的总线存取协议，可以在同一根电缆上同时运行。DP/FMS 符合 EIA RS-485 标准（也称为 H2），采用屏蔽或非屏蔽双绞线电缆，9.6kbit/s ~ 12Mbit/s。一个总线段最多 32 个站，带中继器最多 127 个站。

2. D 型连接器

PROFIBUS 标准推荐总线站与总线的相互连接使用 9 针 D 型连接器（见图 9-4）。A，B 线上的波形相反。信号为 1 时 B 线为高电平，A 线为低电平。

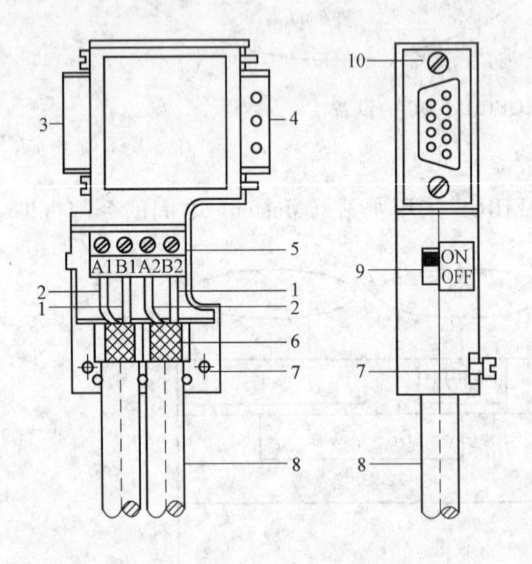

1. 红色芯缆
2. 绿色芯缆
3. PG 口（编程口）
4. PROFIBUS 连接口
5. 四位接线端子
6. 电缆屏蔽层
7. 上盖螺钉
8. PROFIBUS 电缆
9. 滑动开关
10. 固定螺钉

图 9-4　D 型连接器

使用该连接器时，注意 A1 和 B1 为入线电缆接口端，A2、B2 为出线电缆接入端。在接线时将电缆内的绿色芯缆接 A，红色芯缆接 B，并将 PROFIBUS 电缆的紫色外皮剥去适宜长度，保留部分屏蔽层。

3. 电缆和光纤

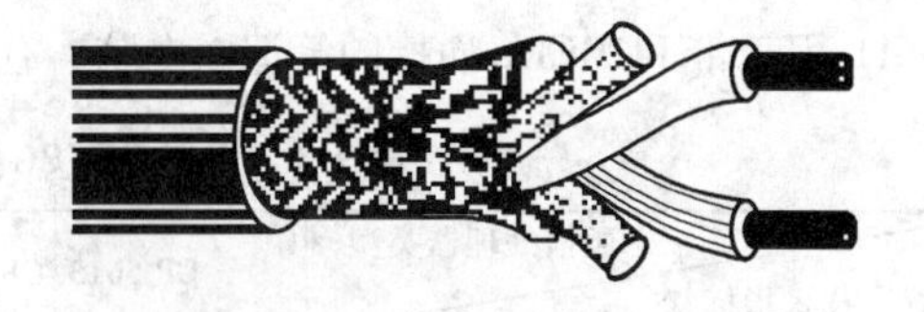
图 9-5　PROFIBUS 电缆

PROFIBUS 电缆阻抗为 135～165Ω，回路电阻小于等于 110Ω/km，为双轴缆（绞合线对）结构，且允许承载最大的信号量。如图 9-5 所示的 PROFIBUS 电缆包括 100% 的铝箔屏蔽和 65% 的镀锡铜编织网屏蔽，具有最大的屏蔽效果。

PROFIBUS 也支持光纤传输，其中单芯玻璃光纤的最大连接距离为 15km，但是必须增加光纤接口，可以组成总线型或星型结构。

4. 终端电阻

在一个网络段的第一个和最后一个节点上都需要接通终端电阻。设置总线连接器上的终端电阻的步骤如下：

1）将已接线的总线连接器连接到模块。

2）将总线连接器用螺钉固定到模块中。

3）如果总线连接器位于某一区段的头尾处，则必须启用端接器电阻（开关位置"On"，请参见图 9-6 和图 9-7）。

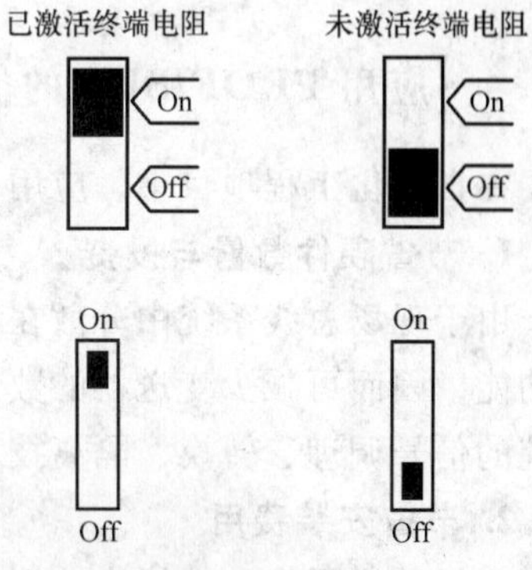

图 9-6　总线连接器的终端电阻

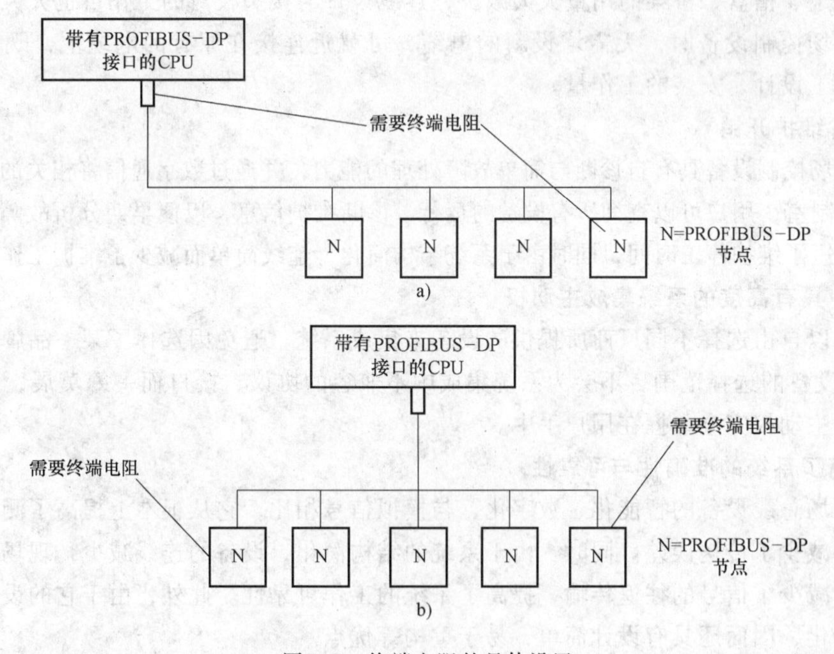

图 9-7　终端电阻的具体设置

5. 通信处理器

与 PROFIBUS 相关联的通信处理器主要包括：①CP 342-5 通信处理器；②CP 342-5 FO 通信处理器；③CP 443-5 通信处理器；④用于 PC/PG 的通信处理器。

表 9-1 是用于 PC/PG 的通信处理器特性总览，其中 CP 5613 是带微处理器的 PCI 卡，有一个

PROFIBUS 接口，仅支持 DP 主站；CP 5614 有两个 PROFIBUS 接口，可以作 DP 主站或 DP 从站；CP 5611 用于带 PCMCIA 插槽的笔记本电脑，有一个 PROFIBUS 接口，可做主站和从站。

表 9-1 用于 PC/PG 的通信处理器特性总览

技术指标 \ 通信处理器类型	CP 5613/CP 5613FO	CP 5614/CP 5614FO	CP 5611
可以连接的 DP 从站数	122	122	60
可以并行处理的 FDL 任务数	120	120	100
PG/PC 和 S7 的连接数	50	50	8
FMS 的连接数	40	40	—

9.1.4 应用 PROFIBUS 的优点

在自动化工程项目中，应用 PROFIBUS 具有很多优点：

1. 节省硬件数量与投资

由于现场总线系统中分散在设备前端的智能设备能直接执行多种传感、控制、报警和计算功能，因而可减少变送器的数量，不再需要单独的控制器、计算单元等，也不再需要 DCS 系统的信号调理、转换、隔离技术等功能单元及复杂接线。

2. 节省安装费用

现场总线系统的接线十分简单，由于一对双绞线或一条电缆上通常可挂接多个设备，因而电缆、端子、槽盒、桥架的用量大大减少，连线设计与接头校对的工作量也大大减少。当需要增加现场控制设备时，无需增设新的电缆，可就近连接在原有的电缆上，既节省了投资，也减少了设计、安装的工作量。

3. 节省维护开销

由于现场控制设备具有自诊断与简单故障处理的能力，并通过数字通信将相关的诊断维护信息送往控制室，用户可以查询所有设备的运行，诊断维护信息，以便早期分析故障原因并快速排除。缩短了维护停工时间，同时由于系统结构简化，连线简单而减少了维护工作量。

4. 用户具有高度的系统集成主动权

用户可以自由选择不同厂商所提供的设备来集成系统。避免因选择了某一品牌的产品被“框死”了设备的选择范围，不会为系统集成中不兼容的协议、接口而一筹莫展，使系统集成过程中的主动权完全掌握在用户手中。

5. 提高了系统的准确性与可靠性

由于现场总线设备的智能化、数字化，与模拟信号相比，它从根本上提高了测量与控制的准确度，减少了传送误差。同时，由于系统的结构简化，设备的连线减少，现场仪表内部功能加强，减少了信号的往返传输，提高了系统的工作可靠性。此外，由于它的设备标准化和功能模块化，因而还具有设计简单，易于重构等优点。

9.1.5 设备数据库文件 GSD

1. GSD 文件特点

PROFIBUS 设备具有不同的性能特点，如 I/O 信号的数量、诊断消息、总线传输速度和时间监视等，这些参数对每个设备类型和供应商来说都是不同的，而且通常汇编在技术手册内。为了帮助用户完成PROFIBUS的简单组态，通常把包含特定设备性能参数的电子表格称为设备数据库文件，即GSD文件。基于GSD文件的组态工具允许将不同供应商的设备简单地集成到一个单一网络中。

设备数据库文件以精确的格式提供对设备特性的全面描述。这些GSD文件是供应商为每种类型设备而准备并提供给PROFIBUS用户的。GSD文件能使组态系统读入PROFIBUS设备的特性，并在组态系统时利用这个信息。标准化的GSD数据将通信扩大到操作员控制级。使用基于GSD的组态工具可将不同厂商生产的设备集成在同一总线系统中，既简单又是对用户友好的。

2. GSD文件组成

GSD文件可以分为3个部分：

1）一般规范。这部分包括生产厂商和设备的名称，硬件和软件的版本状况，支持的波特率，可能的监视时间间隔以及总线插头的信号分配。

2）与DP主站有关的规范。这部分包括只运用于DP主站的各项参数（如连接从站的最多台数或上装和下装能力）。这一部分对从站没有规定。

3）与DP从站有关的规范。这部分包括与从站有关的一切规范（如输入/输出通道的数量和类型、中断测试的规范以及输入/输出数据一致性的信息）。

3. GSD文件格式

GSD文件是ASCII文件，可以用任何一种ASCII编辑器编辑（如记事本、UltraEdit等），也可使用PROFIBUS用户组织提供的编辑程序GSDEdit。

GSD文件是由若干行组成，每行都用一个关键字开头，包括关键字及参数（无符号数或字符串）两部分。GSD文件中的关键字可以是标准关键字（在PROFIBUS标准中定义）或自定义关键字。标准关键字可以被PROFIBUS的任何组态工具所识别，而自定义关键字只能被特定的组态工具识别。

一个GSD文件的例子如下：

```
#PROFIBUS DP                          ；DP设备的GSD文件均以此关键存在
GSD Revision =1                       ；GSD文件版本
VendorName =" Meglev "                ；设备制造商
Model Name =" DP Slave "              ；产品名称，产品版本
Revision =" Version 01 "              ；产品版本号（可选）
RevisionNtmber =01                    ；产品识别号
IdemNumber =0x01                      ；协议类型（表示DP）
Protocol Ident =0                     ；站类型（0表示从站）
StationType =0                        ；不支持FMS，纯DP从站
FMS Supp =0                           ；硬件版本
Hardware Realease =" HW1. 0 "         ；软件版本
Soltware Realease =" SWl. 0 "         ；支持9. 6kbit/s波特率
9. 6 supp =1                          ；支持19. 2kbit/s波特率
19. 2 supp =1                         ；9. 6kbit/s时最大延迟时间
MaxTsdr 9. 6 =60                      ；19. 2kbit/s时最大延迟时间
MaxTsdrl9. 2 =60                      ；不提供RTS信号
```

```
RepeaterCtrl sig = 0                  ; 不提供 24V 电压
24VPins = 0                           ; 采用的解决方案
Implementation Type = " SPC3 "        ; 不支持锁定模式
FreezeMode Supp = 0                   ; 不支持同步模式
SyncMode Supp = 0                     ; 支持自动波特率检测
AutoBaud Supp = 1                     ; 不支持改变从站地址
Set SlaveAdd Supp = 0                 ; 故障安全模式类型
Fail Safe = 0                         ; 最大用户参数数据长度（0～237）
MaxUser PrmDataLen = 0                ; 用户参数长度
Usel prmDataLen = 0                   ; 最小从站响应循环间隔
Min Slave Imervall = 22               ; 是否为模块站
Modular Station = 1                   ; 从站最大模块数
MaxModule = 1                         ; 最大输入数据长度
MaxInput Len = 8                      ; 最大输出数据长度
MaxOutput Len = 8                     ; 最大数据的长度（输入/输出之和）
MaxData Len = 16                      ; 最大诊断数据长度（6～244）Slave
MaxDiagData Len = 6                   ; 从站类型
Family = 3
Module = " Modulel " 0x23，0x13       ; 模块 1，输入/输出各 4 字节
EndModule
Module = " Module2 " 0x27，0x17       ; 模块 2，输入/输出各 8 字节
EndModule
```

4. STEP 7 添加 GSD 文件

用户购买了 PROFIBUS 产品后，需要在 STEP 7 中添加该产品的 GSD 文件。一般都可以在网络上找到相应产品的 GSD 文件，如西门子 PROFIBUS GSD 文件大全的网址为 http：//support. automation. siemens. com/WW/view/en/113652。

这里以 FESTO 公司的 PROFIBUS 产品为例进行添加 GSD 文件介绍：

1）从网络或供应商那里找到 FESTO 公司产品“CPX Terminal”（见图 9-8）的 GSD 文

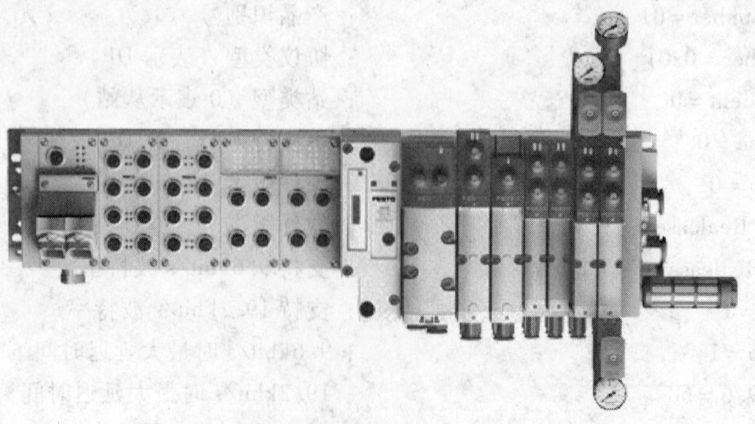

图 9-8　FESTO 公司产品 CPX Terminal

件“CPX_095E. GSD”，推荐网址“http：//www. procentec. com/gsd/”。

2）打开SIMATIC管理器中的HW Config（配置硬件）窗口，选择“选项”下的“安装GSD文件”菜单（见图9-9）。

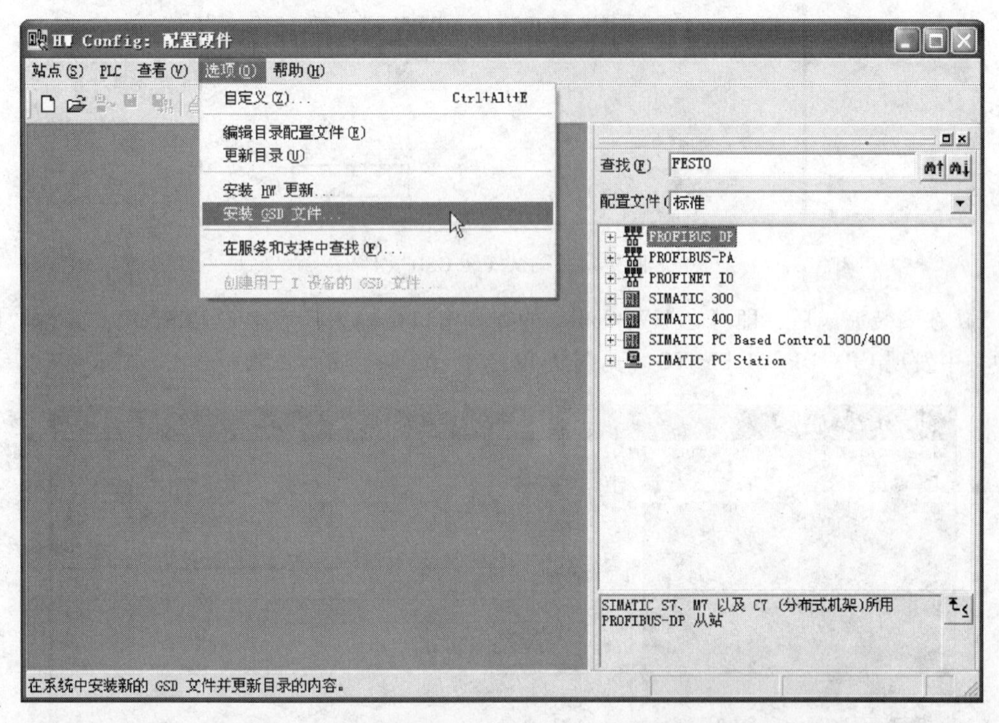

图9-9 选择“选项”下的“安装GSD文件”菜单

3）如图9-10所示选择“浏览”找到“GSD_059E. GSD”文件，并进行安装。

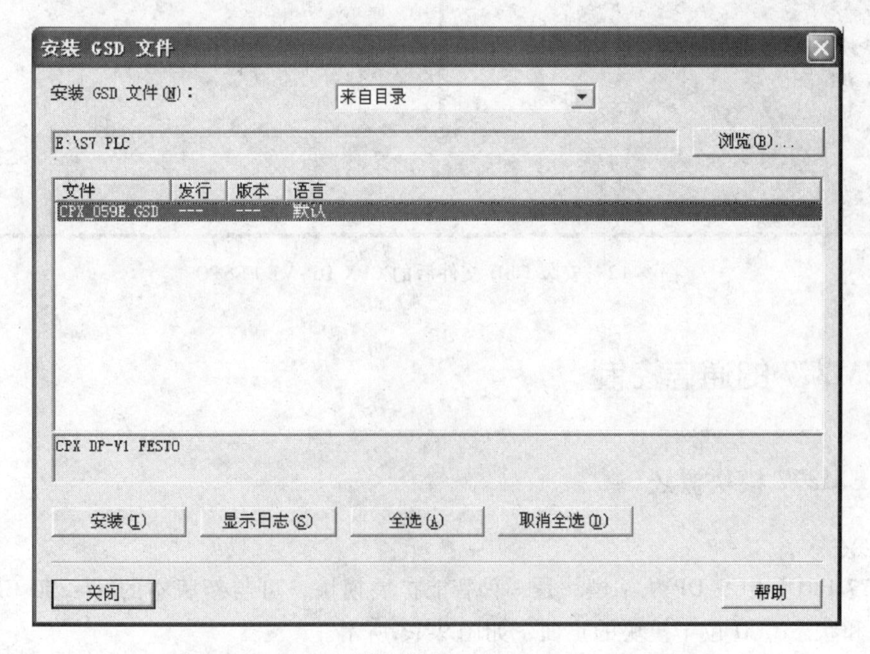

图9-10 选择“浏览”找到“GSD_059E. GSD”文件

4）如图 9-11 所示确认安装 GSD 文件。

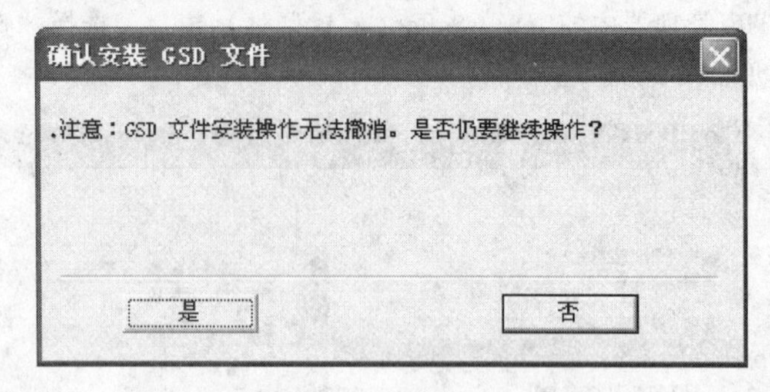

图 9-11 确认安装 GSD 文件

5）在安装完成后，即可在 HW Config 的查找窗口中输入厂家名 “FESTO”，并在 “阀” 的种类中发现 CPX DP-V1 FESTO（见图 9-12）。

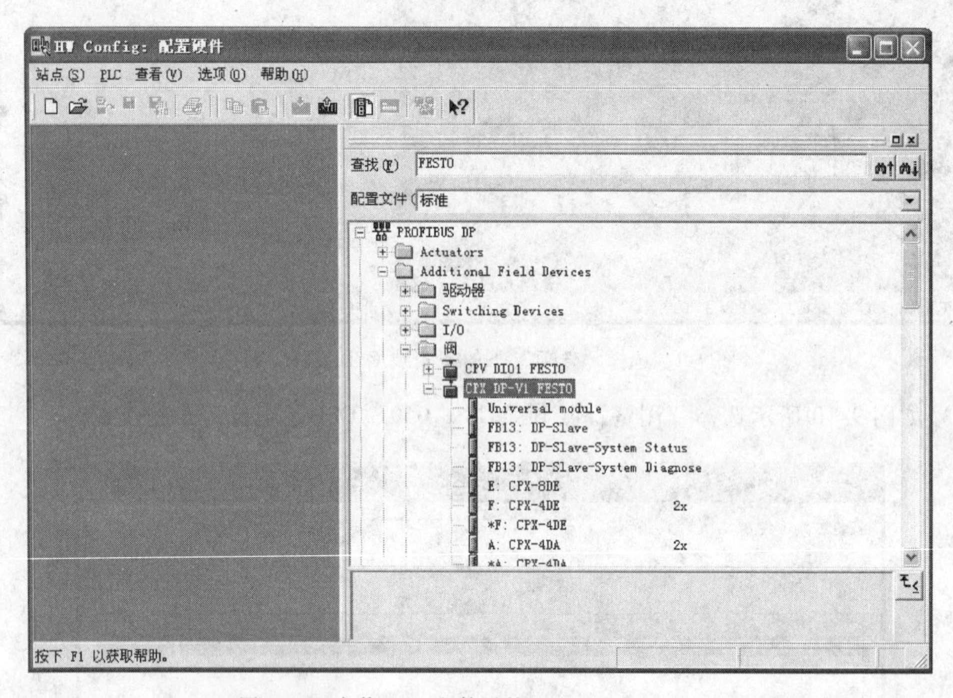

图 9-12 安装 GSD 文件后的 CPX DP-V1 FESTO

9.2 EM277 的通信控制

9.2.1 EM277 模块概述

1. 定义

EM277 PROFIBUS-DP 从站模块是一种智能扩展模块，可与新版本的 S7-200 CPU 连接。地址开关和状态 LED 位于模块的正面，如图 9-13 所示。

PROFIBUS-DP（或 DP 标准）是由欧洲标准 EN 50170 定义的远程 I/O 协议。即使各个设备由不同的公司制造，只要满足该标准便相互兼容。DP表示分布式外围设备，亦即远程I/O。PROFIBUS表示过程现场总线。

在下列通信协议标准中，EM 277 PROFIBUS-DP模块将作为从站设备来实现DP标准协议：

1）EN 50170（PROFIBUS）描述总线访问和传送协议，并规定数据传送介质的性能。

2）EN 50170（DP标准）描述DP主站和DP从站之间的高速循环交换数据。这个标准规定组态和参数赋值过程，解释具有分布式I/O功能的循环数据如何进行交换，并列出支持的诊断选择。

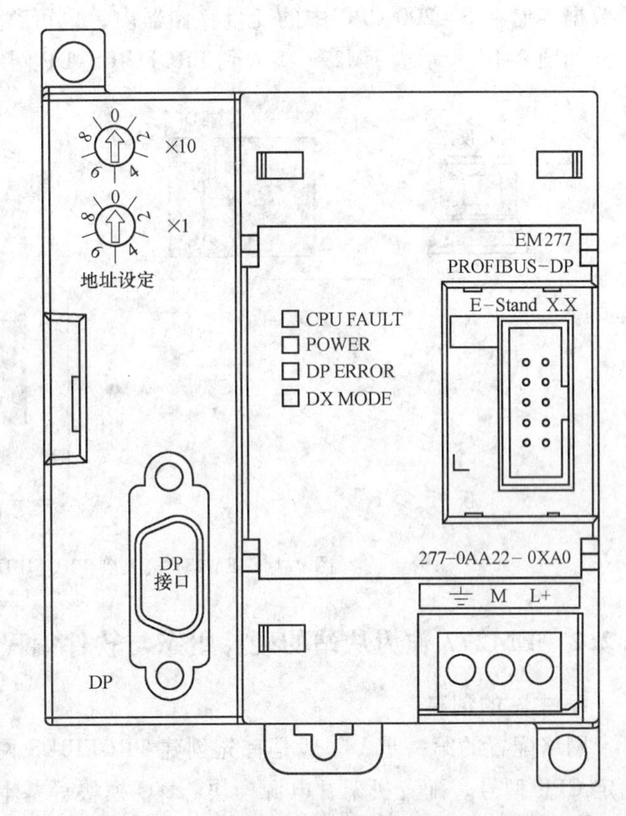

图9-13 EM277外观

一个DP主站组态应包含地址、从站类型以及从站所需要的任何参数赋值信息。还应告诉主站由从站（输入）读入的数据应放置何处，以及从何处获得写入从站（输出）的数据。DP主站建立网络，然后初始化其DP从站。主站将参数赋值信息和I/O组态写入从站。然后，主站从从站那里读出诊断信息，并验证DP从站已接收参数和I/O组态。然后，主站开始与从站交换I/O数据。每次对从站的数据交换为写输出和读输入。这种数据交换方式无限期地继续下去。如果有意外情况发生，从站设备可以通知主站，而主站就会读取来自从站的诊断信息。

一旦DP主站已将参数和I/O组态写入DP从站，而且从站已从主站那里接收到参数和组态，则主站就拥有那个从站。从站只能接收来自其主站的写请求。网络上的其他主站可以读取该从站的输入和输出，但是它们不能向该从站写入任何信息。

2. 使用EM277将S7-200 CPU作为DP从站连接到网络

通过EM277 PROFIBUS-DP扩展从站模块，可将S7-200 CPU连接到PROFIBUS-DP网络。EM277经过串行I/O总线连接到S7-200 CPU。PROFIBUS网络经过其DP通信端口，连接到EM277PROFIBUS-DP模块。这个端口可运行于9600kbit/s～12Mbit/s之间的任何PROFIBUS波特率。关于EM277 PROFIBUS-DP模块支持的波特率，可参见该模块的规范。

作为DP从站，EM277模块接受从主站来的多种不同的I/O组态，向主站发送和接收不同数量的数据。这种特性使用户能修改所传输的数据量，以满足实际应用的需要。与许多DP站不同的是，EM277模块不仅仅是传输I/O数据。EM 277能读写S7-200 CPU中定义的变量数据块。这样，使用户能与主站交换任何类型的数据。首先将数据移到S7-200 CPU中的变量存储器，就可将输入、计数值、定时器值或其他计算值送到主站。类似地，从主站来的数据存储在 S7-200 CPU 中的变量存储器内，也可移到其他数据区。

如图 9-14 所示为 EM277 接入到 PROFIBUS-DP 网络中的连接示意。

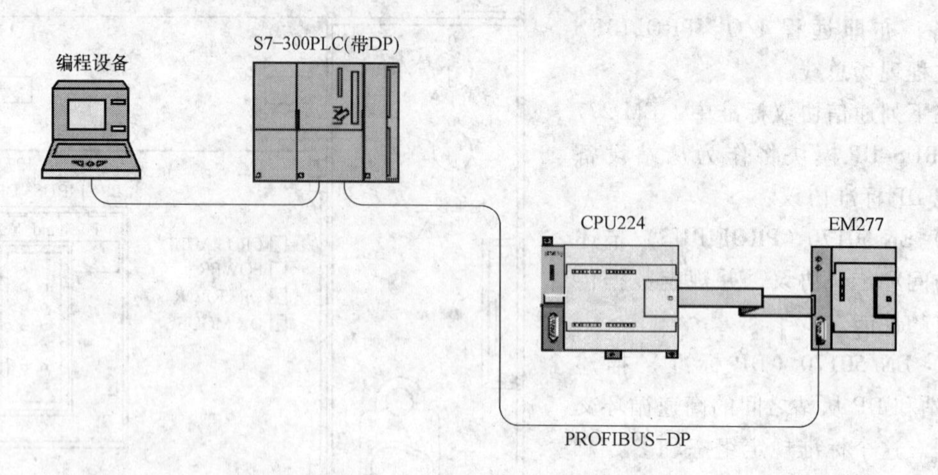

图 9-14 EM277 接入到 PROFIBUS-DP 网络中

9.2.2 EM277 作为从站的硬件组态与软件编程

1. 主站的创建

网络配置的第一步，一般是首先创建 PROFIBUS 网络的主站，主站创建需要建立项目、确定 CPU 型号、配置机架、电源模块、I/O 模块等基本操作。

在主站配置完成后，保存配置并退出到如图 9-15 所示的项目编辑画面。右键单击 DP，即会弹出“添加主站系统”菜单。

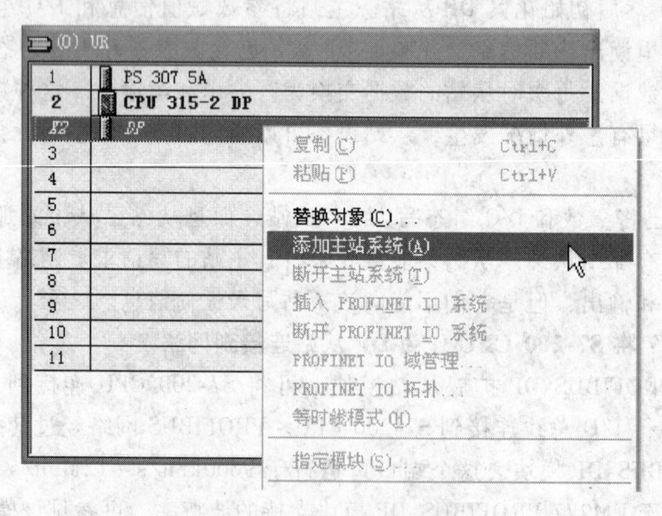

图 9-15 添加主站系统

2. PROFIBUS 接口 DP 的参数设置

PROFIBUS 接口 DP 的参数设置包括地址（如这里选择为 2），然后点击“新建子网”，如图 9-16 所示，设置传输率、配置文件。

DP 主站的网络设置如图 9-17 所示。

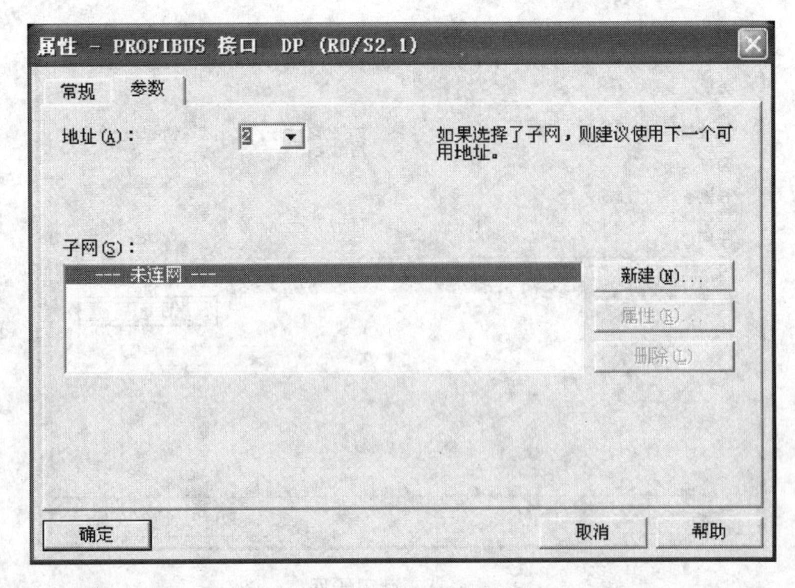

图 9-16　DP 主站的属性

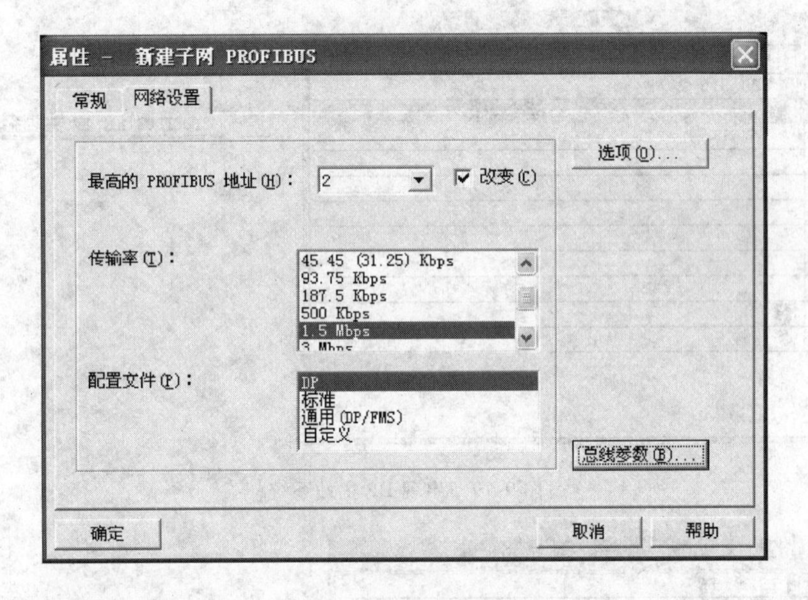

图 9-17　DP 主站的网络设置

一旦新建网络后，就会出现子网 PROFIBUS（1），如图 9-18 所示。

3. PROFIBUS 主站系统

按照上述步骤完成后，点击“确定”后，这时在硬件配置页面将出现一条与 DP 接口连接的母线，即“PROFIBUS（1）：DP 主站系统（1）”，如图 9-19 所示。

4. PROFIBUS 从站的配置

在 DP 主站母线上点击右键，将出现如图 9-20 所示的菜单，按照上述步骤完成后，点击“确定”，这时在硬件配置页面将出现一条与 DP 接口连接的 PROFIBUS（1）：DP 主站系统（1）。

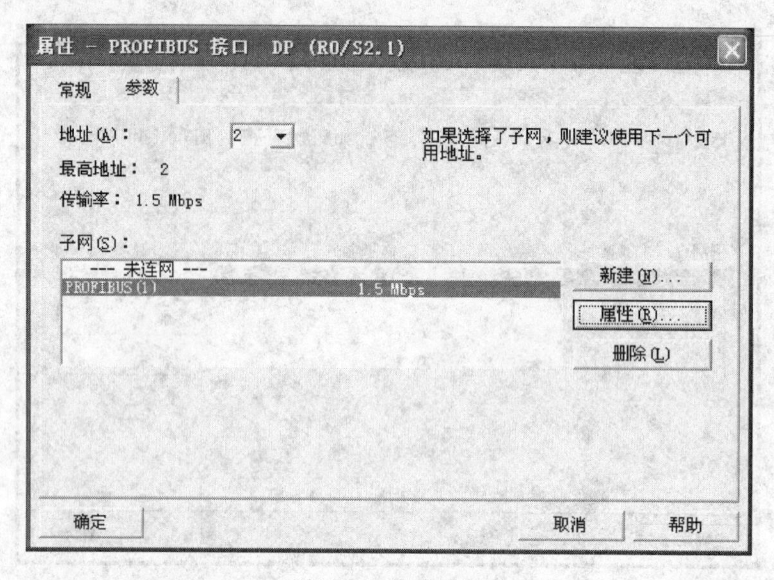

图 9-18 新建子网

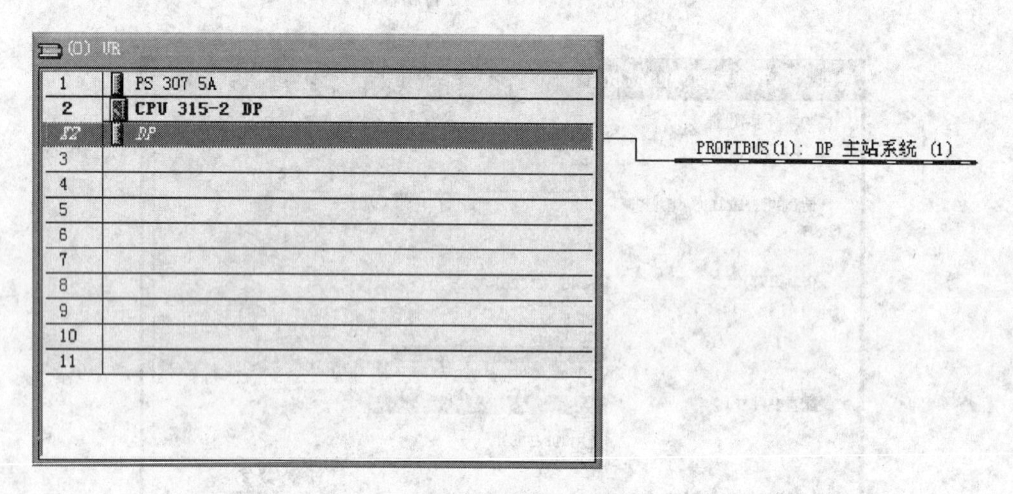

图 9-19 出现 DP 主站系统

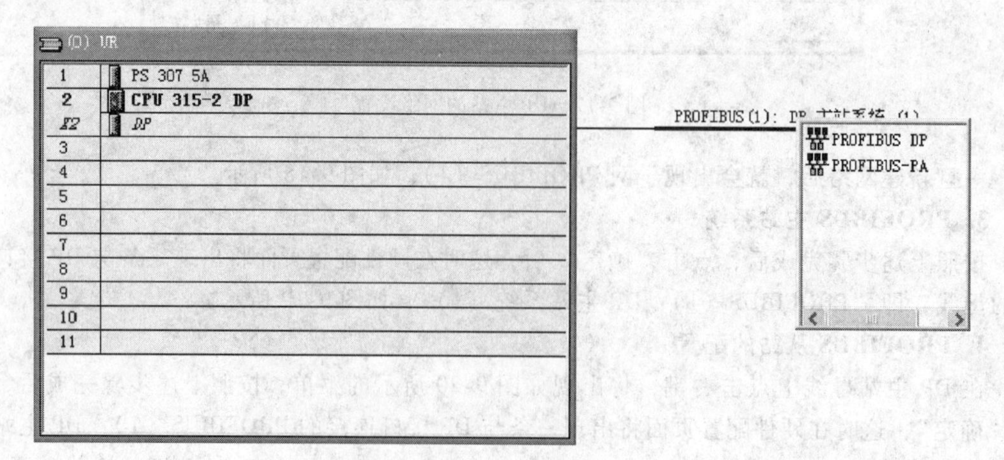

图 9-20 DP 主站上配置从站

在从站的菜单中选择所配置的智能模块，比如本案例选择EM277模块，如图9-21所示。如果没有安装EM277的GSD文件，则通过菜单命令“选项”→“安装GSD文件”进行操作。

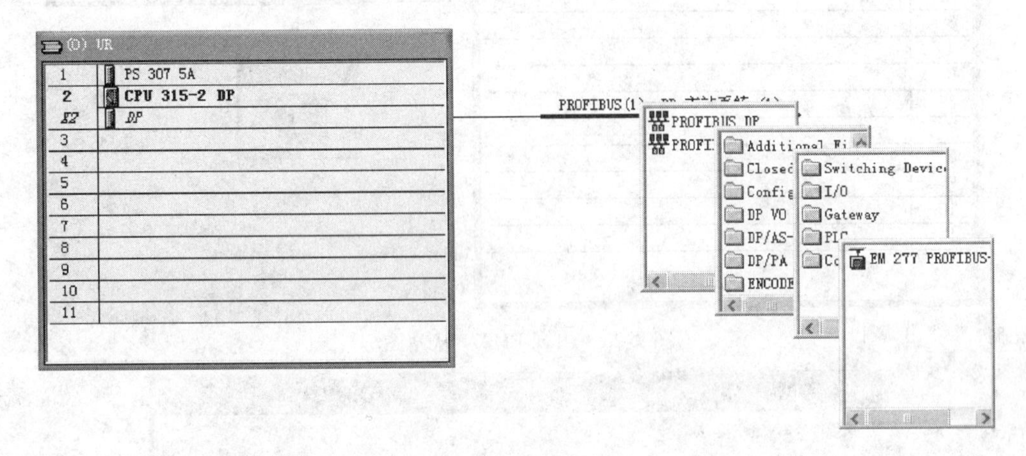

图9-21　选择EM277模块

对于EM277从站还必须设置参数属性，如图9-22所示。

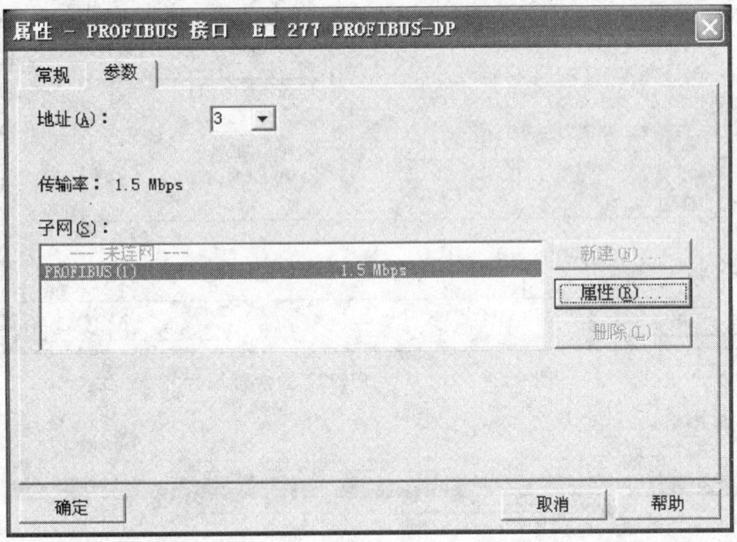

属性 - PROFIBUS 接口　EM 277 PROFIBUS-DP

常规　参数

地址(A)：　3

传输率：1.5 Mbps

子网(S)：

--- 未连网 ---

PROFIBUS(1)　1.5 Mbps

新建(N)...　属性(R)...　删除(L)

确定　取消　帮助

图9-22　设置DP从站EM277的属性

EM277从站参数设置完成后，即会出现如图9-23所示的从站图标。

点击EM277从站图标，可以设置DP从站的常规属性，如图9-24所示，并点击“确定”。

完成DP从站的参数设置后，在硬件配置的下面的窗口还必须设置EM277的订货号与标识，如图9-25所示，在这里选择“8 Bytes out/ 8 Bytes in”，点击确认后就会出现图9-26所示的最终EM277从站标识。

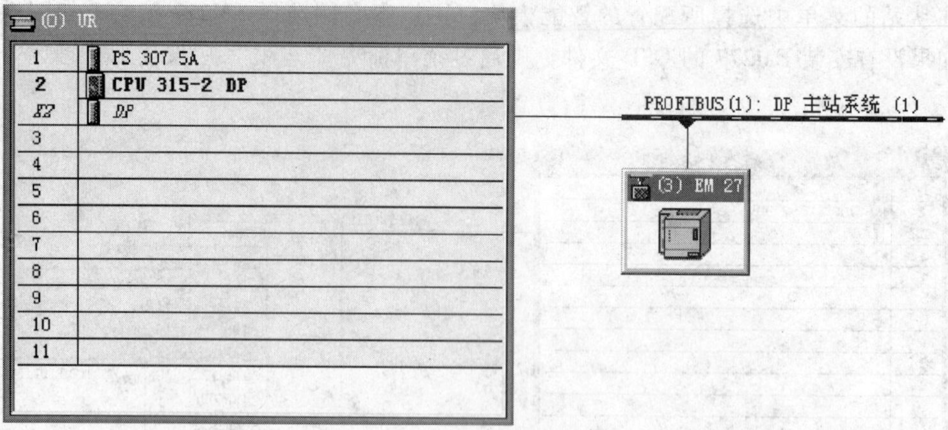

(0) UR
1 PS 307 5A
2 CPU 315-2 DP
X2 DP
3
4
5
6
7
8
9
10
11
PROFIBUS(1): DP 主站系统 (1)
(3) EM 27

图 9-23　出现 EM277 从站图标

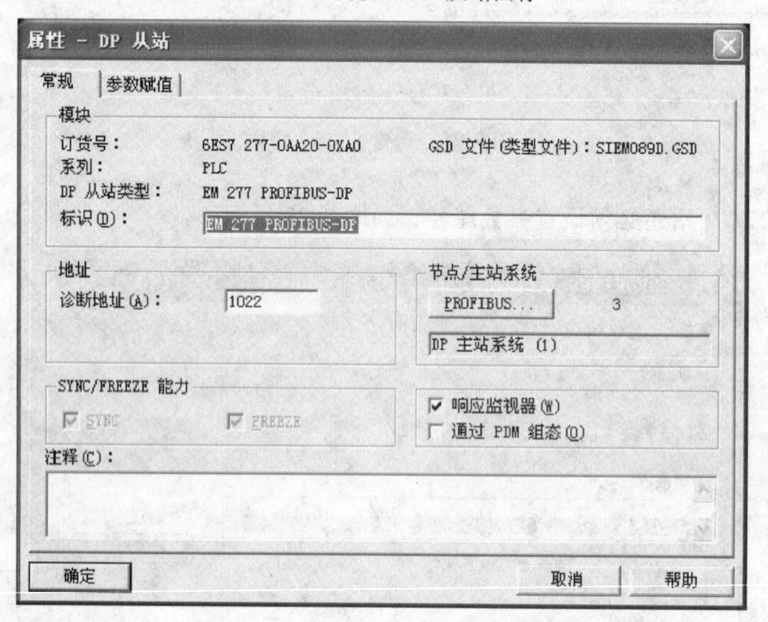

图 9-24　DP 从站 EM277 的常规属性

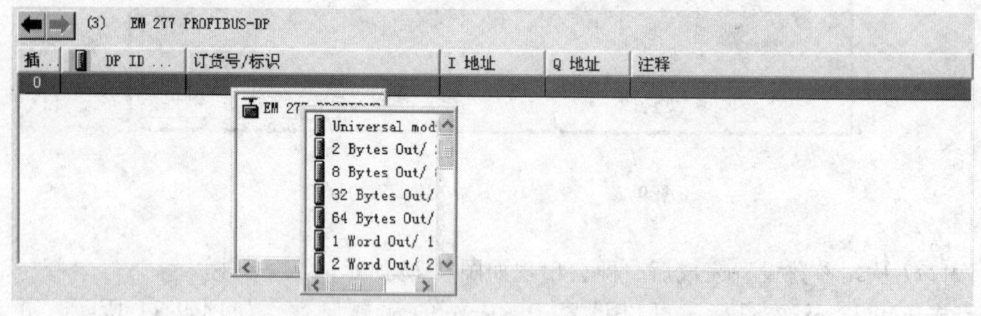

图 9-25　设置 EM277 的订货号与标识

图 9-26　最终 EM277 从站标识

9.2.3 EM277模块的软件编程

对于EM277模块的编程主要分为两部分：S7-200 PLC的编程与S7-300 PLC的编程。

1. S7-200 PLC的编程

如图9-27所示为S7-200 PLC主程序，用来读入和输出S7-300 PLC通过PROFIBUS-DP总线过来的数据。

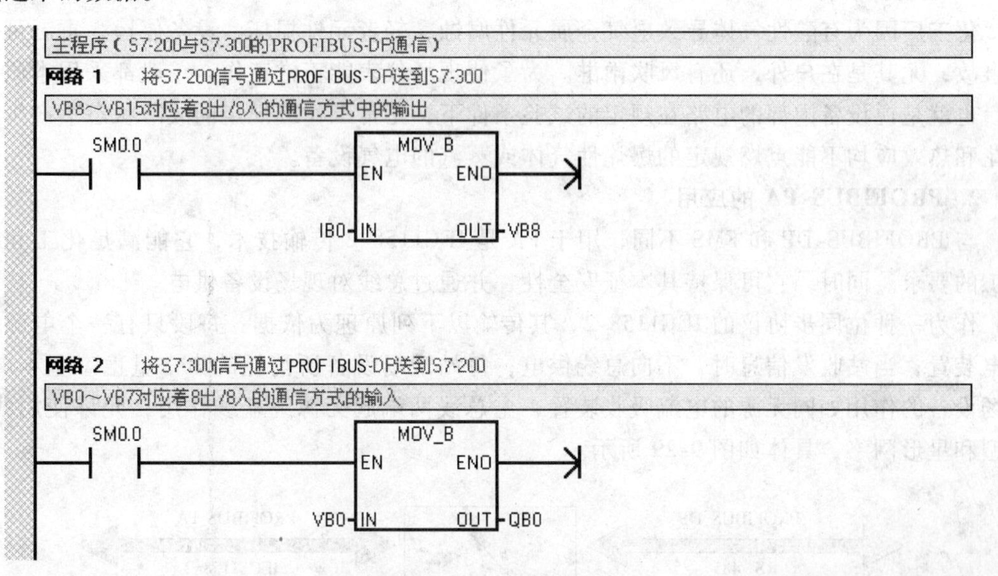

图9-27 S7-200 PLC主程序

2. S7-300 PLC的编程

如图9-28所示为S7-300 PLC主程序，用来读入和输出S7-200 PLC通过PROFIBUS-DP总线过来的数据。

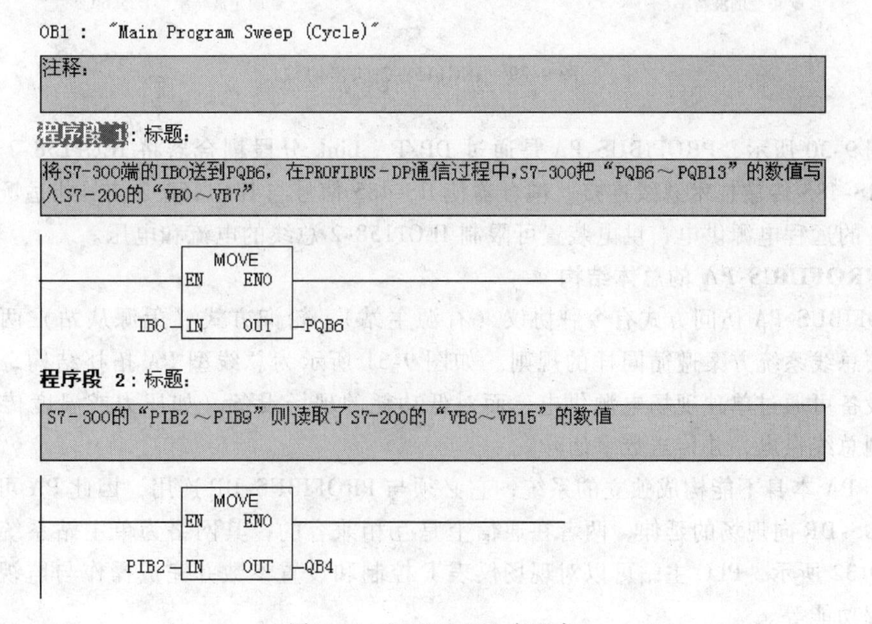

图9-28 S7-300 PLC主程序

9.3 PROFIBUS-PA/DP 通信控制在化工厂的应用

9.3.1 化工厂现场仪表概况

1. 现场仪表特点

化工厂因为有酸性气体导致电气金属元件腐蚀，轻者元件损坏、设备停运，重者可能引发事故，尤其是在户外，还有风吹雨淋。为了使现场仪表能正常工作，一般都采用本质安全型，也就是说设备内部的电路在规定的试验条件下，正常工作或规定的故障状态下产生的电火花和热效应均不能点燃规定的爆炸性气体或蒸汽的电气设备。

2. PROFIBUS-PA 的应用

与 PROFIBUS-DP 和 FMS 不同，用于 PA 是 IEC1158-2 传输技术，它能满足化工和石油化工的要求。同时，它可保持其本征安全性，并通过总线对现场设备供电。

作为一种位同步协议的 IEC1158-2，其传输以下列原理为依据：每段只有一个电源作为供电装置；当站收发信息时，不向总线供电；每站现场设备所消耗的为常量稳态基本电流；现场设备的作用如同无源的电流吸收装置；主总线两端起无源终端线作用；允许使用线性、树型和星形网络，具体如图 9-29 所示。

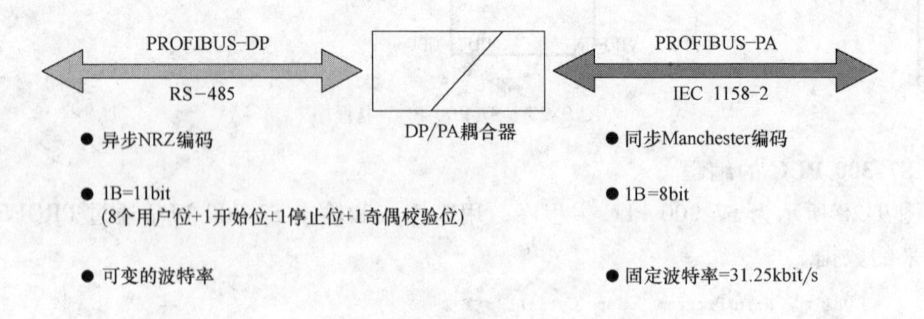

图 9-29 IEC1158-2 同步协议

如图 9-30 所示，PROFIBUS-PA 是通过 DP/PA Link 分段耦合器将 IEC1158-2 传输技术总线与 RS-485 传输技术总线连接。耦合器使 RS-485 信号与 IEC1158-2 信号相适配，同时为现场设备的远程电源供电，供电装置可限制 IEC1158-2 总线的电流和电压。

3. PROFIBUS-PA 的总体结构

PROFIBUS-PA 访问方式有令牌协议（有源主站）、轮询方式（无源从站）两种。非本安与本安总线系统方案遵循同样的规则。如图 9-31 所示为总线型 PA 拓扑结构，对耗电量较大的设备可通过单独现场电源供电，而对低功耗的现场设备（如压力或温度传感器）则由两线制总线供电，并传送数字信号。

由于 PA 本身不能构成独立的系统，它必须与 PROFIBUS-DP 连用，因此 PA 可以看做是 PROFIBUS-DP 向现场的延伸，两者在通信上是互相兼容的，其网络为单主站系统，具体结构如图 9-32 所示，PLC 主站可以对现场仪表 F 控制和设置参数并完成操作与监视、组态设备、编程功能等。

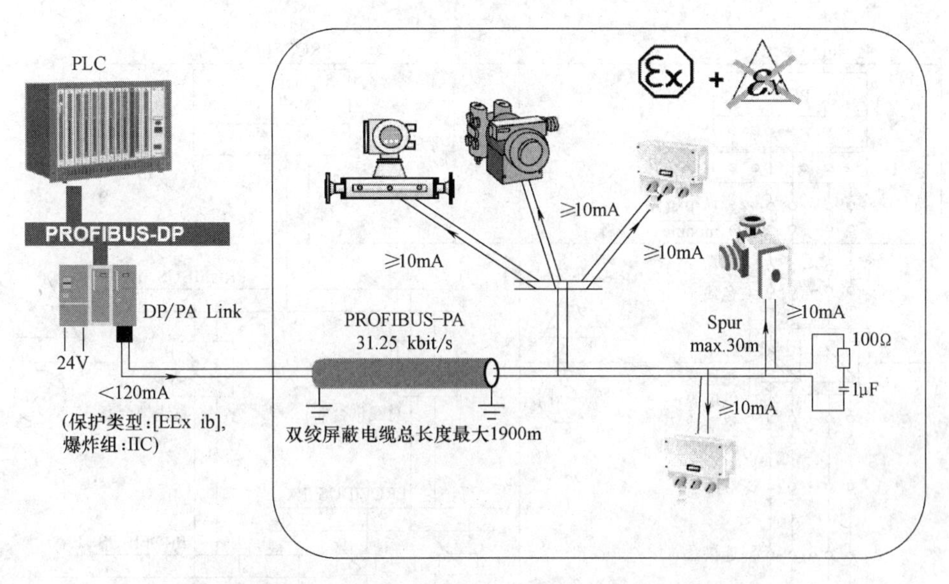

图 9-30 PA 现场应用及 DP/PA Link 分段耦合器

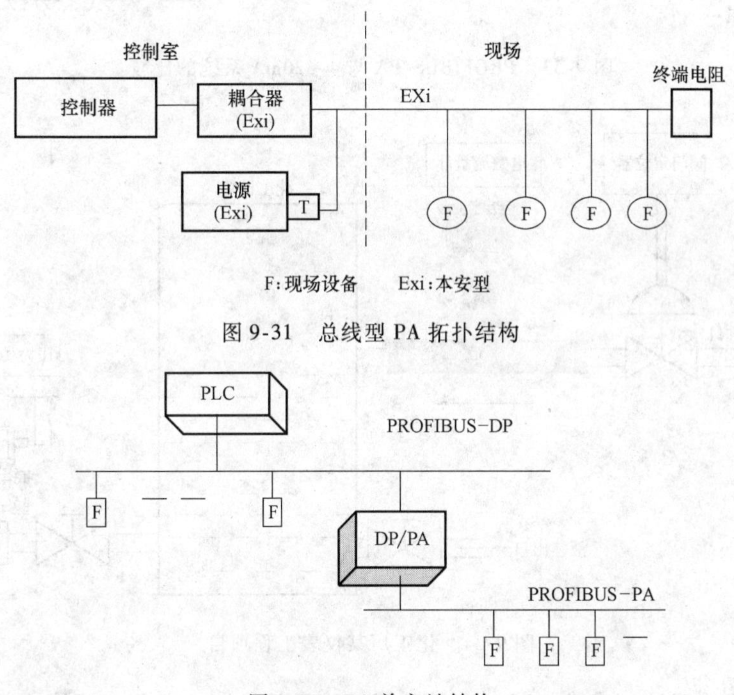

图 9-31 总线型 PA 拓扑结构

图 9-32 PA 单主站结构

4. PROFIBUS-PA 与 4~20mA 系统的比较

PROFIBUS-PA 与 4~20mA 系统的比较如图 9-33 所示，很显然 PA 系统具有更简洁的拓扑结构，而且不需要多余的 I/O 模块。对于本安型应用而言，PA 系统少了终端块和分配器。

9.3.2 某化工厂现场仪表工程

1. 工程介绍

图 9-34 所示为化工厂某仪表工程项目，液体通过阀门定位器进入化工槽罐，在进口管

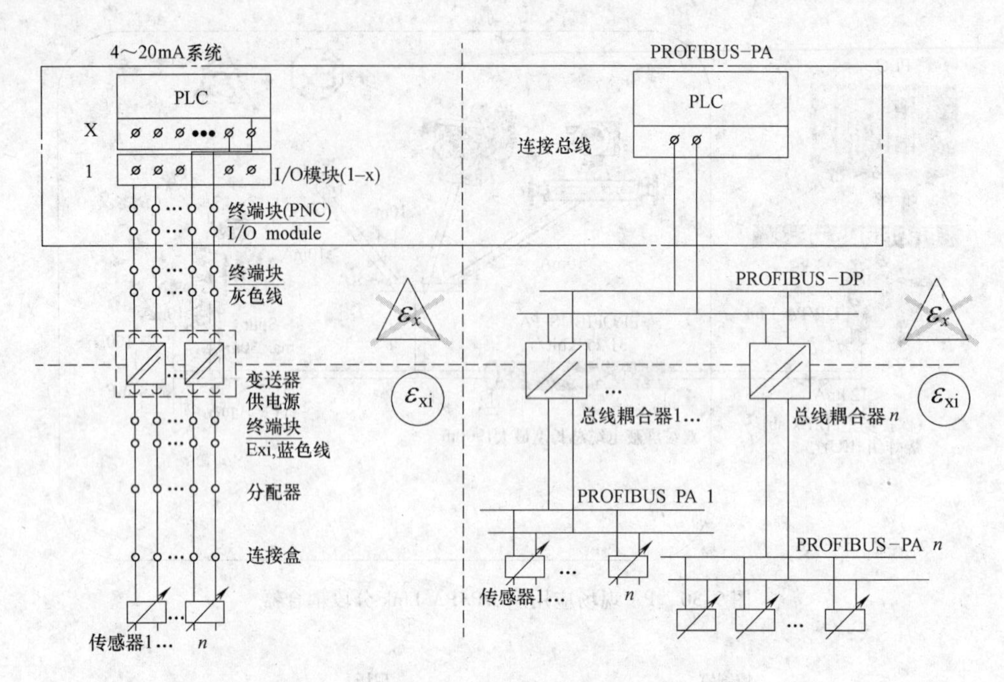

图 9-33 PROFIBUS-PA 与 4 ~ 20mA 系统的比较

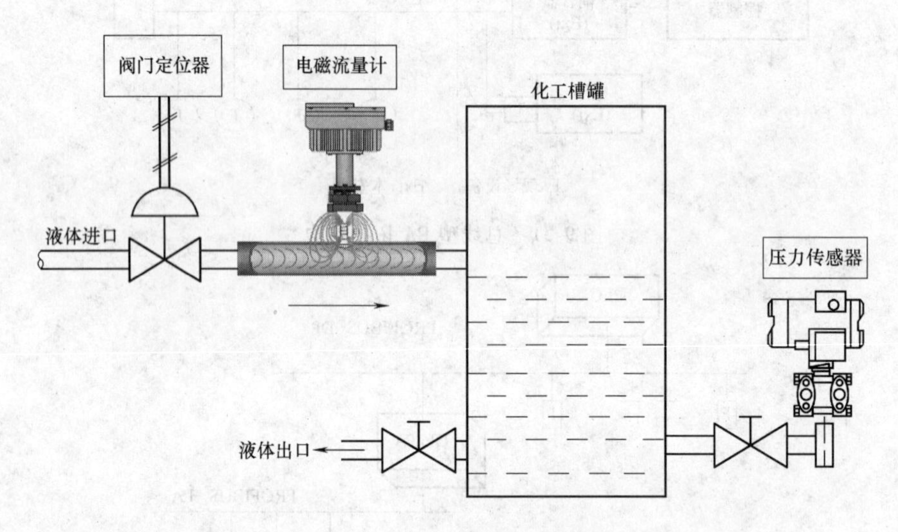

图 9-34 化工厂某仪表工程项目

道中安装了电磁流量计，以进行瞬时流量和累计流量的控制；在化工槽罐底部安装了压力传感器，以进行液位的检测。该项目由于在化工现场，需要本质安全型仪表，且需要进行数据交换，控制精度要求高。

2. 控制系统构建

根据工程需要，结合西门子 PLC 控制的实际情况，化工厂仪表工程项目可以按照图 9-35所示进行控制系统构建。

该控制系统中，DP/PA 耦合器是 PROFIBUS-DP 和 PROFIBUS-PA 两种总线的结合点和物理连接器，如图 9-36 所示是 DP/PA 耦合器的外观。DP/PA 耦合器可以单独使用，也可以

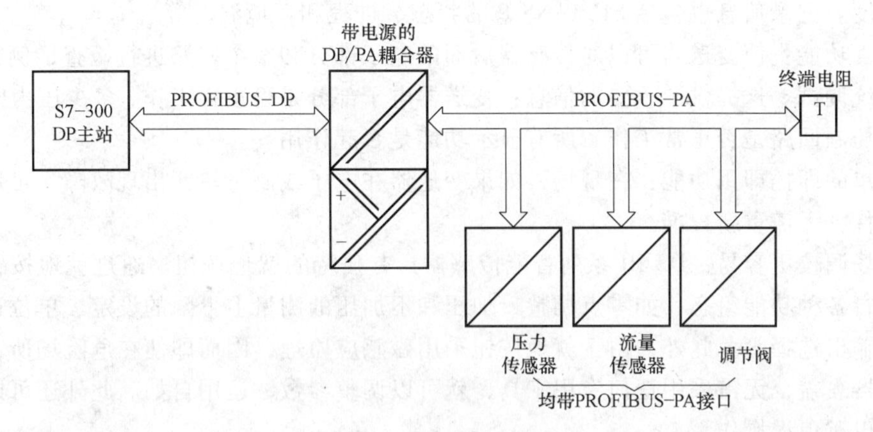

图 9-35　控制系统构建

和 DP Link 配合使用，在本项目中采用单独使用即可。

DP/PA 耦合器有两种型号，即 Exi DP/PA 耦合器和 FDC 157-0 DP/PA 耦合器，前者最大输出电流为 110mA，用于防爆场合；后者最大输出电流为 1000mA。由于控制柜安装在中央控制室，只有传感器和执行器安装在现场，需要本安型现场仪表，因此从经济的角度出发选择 FDC 157-0 DP/P 耦合器。

3. 传感器和执行器选型

（1）压力传感器选型　SITRANS P DSIII 为智能数字压力传感器，带有 HART、PROFIBUS-PA 或 FF 总线通信，具有按键操作、诊断功能以及高精度等特点（见图 9-37）。该智能压力传感器主要用于压力、压差、绝压和液位具有特殊的安全标准。

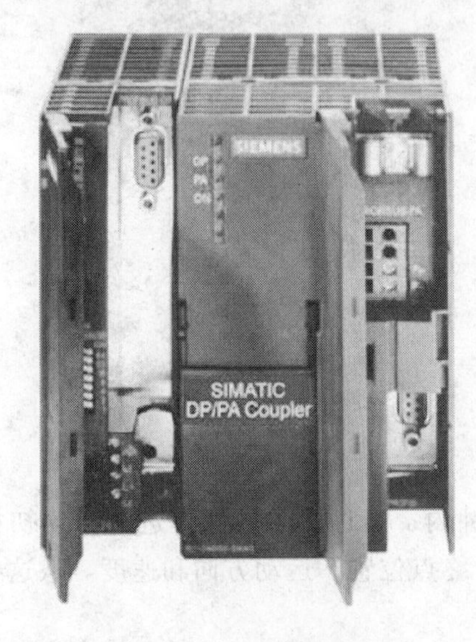

图 9-36　DP/PA 耦合器外观

图 9-37　压力传感器 SITRANS P DSIII

SITRANS P 智能压力传感器先进的诊断功能如下：

◆双时间寄存器可以设置何时需要预防维护或是校准的提示信号。

◆可以任意调节的 3 个极限值，这就意味着可以执行预设定报警或温度监控。

◆超限记录：采用不可恢复的瞬间实际值记录压力的最大/最小值、传感器温度和电子单元的温度。记录信息也包括 SITRANS P 的状态、进程和环境温度等。

◆仿真功能：使变送器可以对传感器后面的电子部分和整个回路进行检查，例如对于开车前的系统调试。这提供了重要的信息：变送器电子部分是否正常工作，多少压力时产生超限响应，控制回路是否正常工作，所有显示功能是否起作用。

◆简单的即插即用功能：在现场，如果变送器在电子或测量单元出现故障，可以只替换故障的部件，无需重新校准。

◆现场调校更容易：DS III 系列智能传感器具有独特的就地按钮。通过就地按钮，可对变送器进行各种功能组态，如零点调整、加压和不加压的测量上下限的设定、单位选择、阻尼设定、输出选择等。此外，由于就地按钮采用磁感应原理，因而即使在危险场所，也无需打开传感器表盖，无需采用任何专用工具，就可以调整参数，运用自如。此外还可以锁定组态按钮，以避免误操作。

（2）流量传感器选型　在本安类型中，SITRANS FM 系列电磁流量计拥有满足 ATEX 和 FM 认证的各个量程的类型，包括分体式和一体式安装（见图 9-38）。它具有本质安全级输入/输出、符合 NAMUR NE 21、多信息和多语言显示、实时流量和累积正反向流量、高级的自诊断功能和出错记录。在化学工业中常常具有苛刻的环境，因而要求使用宽范围防腐材质。西门子 SITRANS FM 提供的衬里、电极和外壳材质都可以经受住如此苛刻的过程介质的腐蚀。

（3）阀门定位器选型　如图 9-39 所示的 SIPART PS2 系列阀门定位器具有以下特点：

图 9-38　SITRANS FM 系列电磁流量计

图 9-39　气动阀门定位器

◆自动初始化。SIPART PS2 可以在很短的几分钟内，通过简单的菜单进行自动初始化设定。在这个过程中，微处理器可以自己确定零点、终点位置，运动方向和速度。从这些项可以确定最小脉冲时间和死区并且进行优化控制。

◆低耗气量。SIPART PS2 的另一个显著的特点是极低的耗气量，传统的阀门定位器在工作中会有很多仪表空气的排放或泄漏，造成仪表空气的较大需求，产生高的运行成本。由于新压电阀的技术，SIPART PS2 在阀门不动作时不会有任何仪表空气排放，只在最需要的时间（即阀门动作的时候）用气。

◆丰富的诊断功能。新型的 SIPART PS2 可以提供更多的参数和附加诊断信息，包括工作时间记录、当前温度、最小/最大温度、每个温度段的工作时间、在线控制阀座（上、下行程位置）、监视或显示可调阈值等。

阀门定位器的选型结束后就是安装接线，如图 9-40 所示为仪表 PA 总线接线。

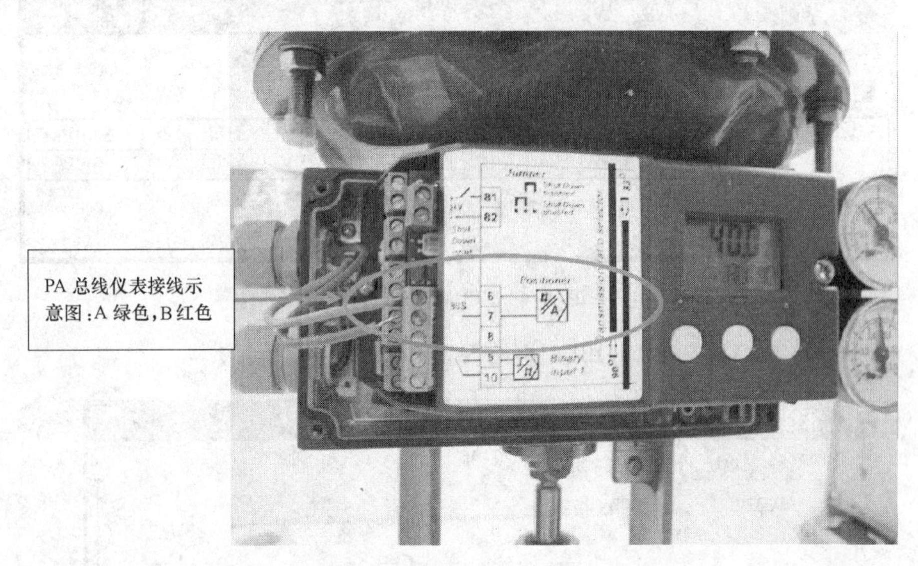

图 9-40　仪表 PA 总线接线

4. 硬件配置

1）从供应商网站（这里指的是西门子公司网站）下载相关仪表的 GSD 文件，在 HW Config 配置硬件中进行添加（见图 9-41）。

由于 DP/PA coupler 可以在 DP 网络里是透明的，不需要组态。PA 设备可以直接组态到 DP 网络里，但前提是网络速度为 45.45kbit/s（见图 9-42），所以建议最好增加一个 DP/PA LINK，这样 DP 的网络速度就可以随意设定了。

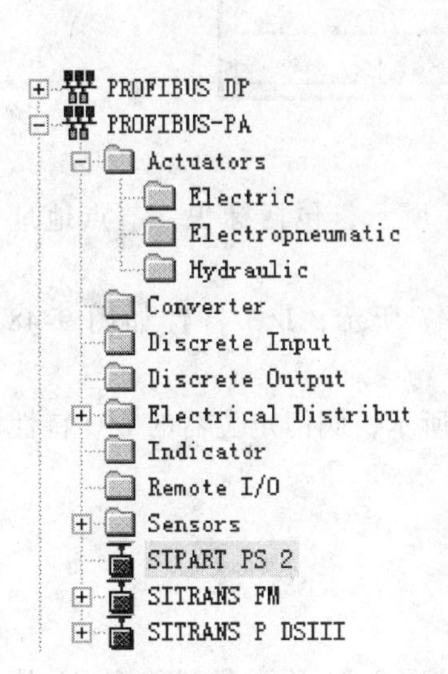

图 9-41　添加 GSD 文件后的仪表

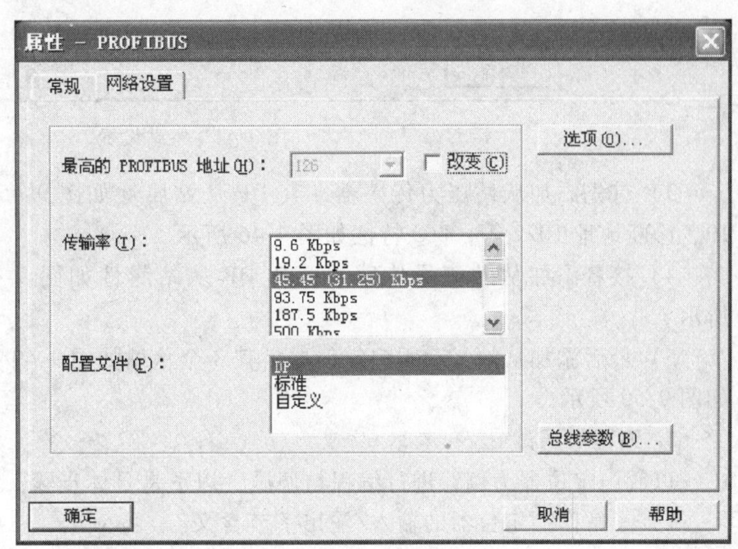

图 9-42　PROFIBUS-PA 网络设置

当然，最好的建议就是安装西门子 PMD 软件（见图 9-43），因为它已经带了需要 PA 仪表的 GSD 文件。

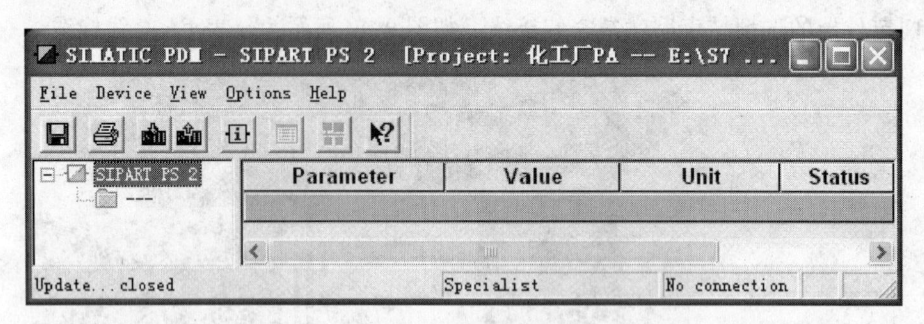

图 9-43 PDM 软件界面

2）对 S7-300 PLC 进行 PROFIBUS 主站设置，如图 9-44 所示。

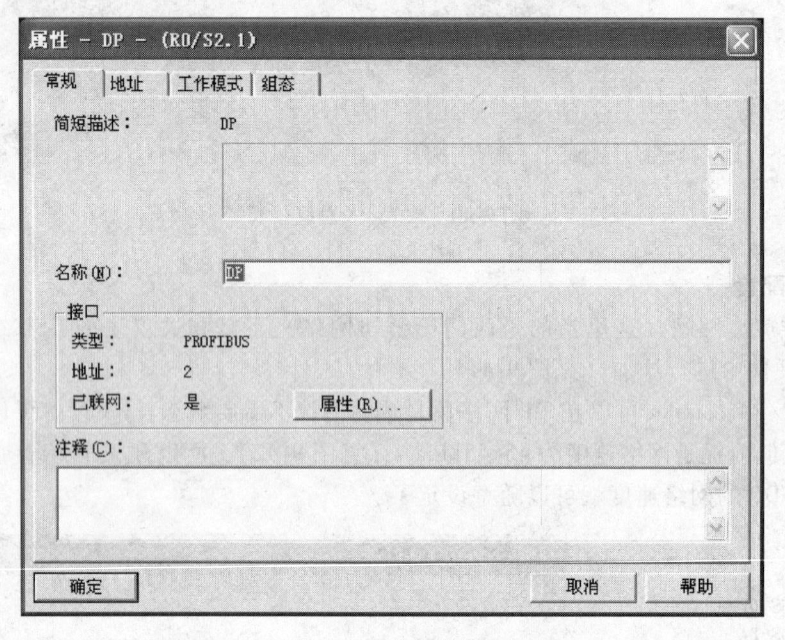

图 9-44 主站设置

3）首先添加从站压力传感器，其 DP 从站属性如图 9-45 所示，包括标识、节点地址 10、诊断地址 1022 等，I/O 特性如图 9-46 所示。

4）接着添加从站流量传感器，其 DP 从站属性如图 9-47 所示，I/O 特性如图 9-48 所示。

5）最后添加从站气动阀门定位器，其 3 个从站如图 9-49 所示，阀门定位器的 I/O 特性如图 9-50 所示。

5. 编程与调试

以阀门定位器为例，进行编程与调试，以下是具体步骤：

1）了解阀门定位器的输入/输出字节含义。

阀门定位器的输入/输出字节是包含在该设备行规之中，如图 9-51 所示是智能型 PA 从站的行规。

属性 - DP 从站
常规
参数赋值
模块
订货号：
7MF4*34-*****-****
GSD 文件(类型文件)：SIEM80A6.GSD
系列：
PA
DP 从站类型：
SITRANS P DSIII
标识(D)：
SITRANS P DSIII
地址
诊断地址(A)：
1022
节点/主站系统
PROFIBUS...
10
DP 主站系统 (1)
SYNC/FREEZE 能力
SYNC
FREEZE
响应监视器(W)
通过 PDM 组态(O)
注释(C)：
确定
取消
帮助

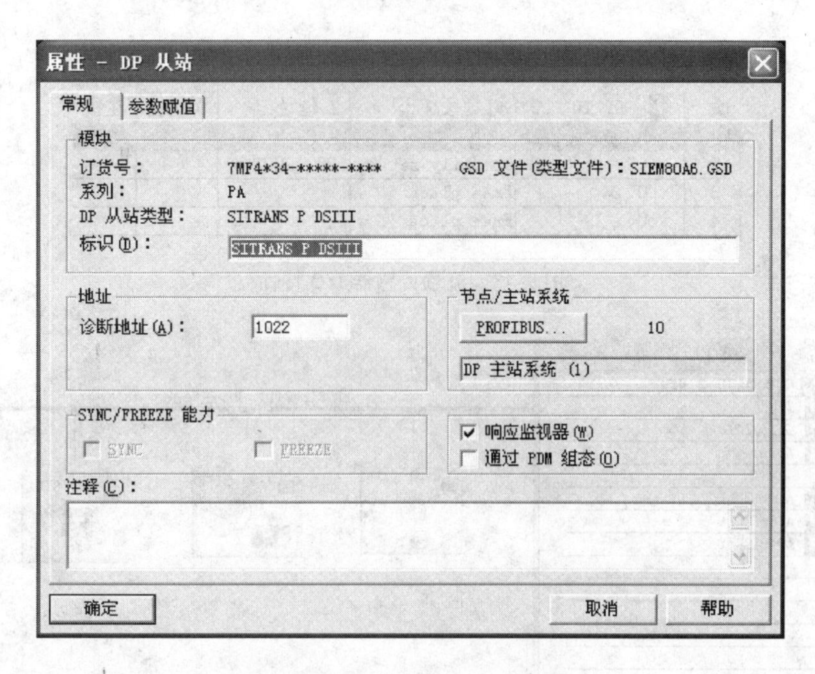

图 9-45　压力传感器 DP 从站属性

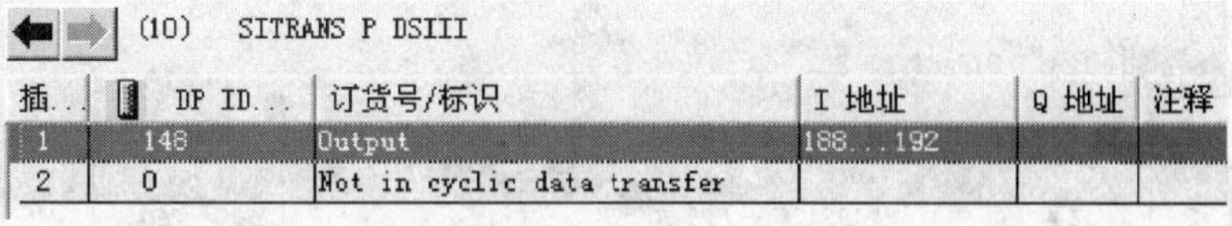

(10)　SITRANS P DSIII
插...
DP ID...
订货号/标识
I 地址
Q 地址
注释
1
148
Output
188...192
2
0
Not in cyclic data transfer

图 9-46　压力传感器 I/O 特性

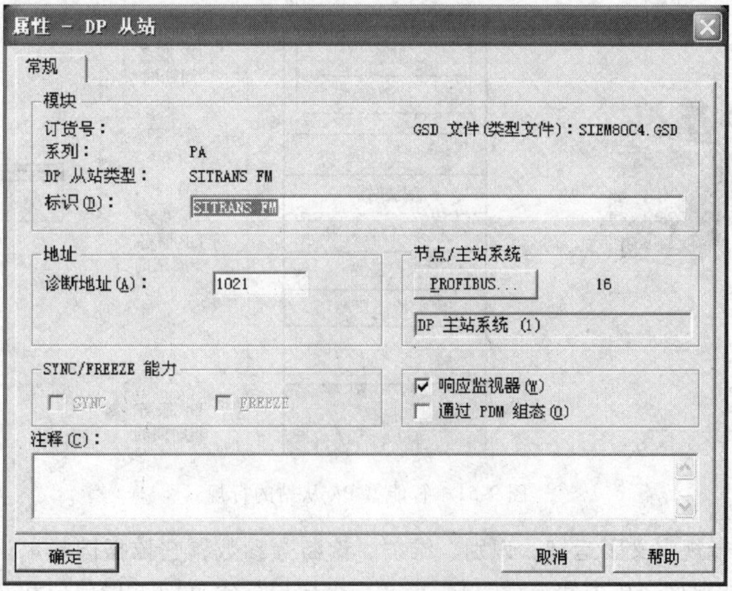

属性 - DP 从站
常规
模块
订货号：
GSD 文件(类型文件)：SIEM80C4.GSD
系列：
PA
DP 从站类型：
SITRANS FM
标识(D)：
SITRANS FM
地址
诊断地址(A)：
1021
节点/主站系统
PROFIBUS...
16
DP 主站系统 (1)
SYNC/FREEZE 能力
SYNC
FREEZE
响应监视器(W)
通过 PDM 组态(O)
注释(C)：
确定
取消
帮助

图 9-47　流量传感器 DP 从站属性

(16) SITRANS FM

插...	DP ID ...	订货号/标识	I 地址	Q 地址	注释
1	148	Flow	193...197		
2	65	Quantity net	198...202		
3	0	Free place			
4	0	Free place			

图 9-48 流量传感器 I/O 特性

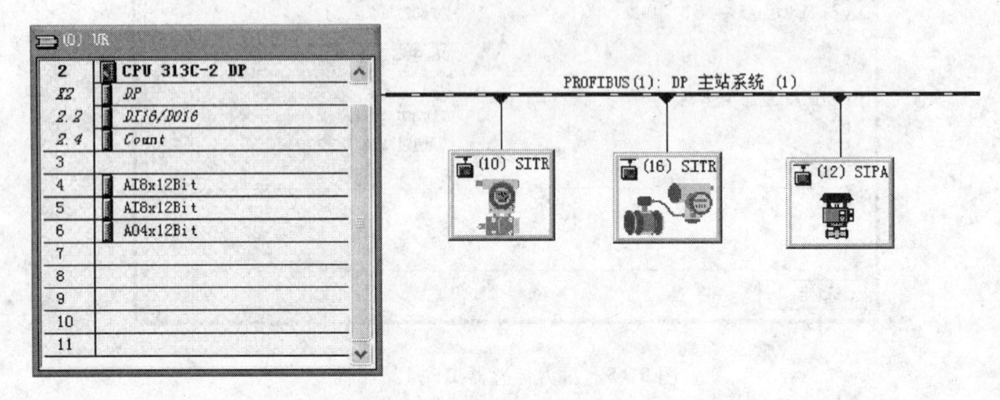

图 9-49 从站与主站

(12) SIPART PS 2

插...	DP ID ...	订货号/标识	I 地址	Q 地址	注释
1	150	READBACK + POS_D, SP	256...262		
2	164	READBACK + POS_D, SP		256...260	

图 9-50 阀门定位器 I/O 特性

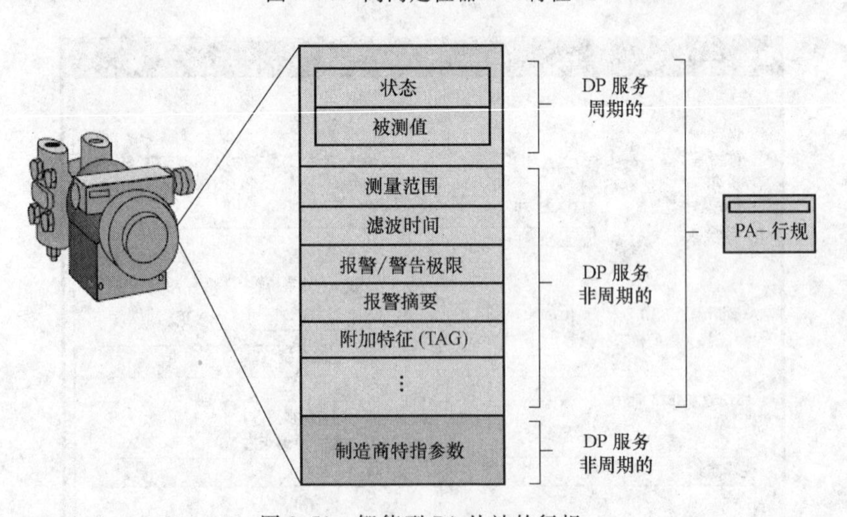

图 9-51 智能型 PA 从站的行规

PA 从站的行规定义了运行、识别、维护、诊断等参数，它依据国际承认的功能块技术定义了数据（如温度、压力和流量等）、定义一个模拟量含范围工程单位和状态，同时支持简单的单变量和复杂的多变量设备。

从阀门定位器的 I/O 特性可以看出，该从站的变量名 READBACK + POS_ D 和 SP 分别是 READBACK（实际值）、Postion discrete（执行器位置）和 Setpoint（设定点），其输入和输出所对应的字节含义见表 9-2 和表 9-3。

表 9-2 输入字节含义

起始地址	0	实际值——浮点型数值
	1	
	2	
	3	
	4	实际值——状态位
	5	执行器位置
	6	执行器——状态位

表 9-3 输出字节含义

起始地址	0	设定值——浮点型数值
	1	
	2	
	3	
	4	设定值——状态位

2）在 STEP 7 中进行编程，如图 9-52 所示，调用 SFC14，读取反馈值及状态和执行器位置及状态；如图 9-53 所示，调用 SFC15，写入设定点及状态。需要注意的一点是，LADDR 为十六进制表示，即 W16#100 就是 256，该值就是图 9-50 所表示的 I/O 起始地址；状态值 7 个字节，即 MB2 ~ MB8；设定值 5 个字节，即 MB23 ~ MB27。

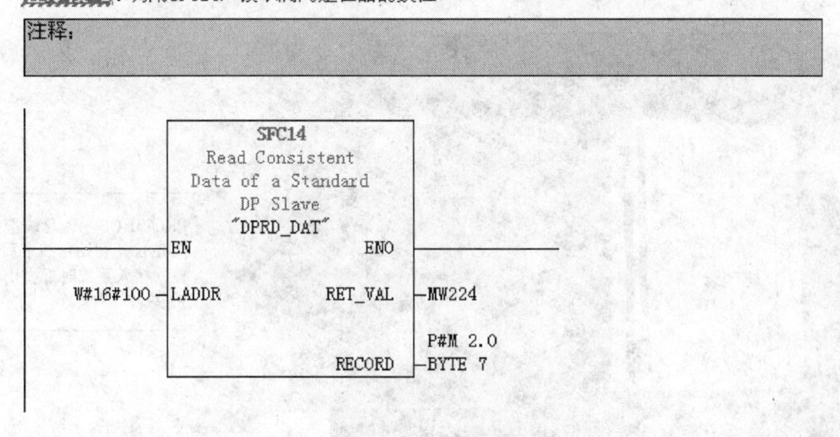

图 9-52 读取阀门定位器的数值

3）建变量表，查看相应变量，如图 9-54 所示。

此时仪表状态位 MB6 为十六进制 0x4B，查手册为故障状态（见图 9-55）。反馈值 MD2 与定位器显示 100% 一致，定位器位置 MB7 为十六进制 0x01，表示阀门关闭。由于状态位

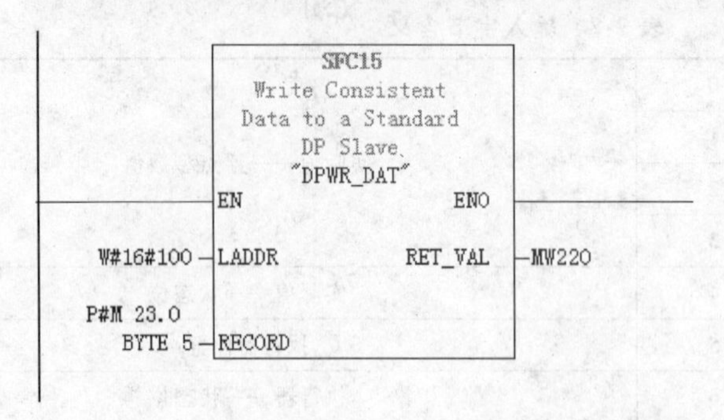

图 9-53　写入阀门定位器的数值

	Address	Symbol	Display format	Status value	Modify value
1	MD 2		FLOATING_POINT	100.0	
2	MB 6		HEX	B#16#4B	
3	MB 7		HEX	B#16#01	
4	MB 8		HEX	B#16#4B	
5					
6	MD 23		FLOATING_POINT	0.0	
7	MB 27		HEX	B#16#00	
8					

图 9-54　建变量表

MB6 并非 0x80，所以定位器无法进入自动模式。

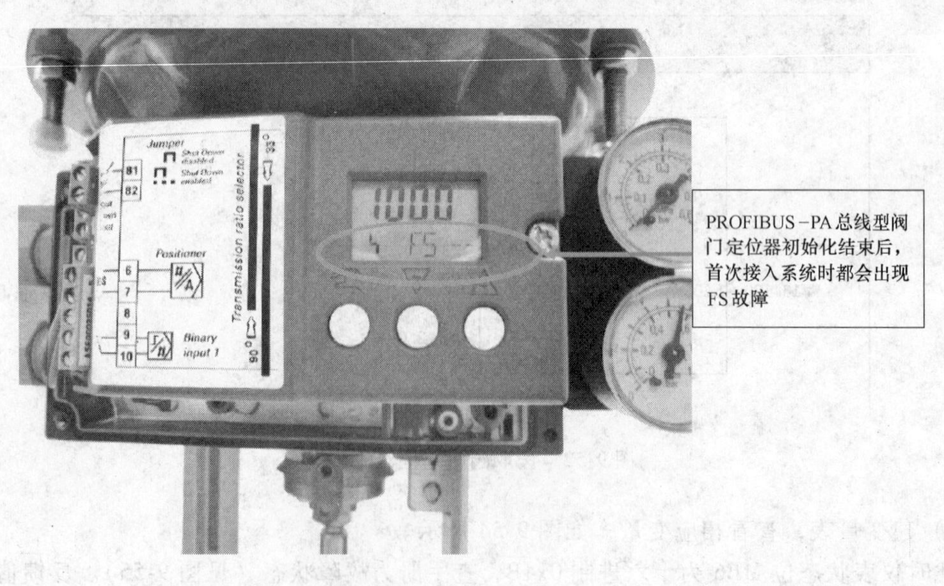

图 9-55　初始化故障状态

4）通过调用DP块写入命令SFC15，写入状态位十六进制0x80，如图9-56所示。

	Address	Symbol	Display format	Status value	Modify value
1	MD 2		FLOATING_POINT	100.0	
2	MB 6		HEX	B#16#4B	
3	MB 7		HEX	B#16#01	
4	MB 8		HEX	B#16#4B	
5					
6	MD 23		FLOATING_POINT	0.0	
7	MB 27		HEX	B#16#00	B#16#80
8					

图9-56　写入0x80

如图9-57所示进行写入，此时反馈值的状态位也改变为十六进制0x80，为“正常”状态。此时，设定点为0，反馈值也为零，通信正常。定位器位置MB7为十六进制0x02，表示阀门全开。

图9-57　写入变量

5）如图9-58所示将阀门驱动至开度为60%。

	Address	Symbol	Display format	Status value	Modify value
1	MD 2		FLOATING_POINT	0.609375	
2	MB 6		HEX	B#16#80	
3	MB 7		HEX	B#16#02	
4	MB 8		HEX	B#16#80	
5					
6	MD 23		FLOATING_POINT	0.0	60.0
7	MB 27		HEX	B#16#80	B#16#80
8					

图9-58　阀门开度为60%

按写入按钮后，反馈值也随即变为60%，如图9-59所示。

	Address	Symbol	Display format	Status value	Modify value
1	MD 2		FLOATING_POINT	60.1875	
2	MB 6		HEX	B#16#80	
3	MB 7		HEX	B#16#03	
4	MB 8		HEX	B#16#80	
5					
6	MD 23		FLOATING_POINT	60.0	60.0
7	MB 27		HEX	B#16#80	B#16#80
8					

图9-59　阀门开度为60%时的反馈值60.1875

定位器位置 MB7 为十六进制 0x03 表示阀门至中间某一位置。

6）再将设定点设定为 40%，如图 9-60 所示。

	Address		Symbol	Display format	Status value	Modify value
1	MD	2		FLOATING_POINT	40.27734	
2	MB	6		HEX	B#16#80	
3	MB	7		HEX	B#16#03	
4	MB	8		HEX	B#16#80	
5						
6	MD	23		FLOATING_POINT	40.0	40.0
7	MB	27		HEX	B#16#80	B#16#80
8						

图 9-60　40% 设定开度

阀门定位器 AUTO 如图 9-61 所示，定位器液晶显示 AUTO 自动模式，通信一切正常。

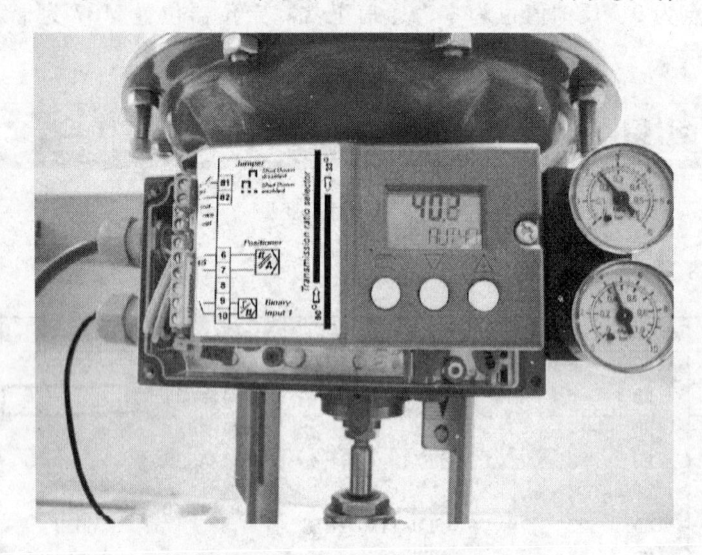

图 9-61　阀门定位器 AUTO

9.4　ET200 的 PROFIBUS 通信

9.4.1　概述

1. 分布式 I/O 的引入

组建自动化系统时，通常需要将过程的输入和输出集中集成到该自动化系统中。如果输入和输出远离 PLC，将需要铺设很长的电缆，从而不易实现，并且可能因为电磁干扰而使得可靠性降低。

分布式 I/O 设备便是这类系统的理想解决方案，即控制 CPU 位于中央位置，而 I/O 设备（输入和输出）在本地分布式运行，同时通过功能强大的 PROFIBUS-DP 的高速数据传输能力，可以确保控制 CPU 和 I/O 设备稳定、顺畅地进行通信。

2. PROFIBUS-DP 与分布式 I/O

DP 主站是控制 CPU 和分布式 I/O 之间的连接链接。DP 主站通过 PROFIBUS-DP 与分布式 I/O 交换数据并监视 PROFIBUS-DP。分布式 I/O（即 DP 从站）负责在现场准备编码器和执行器数据，使得数据可以通过 PROFIBUS-DP 发送至控制 CPU。

3. ET200 系列分布式 I/O

无论控制系统多么复杂，西门子 ET200 分布式 I/O 可以给用户带来另外一个选择。ET200 是一种基于开放式 PROFIBUS 总线，并可实现从现场信号到控制室的数据通信的远程分布式输入/输出结构。它可以给用户带来许多好处，如降低接线成本、提高数据安全性、增加系统灵活性等。如图 9-62 所示是 ET200 在自动化项目中的典型应用。

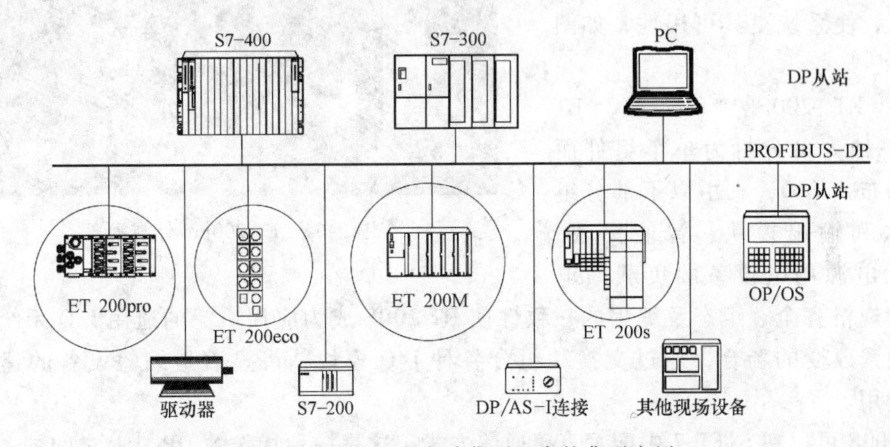

图 9-62　ET200 在自动化项目中的典型应用

（1）ET 200CN IM177　ET 200CN IM177 是全新的 PROFIBUS-DP 接口模块，带有集成的数字量输入/输出通道和 PROFIBUS-DP 快速连接接头以及 DC24V、400mA 传感器供电电源，可以扩展最多 6 个 S7-200 小型 PLC 的数字量及模拟量扩展模块。

它的网络连接速度高达 1.5M，并能完全在 Step 7 下实现硬件组态、编程及在线诊断。

图 9-63 所示是 ET 200CN IM177 的总线配置，作为分布式 I/O 设备，它是分布式外设系

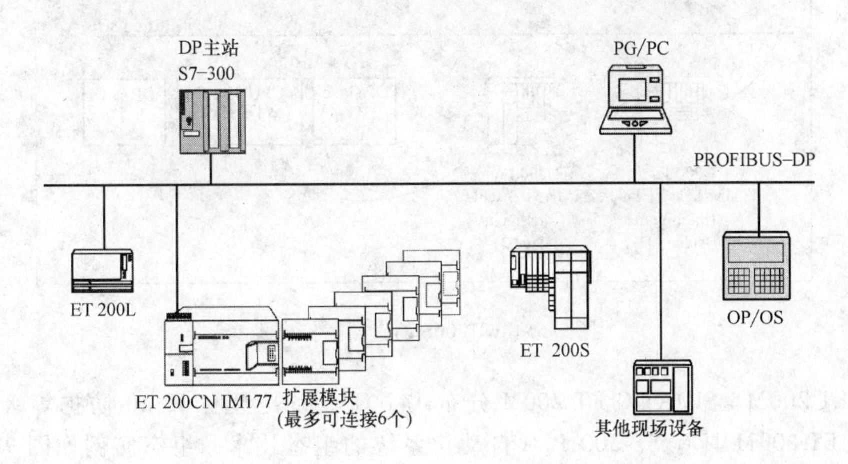

图 9-63　ET 200CN IM177 的总线配置

统中的一个 DP 从站，可以将现场传感器或执行器的数据通过 PROFIBUS-DP 总线传送到 DP 主站的 S7-300 CPU。

(2) ET 200pro　ET 200pro 是防护等级 IP65 以上的一款分布式 I/O，最大可扩展 16 个模块或 128 点，电子模块与连接模块均支持热插拔，支持 PROFIBUS 以及 Profinet，可以连接电动机起动器、变频模块、MOBY 识别等功能模块，提供故障安全型模块，并可与标准模块混合使用，安全等级达到 4 类/SIL3 安全要求，使系统更具可用性，如图 9-64 所示。

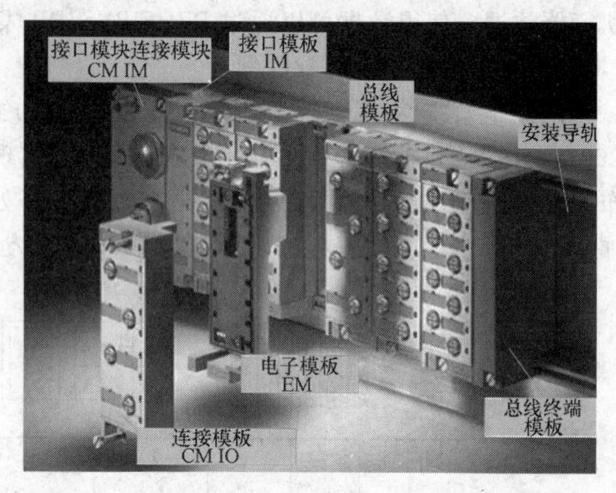

图 9-64　ET 200pro 外观示意

(3) ET 200S　SIMATIC ET 200S 是一种为可分拆为单个组件而设计的分布式 I/O，它由以下部分组成：输入和输出模块、智能模块、任何三相电源用电设备的负载馈电器。品种规格齐全、组态及编程的一致性使 ET 200S 成为应用广泛的通用 I/O 系统，即使在要求频繁改变的场合，通过交换和组合各种 I/O 模块，可显著地缩短设备的建立时间并降低费用。

ET 200S 可以在 STEP 7 中配置直接通信方式，这是一种特殊的 DP 从站之间的关系，它的特点就是能够获取其他 DP 从站发送到主站的具体内容，如图 9-65 所示。

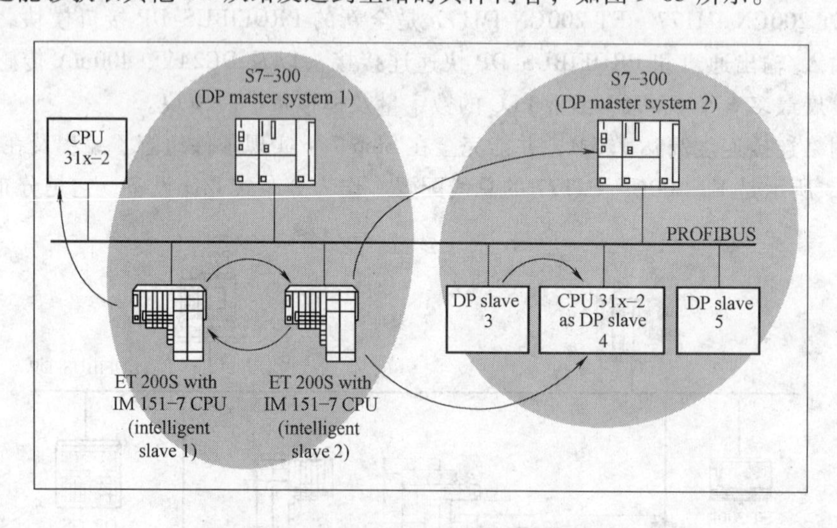

图 9-65　ET 200S 的直接通信模式

(4) ET 200M　SIMATIC ET 200M 分布式 I/O 设备是具有 IP 20 防护等级的模块化 DP 从站。ET 200M 具有 S7-300 PLC 自动化系统的组态技术，组态实例如图 9-66 所示，它由一个 IM 153-x 和多个 S7-300 PLC 的 I/O 模块组成。常见的 ET200M 模块订货号见表 9-4。

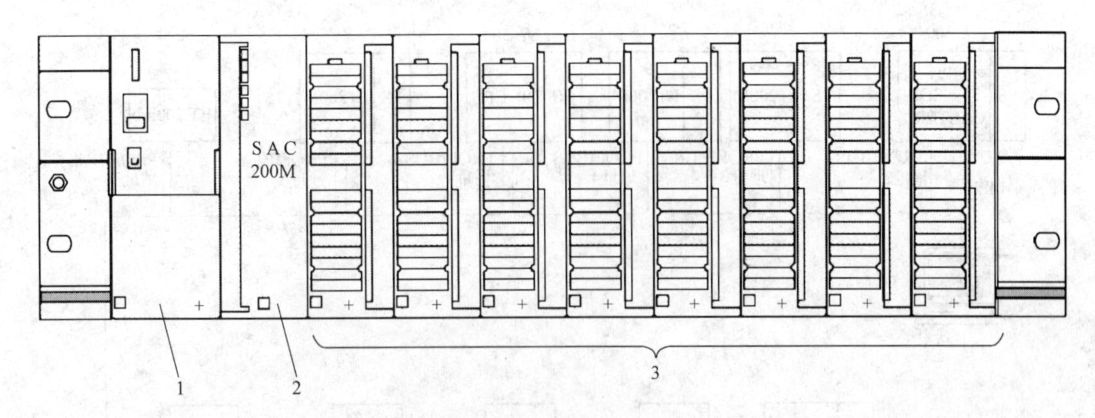

图9-66 ET 200M分布式I/O设备的组态实例

1—电源模块PS 307 2—接口模块IM 153-x 3—最多8个I/O模块（SM/FM/CP）

表9-4 常见的ET200M模块订货号

模块	订货号
IM 153-1	6ES7153-1AA03-0XB0
	6ES7153-1AA83-0XB0
IM 153-2	6ES7153-2AA02-0XB0
	6ES7153-2BA00-0XB0
	6ES7153-2BA01-0XB0
	6ES7153-2BA81-0XB0
IM153-2 FO	6ES7153-2AB01-0XB0
	6ES7153-2BB00-0XB0

（5）其他ET 200 除了以上ET200外，还有其他分布式I/O，包括：

◆ET 200is是本质安全系统，适用于有爆炸危险的区域。

◆ET 200X是IP65/67的分布式I/O，相当于CPU 314，可用于有粉末和水流喷溅的场合。

◆ET 200eco是经济实用的I/O，IP67。

◆ET 200R适用于机器人，能抗焊接火花的飞溅。

◆ET 200L是小巧经济的分布式I/O，像明信片大小的I/O模块。

◆ET 200B是整体式的一体化分布式I/O。

9.4.2 ET200的应用

图9-67所示为ET200的应用结构，它主要通过PROFIBUS-DP来实现。

ET200应用在工业自动化项目中，比如在造纸流程控制中，需要对蒸发工段、燃烧工段和苛化工段进行控制。根据各个工段的控制内容和造纸厂的工艺要求，控制系统要完成对系统参数的检测、报警及控制等功能。以燃烧工艺为例，系统需要控制与检测的变量有AI：63点；AI（热电阻）：23点；A0：42点；DI：56点，DO：43点。

ET200在造纸厂的应用如图9-68所示，本系统选用S7-300主站加ET200M从站，主站

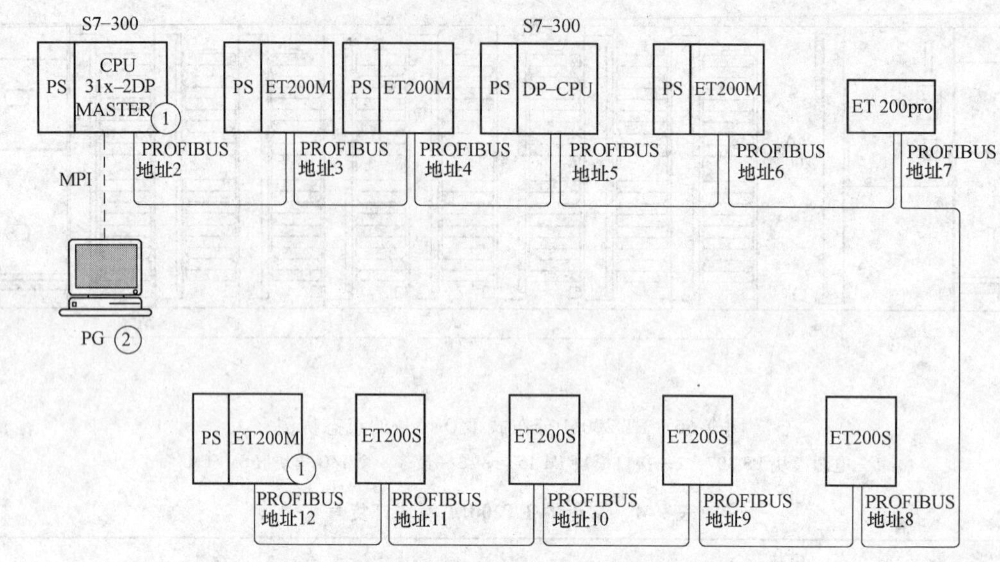

图 9-67　ET200 的应用结构

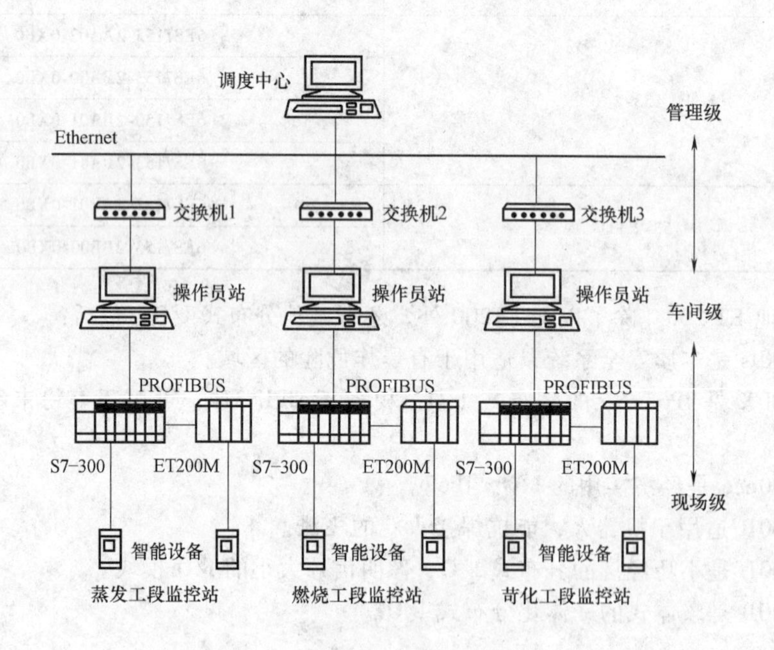

图 9-68　ET200 在造纸厂的应用

主要采集温度、压力、液位、流量等模拟量信号和电磁阀的阀位反馈信号，并输出对温度、压力、液位、流量等的控制信号；从站主要采集电动机电流、转子电流等模拟量信号和电磁阀的故障、状态等数字量信号，并输出对电磁阀启停等的控制信号。

本案例通过两层网络连接，第一层网络为 Ethernet，实现操作员与主站之间的通信；第二层网络为 PROFIBUS-DP，实现主站与从站之间的通信。所有控制画面及各种参数都可在相应的操作站显示，每台操作站可根据设定权限对单元设备进行控制。上位机通过 100M

Ethernet，采用TCP/IP协议与上位机进行信息传输。主站S7-300的CPU 315-PN/DP自带一个DP接口，可直接与MPI或DP总线相连。S7-300主站与ET200M从站之间采用标准的PROFIBUS-DP网络通信，其通信速率为1.5Mbit/s，可传输最大距离为400m。

9.4.3 ET200M的组成与安装

ET200M的组成见表9-5，它可以安装S7-300系列大部分的SM模块。

表9-5 ET200M的组成

插槽编号	模 块	注 释
1	电源(PS)	电源的使用是可选的
2	IM 153-x	—
3	—	不可用
4	1#S7-300模块	在IM 153-x的右侧
5	2#S7-300模块	—
…	…	—
11	8#S7-300模块	—

这里以ET200M为例介绍分布式I/O的组成与安装情况，图9-69所示为ET200M组态实例。

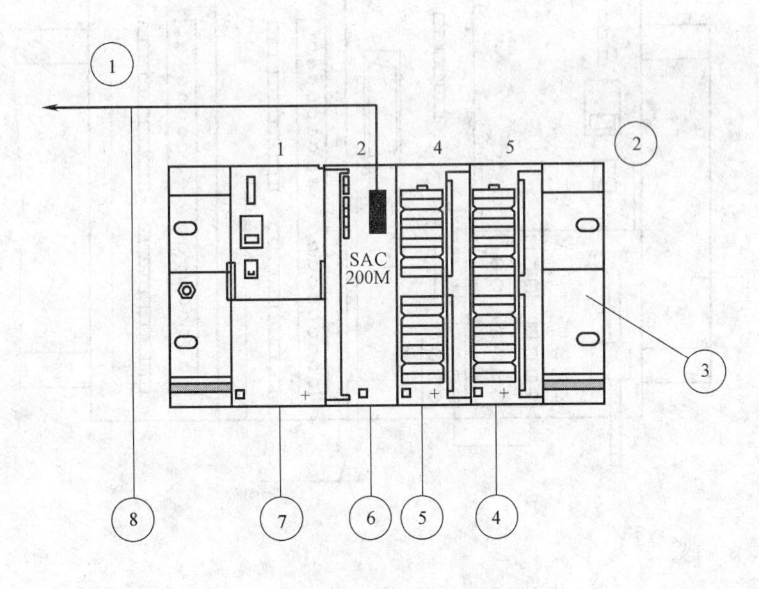

图9-69 ET 200M组态实例

1—到DP主站 2—插槽 3—装配导轨 4—SM 322 5—SM 321 6—IM 153-2
7—电源PS 307 8—带总线连接器的PROFIBUS电缆

1. 安装ET 200M

将导轨安装在稳固的基板上，导轨上下留出至少40mm间隙。从左侧开始，将电源PS 307、接口模块IM 153-2、DI模块SM 321和DO模块SM 322等安装到导轨上，插入总线连接器，同时设置接口模块IM 153-2上的PROFIBUS地址为3，如图9-70所示。

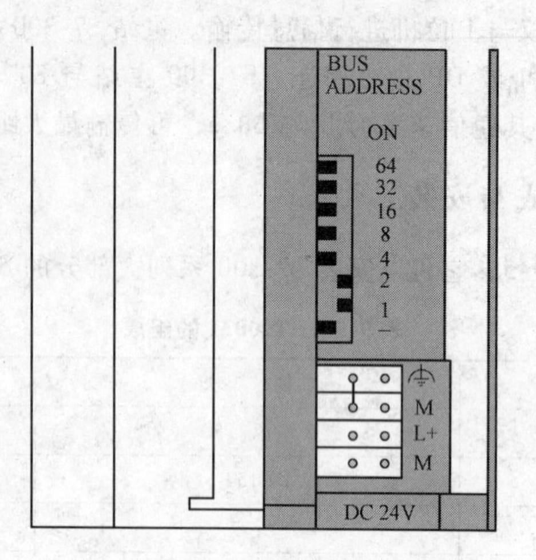

图 9-70　将 PROFIBUS 地址设置为 3

2. ET 200M 电气接线

ET 200M 电气接线如图 9-71 所示。

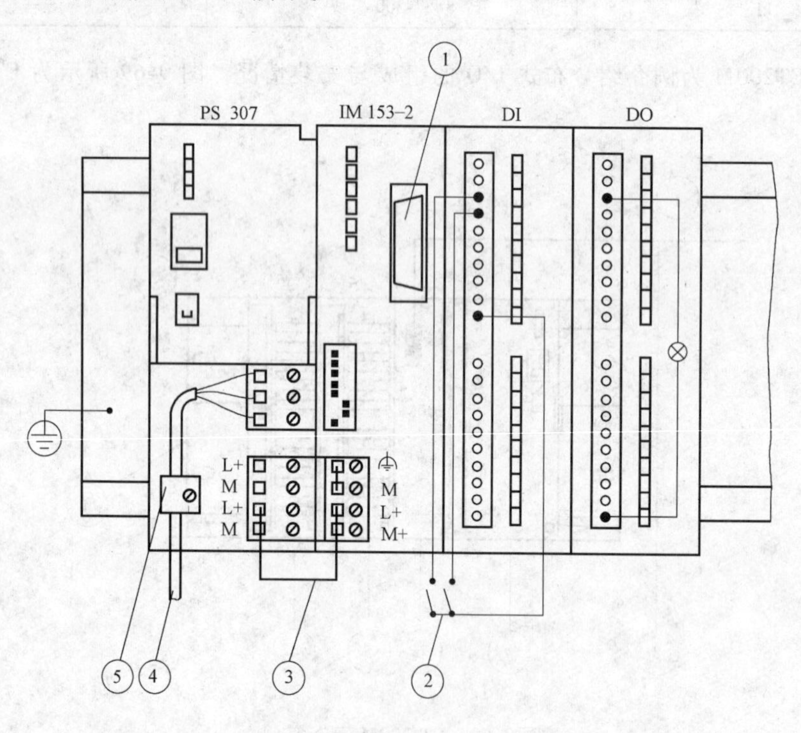

图 9-71 ET 200M 电气接线

1—PROFIBUS 电缆的接口　2—按钮　3—跳线　4—电源电缆　5—电缆卡件

如果该 ET200M 为唯一的一个分布式 I/O，或者最后一个分布式 I/O，必须打开连接器上的终端电阻。

3. 在 SIMATIC 管理器中组态 ET 200M

硬件组态如图 9-72 所示，启动 SIMATIC 管理器，然后建立一个带有 DP 主站的新项目，

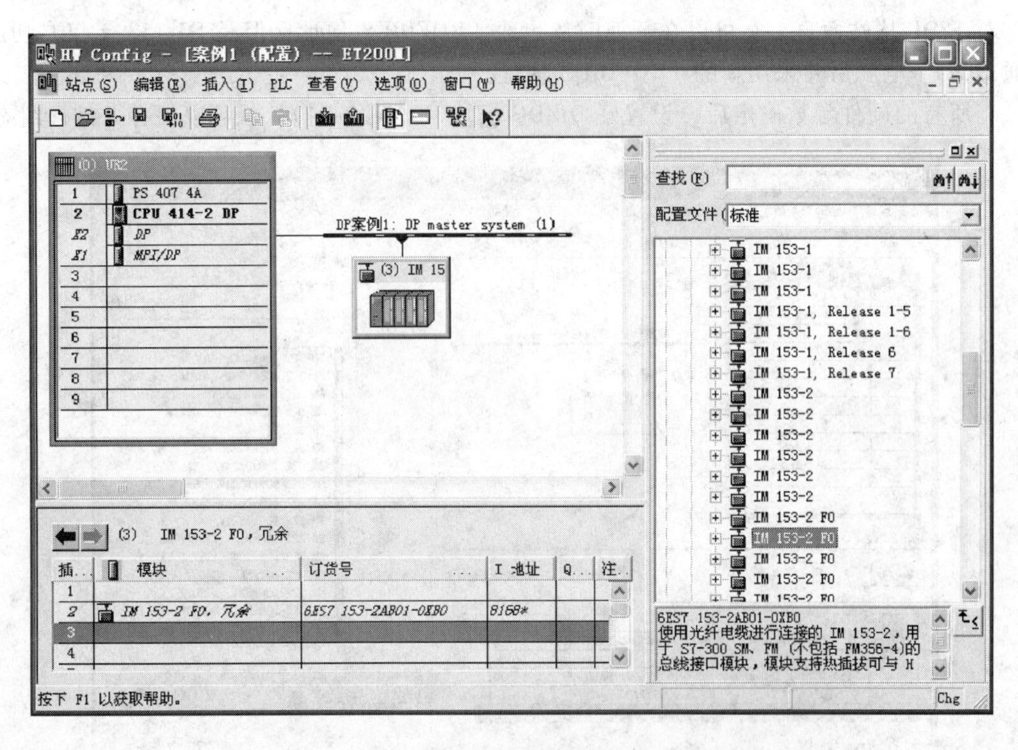

图 9-72　ET200M 硬件组态

除了 OB1 之外，还为项目创建 OB 82。接着从硬件目录中插入 PROFIBUS-DP 上的IM 153-2，并设置 IM 153-2 上的 PROFIBUS 地址为 3，最后将各个模块从硬件目录拖放到组态表上。

图 9-73 所示为 DP 从站的属性，包括设置 PROFIBUS 地址为 3。在分布式 I/O 系统中，IM 153-x 的 PROFIBUS 地址遵守以下规则：允许的 PROFIBUS 地址是 1 ~ 125；每个 PROFIBUS 地址在总线上仅能分配一次。

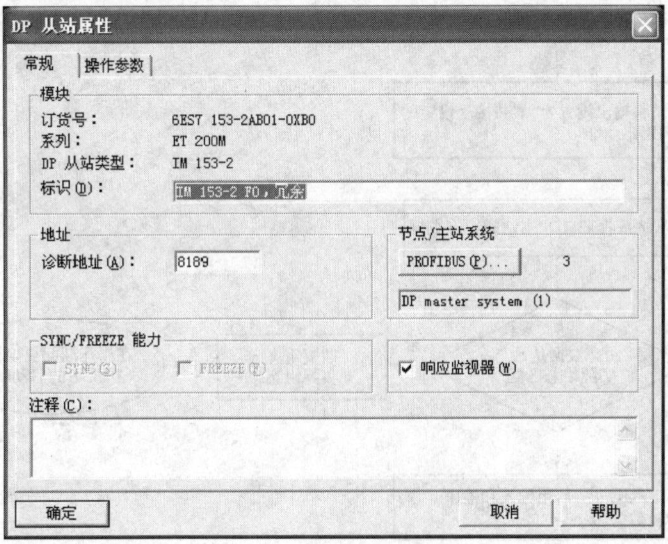

DP 从站属性
常规 | 操作参数
模块
订货号：6ES7 153-2AB01-0XB0
系列：ET 200M
DP 从站类型：IM 153-2
标识(D)：IM 153-2 FO，冗余
地址
诊断地址(A)：8189
节点/主站系统
PROFIBUS(P)...　3
DP master system (1)
SYNC/FREEZE 能力
SYNC(S)　FREEZE(F)
☑ 响应监视器(W)
注释(C)：
确定　取消　帮助

图 9-73　DP 从站的属性

对于DP从站而言，它可以在任何时候更改PROFIBUS地址，但是IM 153-x仅在切断/接通DC24V电源后才采用新的PROFIBUS地址。

当所有的硬件参数确定后，设置好DI/DO模块（见图9-74），就可以保存并编译组态。

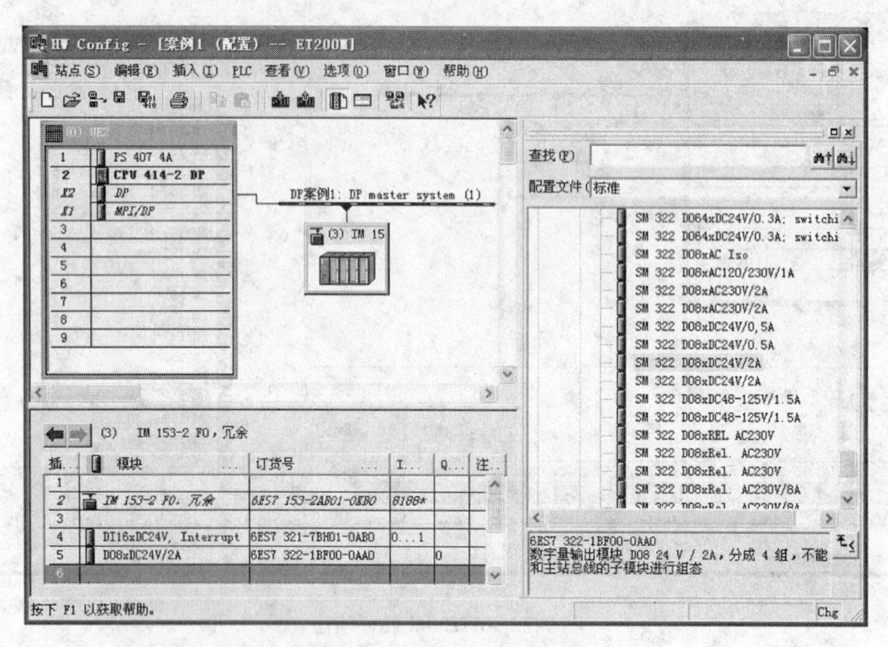

图9-74 DP从站的DI/DO模块

4. IM153-2的启动

本案例中IM153-2未采用冗余模式，其启动模式与IM153-1相似，具体如图9-75所示。

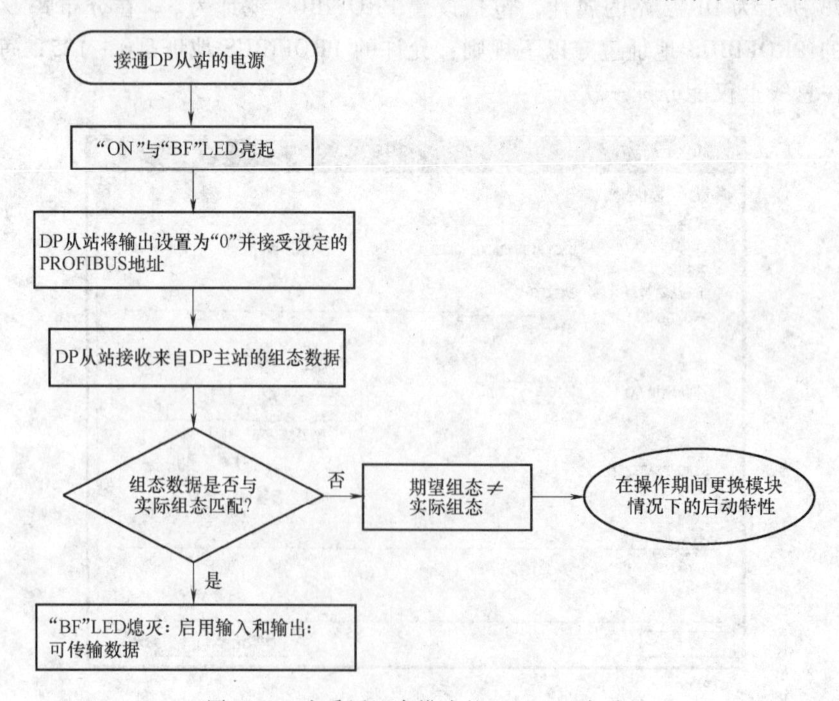

图9-75 未采用冗余模式的IM153-x启动

思考与练习

习题9.1 简要回答以下问题：

(1) PROFIBUS协议结构是什么？

(2) 采用DP/PA耦合器的原因是什么？

(3) S7-200 PLC如何接入PROFIBUS-DP网络？

(4) 如何选择具有PROFIBUS-DP网络接口的S7-300/400 CPU型号？

(5) 总线的硬件与传输速率是否有关联？

习题9.2 请从网上下载任意一个品牌变频器的PROFIBUS适配器GSD文件，并进行安装。

习题9.3 图9-76所示为用于纸浆白度测定的智能白度仪，该仪表采用西门子公司生产的S7-224 CPU结合软件功能进行数据处理，具有较好的可靠性、重复性、精确度和稳定性。请根据本项目的知识和技能来设计读取该白度传感器的值的硬件线路和软件编程。

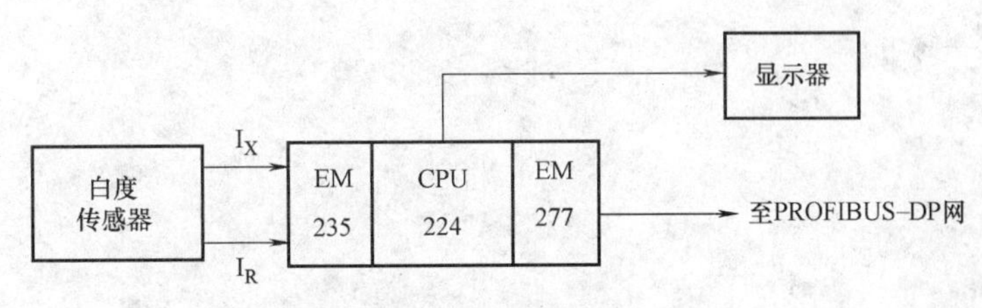

图9-76 智能白度仪

习题9.4 图9-77所示为PROFIBUS网络，它选用S7-315-2DP作为PROFIBUS主站，EM 277作PROFIBUS的从站。EM 277经过串行I/O总线连接到S7-224 CPU。PROFIBUS网络经过其DP通信端口，连接到EM 277 PROFIBUS-DP模块。HMI通过EM 277监控S7-224。请对该网络进行软件编程，使得主站能读取从站的相关信息。

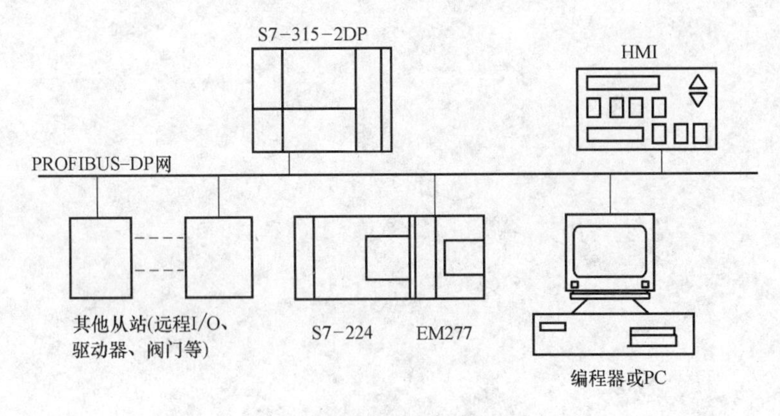

图9-77 PROFIBUS网络

参 考 文 献

[1] 李方园. 西门子 S7-200PLC 从入门到实践 [M]. 北京：电子工业出版社，2010.
[2] 李方园. 自动化综合实践 [M]. 北京：中国电力出版社，2009.
[3] 李方园. 维修电工技能实训 [M]. 北京：中国电力出版社，2009.
[4] 李方园. PLC 行业应用实践 [M]. 北京：中国电力出版社，2007.
[5] 廖常初. S7-200 PLC 编程及应用 [M]. 北京：机械工业出版社，2008.
[6] 刘华波，等. 西门子 S7-200 PLC 编程及应用案例精选 [M]，北京：机械工业出版社，2009.
[7] 张运刚，等. 从入门到精通—西门子 S7-200PLC 技术与应用 [M]. 北京：人民邮电出版社，2007.
[8] S7-200/300/400 可编程序控制器系统手册. 西门子（中国）有限公司.
[9] 吴作明，杜明星. STEP 7 软件应用技术基础 [M]. 北京：北京航空航天大学出版社，2009.
[10] 西门子自动化与驱动集团网站（www. ad. siemens. com. cn）.